高职高专电气电子类系列教材

融媒体

特色教材

电气CAD
项目化教程

第二版

张静 唐静 主编

岳威 张宁 刘新月 副主编

李骥 主审

化学工业出版社

·北京·

内容简介

本书立足于高职高专教育培养目标，采用“教学做合一”的教学理念和项目式开发的教学思路，依托 AutoCAD 2014 制图软件，通过五类典型电气工程图，将绘图技巧和电气制图国家标准贯穿于项目具体操作中，培养学生识图、绘图、设计电路图的能力，塑造学生创新创业精神和精益求精的工匠精神。

全书内容包括：机械零件图的绘制、电子线路图的绘制、电气控制原理图的绘制、电力工程图的绘制、建筑电气平面图的绘制五个项目，每个项目由项目导入、相关知识、项目实施、项目拓展等组成。本书配备丰富的数字化资源，学生可通过扫描书中二维码阅读课程思政案例、观看相关视频，还可进行在线测试，随扫、随学、随测，更加有助于“线上线下”翻转课堂的实施。

本书适合作为高职高专电气电子类专业的教学用书，也非常适合 AutoCAD 的初、中级读者阅读，亦可作为电气工程人员学习 AutoCAD 制图的参考书。

图书在版编目(CIP)数据

电气 CAD 项目化教程/张静，唐静主编. —2 版 . —北京：化学工业出版社，2022.8 （2024.2重印）
ISBN 978-7-122-41432-8

Ⅰ.①电… Ⅱ.①张…②唐… Ⅲ.①电气设备-计算机辅助设计-AutoCAD 软件-教材 Ⅳ.①TM02-39

中国版本图书馆 CIP 数据核字（2022）第 082197 号

责任编辑：葛瑞祎 王听讲　　文字编辑：宋 旋 陈小滔
责任校对：刘曦阳　　装帧设计：刘丽华

出版发行：化学工业出版社（北京市东城区青年湖南街 13 号 邮政编码 100011）
印 装：三河市延风印装有限公司
787mm×1092mm 1/16 印张 16 字数 397 千字 2024 年 2 月北京第 2 版第 3 次印刷

购书咨询：010-64518888　　售后服务：010-64518899
网 址：http://www.cip.com.cn
凡购买本书，如有缺损质量问题，本社销售中心负责调换。

定 价：48.00 元

前言

随着计算机技术的快速发展，计算机辅助设计（Computer Aided Design）已在各工程领域中被广泛使用，电气工程也不例外。AutoCAD 是美国 Autodesk 公司开发的计算机绘图辅助软件，AutoCAD 版本众多，从 20 世纪 80 年代发布第一个版本开始，后面几乎每年都会升级一次。本书使用的 AutoCAD 2014 是一个比较经典的版本，具有高效、快捷、精确、简单、易用等特点，对初学者而言更容易上手。

本书在保持原有框架和内容的基础上，根据多年的教学经验和用书院校的反馈，以职业教育国家规划教材文件精神为指导，结合“三教”改革工作要求，落实课程思政进教材的理念，对教材进行以下四个方面的修订：

（1）校企合作，工学结合。与电力设计院合作编写教材，立足于实际岗位需求，把教学与工程任务有机结合，减少实际工程中不使用或极少使用的命令，对常用命令加大图例的详解和绘图练习；增加电气类图形绘制的行业标准和企业规范，提高学生的识图能力，以便与实际工作无缝衔接。

（2）专业特色鲜明。教材内容涵盖了机械、电力电子、建筑电气等典型电气类项目，充分展现机电一体化的行业特色。每个项目由【项目导入】、【相关知识】、【项目实施】、【项目拓展】等组成，先通过【相关知识】熟悉项目涉及的命令使用方法，后通过【项目实施】掌握复杂图形的绘制技巧和步骤，【项目拓展】让不同层次的学生最大限度获取知识，满足其发展的需求。

（3）课证融通，配套丰富。教材内容兼顾技能取证的培训内容，并且利用了信息化技术，读者可以通过扫描书中二维码进行通用知识自测，并观看相关视频，可有效地实现“线上线下”翻转课堂的教学模式，同时为技能证书考试做好准备，为就业打好基础。

（4）课程思政“润物细无声”。以工业 4.0 与中国制造 2025 为切入点，融入思政元素，进行爱国主义教育，培养学生精益求精的大国工匠精神。

本书由辽宁建筑职业学院张静、唐静担任主编，辽宁建筑职业学院岳威、张宁、刘新月担任副主编，国网辽阳供电公司李骥担任主审，辽宁建筑职业学院韩沚伸参与了部分内容的编写。其中张静和韩沚伸共同编写了项目一，岳威编写了项目二，唐静编写了项目三，刘新月编写了项目四，张宁编写了项目五。全书由张静统稿。

由于编者水平有限，书中不妥之处在所难免，殷切希望广大读者批评指正。

编者

2022 年 7 月

前言

目录

项目一　机械零件图的绘制 / 001

项目二　电子线路图的绘制 / 083

项目三 电气控制原理图的绘制 / 131

项目四 电力工程图的绘制 / 164

项目五　建筑电气平面图的绘制 / 195

参考文献 / 248

项目一

机械零件图的绘制

项目目标

【能力目标】

通过某机械轴零件图的绘制，能熟练使用部分常用绘图工具，具备 AutoCAD 软件的基本操作能力及普通机械图的识图和绘图能力。

【知识目标】

1. 掌握启动/退出 AutoCAD 2014 软件的方法。
2. 掌握 AutoCAD 2014 图形文件的创建、保存、退出方法。
3. 熟悉 AutoCAD 2014 的工作界面。
4. 掌握绘图工具栏中常用绘图命令的使用方法。
5. 掌握修改工具栏中常用修改命令的使用方法。
6. 掌握灵活设置和运用对象捕捉追踪功能。
7. 掌握基本的尺寸标注方法。

【素质目标】

1. 通过“国产 CAD 软件崛起之路”案例，让学生了解国产 CAD 的发展历程，普及国产 CAD 软件的使用，激发学生科技创新的意识和热情，增强学生的民族自豪感。

2. 通过“一场由螺丝钉引发的空难”案例，告诫学生小马虎导致大事故，培养学生严谨踏实、一丝不苟、精益求精的职业精神。

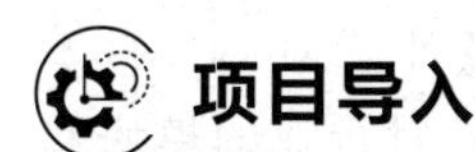

项目导入

电气控制系统设计是以满足设备及其装置的运行要求为目的，而电气装置的安装和调试也要和机械设备“打交道”，因此电气工程技术人员需要具备一定的机械制图和识图的基本能力，图 1-1 所示的某机械轴零件图就是一种典型的机械设计图。本项目要求运用绘图基本命令（直线、圆、倒角、填充等）和常用修改命令（偏移、修剪等），并结合对象捕捉追踪工具，根据图示尺寸完成绘制，使用标注工具（线性标注、基线标注、连续标注、半径标注、极限偏差标注）对轴零件基本尺寸进行标注，对机械零件图形成初步认识。

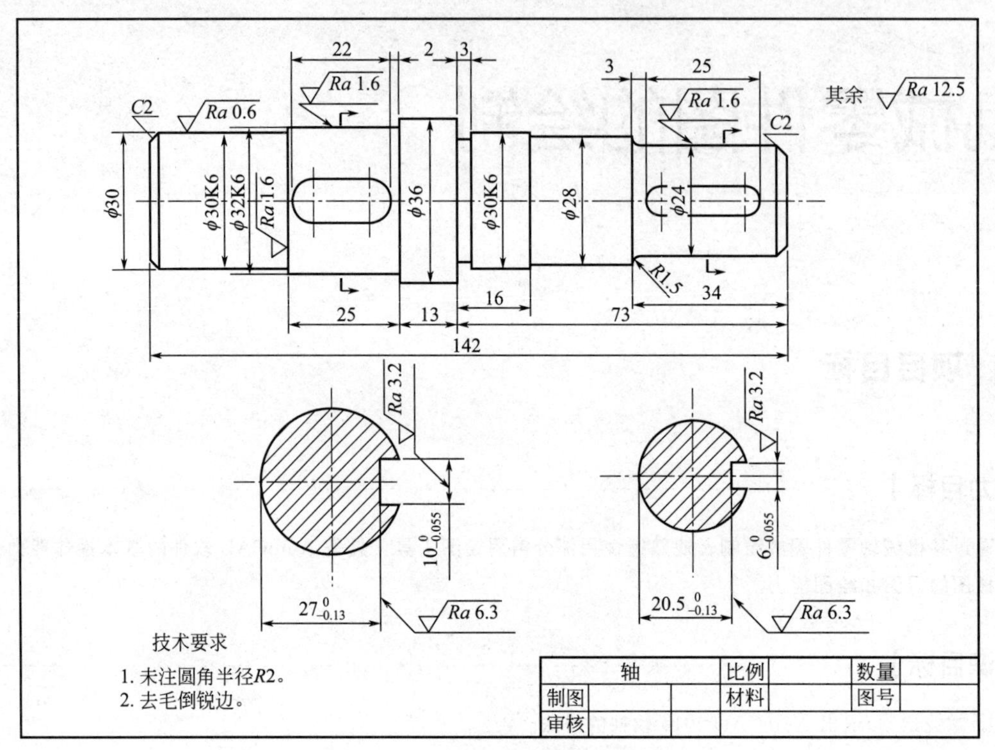

图1-1 某机械轴零件图

相关知识

计算机辅助设计（Computer Aided Design），简称CAD，是一款用于建筑、机械、电气、电子、冶金和服装设计等诸多领域的专业绘图软件，也是工程设计人员首选的绘图软件之一。AutoCAD是美国Autodesk公司开发的计算机绘图辅助软件，AutoCAD版本众多，从20世纪80年代发布第一个版本，不断在改进升级，从2000版开始使用年份作为版本号，后面几乎每年都会升级一次。

【拓展阅读】国产CAD崛起之路

如果只是装AutoCAD，并不需要选择最新最高的版本，只要够用就好。本书使用的AutoCAD 2014是一款比较经典的版本，具有高效、快捷、精确、简单、易用等特点，对初学者而言更容易上手。

如果想进一步提高操作效率，可以根据自己的行业选择一些专业软件，AutoCAD本身就有建筑、电气、市政、MEP（设备）、机械版等，这些软件提供了针对行业的模块和专用的设计工具。除此以外，国内还有很多优秀的二次开发软件，例如浩辰的机械、建筑软件，天正的建筑软件，博超的电气软件，鸿业的水暖软件等，这些国产的专业软件结合中国的规范、标准，并针对国内用户的需求开发了很多独特的功能，可以成倍提高绘图的效率。

一、中文版 AutoCAD 2014 操作界面

（一） AutoCAD 2014 的启动与退出

1. AutoCAD 的启动

启动 AutoCAD 的方法通常有两种。

① 双击 AutoCAD 快捷图标 。

② 单击 Windows 状态栏的【开始】|【所有程序】|【Autodesk】|【AutoCAD 2014 简体中文】菜单选项。

2. AutoCAD 的退出

AutoCAD 的退出有以下三种方法。

① 在 AutoCAD 主标题栏中，单击“关闭”按钮 。

② 在菜单栏单击【文件】|【退出】命令。

③ 在命令行中，输入 EXIT 或者 QUIT 命令，然后按回车键。

（二） AutoCAD 2014 的工作界面

启动 AutoCAD 2014 后，就进入图 1-2 所示的经典界面，该界面包括了标题栏、工具栏、下拉菜单、模型空间、坐标图、绘图区、命令行窗口和状态栏等部分。

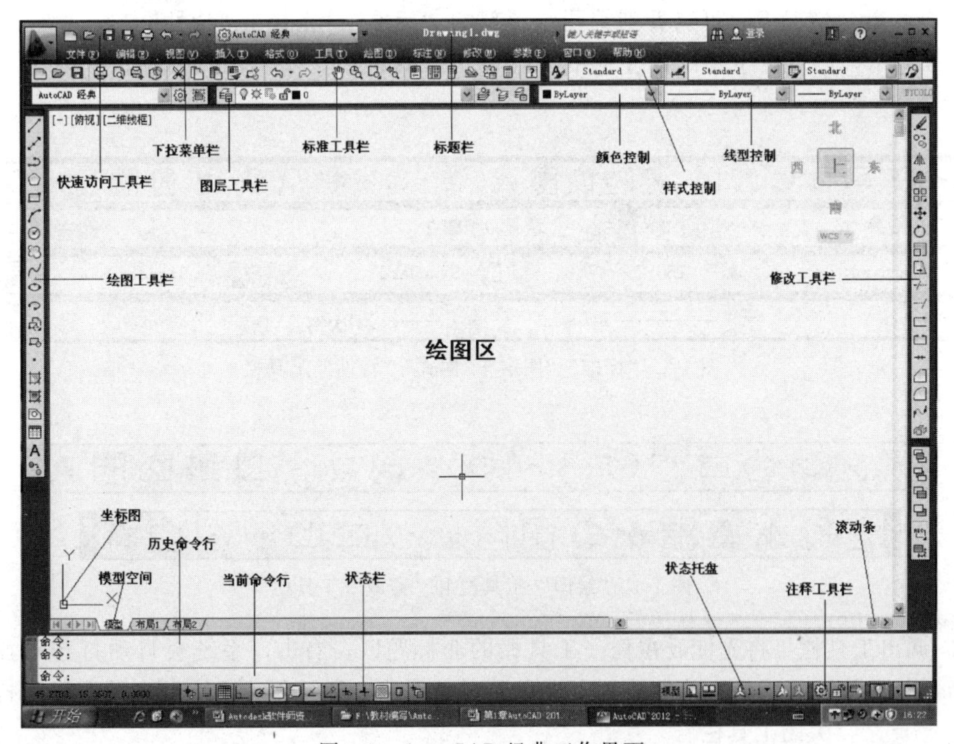

图 1-2　AutoCAD 经典工作界面

AutoCAD 2014 中文版为用户提供了 4 种工作空间，分别是“草图与注释”、“三维基础”、“三维建模”与“AutoCAD 经典”。初次打开软件时，系统会自动选择“草图与注释”

这一工作空间，对初学者来说，可以使用这一界面，而对一些习惯了以往AutoCAD版本的用户来说，可以单击快速访问工具栏中的 草图与注释 下拉列表框，选择“AutoCAD经典”即可转换到“AutoCAD经典”工作空间。接下来以“AutoCAD经典”空间为例介绍软件界面及其功能。

1. 快速访问工具栏

快速访问工具栏位于AutoCAD 2014工作界面的最顶端，用于显示常用工具，包括新建、打开、保存、放弃和重做等按钮。可以向快速访问工具栏添加无限多的工具，超出工具栏最大长度范围的工具会以弹出按钮来显示。

2. 下拉菜单栏

下拉菜单栏包括文件、编辑、视图、插入、格式、工具、绘图、标注、修改、参数、窗口和帮助等12个主菜单项，每个主菜单下又包括子菜单。在展开的子菜单中存在一些带有“…”省略号的菜单命令，表示如果选择该命令，将弹出一个相应的对话框；有的菜单命令右端有一个黑色小三角 ▸，表示选择菜单命令能够打开级联菜单；菜单项右边有“CTRL+?”组合键的表示键盘快捷键，可以直接按下快捷键执行相应的命令，比如同时按下“CTRL+N”键能够弹出“创建新图形”对话框。

3. 工具栏

工具栏是一组图标型工具的组合，把光标移动到某个图标上，停留片刻即在图标旁会显示相应的工具提示，同时在状态栏中显示出命令名和功能说明。此时，单击图标也可以启动相应命令。默认情况下，可以看到绘图区顶部的“标准”“图层”“特性”“样式”工具栏，如图1-3所示，以及位于绘图区左侧的“绘图”工具栏和位于绘图区右侧的“修改”工具栏，如图1-4所示。

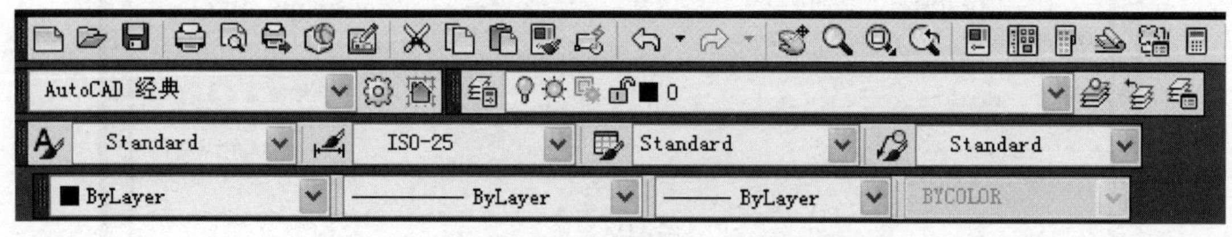

图1-3 “标准”“图层”“样式”“特性”工具栏

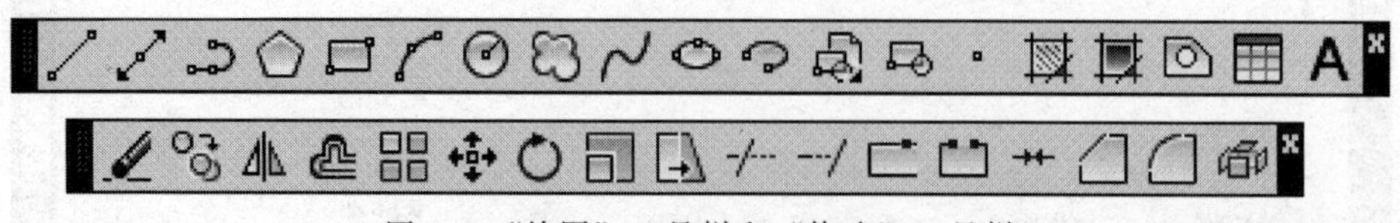

图1-4 “绘图”工具栏和“修改”工具栏

① 调出工具栏。将光标放在任一工具栏的非标题区，右击，系统会自动打开单独的工具栏标签，如图1-5所示。单击某一个未在界面显示的工具栏名，系统会自动在界面打开该工具栏。反之，关闭工具栏。

② 工具栏的“固定”、“浮动”与“打开”。工具栏可以在绘图区“浮动”，拖动“浮动”工具栏到图形区边界，可使其变为“固定”工具栏，此时工具栏标题隐藏。也可以把“固定”工具栏拖出，使其成为“浮动”工具栏。

在有些图标的右下角带有一个小三角，按住鼠标左键会打开相应的工具栏。按住鼠标左键，将光标移动到某一图标上然后松手，该图标就为当前图标。

4. 绘图区

位于屏幕中间的整个白色区域是 AutoCAD 2014 的绘图区，也称为工作区域。默认设置下的工作区域是一个无限大的区域，只要鼠标移到该工作区域，就会出现十字光标和拾取框，此时用户就可以按照图形的实际尺寸在绘图区内任意绘制各种图形。拖动绘图区右侧与底部滚动条上的滑块或单击两侧的箭头按钮可以移动图纸。

5. 命令行窗口

命令行窗口是输入命令名和显示命令提示的区域。AutoCAD 通过命令行窗口反馈各种信息，如输入命令后的提示信息，包括错误信息、命令选项及其提示信息等。因此，应时刻关注在命令行窗口中出现的信息，如图 1-6 所示。

说明：可以使用文本窗口的形式来显示命令行窗口。按 F2 键弹出 AutoCAD 的文本窗口，可以使用文本编辑的方法进行编辑。

6. 状态栏

状态栏位于工作界面的最底部，左端显示当前十字光标所在位置的三维坐标，用鼠标单击即可关闭。同时显示绘图辅助工具的状态，如图 1-7 所示。右端依次显示“推断约束”“捕捉模式”“栅格”“正交”“极轴”“对象捕捉”“对象追踪”“DUCS”“动态输入”“线宽”“快捷特性”等辅助绘图工具按钮，这些辅助工具对快速和精确绘图作用很大。单击按钮可以打开或者关闭相应的绘图工具。当按钮处于凹下状态时，表示该按钮对应的绘图辅助工具打开；凸起状态，表示该按钮对应的绘图辅助工具关闭。

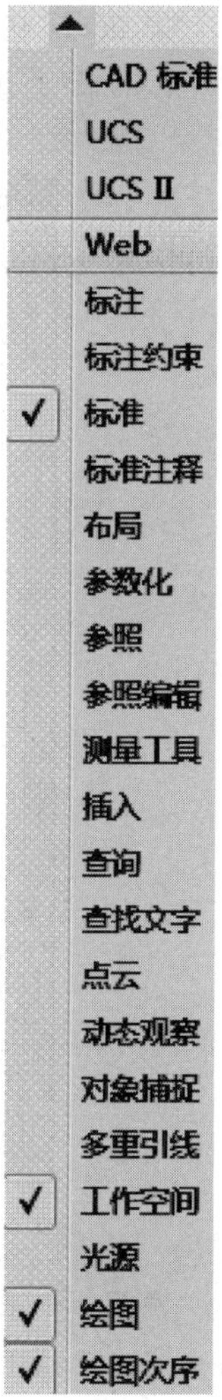

图 1-5　工具快捷菜单栏

(1) 栅格　栅格是点的矩阵，遍布于整个图形界限内，是一种标定位置的小点，可以作为参考图标。使用栅格类似于在图形下放置一张坐标纸。利用栅格可以对齐对象并直观显示对象之间的距离。如果放大或缩小图形，可能需要调整栅格间距，使其更适合新的放大比例。

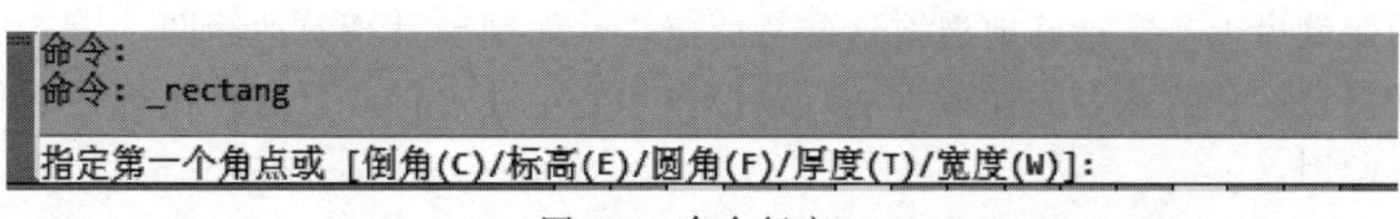

图 1-6　命令行窗口

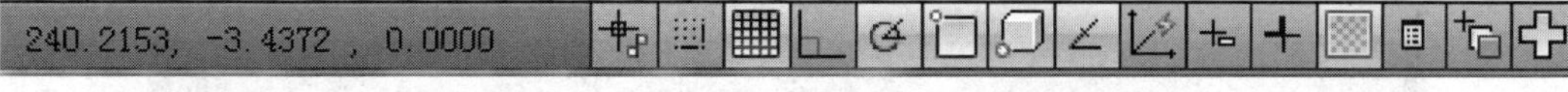

图 1-7　状态栏

启用栅格功能的方法如下：

① 单击状态栏中的“栅格”按钮打开，再次单击“栅格”按钮▦关闭。

② 按 F7 功能键可以打开或关闭。

③ 单击下拉菜单【工具】|【草图设置】，打开“草图设置”对话框，如图 1-8 所示。

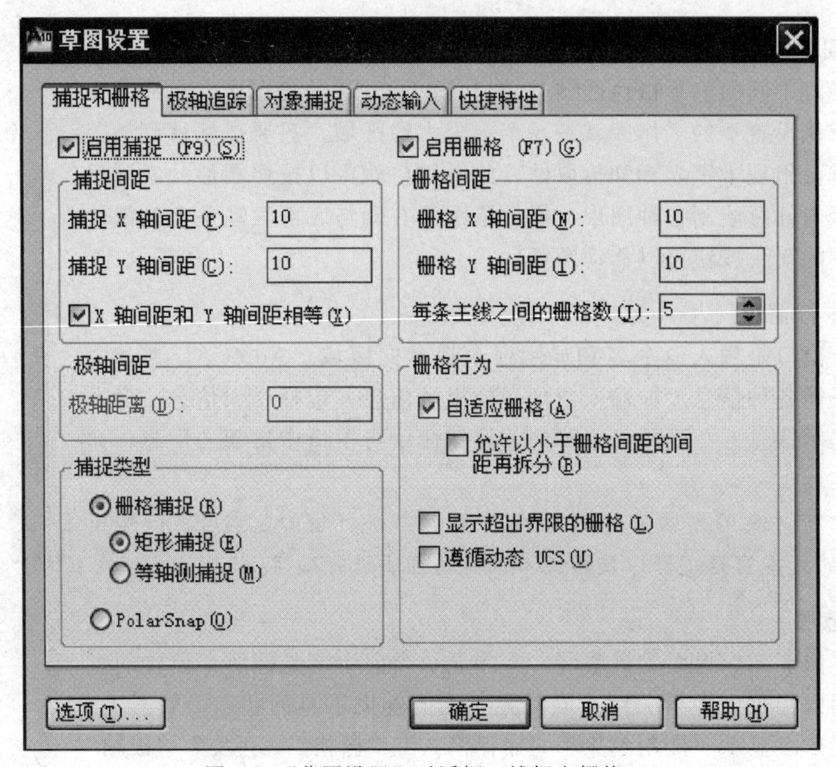

图 1-8 “草图设置”对话框（捕捉和栅格）

说明：如果栅格间距设置得过小，在屏幕上不能显示出栅格点，文本窗口中会显示“栅格太密，无法显示”。

（2）捕捉模式　捕捉模式用于设定鼠标光标一次移动的间距。一旦打开捕捉模式，鼠标就只能按设定的间距离散跳跃地移动，而不能连续光滑地移动。在捕捉模式下，光标只能到达栅格的交点上，而栅格内的空白区域则不能到达。要想使光标连续光滑地移动，则必须要关闭捕捉模式。

（3）对象捕捉　在绘制图形的时候，用户经常需要指定一些现有对象上的特征点，如中心、圆心、切点等，如果单凭目测去选取，不可能很准确地选取到这些特征点，此时，使用对象捕捉功能就可以非常精确地选取这些特征点，从而精确且高效地绘图。

对象捕捉是一种特殊点的输入方法，该操作不能单独进行，只有在执行某个命令需要指定点时才能调用。

启用对象捕捉方式的常用方法有：

① 打开“对象捕捉”工具栏，在工具栏中选择相应的捕捉方式即可，如图 1-9 所示。

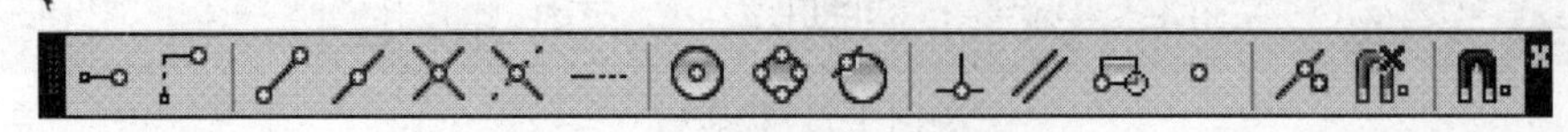

图 1-9 “对象捕捉”工具栏

② 在状态栏上右键单击对象捕捉按钮，打开快捷菜单进行选择，如图 1-10 所示。

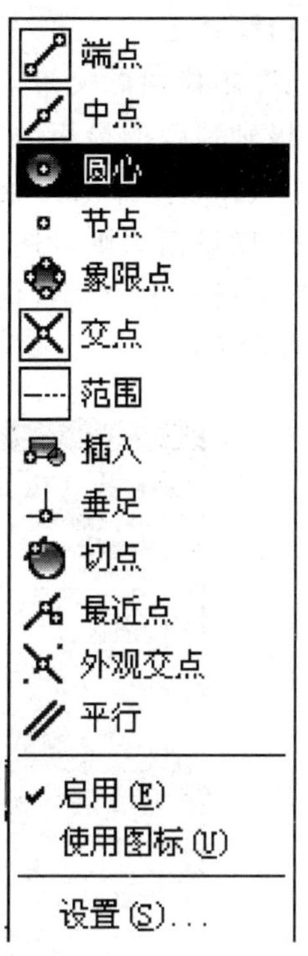

图 1-10 对象捕捉按钮图

上机练习

利用对象捕捉模式绘制如图 1-11 所示回字形。

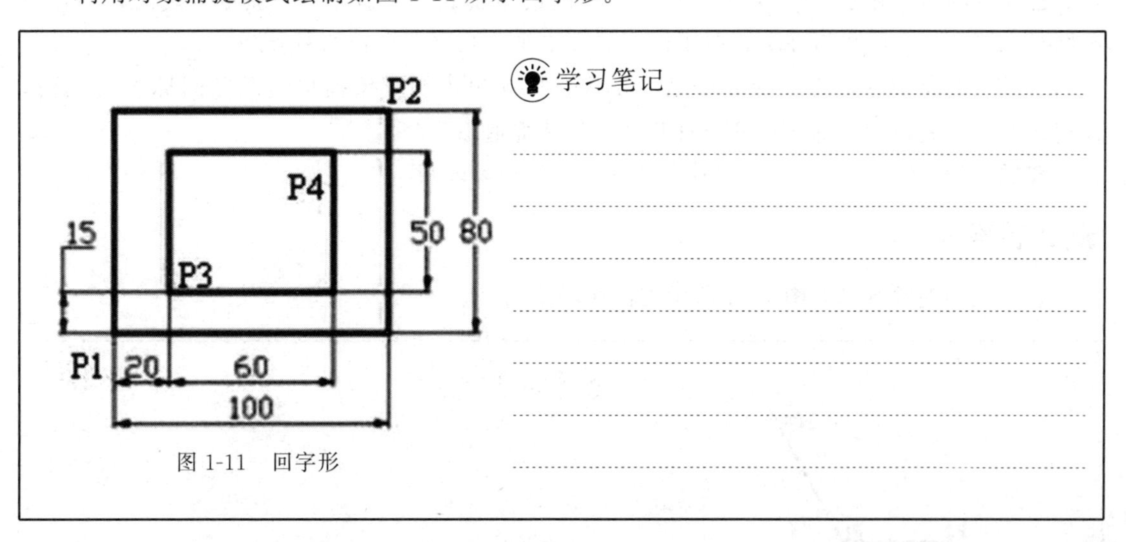

图 1-11 回字形

(4) 极轴追踪 极轴追踪能够按事先给定的角度增量来追踪点的位置，在绘制直线时，先确定直线的起点，然后在选择第二个点时，光标可以绕第一个点旋转，当转到特定增量角度(如 30°) 时，则会显示一条无限长的射线，此时只需输入直线的长度即可完成直线的绘制。

打开极轴追踪的方法有：

① 在状态栏中单击“极轴追踪”图标按钮 。

② 按<F10>键，即可进入极轴追踪状态。

注意："极轴追踪"与"正交模式"不能同时使用，两者只能选择其一。

用户可以根据自身的需要去设置极轴追踪的最小增量角度，其设置方法如下。

可以在"极轴追踪"图标上右键单击，在弹出的菜单栏中选择所需的角度，如图 1-12 所示；如果弹出菜单中没有所需的最小增量角，则可选择弹出菜单中的"设置"选项，弹出"草图设置"对话框，在"极轴追踪"选项卡中"增量角"一栏中输入或选择所需的增量角，最后单击"确定"按钮即可，如图 1-13 所示。

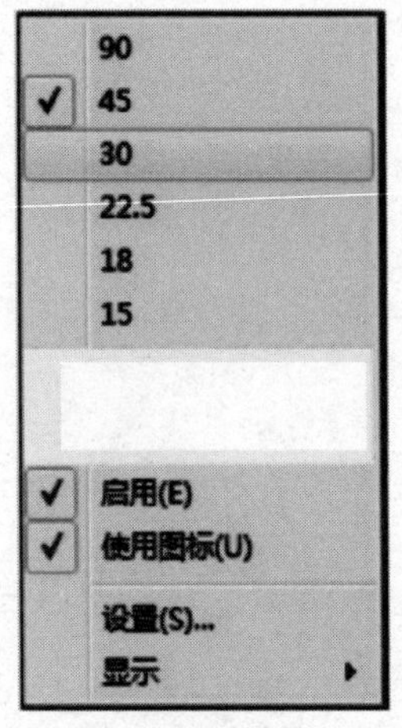

图 1-12　极轴追踪快捷菜单

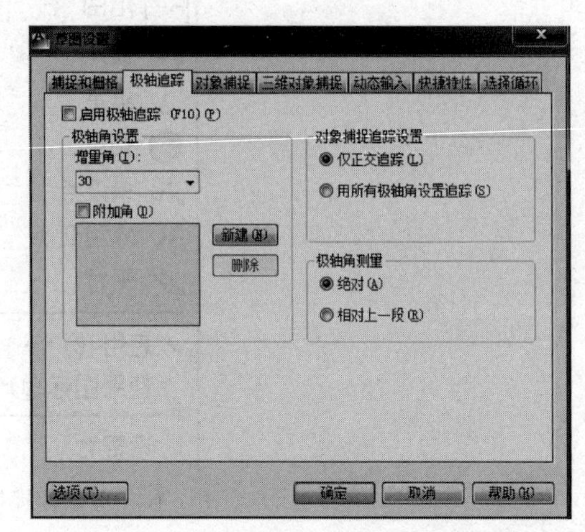

图 1-13　"草图设置"对话框（极轴追踪）

（5）对象捕捉追踪　使用对象捕捉追踪，可以沿着基于对象捕捉点的对齐路径进行追踪。已获取的点将显示一个小加号"+"，一次最多获取 7 个追踪点。获取点之后，当在绘图路径上移动光标时，将显示相对于获取点的水平、垂直或极轴的对齐路径。

打开"对象捕捉追踪"的方法是：在状态栏中单击"对象捕捉追踪"图标按钮 ，使得该图标高亮显示，即表示已经打开"对象捕捉追踪"。

注意："对象捕捉追踪"与"对象捕捉"必须同时使用。

上机练习

利用极轴追踪绘制如图 1-14 所示表面粗糙度符号。

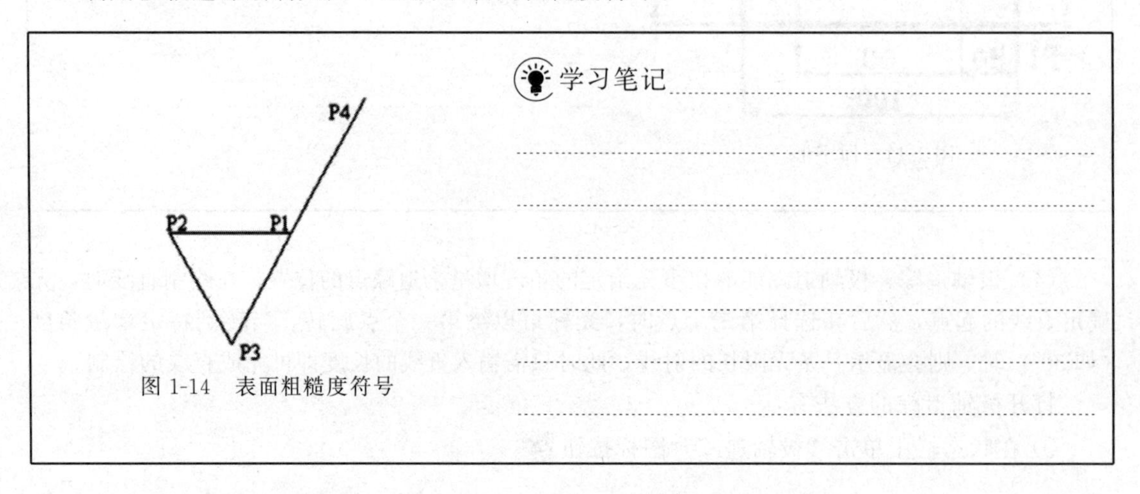

图 1-14　表面粗糙度符号

7. **工具选项板窗口**

工具选项板窗口，能为用户提供一种组织、共享和放置块及填充图案的有效方法，合理使用工具选项板可加快绘图速度。选择下拉菜单【工具】|【选项板】|【工具选项板】命令，就可以打开如图 1-15 所示的“工具选项板”窗口，包括“注释”“图案”“表格”等选项板。用户可以单击选项板右下角的特性图标 ，在弹出菜单中选择“新建”、“添加”、“修改”、“删除”或“重命名”等命令。

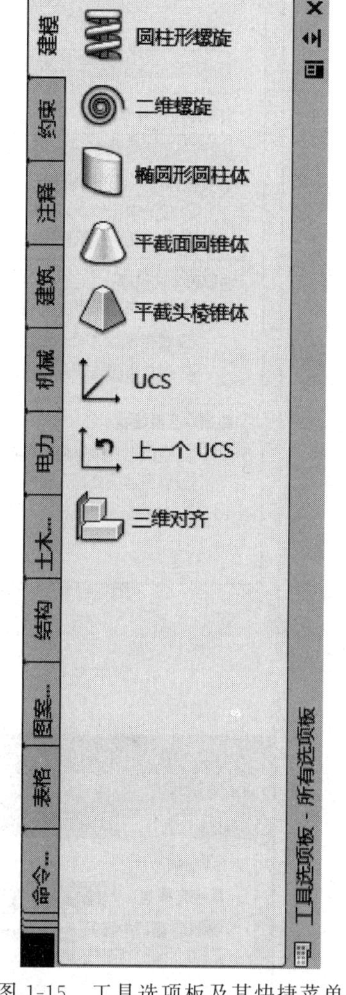

图 1-15　工具选项板及其快捷菜单

（三）绘图环境设置

使用 AutoCAD 2014 绘图之前，需要对绘图环境进行一些基本的设置，即系统参数设置、绘图界限和绘图单位设置。

1. **系统参数设置**

在命令行输入 perferences，或执行【工具】|【选项】菜单命令，或在绘图区右击，在弹出的快捷菜单中选择“选项”命令，打开“选项”对话框。用户可以在该对话框中选择有关选项，对系统进行配置。下面就其中主要的几个选项卡进行以下说明。

（1）系统配置　在“选项”对话框中的第 5 个选项卡为“系统”，如图 1-16 所示。该选项卡用来设置 AutoCAD 系统的有关特性。其中“常规选项”区域确定是否选择系统配置的有关基本选项。

（2）显示配置　“选项”对话框中的第 2 个选项卡为“显示”，该选项卡控制 AutoCAD 窗口的外观，如图 1-17 所示。该选项卡设定屏幕菜单、屏幕颜色、光标大小、滚动条显示与否、固定命令行窗口中文字行数、AutoCAD 的版面布局设置、各实体的显示分辨率以及 AutoCAD 运行时的其他各项性能参数的设定等。其中部分设置如下。

① 修改图形窗口中十字光标的大小。光标的大小系统预设为屏幕大小的百分之五。改变光标大小的方法为：在“十字光标大小”区域中的文本框中直接输入数值，或者拖动文本框后的滑块，即可对十字光标的大小进行调整，如图 1-17 所示。

② 修改绘图窗口的颜色。在默认情况下，AutoCAD 的绘图窗口是黑色背景、白色线条。

修改绘图窗口颜色步骤如下：在如图 1-17 所示的“显示”选项卡中，单击“窗口元素”区域中的“颜色”按钮，打开如图 1-18 所示的“图形窗口颜色”对话框。单击“颜色”字样右侧的下拉箭头，在打开的下拉列表中，选择需要的窗口颜色，然后单击“应用并关闭”按钮，此时 AutoCAD 的绘图窗口即变成了窗口背景颜色，通常按视觉习惯选择黑色为窗口颜色。

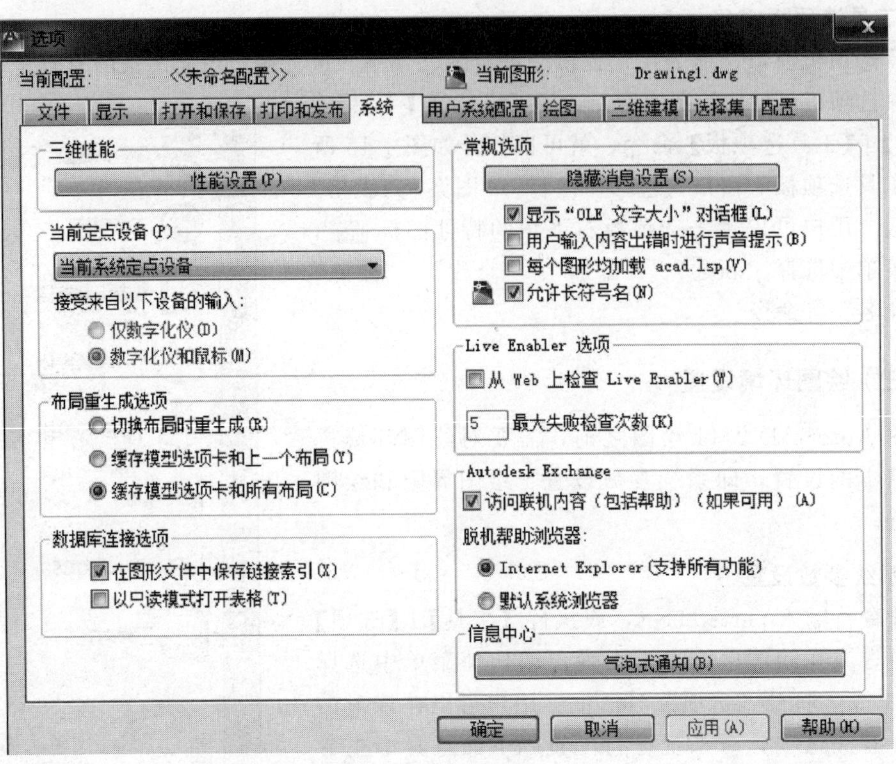

图 1-16 “系统”选项卡

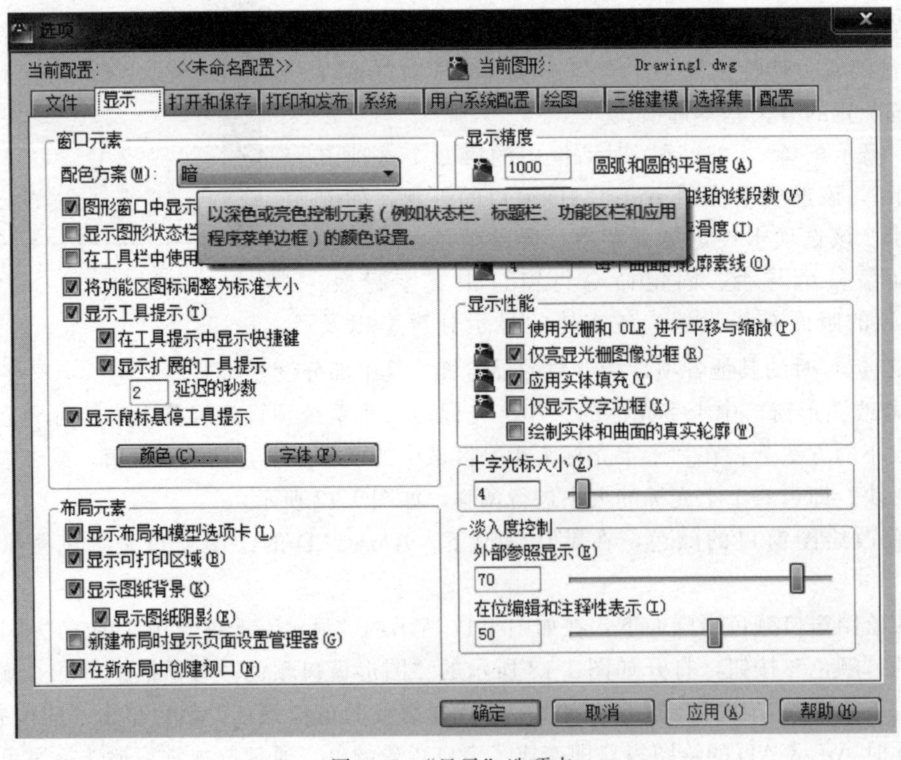

图 1-17 “显示”选项卡

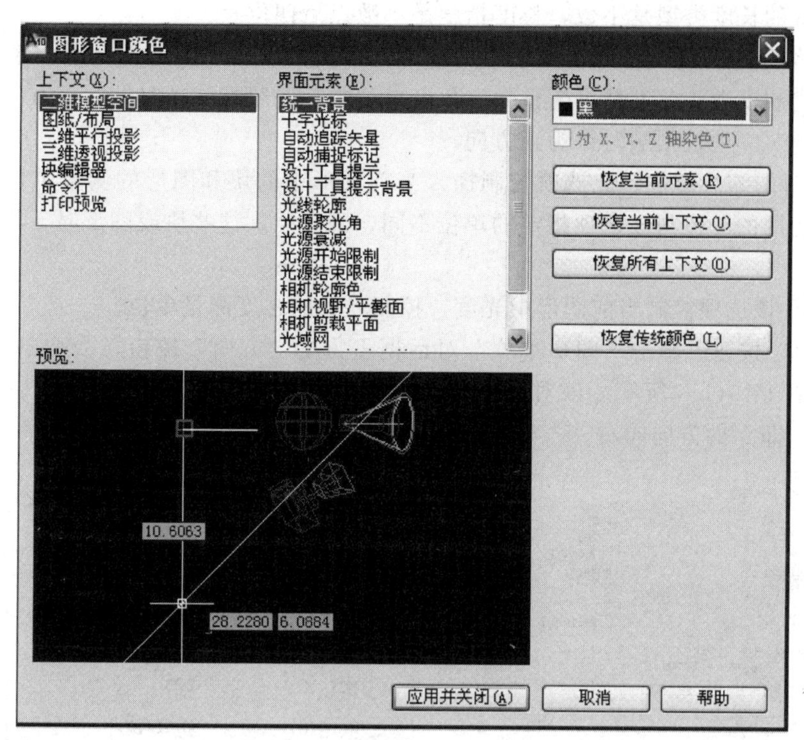

图 1-18　“图形窗口颜色”对话框

2. 绘图界限设置

图形界限表示图形周围一条不可见的边界。设置图形界限可确保以特定的比例打印时，创建的图形不会超过特定的图纸空间的大小。图形界限由两个点确定，即左下角点和右上角点。

单击下拉菜单【格式】|【图形界限】命令，命令行提示如下。

```
命令:_limits
重新设置模型空间界限:
指定左下角点或[开(ON)/关(OFF)]＜0,0＞:        //回车,默认坐标原点
指定右上角点＜420,297＞:297,210              //输入新坐标,回车
```

执行上述命令后，图形界限被设置为宽 297、高 210 的矩形区域，即该图纸的大小被设置为 297×210，单击屏幕底部的状态栏中的“栅格”按钮，可以显示设置图形界限内的区域。

说明：提示中的［开（ON）/关（OFF）］选项的功能是控制是否打开图形界限检查。选择“ON”时，系统打开图形界限检查功能，只能在设定的图形界限内画图，系统拒绝输入位于图形界限外部的点。系统默认设置为“OFF”，此时关闭图形界限的检查功能，允许输入图形界限外部的点。

3. 绘图单位设置

在绘图时应先设置图形的单位，即图上一个单位代表的实际距离，设置方法如下。

单击下拉菜单栏中的【格式】|【单位】命令，弹出“图形单位”对话框，如图 1-19(a) 所示。

① 长度类型与精度。在此选项中，用户可以根据实际需要来选择所需的长度类型与精

度。系统默认的长度类型是小数，长度精度是小数点后四位。

② 角度类型与精度。在此选项中，用户可选择所需的角度类型与精度。系统默认的角度类型是十进制度数，角度精度为整数。角度单位中，一般默认逆时针为正方向，但如果勾选了“顺时针”一项，则顺时针为正方向。

③ 插入时的缩放单位。此选项控制插入当前图形中的块和图形的测量单位。如果块或图形创建时使用的单位与该选项指定的单位不同，则在插入这些块或图形时，将对其按比例缩放。

④ 光源。该选项控制当前图形中光度，控制光源的强度测量单位。

⑤“方向”按钮。单击“图形单位”对话框下方的“方向”按钮，会弹出“方向控制”对话框，如图 1-19(b) 所示。该对话框用于选择基准方向，在默认情况下，会选择“东”为基准角度，即 0°的方向向右。

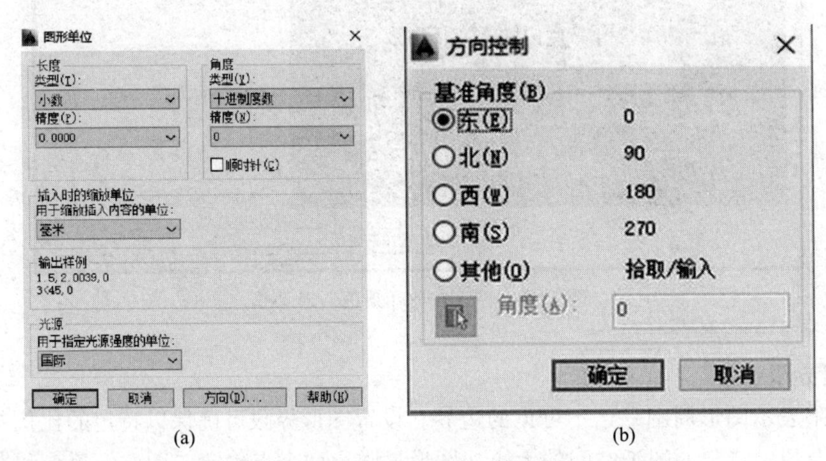

(a) (b)

图 1-19 “图形单位”对话框与“方向控制”对话框

二、图形文件的管理

（一）新建文件

在 AutoCAD 2014 中，新建图形文件的常用方法有以下 3 种。

① 单击最上面“快速访问工具栏”中的“新建”按钮 。

② 在下拉菜单栏中执行【文件】|【新建】命令。

③ 在命令行中输入 NEW（或 QNEW）。

执行上述操作后，AutoCAD 2014 系统会自动打开如图 1-20 所示的“选择样板”对话框。一般都选择系统默认 acadiso. dwt 图形样板文件，还可以使用在初始设置中选择的行业关联的图形样板。

说明：样板文件是系统提供的预设好各种参数或进行了初步绘制的标准文件（如图框）。在“文件类型”下拉表中有 dwt、dwg、dws 三种格式的图形样板。一般情况下，dwt 文件是标准的样板文件，通常将一些规定的标准样板文件设置成 dwt 文件；dwg 文件是普通的样板文件；而 dws 文件是包含标准图层、标注样式、线型和文字样式的样板文件。

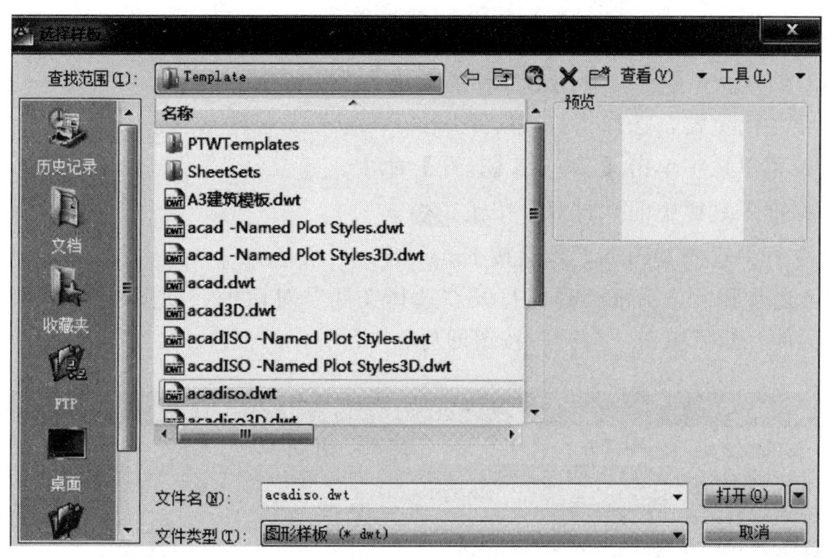

图 1-20　“选择样板”对话框

（二）保存文件

在 AutoCAD 2014 中，保存文件的常用方法有以下 3 种。

① 在下拉菜单栏中单击【文件】|【保存】命令。

② 单击标准工具栏中的“保存”按钮 。

③ 在命令行中输入 SAVE（或 QSAVE）。

执行上述操作后，若文件已命名，AutoCAD 自动保存；如果文件未命名，是第一次保存，系统将弹出如图 1-21 所示的“图形另存为”对话框。可以在“保存于”下拉表框中选择文件夹和盘符，在文件列表框中选择文件的保存目录，在“文件名”文本框中输入文件名，并从“文件类型”下拉列表中选择保存文件的类型，设置完成后单击“保存”按钮保存文件。

图 1-21　“图形另存为”对话框

（三）打开文件

在 AutoCAD 2014 中，打开图形文件的常用方法有以下 4 种。

① 单击菜单浏览器，选择“打开”。

② 在下拉菜单栏中单击【文件】|【打开】命令。

③ 单击标准工具栏中的“打开”按钮 。

④ 在命令行中输入 OPEN，然后按 Enter 键。

执行完上述步骤后，系统会弹出打开“选择文件”对话框，如图 1-22 所示，选择需要打开的图形文件，然后单击“打开”按钮即可。

图 1-22 “选择文件”对话框

三、AutoCAD 绘图常用操作

（一）基本输入操作

1. 命令输入方式

在 AutoCAD 中输入命令的方式有多种，可以选择菜单命令，在命令行中输入命令，使用快捷键，点击工具栏中的命令按钮，还可以在屏幕上点击鼠标右键并从弹出的快捷菜单中选择所需命令。

无论使用哪一种方式，在命令行中都会显示出命令提示信息。在命令行中输入的命令必须是英文，并且不分大小写，如命令 open 和 OPEN 功能相同。尽管 AutoCAD 的操作界面是中文界面，但是输入的命令必须是英文。许多的常用命令都有简写形式，例如缩放命令 zoom，简写形式为 Z。在命令行中输入命令的全名或简写形式后，按回车键 Enter 或空格键都可以启动命令。

例如，用户要调用“直线”命令，则可以在命令行中输入“LINE”，然后按 Enter 键即可，如图 1-23 所示。

图 1-23 调用“直线”命令方式 1

例如直接调用“直线”命令，可以执行下拉菜单【绘图】|【直线】命令，如图 1-24 所示。或者在绘图工具栏中直接单击该命令的图标，如图 1-25 所示。

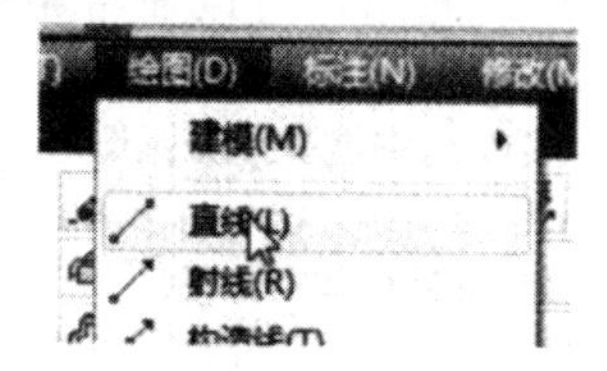

图 1-24 调用“直线”命令方式 2

图 1-25 调用“直线”命令方式 3

在执行命令时，经常需要使用相关参数，例如点的坐标、线的长度和圆的半径等，这些参数的输入都是由键盘来完成的。

2. 退出命令

有的命令在执行之后，会自动回到无命令状态，等用户输入下一个命令，但执行某些命令时，必须执行退出操作，才能返回到无命令状态。例如点击平移按钮以后，如果不按 Esc 键，用户就必须一直进行平移操作。

退出操作的方法有两种：

方法 1：当用户希望结束当前命令的操作时，按回车键 Enter，或按 Esc 键。

方法 2：单击鼠标右键，在弹出的快捷菜单中选择“取消”或“确定”，有时快捷菜单会显示“退出”。

3. 重复执行命令

在绘图时，用户会经常重复使用同一个命令，如果每次使用都要重新进行调用则显得十分麻烦，也会令绘图效率下降。所以 AutoCAD 中命令重复功能就显得十分方便。命令重复的方法有以下两种：

方法 1：在命令行中，没有输入任何命令的情况下，按回车键 Enter，或按空格键，可以执行前面刚刚执行的命令。

方法 2：在绘图窗口中点击鼠标右键，在弹出的快捷菜单中选择“重复”命令，即可重复执行上一个命令，并且在“重复”的右侧显示出上一个命令的名称，如图 1-26 所示。

方法 3：在命令窗口中单击鼠标右键，在弹出的快捷菜单中选择“近期使用的命令”，此时右侧会显示最近执行的命令，用户可以任选其一，如图 1-27 所示。

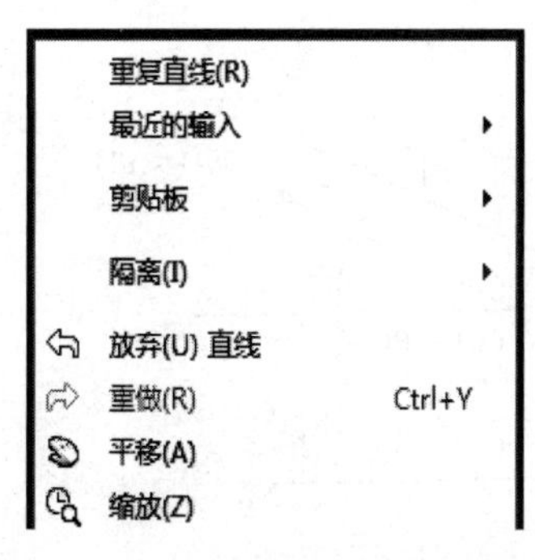

图 1-26 选择“重复”选项

图 1-27 “近期使用的命令”显示框

（二）坐标系统与数据的输入方法

坐标系是 AutoCAD 精确绘图的基础，坐标系的使用，使用户可以非常精确地定位点。在 AutoCAD 2014 中，通常使用两种坐标系，即直角坐标系与极坐标系。

① 直角坐标系。也叫笛卡儿坐标系，由 X 轴与 Y 轴构成，两坐标轴的单位长度相同，X 轴与 Y 轴相交于一点，且成 90°直角，其相交点为原点，如图 1-28 所示。

② 极坐标系。是在平面内由极点、极轴和极径组成的坐标系。在平面上取定一点 O，称为极点。从 O 出发引一条射线 OX，称为极轴。再取定一个长度单位，通常规定角度取逆时针方向为正。这样，平面上任一点 P 的位置就可以用线段 OP 的长度 ρ 以及从 OX 到 OP 的角度 θ 来确定，有序数对（ρ，θ）就称为 P 点的极坐标，记为 $P(\rho，\theta)$；ρ 称为 P 点的极径，θ 称为 P 点的极角，如图 1-29 所示。

图 1-28　直角坐标系　　图 1-29　极坐标系

在不同坐标系中，数据的输入方式也不相同，就算在同一坐标系中，坐标也分为绝对坐标和相对坐标，它们的输入方式也不相同。总体来说，坐标分为 4 种：绝对直角坐标、相对直角坐标、绝对极坐标、相对极坐标。

① 绝对直角坐标。以原点为参考点，表达方式为（X，Y），如图 1-30 的 A 点所示。

② 相对直角坐标。是相对于某一特定点而言的，表达方式为（@X，Y），表示该坐标值是相对于前一点而言的相对坐标，如图 1-30 的 B 点所示，如（@14，9），表示距离指定点的 X 轴位移为 14，Y 轴的位移为 9。

③ 绝对极坐标。是指在极坐标系中，某点相对于极点位置的坐标，是以极点为参考对象的。其表示方法是（ρ，θ），如图 1-31 的 C 点所示。

④ 相对极坐标。是指在极坐标系中，当前点相对于某点的相对位置，其值是当前点相对于某点的直线距离和当前点与某点的连线相对极轴的夹角，正方向依然是逆时针方向，表达方式为（@距离 < 角度），其中@表示相对于，如图 1-31 的 D 点所示。如点（@11＜24），表示与指定点的距离为 11，与 X 轴夹角为 24°。

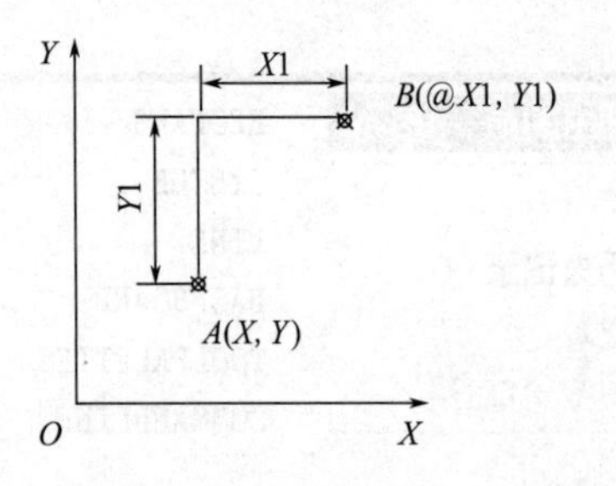

图 1-30　绝对直角坐标和相对直角坐标的输入

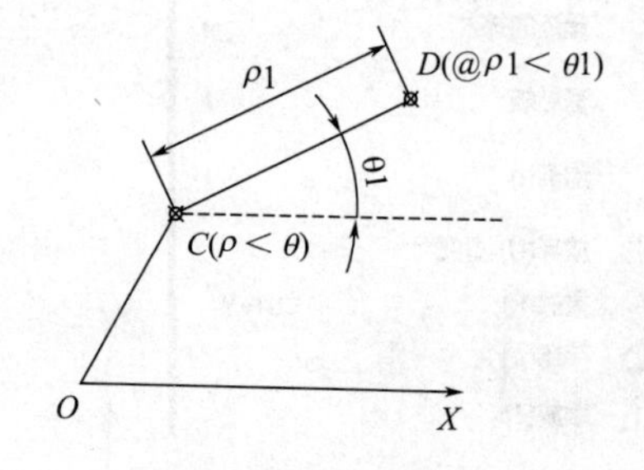

图 1-31　绝对极坐标和相对极坐标的输入

说明： 在绘图过程中不是自始至终只使用一种坐标模式，而是可以将一种、两种或三种坐标模式混合在一起使用。

1. **点的输入**

AutoCAD提供了很多点的输入方法，下面介绍常用的几种。

① 移动鼠标使十字光标在绘图区域之内移动，到合适位置时，单击鼠标左键，在屏幕上直接取点。

② 用目标捕捉方式捕捉屏幕上已有图形的特殊点，如端点、中点、圆心、交点、切点、垂足等。

③ 用光标拖拉出橡筋线确定方向，然后用键盘输入距离。

④ 用键盘直接输入点的坐标。

(1) 直角坐标法输入数值绘制线段

① 绝对坐标输入方式。命令行提示与操作如下。

```
命令:LINE                        //LINE是"直线"命令,大小写字母都可以,AutoCAD不区分大小写
指定第一个点:0,0                  //这里输入的是用直角坐标法输入的点X、Y坐标值
指定下一个点或【放弃(U)】:15,18   //表示输入了一个X、Y的坐标值分别为15、18的点,此为绝对坐标输
                                   入方式,表示该点的坐标是相对于当前坐标原点的坐标值,如图1-32
                                   (a)所示
指定下一点或【放弃(U)】:          //直接回车,表示结束当前命令
```

注意： 分隔数值一定要是英文状态下的逗号，否则系统不会识别输入数据。

② 相对坐标输入方式。命令行提示与操作如下。

```
命令:L                           //L是"直线"命令快捷输入方式,和完整命令输入方式等效
指定第一个点:10,8
指定下一个点或【放弃(U)】:@ 10,20 //此为相对坐标输入方式,表示该点的坐标是相对前一点的坐标值,如
                                   图1-32(c)所示
指定下一点或【放弃(U)】:          //如果输入U,表示放弃上步操作
```

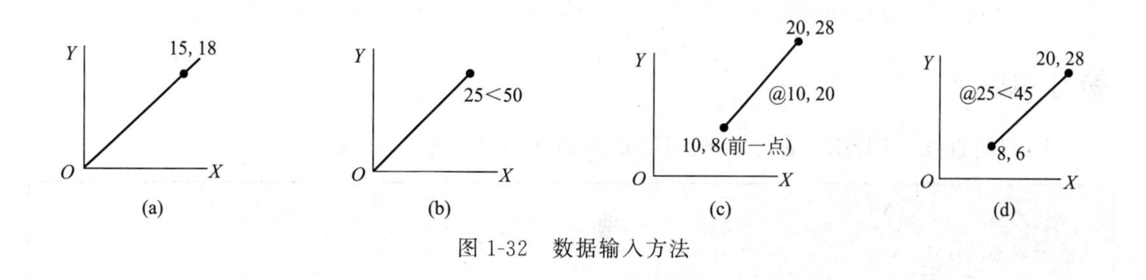

图1-32　数据输入方法

上机练习

绘制如图1-33所示矩形。

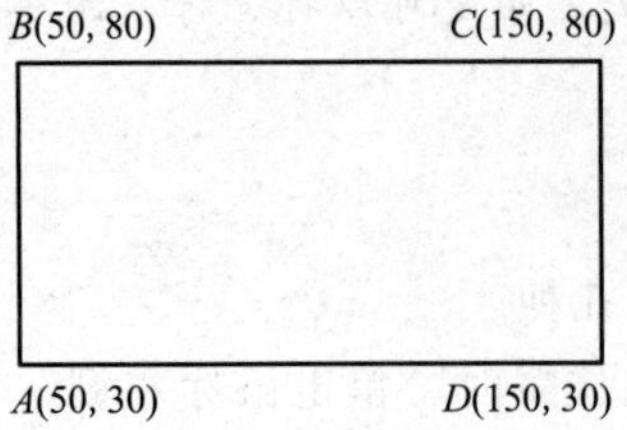

图 1-33　矩形

学习笔记

绘制视频（矩形）

（2）极坐标法输入数值绘制线段

① 绝对极坐标输入方式。单击下拉菜单【绘图】|【直线】命令，命令行提示与操作如下。

```
命令:_LINE                      //LINE 命令前加一个"_",表示是"直线"命令的菜单或工具栏输
                                  入方式,和命令行输入方式等效
指定第一个点:0,0
指定下一个点或【放弃(U)】:25<50    //此为绝对坐标输入方式下极坐标法输入数值的方式,25 表示该
                                  点到坐标原点的距离,50 表示该点至原点的连线与 X 轴正向的
                                  夹角,如图 1-32(b)所示
指定下一点或【放弃(U)】:
```

② 相对极坐标输入方式。单击绘图菜单中的“直线”命令，命令行提示与操作如下。

```
命令:_LINE
指定第一个点:8,6
指定下一个点或【放弃(U)】:@ 25<45  //此为相对坐标输入方式下极坐标法输入数值的方式,25 表示该
                                  点到前一点的距离,45 表示该点至前一点的连线与 X 轴正向的
                                  夹角,如图 1-32(d)所示
指定下一点或【放弃(U)】:
```

注意：有时看不清楚绘制的线段，可以在当前命令执行中执行一些显示控制命令，比如“标准”工具栏中的“实时平移”按钮 ，命令提示与操作如下。

```
命令:_PAN
```

上机练习

① 利用直线（LINE）命令，按照给定点的坐标形式绘制直线。

```
命令:line
线的起始点:20,20
指定下一点:@ 30<90
指定下一点:@ 20,20
指定下一点:@ 60<0
指定下一点:@ 50<270
指定下一点:@ -80,0
```

学习笔记

② 利用相对极坐标绘制如图 1-34 所示三角形。

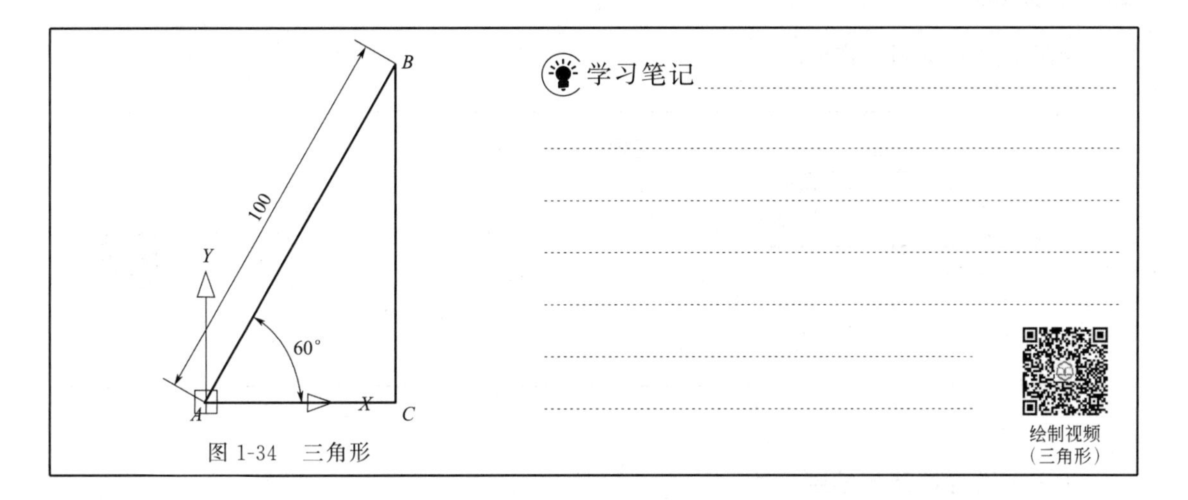

图 1-34　三角形

2. 距离的输入

在绘图过程中，有时需要提供长度、宽度、高度和半径等距离值。AutoCAD 提供了两种输入距离值的方式：

方法 1：在命令行中直接输入距离值。

方法 2：在屏幕上拾取两点，以两点的距离确定所需的距离值。

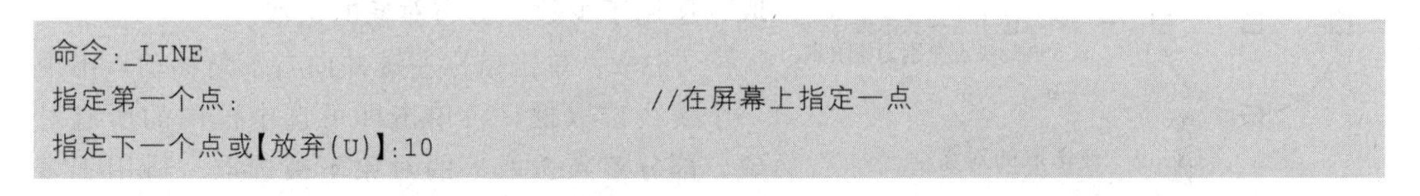

```
命令:_LINE
指定第一个点:                                  //在屏幕上指定一点
指定下一个点或【放弃(U)】:10
```

这时在屏幕上移动鼠标，指明线段的方向，但不要单击确认，如图 1-35 所示，然后在命令行输入 10，这样就在指定方向上准确地绘制了长度为 10mm 的线段。

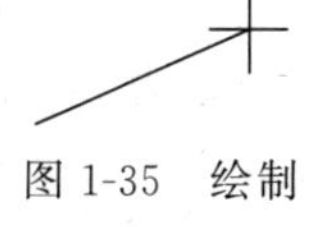

图 1-35　绘制线段图

3. 动态数据的输入

按下状态栏中的按钮 ，打开动态输入功能，可以在屏幕上动态地输入某些参数数据。

例如，在绘制直线时，在光标附近，会动态地显示“指定第一点”以及后面的坐标框，当前显示的是光标所在位置，可以输入数据，两个数据之间以逗号隔开，如图 1-36 所示。指定第一点后，系统动态显示直线的角度，同时要求输入线段长度值，如图 1-37 所示，其输入效果与“@长度<角度”方式相同。

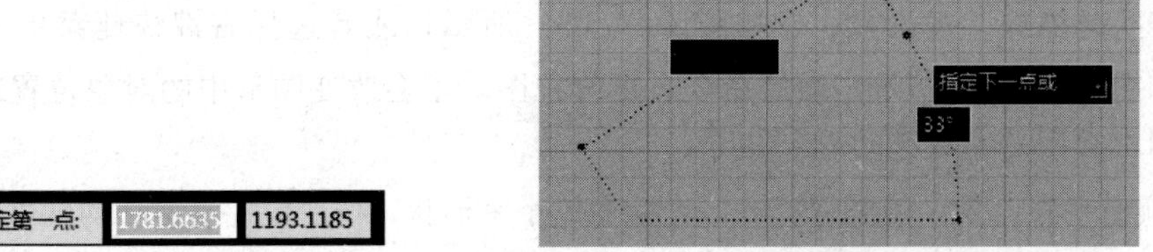

图 1-36　动态输入坐标值　　图 1-37　动态输入长度值

上机练习

绘制如图1-38所示梯形。

图1-38 梯形

（三）图像显示与控制

1. 对象的选取与删除

① 选取。在图形的绘制过程中常常要选取某些图形对象或图元进行编辑，被选中的对象以虚线和蓝色夹点（系统默认）表示，如图1-39所示。

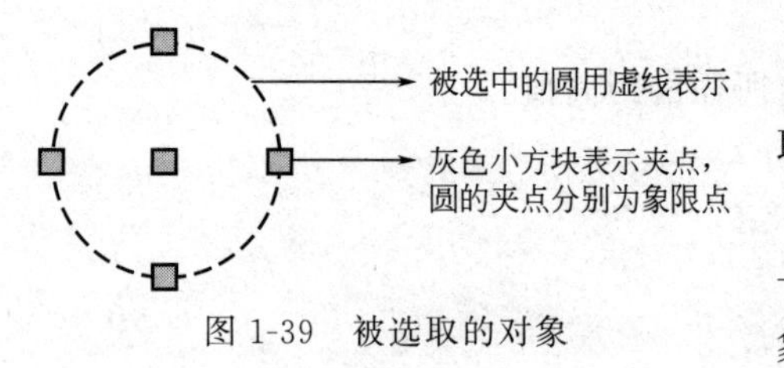

图1-39 被选取的对象

系统提供了以下几种选取方式。

方法1：移动鼠标到图形对象上，单击即可选取。适用于少数、分布对象的选取。

方法2：单击鼠标左键并向右下角移动，出现一个实线选取框，再单击即可选中框内的所有对象，部分落入选取框的对象不被选取。适用于多数、集中对象的选取。

方法3：单击鼠标左键并向左上角移动，出现一个虚线选取框，再单击则可选中框内关联对象，部分落入选取框的对象也被选中。适用于多数、集中对象的选取。

② 删除。在图形绘制与编辑时，删除也是常用操作之一，有如下3种方法。

方法1：选中要删除的对象，按键盘上的Delete键即可完成。

方法2：选中要删除的对象，单击修改工具栏中的“删除”按钮 即可完成。

方法3：在命令行输入erase，然后根据命令行提示，选择要删除的对象，或者输入all，来删除当前绘图窗口内所有对象。

2. 视图的缩放和移动

为了方便绘图，经常要对绘图区域的视图进行缩放或移动，操作如下：利用“Zoom”命令，或者单击工具栏的“缩放”工具栏块，如图1-40（a）所示；或者单击“标准”工具栏中的“实时缩放”按钮 ，如图1-40（b）所示；或者选择右键快捷菜单中的“缩放”命令，如图1-40（c）所示。缩放命令只更改视图，不会改变图形中的对象位置或比例。

绘图中常用的缩放移动命令如下：

① 实时平移命令：单击 后，光标变成小手形状，按住鼠标左键移动就可以移动视图。

② 窗口缩放命令：单击 后，用鼠标指定要查看区域的两个对角，可以快速放大该

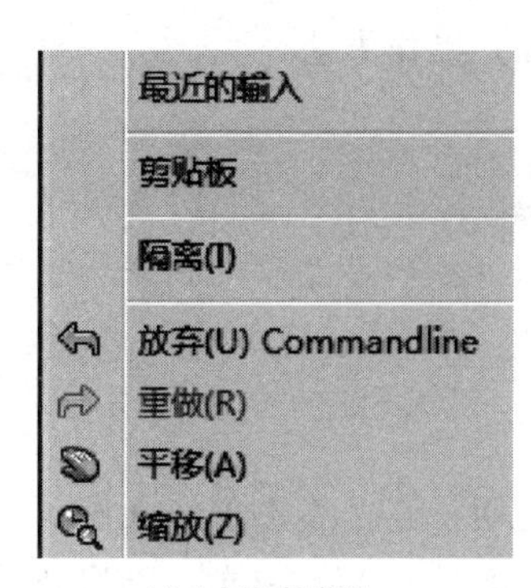

(a)“缩放”工具栏块　(b) 缩放工具栏　(c) 右键快捷菜单

图 1-40　缩放工具

指定矩形区域。

③ 实时放大命令：单击后，按住鼠标左键向上或向下移动进行动态缩放。单击鼠标右键，可以显示包含其他视图选项的快捷菜单。

④ 范围缩放命令：单击后，系统自动用尽可能大的比例来显示包含图形中的所有对象的视图。此视图包含已关闭图层上的对象，但不包含冻结图层上的对象。

最快捷、简单的缩放操作就是滚动鼠标的滚轮，视图会以光标为中心缩放，顺时针滚动视图缩小，逆时针滚动视图放大。

四、AutoCAD 绘图常用命令

【实例 1-1】 绘制窗间墙节点

以窗间墙节点为例，讲解直线命令、镜像命令的使用方法，绘制结果如图 1-41 所示。

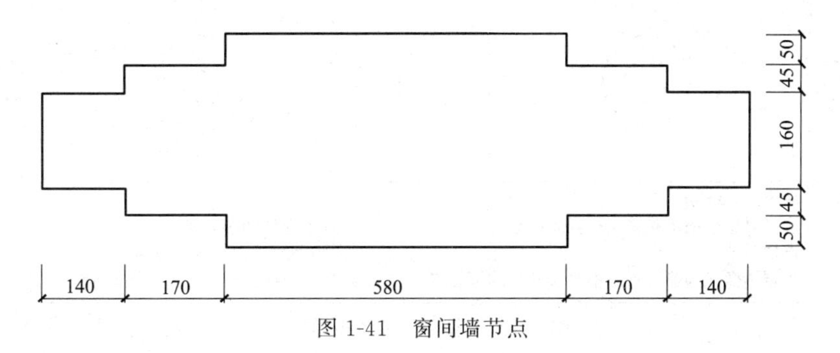

图 1-41　窗间墙节点

（一）命令详解

1. 直线命令（LINE）

直线是图形中最常见，也是比较简单的实体。用户可以通过 AutoCAD 提供的 LINE 命令，绘制一条或多条连续的直线段。

（1）直线调用方法

命令行：LINE 或 L

菜单：【绘图】|【直线】

工具栏：单击绘图工具栏上的“直线”按钮

（2）操作方法

```
命令:line(回车)
指定第一点:
指定下一点或[放弃]:
指定下一点或[放弃]:
指定下一点或[闭合(C)/放弃(U)]:
```

说明：在“指定下一点或［放弃］:”提示符后键入“U”，回车即可取消刚才画的一段直线，再键入U，回车，再取消前一段直线，以此类推。在“指定下一点或［闭合（C）/放弃（U）］:”提示符后键入“C”，回车，系统会将折线的起点和终点相连，形成一个封闭线框，并自动结束命令。

2. 镜像命令（mirror）

使用镜像命令可以高效快速地绘制两个轴对称的对象，对快速创建对称的对象非常有用。在绘制整个对象时，只需绘制半个，通过“镜像”命令，即可得到整个对象。

（1）镜像命令调用方法

命令行：mirror

菜单：【修改】|【镜像】

工具栏：单击修改工具栏上的“镜像”图标

（2）操作方法

镜像命令操作过程如图1-42所示。

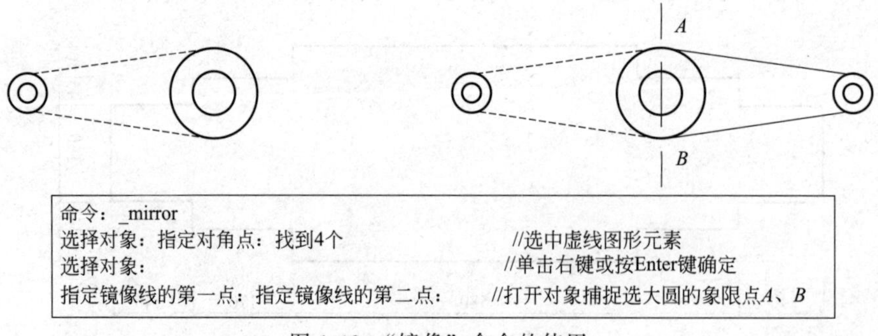

图1-42 “镜像”命令的使用

镜像命令行最后“要删除源对象吗？［是(Y)/否(N)］＜N＞:”参数的输入中，输入Y表示将镜像的图像放置到图形中并删除原始对象；输入N表示将镜像的图像放置到图形中并保留原始对象，如图1-43所示。

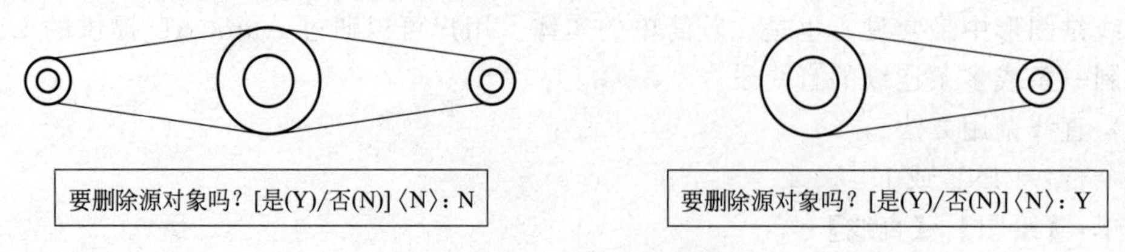

图1-43 是否删除源对象

（二）绘图过程

第 1 步：运用直线命令绘制基本图形。

单击绘图工具栏中的“直线”命令按钮 ，命令行提示如下。

```
命令：_line 指定第一点：                     //在绘图区内任意一点单击
指定下一点或[放弃(U)]：<极轴开>80           //打开“极轴”，沿垂直向下的方向输入距离 80
指定下一点或[放弃(U)]：140                  //沿水平向右的极轴方向输入距离值 140
指定下一点或[闭合(C)/放弃(U)]：45           //沿垂直向下方向输入 45
指定下一点或[闭合(C)/放弃(U)]：170          //沿水平向右方向输入 170
指定下一点或[闭合(C)/放弃(U)]：50           //沿垂直向下方向输入 50
指定下一点或[闭合(C)/放弃(U)]：290          //沿水平向右方向输入 290
指定下一点或[闭合(C)/放弃(U)]：             //回车，结束命令
```

绘制完成的图形形态如图 1-44 所示。

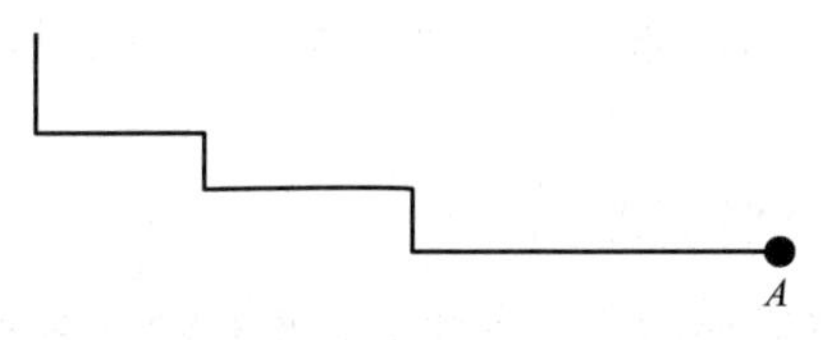

图 1-44　绘制完成的图形形态

第 2 步：镜像图形。

① 单击修改工具栏中的“镜像”命令按钮 ，命令行提示如下。

```
命令：_mirror
选择对象：指定对角点：找到 6 个                //选择图 1-44 中所绘直线图形
选择对象：                                     //回车，结束对象选择状态
指定镜像线的第一点：指定镜像线的第二点：       //第一点捕捉图 1-45 中的A 点，第二点为沿A 点垂直向上
                                                 极轴方向的任意一点
是否删除源对象？[是(Y)/否(N)]<N>：             //回车，选择默认项，即不删除源对象
```

镜像结果如图 1-45 所示。

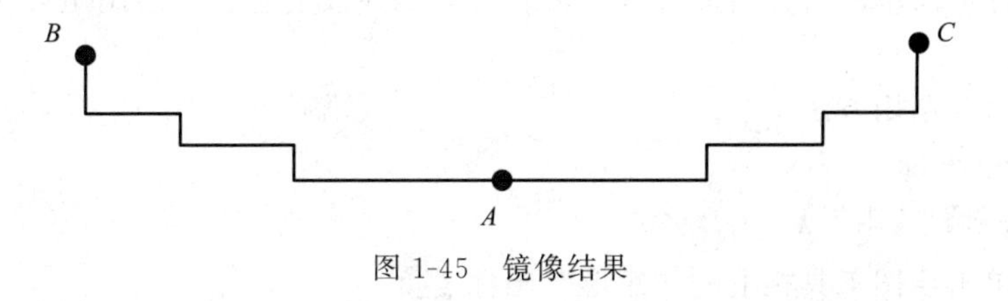

图 1-45　镜像结果

② 再一次单击修改工具栏中的“镜像”命令按钮 ，命令行提示如下。

```
命令：_mirror
```

```
选择对象:指定对角点:找到 12 个                //选择图 1-45 中全部直线
选择对象:                                    //回车,结束对象选择状态
指定镜像线的第一点:指定镜像线的第二点:        //选择图 1-44 中的B 点和C 点作为镜像线的第一点和第二点
是否删除源对象?[是(Y)/否(N)]<N>:             //回车,选择默认值
```

最终镜像结果如图 1-46 所示。

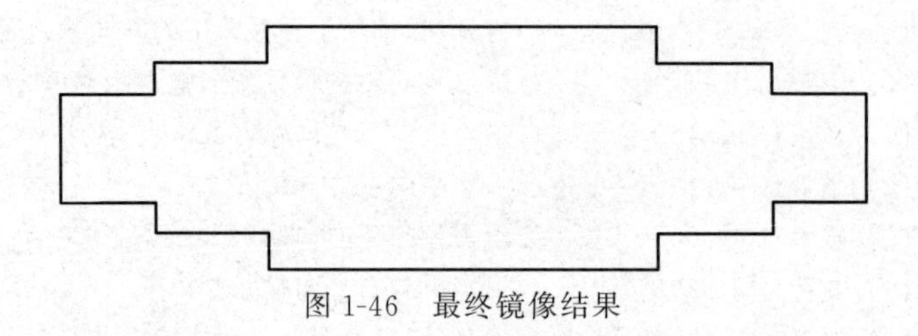

图 1-46　最终镜像结果

（三）实例小结

本实例主要应用直线命令和镜像命令，利用直线命令绘制水平线和垂直线时，应打开“正交”，可以提高绘图效率。

【实例 1-2】　绘制花坛平面图

以花坛平面图为例，讲解矩形命令、圆命令、偏移命令的使用方法，绘制结果如图 1-47 所示。

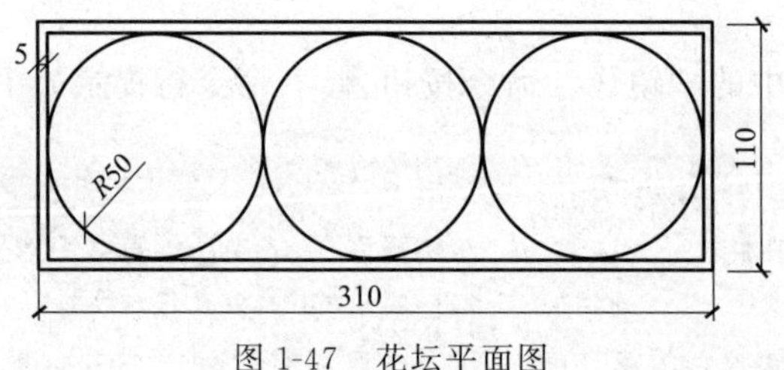

图 1-47　花坛平面图

（一）命令详解

1. 矩形命令（RECTANG）

矩形是一种最简单的组合图形符号，可以看成是线段的组合。绘制矩形时需要指定矩形的两个角点。

（1）矩形命令调用方法

命令行：rectang

菜单：【绘图】|【矩形】

工具栏：单击绘图工具栏上的“矩形”图标

（2）操作方法

```
命令:rectang
指定第一角点或[倒角(C)/标高(E)/圆角(F)/厚度(T)/宽度(W)/面积(A)]:
```

各选项的含义如下：

① 指定第一个角点：通过指定两个角点确定矩形，如图 1-48(a) 所示。

② 面积（A）：指定面积的长或宽创建矩形，如图 1-48(b) 所示。

③ 尺寸（D）：使用长和宽创建矩形。第二个指定点将矩形定位在与第一角点相关的四个位置之一内，如图 1-48(c) 所示。

④ 倒角（c）：指定倒角距离，绘制带倒角的矩形如图 1-48(d) 所示，每一个角点的逆时针和顺时针方向的倒角可以相同，也可以不同，其中第一个倒角距离是指角点逆时针方向倒角距离，第二个倒角距离是指角点顺时针方向倒角距离。

⑤ 圆角（F）：指定圆角半径，绘制带圆角的矩形，如图 1-48(e) 所示。

⑥ 标高（E）：指高出 XY 平面的值，一般用在三维上。

⑦ 厚度（T）：指定矩形的厚度，画出的矩形是立体的，如图 1-48(f) 所示。

⑧ 宽度（W）：指定线宽，如图 1-48(g) 所示。

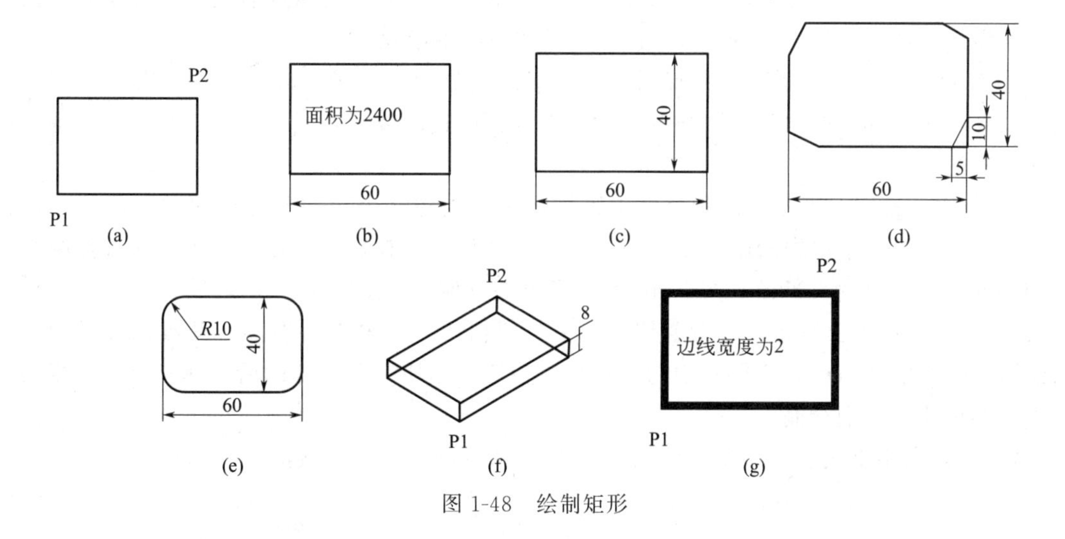

图 1-48　绘制矩形

2. 圆命令（CIRCLE）

(1) 圆命令的调用方法

命令行：CIRCLE 或 C

菜单：【绘图】|【圆】

工具栏：单击绘图工具栏上的“圆”图标

(2) 多种绘制圆的方式

① 圆心、半径。该命令是用圆心与半径来确定一个圆，其操作方式如下：单击绘图菜单中的圆命令，执行其中的“圆心、半径”命令，然后在屏幕中选取一点作圆心或者输入圆心坐标，接着输入半径值，按 Enter 键，即可完成圆的绘制，如图 1-49 所示。

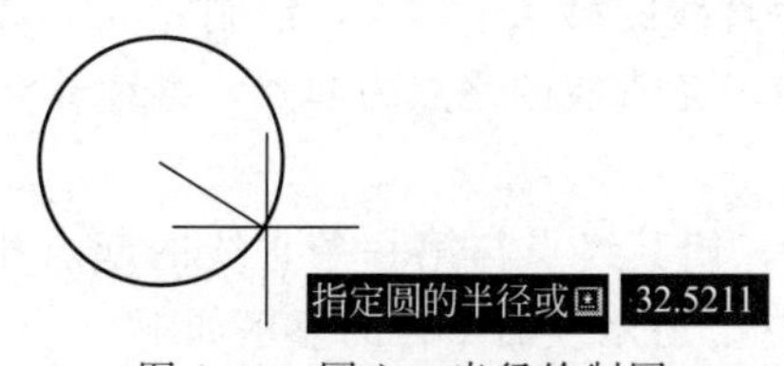

图 1-49　圆心、半径绘制圆

② 圆心、直径。该命令是用圆心与直径来确定一个圆，其操作方式如下：单击绘图菜单中圆命令，执行其中的“圆心、直径”命令，然后在屏幕中选取一点作圆心或者输入圆心坐标，接着输入直径值，按 Enter 键，即可完成圆的绘制，如图 1-50 所示。

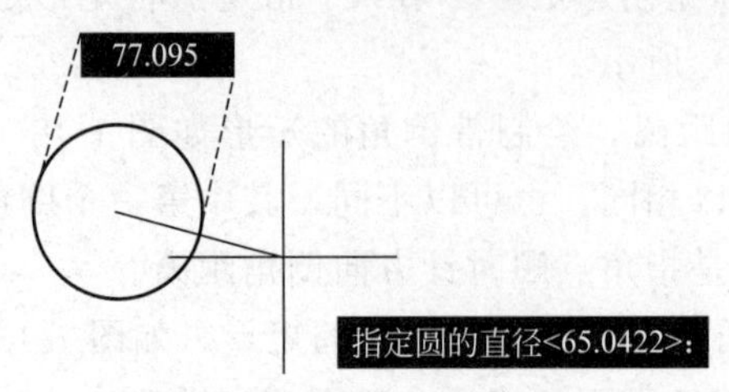

图 1-50　圆心、直径绘制圆

③ 两点。该命令是用直径上的两点来绘制圆，其操作方式为：单击绘图菜单中的圆命令，执行其中的“两点”命令，然后在屏幕中选取一点作直径起点或者输入点的坐标，接着选取或输入直径的另一点，按 Enter 键，即可完成圆的绘制。

④ 三点。三点法绘制圆是用圆周上的三点来创建圆。其操作方法为：单击绘图菜单中的圆命令，执行其中的“三点”命令，然后在屏幕中选取或者输入三个点，按 Enter 键，即可完成圆的绘制。

⑤ 相切、相切、半径。该命令是用以指定半径创建一个相切于两个对象的圆。其操作方式为：单击绘图菜单中的圆命令，执行其中的“相切、相切、半径”命令，先选择两个与圆相切的对象，再输入半径，按 Enter 键，即可完成圆的绘制。

⑥ 相切、相切、相切。该命令是用三个与圆相切的对象来创建圆。其操作方式为：单击绘图菜单中的圆命令，执行其中的“相切、相切、相切”命令，然后选择三个与圆相切的对象，即可完成圆的绘制。

【实操】利用直线和圆命令来绘制如图 1-51 所示的三角形内接圆。

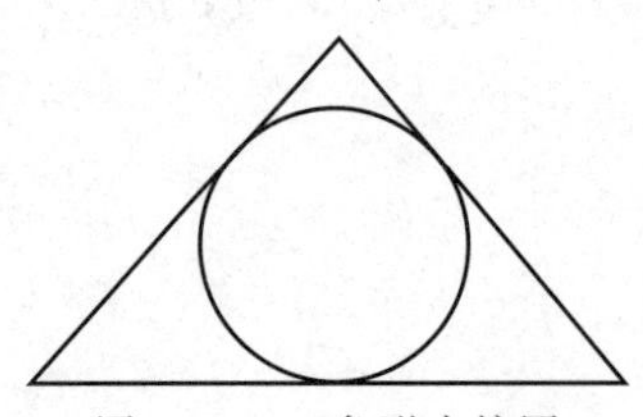

图 1-51　三角形内接圆

① 绘制任意三角形。

a. 单击下拉菜单【绘图】|【直线】命令，或者单击绘图工具栏中的“直线”图标，或者在当前命令行中键入“L”。

b. 移动鼠标十字光标在绘图区任意处单击左键，屏幕上产生直线的第一个端点，移动鼠标再单击左键，屏幕上产生直线的第二个端点，绘制完成了第一条直线。

c. 直接按 Enter 键，以第一条直线的终点为起点，继续移动鼠标重复上述操作，绘制完成第二条直线。

d. 输入“c”闭合三角形，使其终点与第一条直线的起点相交，绘制完成第三条直线，完成一个三角形，结果如图 1-52 所示。命令行的显示如下。

```
命令:_line                          //激活直线命令
指定第一点:                         //绘图区任意处单击左键
指定下一点或[放弃(U)]:              //单击左键绘制第一条线
指定下一点或[放弃(U)]:              //单击左键绘制第二条线
指定下一点或[闭合(C)/放弃(U)]:c     //输入 c 闭合三角形
```

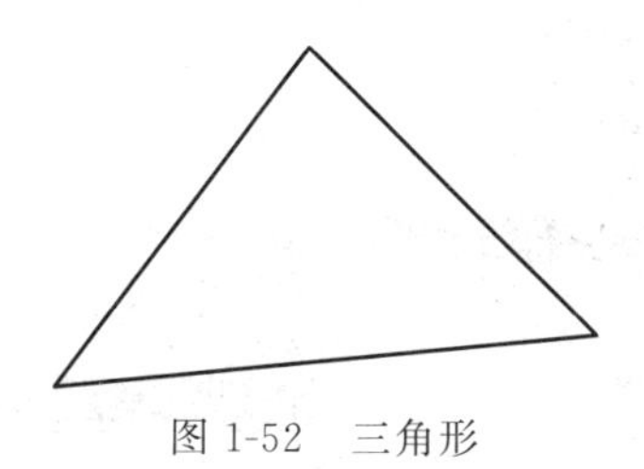

图 1-52　三角形

② 设置对象捕捉的切点。

a. 在工作界面底部状态栏右击“对象捕捉”按钮，打开快捷菜单，单击“设置”选项如图 1-53 所示。

b. 打开“草图设置”对话框，单击“对象捕捉”标签，如图 1-54 所示。

c. 单击“切点”复选框，出现“√”，单击“确定”按钮。

图 1-53　快捷菜单

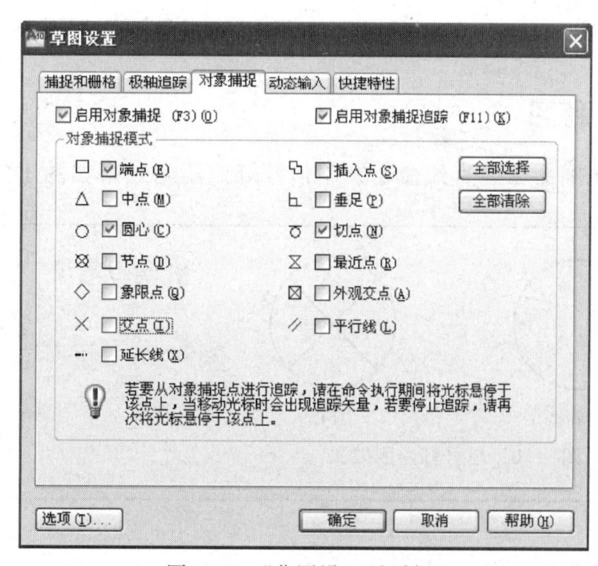

图 1-54　“草图设置对话框”

③ 绘制内接圆。

a. 选择下拉菜单【绘图】|【圆】选项。

b. 在“圆”级联菜单中单击“三点”选项，如图 1-55 所示。

c. 在屏幕上分别选择三角形的各个边。

d. 选择边时可以看到“递延切点”提示，完成内接圆。效果如图 1-51 所示。

技巧：在“圆”级联菜单中单击“相切、相切、相切”菜单项，也可以完成内接圆，同时不需要设置“切点捕捉”。

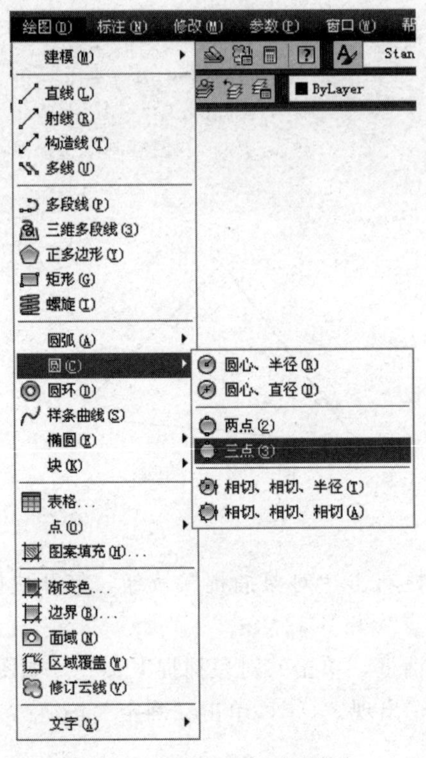

图 1-55 执行三点画圆命令

上机练习

利用圆命令、直线命令绘制信号灯。绘制效果如图 1-56 所示。

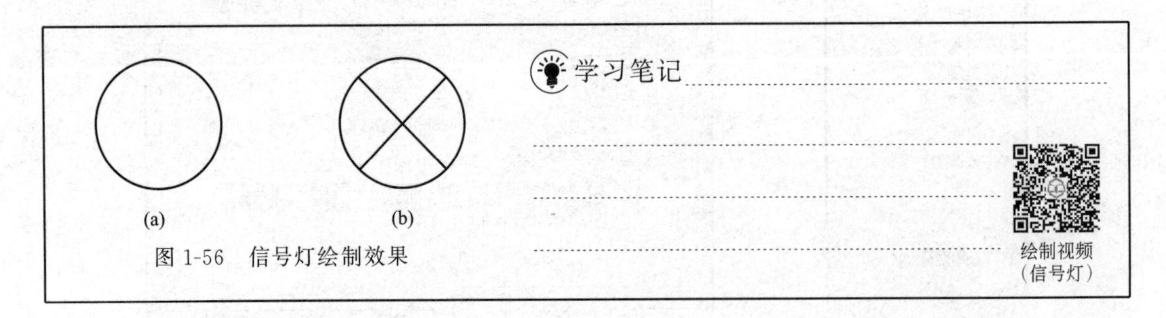

图 1-56 信号灯绘制效果

3. 偏移指令（OFFSET）

偏移对象即对对象进行同心的复制，复制后副本可以是放大的也可以是缩小的，这取决于偏移的方向：如果偏移所得的副本在源对象之内，则为缩小；如果所得副本在源对象之外，则为放大。对直线而言，其圆心位于无限远处，对直线进行偏移实际上是对其进行平行复制。

(1) 偏移命令的调用方法

命令行：OFFSET

菜单：【修改】|【偏移】

工具栏：单击修改工具栏上的“偏移” 

（2）操作方法

先执行“偏移”命令，再在偏移距离文本框中输入要偏移的距离，按 Enter 键，再选择要偏移的源对象，最后选择偏移方向，即选择往对象内偏移还是往对象外偏移，如果在对象外侧单击鼠标则往对象外偏移，反之为往对象内偏移，如图 1-57 及图 1-58 所示。

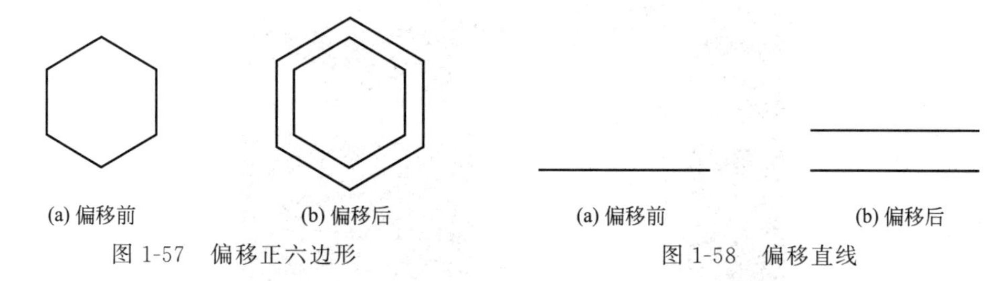

(a) 偏移前　(b) 偏移后

图 1-57　偏移正六边形

(a) 偏移前　(b) 偏移后

图 1-58　偏移直线

（二）绘图过程

第 1 步：绘制矩形。

① 绘制大矩形。单击绘图工具栏中的矩形命令按钮，命令行提示如下。

```
命令：_rectang
指定第一角点或[倒角(C)/标高(E)/圆角(F)/厚度(T)/宽度(W)]：    //在绘图区之内任意指定一点
指定第一角点或[面积(A)/尺寸(D)/旋转(R)：d                    //输入 d 选择尺寸选项
指定矩形的长度＜50.0000＞：310                               //输入矩形的长度 310
指定矩形的宽度＜100.0000＞：110                              //输入矩形的宽度 110
指定另一角点或[面积(A)/尺寸(D)/旋转(R)：                      //指定矩形所在一侧的点以确定
                                                              矩形的方向
```

② 绘制小矩形。单击修改工具栏中的偏移命令按钮，命令行提示如下。

```
命令：_offset
当前设置：删除源＝否　图层＝源 OFFSETGAPTYPE＝0
指定偏移距离或[通过(T)/删除(E)/图层(L)]＜1.000＞：5          //输入偏移距离 5
选择要偏移的对象，或[退出(E)/放弃(U)]＜退出＞：                //选择大矩形
指定要偏移的一侧上的点，或[退出(E)/多个(M)/放弃(U)]＜退出＞：
                                                            //在大矩形内任意一点单击左键
选择要偏移的对象，或[退出(E)/放弃(U)]＜退出＞：                //回车，结束命令
```

绘制结果如图 1-59 所示。

图 1-59　矩形绘制结果

第2步：绘制圆。

① 选择下拉菜单中的【绘图】|【圆】|【相切、相切、相切】命令，如图1-60所示，命令行提示如下。

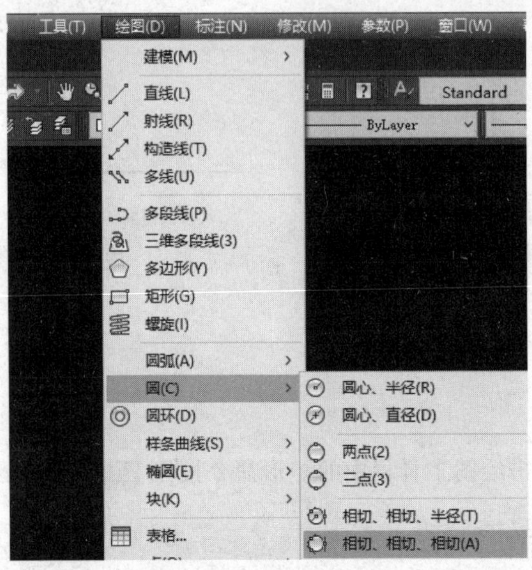

图1-60 圆下拉菜单

```
命令：_circle
指定圆的圆心或[三点(3p)/两点(2p)/相切、相切、半径(T)]：_3p
指定圆上的第一个点：_tan 到      //将十字光标移至小矩形的左边缘，出现黄色捕捉提示，单击左键确定
指定圆上的第二个点：_tan 到      //同理，选择小矩形的上边
指定圆上的第三个点：_tan 到      //选择小矩形的下边
```

绘制结果如图1-61所示。

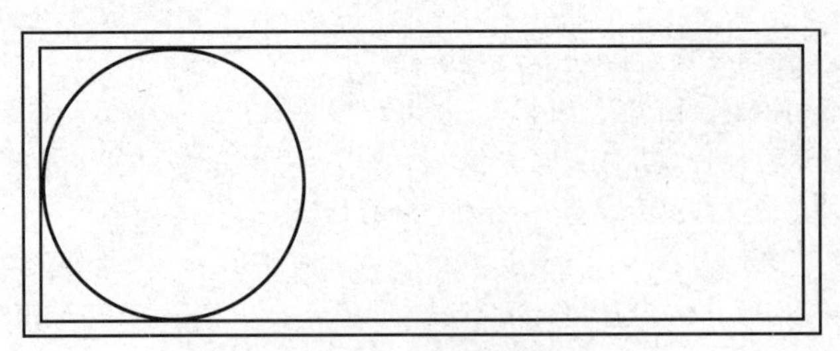

图1-61 圆绘制结果

② 同理，运用下拉菜单栏中的【绘图】|【圆】|【相切、相切、相切】命令绘制另两个圆，即完成作图。

圆的绘制也可以运用下拉菜单栏中的【绘图】|【圆】|【相切、相切、半径】命令完成，圆的半径为50。

注意： 单击【绘图】工具栏中的命令按钮 ，或者键盘输入CIRCLE或C后，命令行提示如下：

```
命令:_circle
指定圆的圆心或[三点(3p)/两点(2p)/相切、相切、半径(T)]:
```

各参数即选项的含义与下拉菜单栏中相应命令相同，只是没有【相切、相切、相切】选项。

（三）实例小结

本实例主要应用矩形命令和圆命令，圆命令有 6 种画圆方法。前 5 种方法可以通过命令行实现，第 6 种方法只能通过下拉菜单输入命令。

【实例 1-3】　绘制足球平面图

以绘制足球为例，主要讲解正多边形命令、填充命令、修剪命令及复制命令的使用方法。绘图结果如图 1-62 所示。

图 1-62　足球平面图

（一）命令详解

1. 正多边形命令（POLYGON）

正多边形是指由三条以上各边长相等的线段构成的封闭实体。

（1）正多边形命令的调用方法

命令行：POLYGON

菜单：【绘图】|【正多边形】

工具栏：单击绘图工具栏上的“正多边形”图标

（2）操作方法

```
命令:_polygon
输入侧面数<4>:
指定正多边形的中心点或[边(E)]:
输入选项[内接于圆(I)/外切于圆(C)]<I>:
指定圆半径:
```

在绘制多边形的命令提示行中，各选项含义如下。

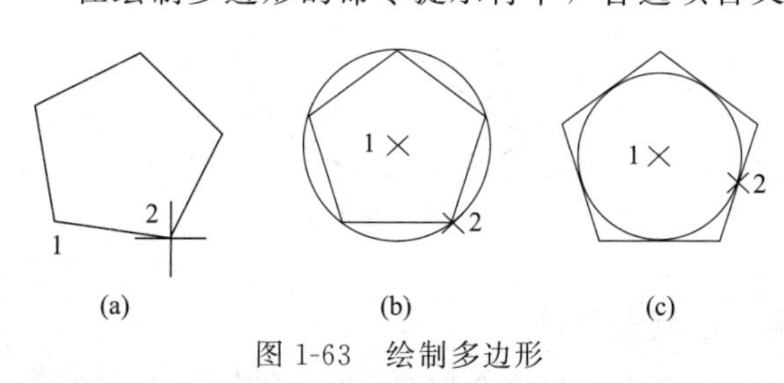

图 1-63　绘制多边形

① 边（E）：只要指定多边形的一条边，系统就会按逆时针方向创建该正多边形，如图 1-63(a) 所示。

② 内接于圆（I）：在绘制内接正多边形时，应指定外接圆的半径，正多边形的所有顶点都在此圆周上，如图 1-63(b) 所示。

绘制内接正多边形的步骤是：单击“多边形”命令按钮，然后输入多边形数，在屏幕中心选择正多边形的中心，接着在出现的菜单中选择“内接于圆”，输入圆的半径，即可完成正多边形的绘制。

③ 外切于圆（C）：指绘制的多边形外切于圆，如图 1-63(c) 所示。

绘制内接正多边形的步骤是：单击“多边形”命令按钮，然后输入多边形数，在屏幕中心选择正多边形的中心，接着在出现的菜单中选择“外切于圆”，输入圆的半径，即可完成正多边形的绘制。

2. 修剪命令（TRIM）

修剪对象即利用修剪边界来断开要修剪的对象并删除该对象位于修剪边界某一侧的部分。简单来说，就是修剪边界相当于一把刀，它将修剪对象的一部分切去。如果修剪边界与修剪对象没有相交，则会将修剪对象延伸至修剪边界。

（1）修剪命令的调用方法

命令行：TRIM

菜单：【修改】|【修剪】

工具栏：单击修改工具栏上的“修剪”图标 -/--

（2）操作方法

修剪对象时，调用“修剪”命令后，命令行中将会出现如图 1-64(a) 所示的文字，表示要选择修剪边界。用光标选择修剪边界，如图 1-65(a) 中的 A 曲线，然后按 Enter 键，完成修剪边界的选择。如果在提示选择边界时，不选取任何对象，直接按 Enter 键，则会选择绘图区中所有的对象作为修剪边界。接着命令行中会提示选择要修剪的对象，如图 1-64(b) 所示，选择完成要修剪的对象后，如图 1-65(b) 中的 B 直线，完成对 B 直线的修剪。

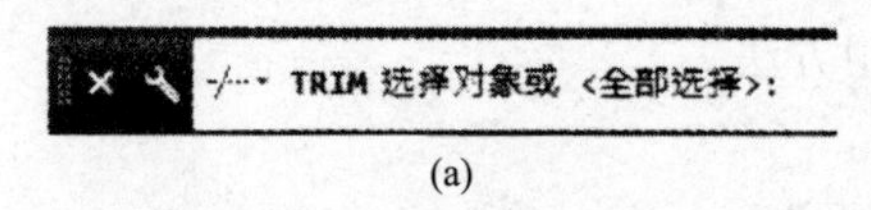

(a)

TRIM [栏选(F) 窗交(C) 投影(P) 边(E) 删除(R) 放弃(U)]:

(b)

图 1-64　提示选择修剪边界和修剪对象

【实操】 绘制如图 1-66 所示五角星。

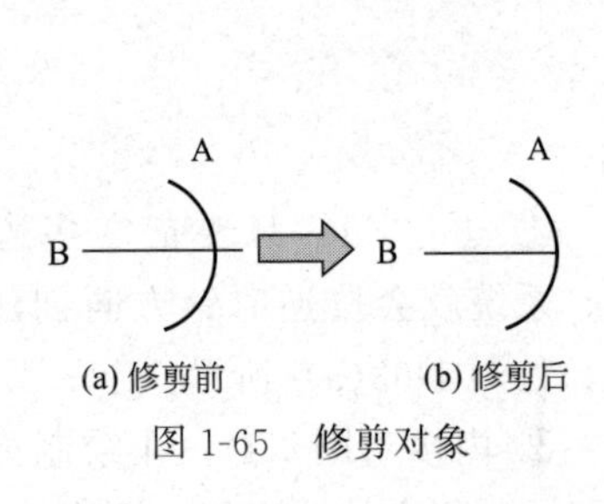

图 1-65　修剪对象

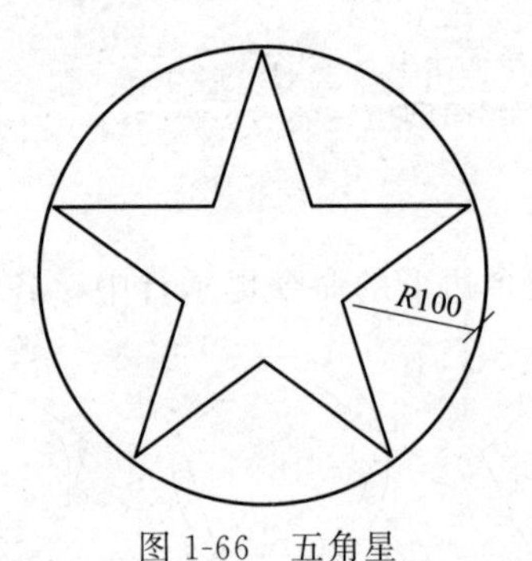

图 1-66　五角星

方法 1： 利用正多边形直线命令、修剪命令绘制五角星。

① 绘制辅助图形五边形。单击绘图工具栏中的正多边形命令按钮 ⬠，命令行提示如下。

```
命令:_polygon
输入边的数目<4>:5                                  //输入正多边形的边数 5
指定正多边形的中心点或[边(E)]:                      //在绘图区任意一点单击
输入选项[内接于圆(I)/外切于圆(C)]<I>:I             //选择内接于圆选项
指定圆的半径:100                                   //输入外接圆半径 100
```

结果如图 1-67 所示。

② 绘制直线。单击绘图工具栏中的直线命令按钮 ，按照 ABCDEA 的顺序画直线，命令行提示如下。

```
命令:_line
指定第一点:                                   //捕捉A 点
指定下一点或[放弃(U)]:                        //捕捉B 点
指定下一点或[放弃(U)]:                        //捕捉C 点
指定下一点或[闭合(C)/放弃(U)]:                //捕捉D 点
指定下一点或[闭合(C)/放弃(U)]:                //捕捉E 点
指定下一点或[闭合(C)/放弃(U)]:                //捕捉A 点
指定下一点或[闭合(C)/放弃(U)]:                //回车,结束命令
```

结果如图 1-68 所示。

③ 删除正五边形。单击修改工具栏中的删除命令 ，命令行提示如下。

```
命令:_erase
选择对象:指定对角点:找到 1 个                 //选择正五边形
选择对象:                                     //回车,结束命令
```

结果如图 1-69 所示。

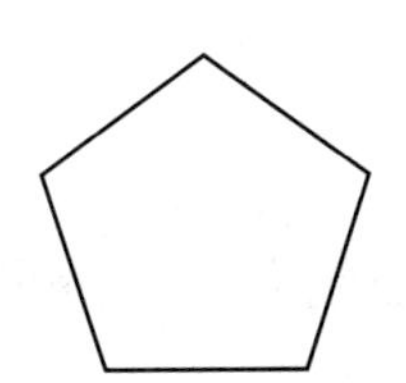

图 1-67 正多边形绘制结果

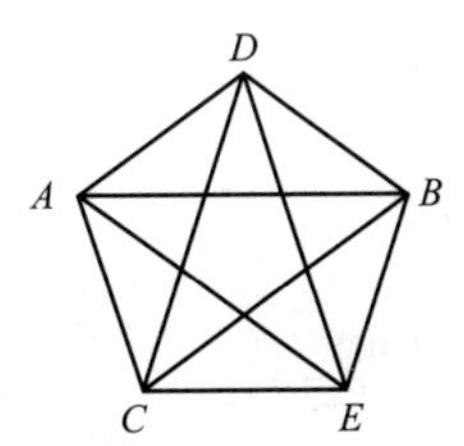

图 1-68 直线绘制结果

图 1-69 删除正五边形结果

④ 修剪直线。单击修改工具栏中的修剪命令按钮 ，命令行提示如下。

```
命令:_trim
当前设置:投影=UCS,边=无
选择剪切边…
选择对象或<全部选择>:指定对角点:找到 5 个            //选择图 1-69 中的所有直线
选择对象:                                          //回车
选择要修剪的对象,或按住 Shift 键选择要延伸的对象,或
[栏选(F)/窗交(C)/投影(P)/边(E)/删除(R)/放弃(U)]:   //选择直线FG
选择要修剪的对象,或按住 Shift 键选择要延伸的对象,或
[栏选(F)/窗交(C)/投影(P)/边(E)/删除(R)/放弃(U)]:   //选择直线GH
选择要修剪的对象,或按住 Shift 键选择要延伸的对象,或
[栏选(F)/窗交(C)/投影(P)/边(E)/删除(R)/放弃(U)]:   //选择直线HZ
选择要修剪的对象,或按住 Shift 键选择要延伸的对象,或
[栏选(F)/窗交(C)/投影(P)/边(E)/删除(R)/放弃(U)]:   //选择直线ZK
```

```
选择要修剪的对象,或按住 Shift 键选择要延伸的对象,或
[栏选(F)/窗交(C)/投影(P)/边(E)/删除(R)/放弃(U)]:          //选择直线KF
选择要修剪的对象,或按住 Shift 键选择要延伸的对象,或
[栏选(F)/窗交(C)/投影(P)/边(E)/删除(R)/放弃(U)]:          //回车
```

结果如图 1-70 所示。

方法 2：通过设置极轴增量角，利用直线命令、修剪命令绘制如图 1-66 所示五角星。

① 设置极轴增量角。在工作界面底部状态栏右击“极轴”按钮，单击“设置”选项，打开“草图设置”对话框，单击“极轴追踪”选项卡，如图 1-71 所示。单击“启用极轴追踪”复选框，使其出现“√”，在“增量角”下拉列表框中，输入 36，单击“确定”按钮。

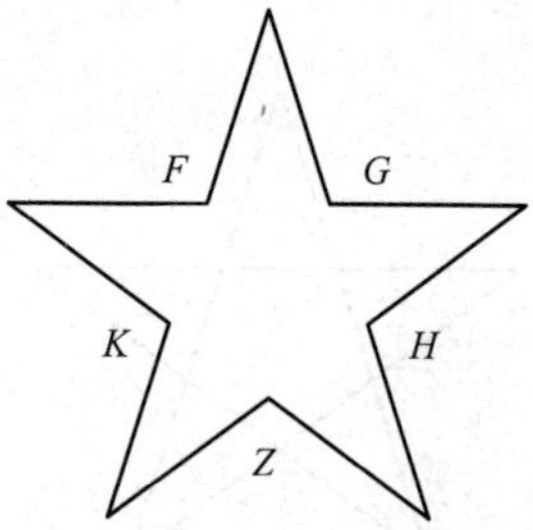

图 1-70　直线修剪结果

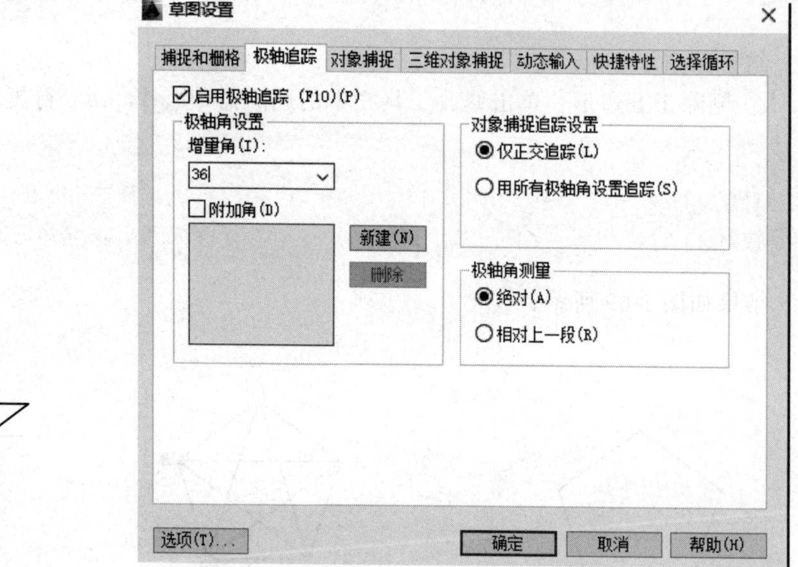

图 1-71　“草图设置”对话框

说明：绘图时，打开极轴、对象追踪功能将有利于精确绘制图形。画直线时，当某一点正好处在极轴增量角的位置上可以看到极轴辅助线，这时可以直接输入直线长度值，如本例输入 200。

极轴增量角设置为 36°，每当出现 36°的整倍数时，可以看到极轴辅助线。利用该功能能够大大地简化绘图操作程序。

② 画五角星。单击绘图工具栏中的直线命令按钮 ，命令行的显示如下。

```
命令:_line
指定第一点:                                  //在屏幕点击任意一点
指定下一点或[放弃(U)]:200                      //移动鼠标绘制 0°直线
指定下一点或[放弃(U)]:200                      //移动鼠标绘制 216°直线
指定下一点或[闭合(C)/放弃(U)]:200              //移动鼠标绘制 72°直线
指定下一点或[闭合(C)/放弃(U)]:200              //移动鼠标绘制 288°直线
指定下一点或[闭合(C)/放弃(U)]:C                //移动鼠标绘制封闭直线
```

绘制完成第一条线如图 1-72 所示。绘制完成的五角星如图 1-73 所示。

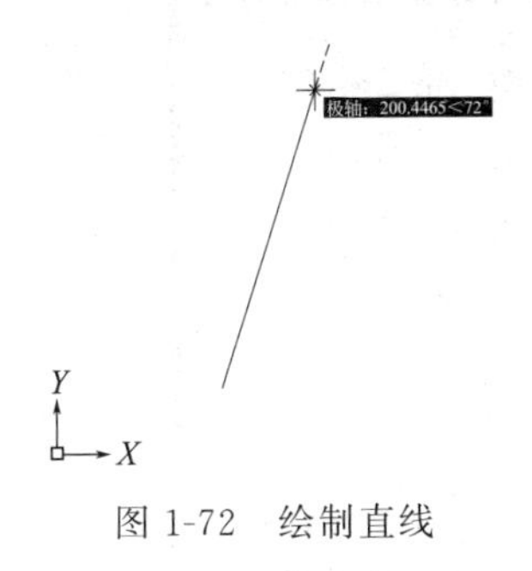

图 1-72　绘制直线

图 1-73　绘制完成的五角星

③ 修剪对象。单击修改工具栏中的修剪命令按钮 ，命令行提示如下。

```
命令:TRIM                                                  //激活修剪命令
当前设置:投影=UCS,边=无
选择剪切边...
选择对象:all                                               //键入 all,表示选择全部对象
找到 5 个
选择对象:                                                  //回车
选择要修剪的对象,或按住 Shift 键选择要延伸的对象,或[投影(P)/边(E)/放弃(U)]:
                                                           //选择五角星内部需要修剪的边
选择要修剪的对象,或按住 Shift 键选择要延伸的对象,或[投影(P)/边(E)/放弃(U)]:
                                                           //重复选择其他边,回车结束
```

绘制结果如图 1-70 所示。

注意：修剪命令在操作时，可以先按回车键，再选择被剪切对象。

3. 图案填充命令（HATCH）

图案填充即用图案对封闭区域或选定区域进行填充。在绘图时，用户有时需要对某些封闭区域填充某些图案，以表示某些特定的意义。

（1）图案填充的调用方法

命令行：HATCH

菜单：【绘图】|【图案填充】

工具栏：单击绘图工具栏“图案填充”命令图标 （或“渐变色”命令图标 ）。

（2）“图案填充和渐变色”对话框（图 1-74）中各选项和按钮的含义　“图案填充”选项卡下的各选项用来确定图案及其参数。其中各种选项含义如下：

◆ 类型：用于确定填充图案的类型及图案。在下拉列表中，“用户定义”选项表示用户要临时定义填充图案，与命令行方式中的“U”选项作用一样；“自定义”选项表示选用 ACAD. pat 图案文件或其他图案文件（. pat 文件）中的图案填充；“预定义”选项表示用 AutoCAD 标准图案文件（ACAD. pat）中的图案填充。

◆ 图案：用于确定标准图案文件的填充图案。选取所需要的填充图案后，在“样例”中的图像框内会显示出该图案。只有用户在“类型”中选择了“预定义”选项后，此项才以

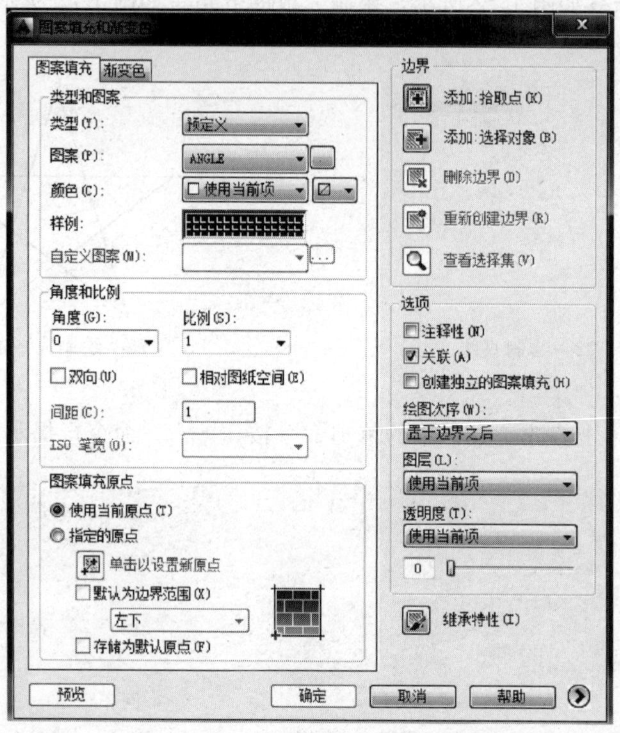

图 1-74 “图案填充和渐变色”对话框

正常亮度显示。如果选择的图案类型是“预定义”，单击“图案”下拉列表框右边的按钮 ，会弹出如图 1-75 所示的对话框，用户可从中选择需要的图案。

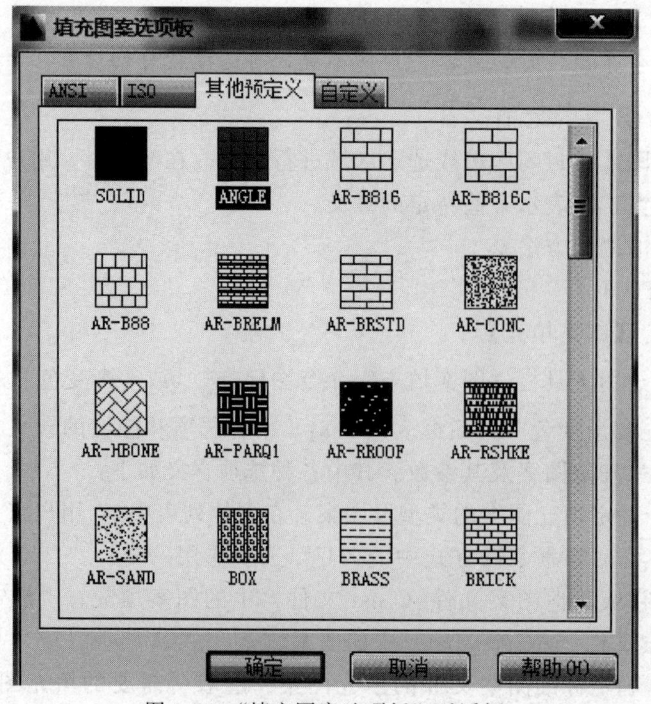

图 1-75 “填充图案选项板”对话框

◆ 颜色：使用填充图案和实体填充的指定颜色代替当前颜色。

◆ 样例：此项用来显示样本图案。

◆ 自定义图案：用于选取用户定义的填充图案。只有在“类型”下拉列表框中选用“自定义”选项后，该项才以正常亮度显示。

◆ 角度：用于确定填充图案时的旋转角度。

◆ 比例：用于确定填充图案的比例值。每种图案在定义时的初始比例为 1，用户可以根据需要放大或缩小。

◆“添加：拾取点”：以点取点的形式自动确定填充区域的边界。在填充的区域单击任意一点，系统会自动确定出包围该点的封闭填充边界，并且以高亮度显示，如图 1-76 所示。

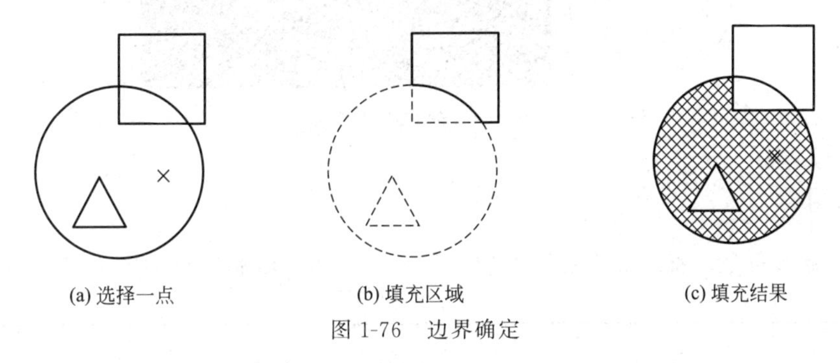

图 1-76　边界确定

◆“添加：选择对象”：以选取对象的方式确定填充区域的边界。可以根据需要选取构成填充区域的边界。同样，被选择的边界也会以高亮度显示，如图 1-77 所示。

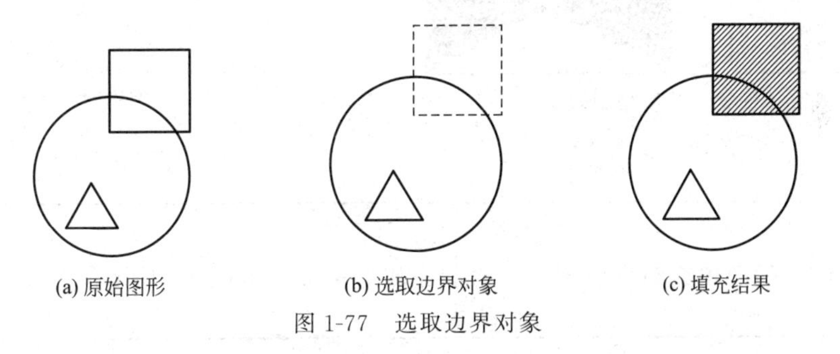

图 1-77　选取边界对象

◆ 删除边界：从边界定义中删除以前添加的任何对象，如图 1-78 所示。

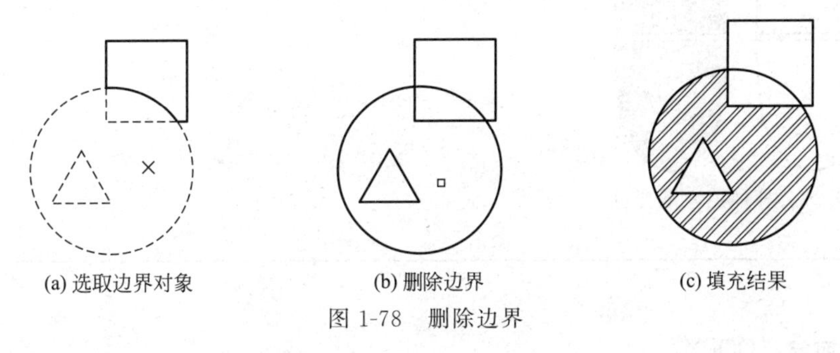

图 1-78　删除边界

(3) 编辑图案填充　创建填充图案后，用户可能有时需要根据实际情况对填充的图案进行更改，此时就需要对填充的图案进行编辑。

编辑图案的方法是：移动光标，单击要进行编辑的填充图案，此时会出现“图案填充编辑器”选项卡，在“图案”功能面板中，选择所需的图案，然后按Enter键，完成对填充图案的编辑，如图1-79所示。

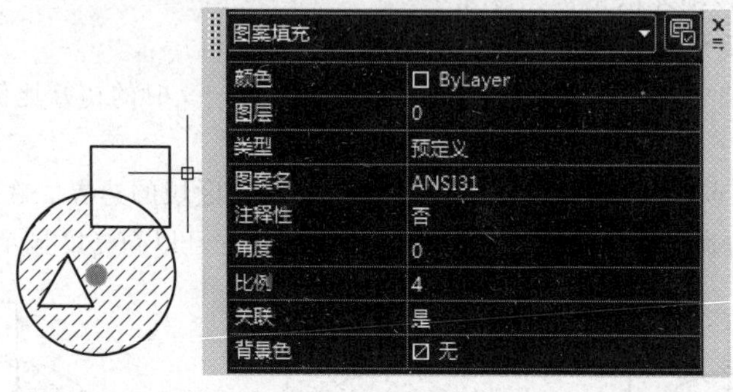

图1-79 编辑填充图案

上机练习

① 使用矩形命令、直线命令和图案填充壁龛交接箱，绘制效果如图1-80所示。

图1-80 壁龛交接箱绘制效果

② 为马桶平面图填充渐变色图案，绘制完成后的效果如图1-81所示。

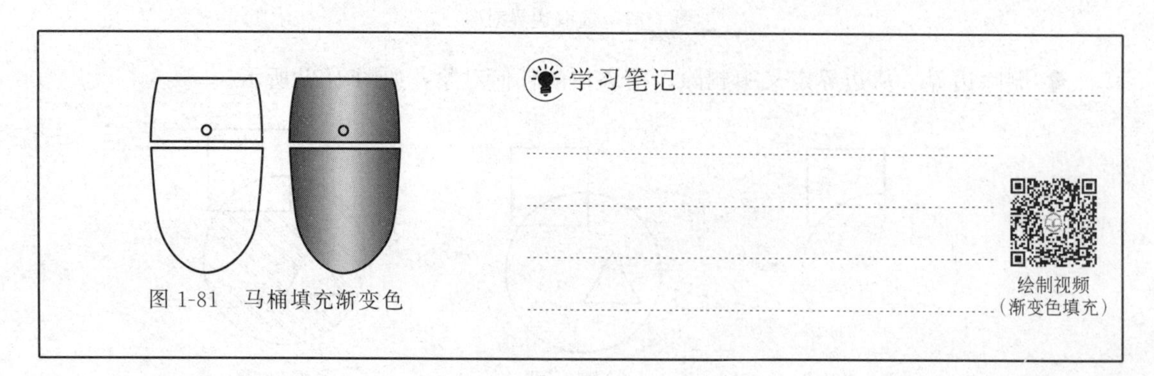

图1-81 马桶填充渐变色

4. 复制命令（COPY）

复制命令是CAD日常绘图中经常用到的命令之一，通过复制命令，可以快速复制相同的图形对象，并且能定义所复制对象与原始图形的距离。

(1) 复制命令的调用方法

命令行：COPY

菜单：【修改（M)】|【复制】

工具栏：单击修改工具栏中的“复制”图标

(2) 操作方法

① 复制对象到鼠标指定位置：输入 COPY 命令，选择复制对象，点击第一个基点，点击第二个基点（可以连续点击、连续复制），按 Enter 或 Esc 键结束，如图 1-82(a) 所示。

② 复制对象到鼠标指定位移位置：输入 COPY 命令，选择复制对象，点击第一个基点，输入相对距离（可以连续点击、连续复制），按 Enter 或 Esc 键结束，如图 1-82(b) 所示。

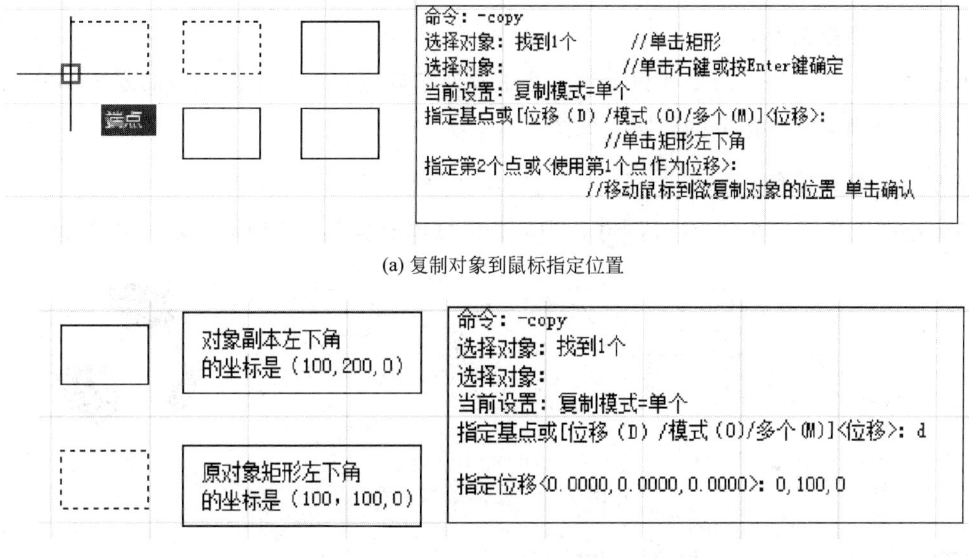

(a) 复制对象到鼠标指定位置

(b) 复制对象到鼠标指定位移(通过坐标指定位移)位置

图 1-82 对矩形执行“复制”命令

（二）绘图过程

第 1 步：绘制正六边形。

单击绘图工具栏中的正多边形命令按钮，命令行提示如下。

```
命令:_polygon
polygon 输入侧面数＜4＞:6                    //输入正六边形侧面数
指定正多边形的中心点或[边(E)]:1500,2000      //指定中心点坐标
输入选项[内接于圆(I)/外接于圆(C)]＜I＞:I    //指定内接于圆的选项
指定圆的半径:200                             //指定圆的半径
```

绘制结果如图 1-83(a) 所示。

第 2 步：复制正六边形。

单击修改工具栏中的复制命令按钮，命令行提示如下。

```
命令:_copy                                           //点击正六边形确定复制对象
选择对象:找到 1 个                                    //回车
copy 指定基点或[位移(D)模式(O)]<位移>:                  //捕捉六边形一个端点作为基点
copy 指定第二个点或[阵列(A)]<使用第一个点作为位移>:
                                                     //利用鼠标拖动捕捉到六边形的某一端点点击确定
```

重复复制指令，完成外围 6 个六边形的绘制，如图 1-83(b) 所示。

第 3 步：画出足球轮廓线。

单击绘图工具栏上的圆命令按钮 。在扩充的图形中画一个圆，圆心稍微偏离中心一点，半径选择略小一点，使圆外还有六边形的剩余部分，如图 1-83(c) 所示。

第 4 步：修剪图形。

单击修改工具栏修剪命令按钮 ，选中圆回车确定，然后单击圆外的多余部分就可以逐一修剪，只剩下圆内部分的图案，如图 1-83(d) 所示。

第 5 步：填充颜色。

单击绘图工具栏填充命令按钮 ，为部分区域填充黑色，绘制结果如图 1-83(e) 所示。

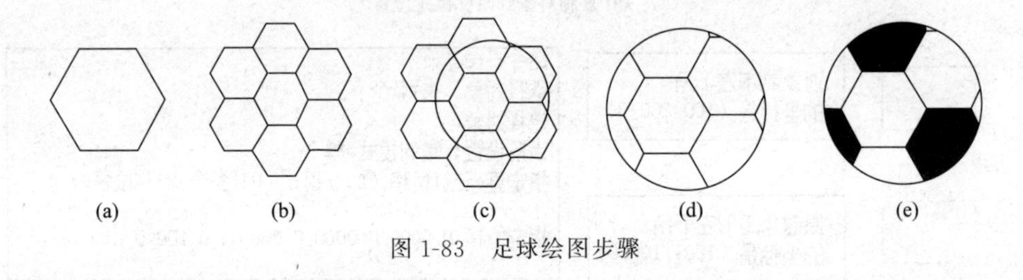

图 1-83　足球绘图步骤

【实例 1-4】　为某机械剖面图标注尺寸

以某机械剖面图为例，讲解相关尺寸标注命令和文字标注命令的使用方法和技巧。标注结果如图 1-84 所示。

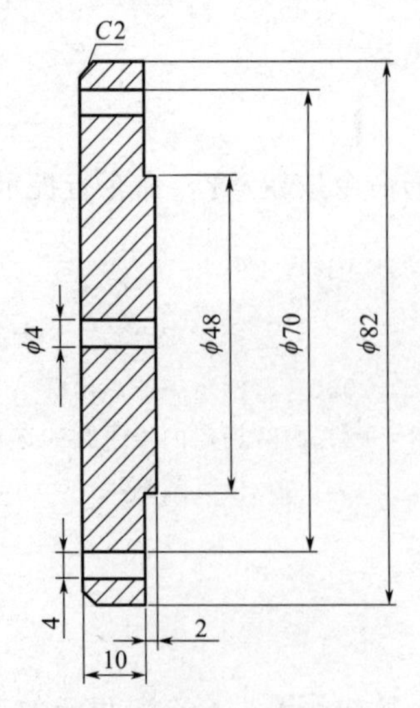

图 1-84　某机械剖面图标注结果

（一）命令详解

1. 尺寸标注

AutoCAD 2014 的标注命令和标注编辑命令都集中在如图 1-85 所示的“标注”菜单和如图 1-86 所示的“标注”工具栏中。利用这些命令可以方便地进行各种尺寸标注。

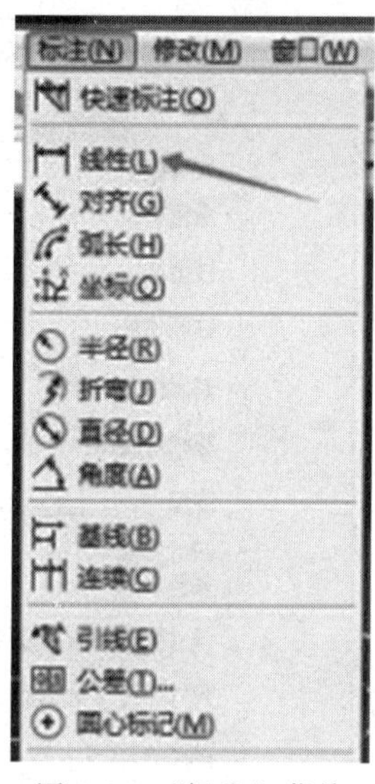

图 1-85　“标注”菜单

（1）标注样式　以“机械”标注样式的创建为例讲解标注样式的创建过程，步骤如下。

① 在命令行输入 DIMSTYLE 命令或者单击菜单栏中的【格式】|【标注样式】命令，或者单击标注工具栏中的“标注样式”按钮，打开“标注样式管理器”对话框，如图 1-87 所示。

注意：在“样式”列表框中列出了当前文件所设置的所有标注样式，“预览”显示框用来显示“样式”列表框中所选的尺寸的标注样式。“置为当前”按钮可以将“样式”列表框中所选的尺寸标注样式设置为当前样式，“新建”按钮可新建尺寸的标注样式，“修改”按钮可修改当前选中的尺寸标注样式。

图 1-86　“标注”工具栏

② 单击“新建”按钮，打开“创建新标注样式”对话框，在“新样式名”文本框中输入“机械”样式名，如图 1-88 所示。

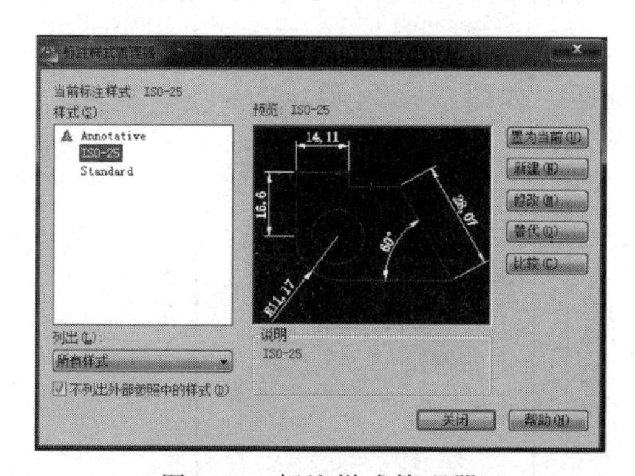

图 1-87　标注样式管理器

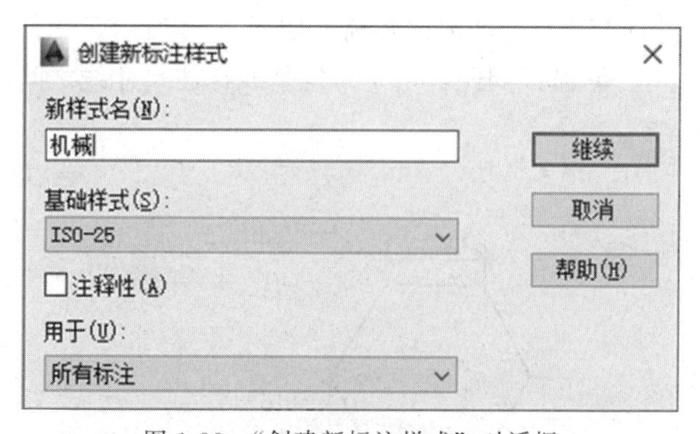

图 1-88　“创建新标注样式”对话框

注意：“基础样式”下拉列表框可以选择新建标注样式的模板，新建的标注样式将在基础样式的基础上进行修改。

③ 单击“继续”按钮，将弹出“新建标注样式：机械”对话框，单击“线”选项卡，将“尺寸界线”选项区域中的“起点偏移量”值设置为 3，如图 1-89 所示。

注意：在“新建标注样式”对话框包含“线”“符号和箭头”“文字”“调整”“主单位”

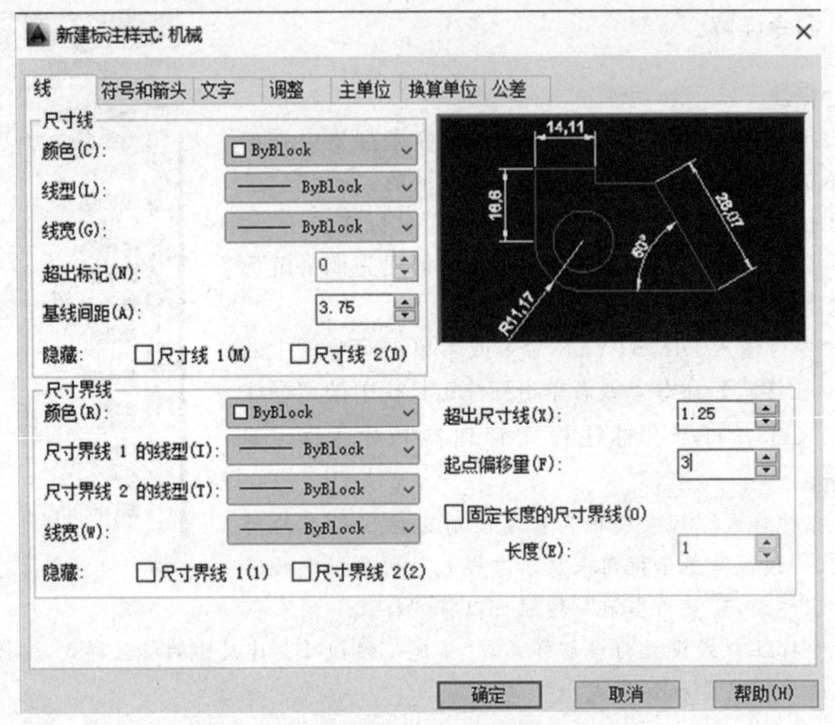

图 1-89　“新建标注样式：机械”对话框

“换算单位”“公差”7 个选项卡，各选项卡的功能及作用如下。

a. “线”选项卡。用于设置尺寸线与尺寸界线的位置和格式。

“尺寸线”可以对尺寸线的颜色、线型、线宽、超出标记与基线间距进行设置。其中对下面几个参数进行说明。

◆ 超出标记：当尺寸线的箭头用倾斜、小点和建筑标记等样式时，此项目用于指定尺寸线超出尺寸边界的距离，如图 1-90 所示。

◆ 基线间距：用于指定基线标注尺寸线之间的间距，如图 1-91 所示。

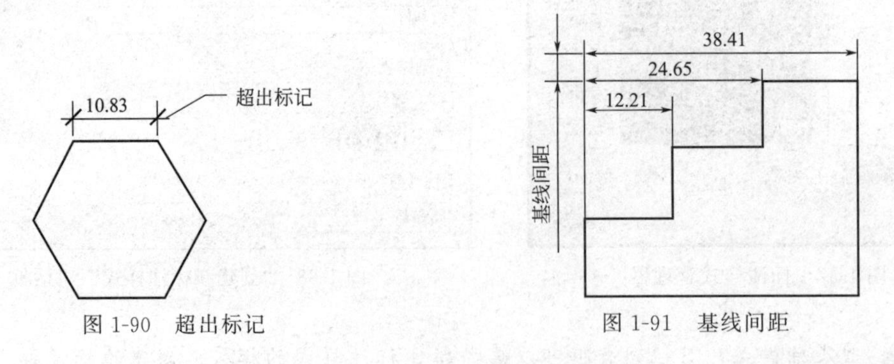

图 1-90　超出标记

图 1-91　基线间距

◆ 隐藏：用于指定是否需要对尺寸线或尺寸界线进行隐藏，若需隐藏，只要在此项目中勾选要隐藏的对象即可。

“尺寸界线”可以指定尺寸界线的颜色、线型、线宽、隐藏、超出尺寸线、起点偏移量与固定长度的尺寸界线，其中对下面几个参数进行说明。

◆ 超出尺寸线：指定尺寸界线超出尺寸线的距离，如图 1-92 所示。

◆ 起点偏移量：用于指定尺寸界线的起点与标注定义点的距离，如图 1-93 所示。

◆ 固定长度的尺寸界线：如果勾选此选项，可以使所有尺寸界线的长度都是一个固定值，在“长度”文本框中可以设定尺寸界线的长度。

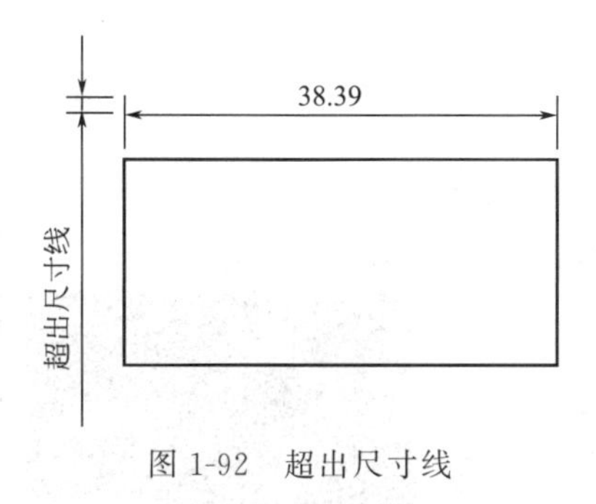

图 1-92　超出尺寸线

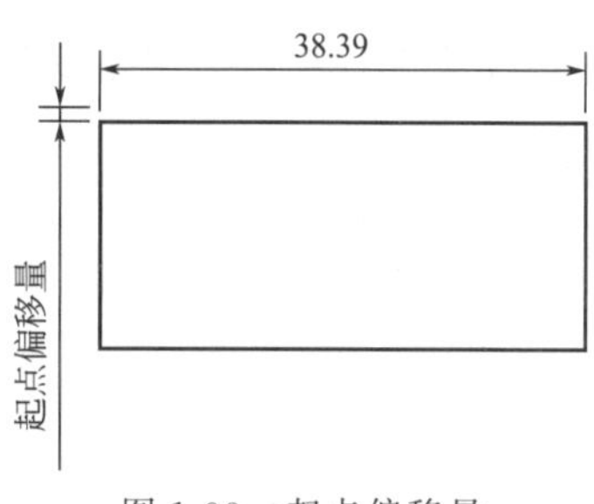

图 1-93　起点偏移量

b. “符号和箭头”选项卡。用于设置标准尺寸线上的箭头、圆心标记、折断标注、弧长符号和线性折弯标注等，如图 1-94 所示。

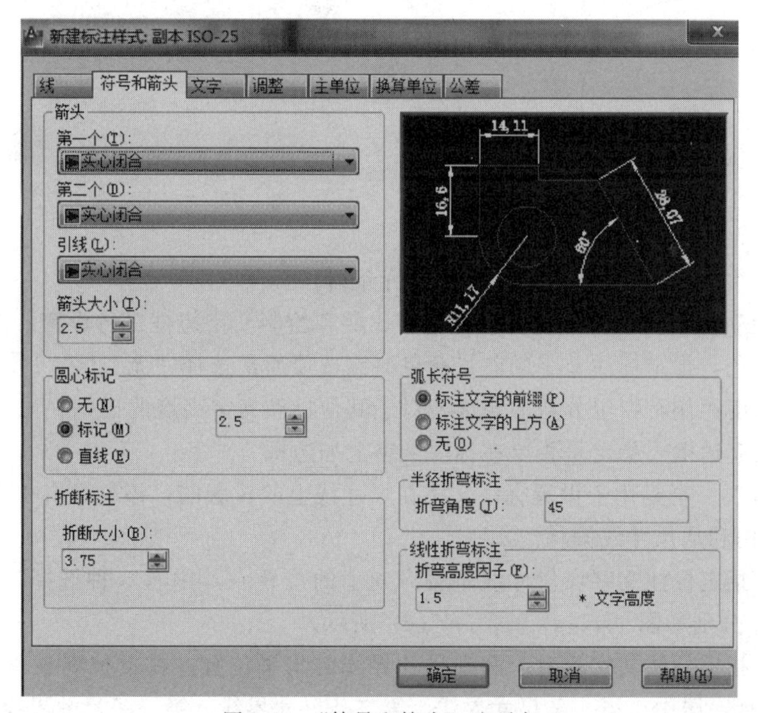

图 1-94　“符号和箭头”选项卡

下面将对该选项卡中的几个参数进行介绍。

◆ 折断标注：用于显示与设定用于打断标注的间隙大小，在该栏中的“折断大小”文本框中输入数值进行设定即可。

◆ 弧长符号：用于显示与设定弧长符号在弧长标注中的位置。该栏中有三个单选按钮：“无”“标注文字的上方”“标注文字的前缀”。选择“无”则表示在弧长标注中不带有弧长符号；选择“标注文字的前缀”即表示弧长符号在弧长标注中文字的前方，如

图1-95(a)所示；选择“标注文字的上方”表示弧长符号在弧长标注中文字的上方，如图1-95(b)所示。

◆ 半径折弯标注：用于设置半径折弯标注的尺寸线的横向线段的角度。

◆ 线性折弯标注：用于设置折断标注的折弯高度因子，即设置线性折弯标注时折弯线的高度大小。

c.“文字”选项卡。用来设置标注文字的外观、位置与对齐方式，如图1-96所示。

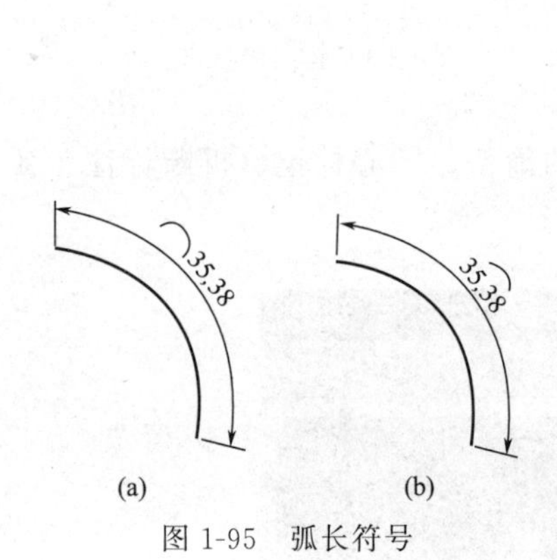

图1-95 弧长符号

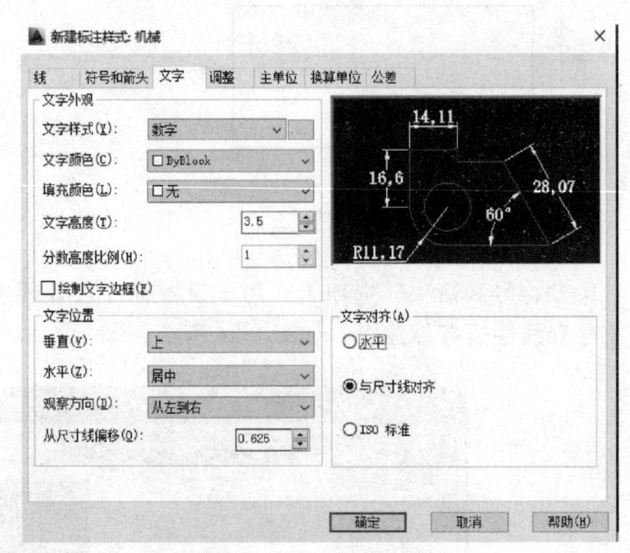

图1-96 “文字”选项卡

下面将对“文字”选项卡中几个参数进行介绍。

“文字外观”用于对填充颜色、分数高度比例和绘制文字边框进行设置。

◆ 填充颜色：指定标注文字的前景颜色。该选项通常选择“无”。

◆ 分数高度比例：指定分数的高度相对于其他标注文字高度的比例。

◆ 绘制文字边框：指定是否要在标注文字上加边框。

“文字位置”一栏是用于设置标注文字在尺寸线上的位置的，该栏中有4个选项，垂直、水平、观察方向和从尺寸线偏移。

◆ 垂直：指定标注文字在尺寸线垂直方向上的位置。其中有5种选择：上、居中、外部、下和JIS，分别如图1-97(a)～图1-97(e)所示。

◆ 水平：指定标注文字相对于两条尺寸界线的水平位置。在下拉列表框中有5种水平位置供用户选择：居中、第一条尺寸界线、第二条尺寸界线、第一条尺寸界线上方、第二条尺寸界线上方，如图1-98(a)～图1-98(e)所示。

◆ 从尺寸线偏移：指定标注文字与尺寸线的距离。如果标注文字位于尺寸线中间，这个距离是指尺寸线中断处的尺寸线端点与标注文字的距离，如果标注文字带有边框，则表示边框与标注文字的距离。

文字对齐方式有3种，如图1-99所示。

◆ 水平：标注文字沿水平方向放置。

◆ 与尺寸线对齐：标注文字沿尺寸线的方向放置。

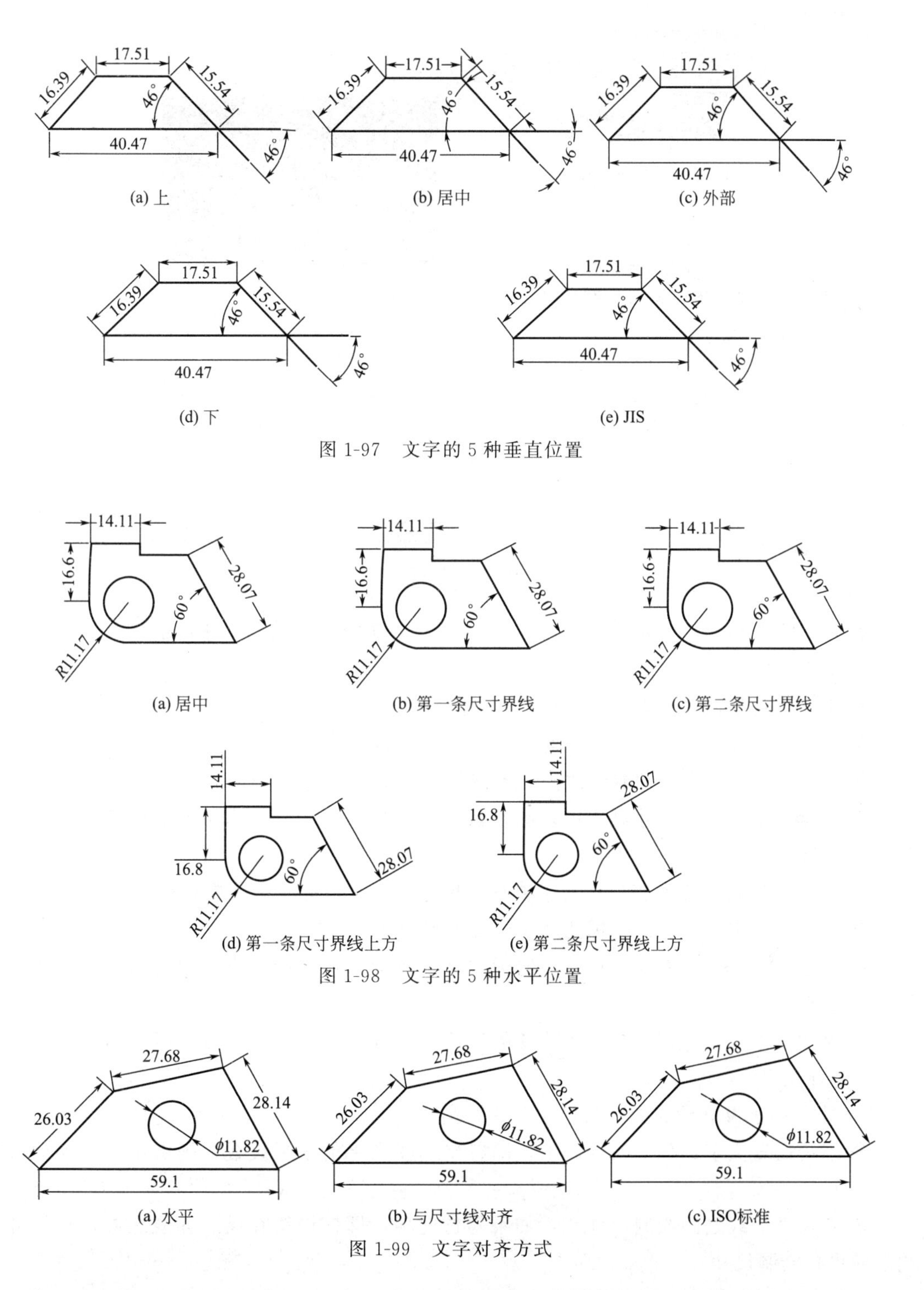

(a) 上　(b) 居中　(c) 外部

(d) 下　(e) JIS

图 1-97　文字的 5 种垂直位置

(a) 居中　(b) 第一条尺寸界线　(c) 第二条尺寸界线

(d) 第一条尺寸界线上方　(e) 第二条尺寸界线上方

图 1-98　文字的 5 种水平位置

(a) 水平　(b) 与尺寸线对齐　(c) ISO标准

图 1-99　文字对齐方式

◆ ISO 标准：采用 ISO 的标准来放置标注文字。具体标准是，当标注文字在尺寸界线之内时，标注文字与尺寸线对齐，当标注文字在尺寸线之外时，标注文字水平放置。

d. “调整”选项卡。用来调整标注文字、尺寸线、尺寸箭头的位置，如图 1-100 所示。

“调整选项”用于设置移出的对象。如果尺寸界线之间没有足够的位置来放置标注文字和箭头时，那么一些对象就要从尺寸界线之间移出。

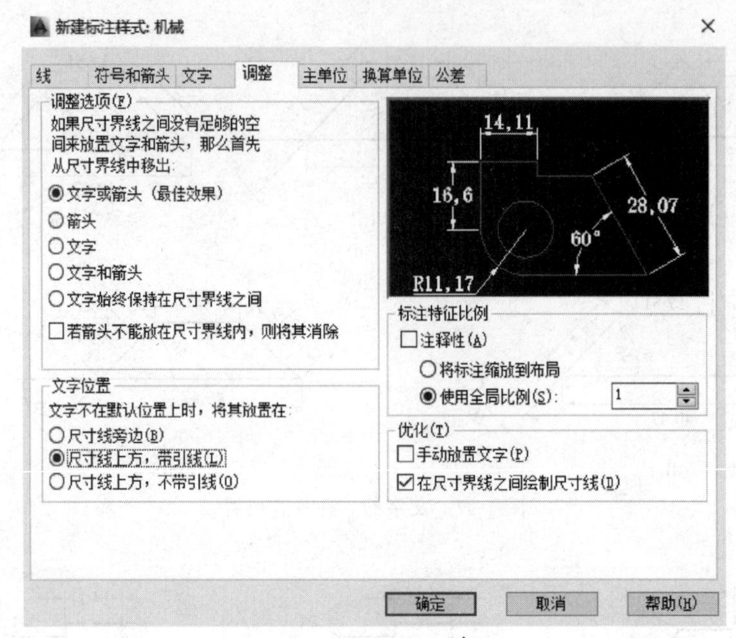

图 1-100 “调整”选项卡

◆ 文字或箭头（最佳效果）：由系统根据最佳效果来自动移出文字或箭头。

◆ 箭头：首先移出箭头。

◆ 文字：首先将标注文字移出尺寸线之间。

◆ 文字和箭头：将文字和箭头均移出尺寸线之间。

◆ 文字始终保持在尺寸界线之间：始终将标注文字放置于尺寸界线之间。

◆ 若箭头不能放在尺寸界线内，则将其消除：如果尺寸界线内不能放置箭头，则将两个箭头删除。

“文字位置”可以设置当标注文字要移出尺寸界线时，标注文字要放置的位置。

◆ 尺寸线旁边：将移出的标注文字放置于尺寸线旁边。

◆ 尺寸线上方，带引线：将移动的标注文字放置于尺寸线上方，并用引线连接尺寸线与标注文字。

◆ 尺寸线上方，不带引线：将移动的标注文字放置于尺寸线上方，但不用引线连接尺寸线与标注文字。

“优化”用于设置标注文字与尺寸线的微调。

◆ 手动设置文字：如果勾选此项，即忽略标注文字的水平设置，则由用户手动地旋转标注文字。

◆ 在尺寸界线之间绘制尺寸线：如果勾选此项，即使箭头在尺寸界线之外，在尺寸界线之间也要绘制尺寸线。

e. “公差”选项卡。用于设置尺寸公差的格式和精度，如图 1-101 所示。

◆ 方式：用于选定公差的标注方法。在下拉列表框中有 5 个选项，如图 1-102 所示。

◆ 精度：用于设置公差精度，即公差所显示的小数位数。

◆ 上偏差：用于设置公差的上偏差值。

◆ 下偏差：用于设置公差的下偏差值。

◆ 高度比例：用于设置公差文字相对于基本尺寸的标注文字的高度。

◆ 垂直位置：用于设置公差文字相对于基本尺寸的标注文字的位置。

◆ 消零：用于设置是否要消除公差文字的“前导”和“后续”的零。

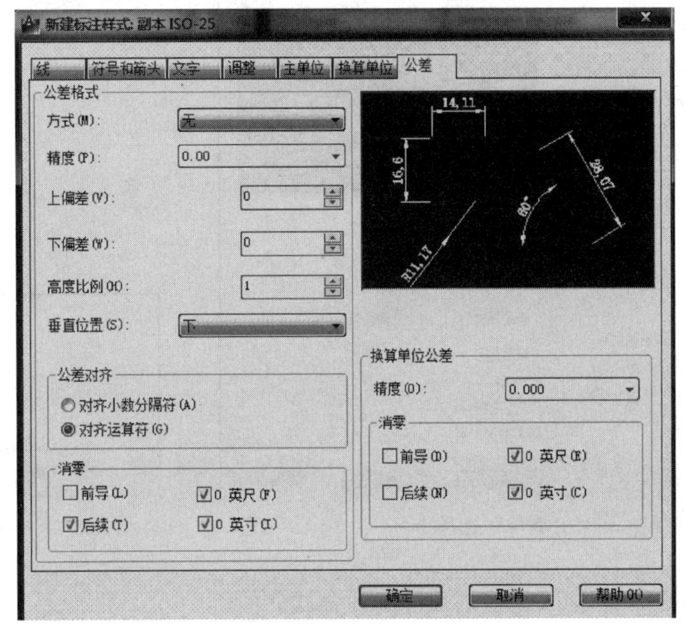

图 1-101　“公差”选项卡

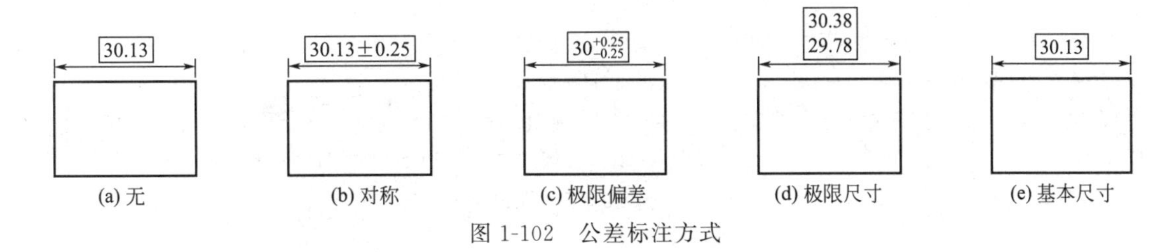

图 1-102　公差标注方式

④ 单击“符号和箭头”选项卡，在“箭头”选项区域中，将箭头的格式设置为“实心闭合”标记，如图 1-94 所示。

⑤ 单击“文字”选项卡，在“文字外观”选项区域中，从“文字样式”下拉列表框中选择“数字”文字样式，“文字高度”文本框设置为 3.5，如图 1-96 所示。

⑥ 单击“调整”选项卡，在“文字位置”选项区域中，选择“尺寸线上方，带引线”单选按钮，如图 1-100 所示。

⑦ 单击“主单位”选项卡，将“线性标注”选项区域的“单位格式”设置为“小数”，“精度”设置为“0”，如图 1-103 所示。

⑧ 单击“确定”按钮，回到“标注样式管理器”对话框，在【样式】列表框中选择“机械”标注样式，单击“置为当前”按钮，将当前样式设置为“机械”标注样式，单击“关闭”按钮，完成“建筑”标注样式设置。

（2）常用标注命令及功能

① 线性标注。线性标注命令可以创建水平尺寸、垂直尺寸及旋转性尺寸标注。

【实操】 标注如图1-104所示的矩形尺寸，步骤如下。

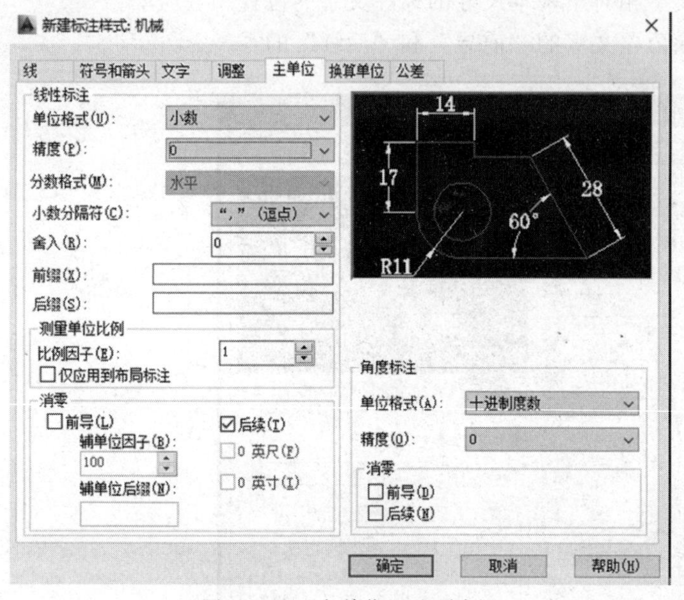

图1-103 “主单位”选项卡

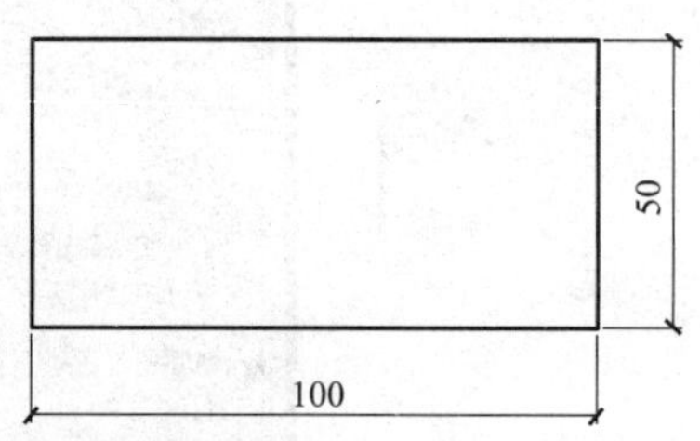

图1-104 线性标注结果

a. 设置“机械”标注样式为当前尺寸标注样式。

b. 标注水平尺寸。选择下拉菜单【标注】|【线性】，命令行提示如下。

```
命令：_dimlinear                              //激活线性标注命令
指定第一条尺寸界线原点或<选择对象>：           //捕捉矩形的左下角点
指定第二条尺寸界线原点：                       //捕捉矩形的右下角点
指定尺寸线位置或[多行文字(M)/文字(T)/角度(A)/水平(H)/垂直(V)/旋转(R)]：
                                              //在适当位置单击左键确定尺寸线的位置
标注文字＝100                                  //显示尺寸标注值
```

c. 标注垂直尺寸。命令行提示如下。

```
命令：_dimlinear                              //激活线性标注命令
指定第一条尺寸界线原点或<选择对象>：           //捕捉矩形的右下角点
指定第二条尺寸界线原点：                       //捕捉矩形的右上角点
指定尺寸线位置或[多行文字(M)/文字(T)/角度(A)/水平(H)/垂直(V)/旋转(R)]：
                                              //在适当位置单击左键确定尺寸线的位置
标注文字＝50                                   //显示尺寸标注值
```

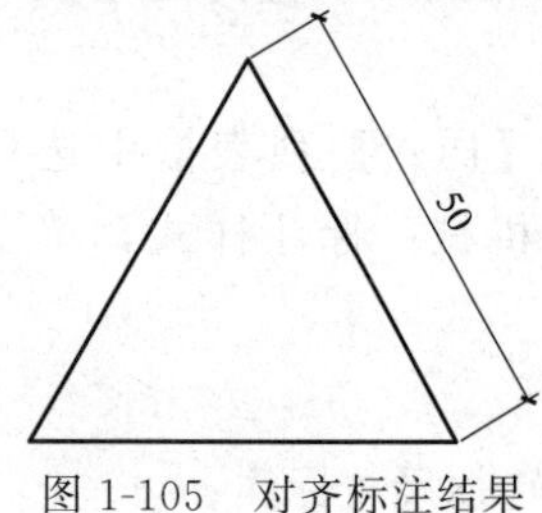

图1-105 对齐标注结果

② 对齐标注。对齐标注命令的尺寸线与被标注对象的边保持平行。

【实操】 标注如图1-105所示的边长为50的等边三角形的斜边，步骤如下。

a. 设置“机械”标注样式为当前尺寸标注样式。

b. 选择下拉菜单【标注】|【对齐】命令，命令行提示如下。

```
命令:_dimaligned                                    //激活连续标注命令
指定第一条尺寸界线原点或<选择对象>:                    //捕捉三角形的右下角点
指定第二条尺寸界线原点:                               //捕捉三角形的上端点
指定尺寸线位置或[多行文字(M)/文字(T)/角度(A)]:         //在适当位置单击
标注文字=50                                          //显示尺寸标注值
```

③ 半径标注。半径标注命令可以标注圆或圆弧的半径。

【实操】 标注如图 1-106 所示的圆的半径，步骤如下。

a. 设置系统默认的“ISO-25”标注样式为当前尺寸标注样式。

b. 选择下拉菜单【标注】|【半径】命令，命令行提示如下。

```
命令:_dimradius
选择圆或圆弧:                                        //选择圆
标注文字=25
指定尺寸线位置或[多行文字(M)/文字(T)/角度(A)]:         //在适当位置单击
```

④ 直径标注。直径标注命令可以标注圆或圆弧的直径。

【实操】 标注如图 1-107 所示的圆的直径，步骤如下。

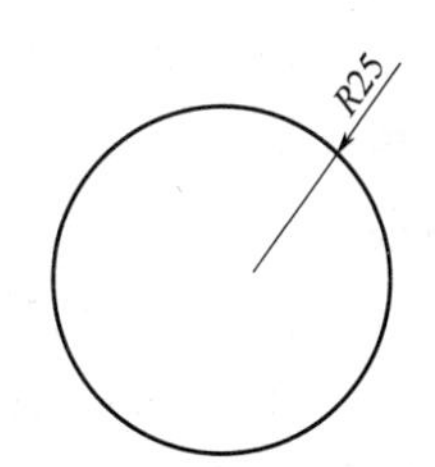

图 1-106　半径标注结果

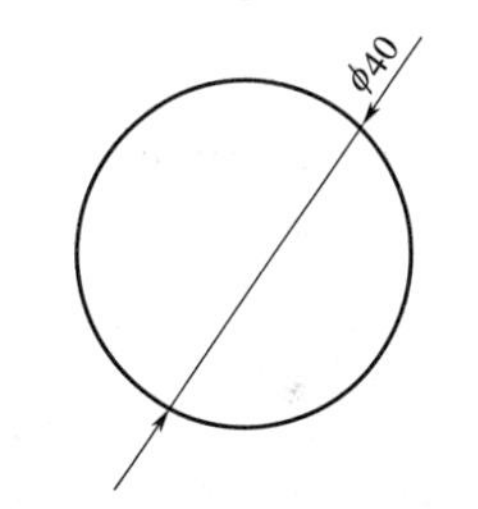

图 1-107　直径标注结果

a. 设置系统默认的“ISO-25”标注样式为当前尺寸标注样式。

b. 选择下拉菜单【标注】|【直径】命令，命令行提示如下。

```
命令:_dimdiameter
选择圆或圆弧:                                        //选择圆
标注文字=40
指定尺寸线位置或[多行文字(M)/文字(T)/角度(A)]:         //在适当位置单击
```

⑤ 角度标注。角度标注命令可以标注圆弧或两条直线的角度。

【实操】 标注如图 1-108 所示的圆弧的角度，步骤如下。

a. 设置系统默认的“ISO-25”标注样式为当前尺寸标注样式。

b. 选择下拉菜单【标注】|【角度】命令，命令行提示如下。

```
命令:_dimangular
选择圆弧、圆、直线或<指定顶点>:                        //选择圆弧
指定标注弧线位置或[多行文字(M)/文字(T)/角度(A)]:       //在适当位置单击
标注文字=120                                         //显示尺寸标注值
```

【实操】 标注如图 1-109 所示的两条直线的角度，步骤如下。

a. 设置系统默认的“ISO-25”标注样式为当前尺寸标注样式。

b. 选择下拉菜单【标注】|【角度】命令，命令行提示如下。

```
命令：_dimangular
选择圆弧、圆、直线或<指定顶点>：                          //选择直线AB
选择第二条直线：                                          //选择直线AC
指定标注弧线位置或[多行文字(M)/文字(T)/角度(A)]：         //在适当位置单击
标注文字＝45                                              //显示尺寸标注值
```

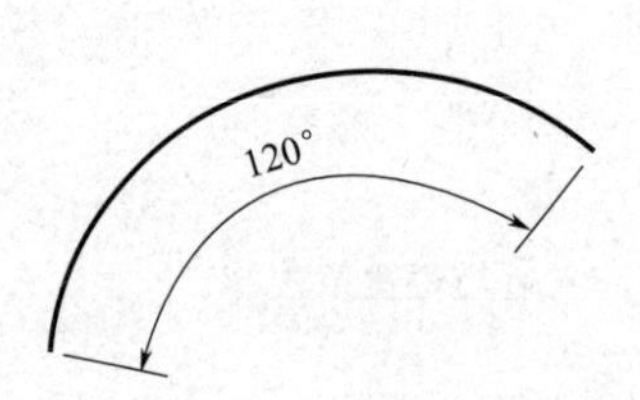

图 1-108　圆弧角度标注结果

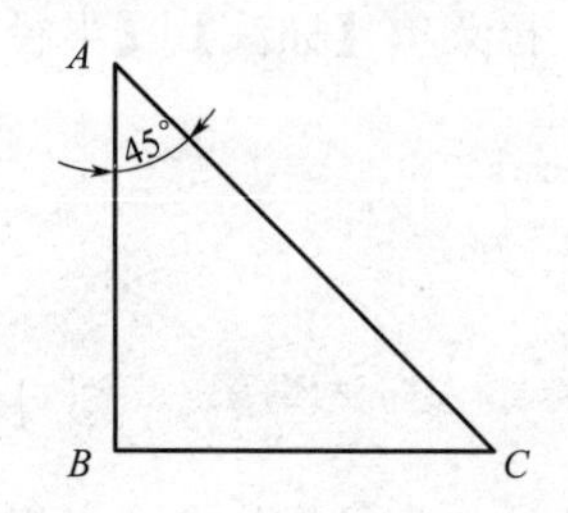

图 1-109　直线夹角标注结果

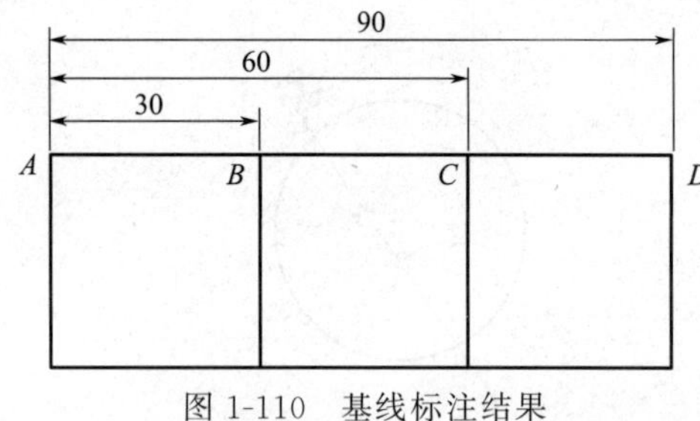

图 1-110　基线标注结果

⑥ 基线标注。基线标注命令可以创建一系列由相同的标注原点测量出来的标注。各个尺寸标注具有相同的第一条尺寸界线。基线标注命令在使用前，必须先创建一个线性标注、角度标注或坐标标注作为基准标注。

【实操】 对如图 1-110 所示的图形进行基线尺寸标注，步骤如下。

a. 设置系统默认的“ISO-25”标注样式为当前尺寸标注样式。

b. 线性标注。选择下拉菜单【标注】|【线性】命令，命令行提示如下。

```
命令：_dimlinear                                          //激活线性标注命令
指定第一条尺寸界线原点或<选择对象>：                      //捕捉A 点
指定第二条尺寸界线原点：                                  //捕捉B 点
指定尺寸线位置或[多行文字(M)/文字(T)/角度(A)/水平(H)/垂直(V)/旋转(R)]：
                                                          //在适当位置单击
标注文字＝30                                              //显示尺寸标注值
```

c. 基线标注。选择下拉菜单【标注】|【基线】命令，命令行提示如下。

```
命令：_dimbaseline                                        //激活线性标注命令
指定第二条尺寸界线原点或[放弃(U)/选择(S)]<选择>：         //捕捉C 点
标注文字＝60
指定第二条尺寸界线原点或[放弃(U)/选择(S)]<选择>：         //捕捉D 点
标注文字＝90
指定第二条尺寸界线原点或[放弃(U)/选择(S)]<选择>：         //回车
选择基准标注：                                            //回车
```

注意： a. 基线标注命令各选项含义如下。

放弃（U）：表示取消前一次基线标注尺寸。

选择（S）：该选项可以重新选择基线标注的基准标注。

b. 各个基线标注尺寸的尺寸线之间的间距可以在如图 1-89 所示的尺寸标注样式中设置，在“线”选项卡的“尺寸线”选项区域中，“基线间距”的值即为基线标注各尺寸线之间的间距值。

⑦ 连续标注。连续标注命令可以创建一系列端对端的尺寸标注，后一个尺寸标注把前一个尺寸标注的第二个尺寸界线作为它的第一个尺寸界线。与基线标注命令一样，连续标注命令在使用前，也得先创建一个线性标注、角度标注或坐标标注作为基准标注。

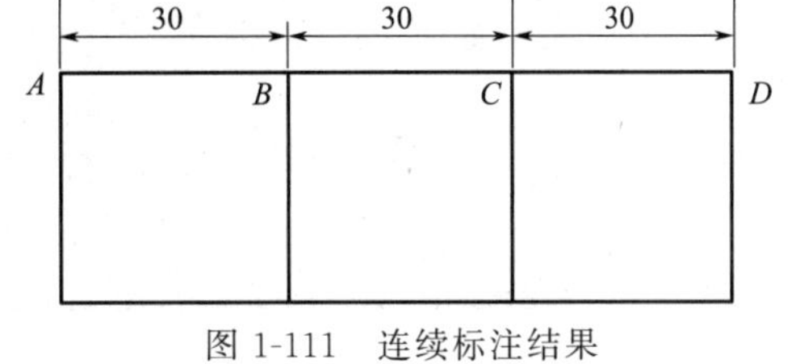

图 1-111　连续标注结果

【实操】 标注如图 1-111 所示的连续尺寸标注，步骤如下。

a. 设置系统默认的“ISO-25”标注样式为当前尺寸标注样式。

b. 运用线性标注命令标注 A 点和 B 点之间的尺寸，两条尺寸界线原点分别为 A 点和 B 点，标注文字为 30。

c. 连续标注。选择下拉菜单【标注】|【连续】命令，命令行提示如下。

```
命令:_dimcontinue                                    //激活连续标注命令
指定第二条尺寸界线原点或[放弃(U)/选择(S)]<选择>:      //捕捉C 点
标注文字=30
指定第二条尺寸界线原点或[放弃(U)/选择(S)]<选择>:      //捕捉D 点
标注文字=30
指定第二条尺寸界线原点或[放弃(U)/选择(S)]<选择>:      //回车
选择连续标注:                                        //回车
```

2. 文字标注

（1）设置文字样式　单击下拉菜单【格式】|【文字样式】，系统打开“文字样式”对话框，利用该对话框可以新建或者修改当前文字样式，如图 1-112 所示。

【实操】 建立两个文字样式：“汉字”样式和“数字”样式。“汉字”样式采用“仿宋 _ GB2312”字体，不设定字体高度，宽度比例设为 0.8，用于填写工程做法、标题栏、会签栏、门窗列表、设计说明等部分的汉字；“数字”样式采用“Simplex. shx”字体，宽度比例设为 0.8，用于标注尺寸、书写数字及特殊字符等。操作步骤如下：

① 设置“汉字”文字样式。单击“新建”按钮，弹出“新建文字样式”对话框，如图 1-113 所示，在“样式名”文本框中输入新样式名“汉字”，单击“确定”按钮，返回“文字样式”对话框。从“字体名”下拉列表框中选择“仿宋 _ GB2312”字体，“宽度因子”文本框设置为 0.8，“高度”文本框保留默认的值 0，如图 1-114 所示，单击“应用”按钮。

② 设置“数字”文字样式。在“文字样式”对话框中，单击“新建”按钮，弹出“新建文字”样式对话框，在“样式名”文本框中输入新样式名“数字”，单击“确定”按钮，返回“文字样式”对话框。从“字体名”下拉列表框中选择“Simplex. shx”字体，“宽度因

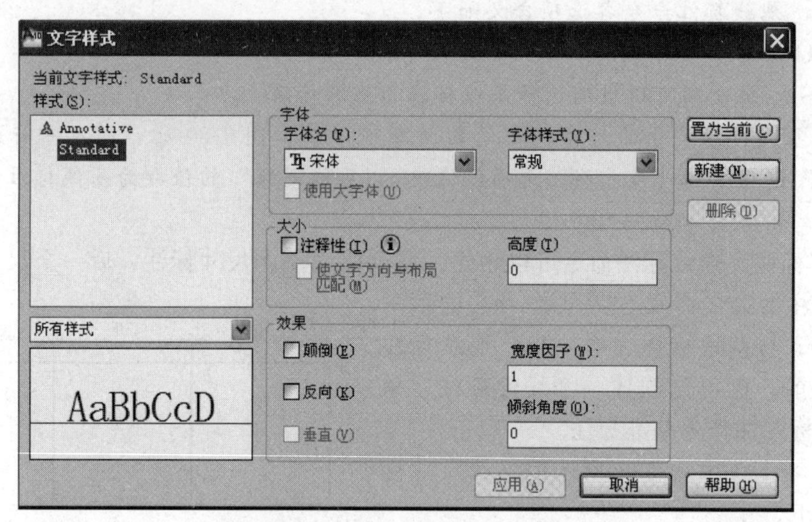

图 1-112 “文字样式”对话框

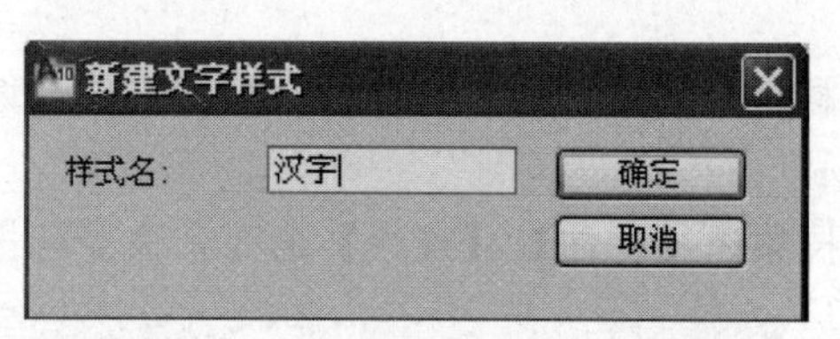

图 1-113 “新建文字样式”对话框

图 1-114 设置“汉字”文字样式

子”文本框设置为 0.8，“高度”文本框保留默认的值 0，单击“应用”按钮，单击“关闭”按钮。设置结果如图 1-115 所示。

（2）文字命令（TEXT/MTEXT） 文字输入命令有两种方式，一种是单行文本输入（TEXT 命令），另一种是多行文本输入（MTEXT 命令）。下面分别进行介绍。

① 单行文字（TEXT）。单行文字用来创建内容比较简短的文字对象，如图名、门窗标号等。

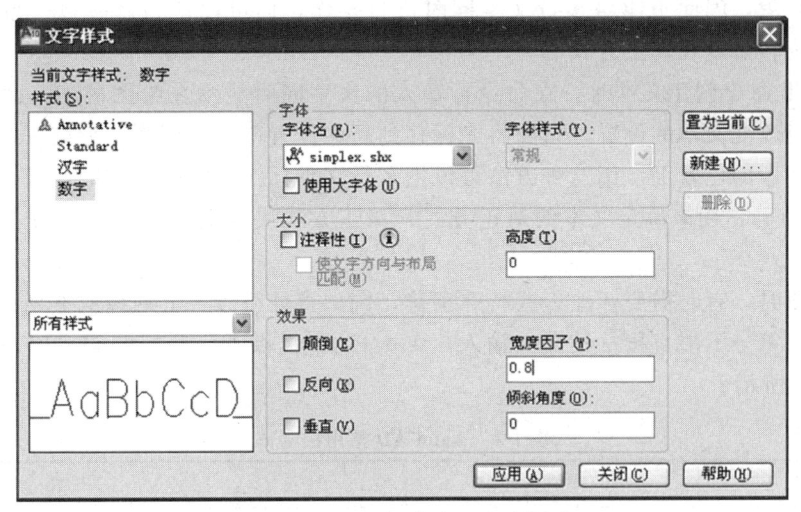

图 1-115　设置“数字”文字样式

【实操】 创建如图 1-116 所示的单行文字，步骤如下。

a. 设置“汉字”样式为当前文字样式。单击样式工具栏中的文字样式命令按钮右侧的下拉列表框，如图 1-117 所示，选择“汉字”样式为当前文字样式。

某学校住宅楼平面图

图 1-116　单行文字标注实例

图 1-117　“样式”工具栏

b. 创建单行文字。单击下拉菜单栏中的【绘图】|【文字】|【单行文字】命令，或命令行输入“text”命令，命令行提示如下。

```
命令:_text                              //激活单行文字命令
当前文字样式:汉字当前文字高度:2.5000
指定文字的起点或[对正(J)/样式(S)]:       //在绘图区内任意一点单击
指定高度<2.5000>:10                     //输入文字高度 10
指定文字的旋转角度<0>;                  //回车,取默认的旋转角度 0
```

此时，绘图区将进入文字编辑状态，输入文字“某学校住宅楼平面图”，回车换行，再一次回车结束命令即可。

在绘制单行文本的命令行提示中，各选项含义如下。

◆ 指定文字起点：在绘图区单击作为文本的起始点，命令行提示如下。

```
指定高度<0.2000>:                       //确定字符高度
指定文字旋转度<0>:                      //确定文本行的倾斜角度
```

在此提示下输入一行文本后回车，可继续输入文本，待全部输入完成后在此提示下直接回车，则退出 TEXT 命令。可见，由 TEXT 命令也可创建多行文本，只是这种多行文本每一行是一个对象，因此不能对多行文本同时进行操作，但可以单独修改每一单行的文字样式、字高、旋转角度和对正方式等。

用TEXT命令创建文本时，在命令行输入的文字同时显示在绘图区中，而且在创建过程中可以随时改变文本的位置，只要将光标移到新的位置单击，则当前行结束，之后输入的文本将出现在新的位置上，用这种方法可以把多行文本标注到绘图区域的任何地方。

◆ 对正（J）：用来确定文本的对正方式，对正方式决定文本的哪一部分与所选的插入点对正。

实际绘图时，有时需要标注一些特殊字符，例如直径符号、上划线或下划线、温度符号等，由于这些符号不能直接从键盘上输入，AutoCAD提供了一些控制码，用来实现这些要求，如表1-1所示。

表1-1　AutoCAD常用控制码

符号	功能	符号	功能
%%O	上划线	\u+0278	电相位
%%U	下划线	\u+E101	流线
%%D	“度”符号	\u+2261	标识
%%P	正负符号	\u+E102	界碑线
%%C	直径符号	\u+2260	不相等
%%%	百分号%	\u+2126	欧姆
\u+2248	几乎相等	\u+03A9	欧米茄
\u+2220	角度	\u+214A	地界线
\u+E100	边界线	\u+2082	下标2
\u+2104	中心线	\u+00B2	平方
\u+0394	差值		

② 多行文字（MTEXT）。多行文字命令用来创建内容较多、较复杂的多行文字，无论创建的多行文字包含多少行，AutoCAD都将其作为一个单独的对象操作。

【实操】 用多行文字创建如图1-118所示的图纸设计说明，步骤如下。

设计说明

1. 本建筑物设计标高±0.000，相当于绝对标高24.870。
2. 本图纸尺寸均以毫米为单位，标高以米为单位。
3. 所有内门均以框安装。
4. 阁楼C轴，纵墙外贴EPS板60厚。

图1-118　多行文字标注实例

a. 单击下拉菜单栏中的【绘图】|【文字】|【多行文字】命令，或命令行输入“mtext”命令，命令行提示如下。

```
命令:mtext                         //激活多行文字命令
当前文字样式:"standard"当前文字高度:2.5000
指定第一角点:                      //指定矩形框的第一角点
指定对角点或[高度(H)/对正(J)/行距(L)/旋转(R)/样式(S)/宽度(W)]:
                                   //指定矩形框的另一角点,弹出"文字格式"工具栏和文字窗口
```

b. 在文字格式工具栏中，选择“汉字”文字样式，文字高度设置为 10。在文字窗口中输入相应的设计说明书，如图 1-119 所示，单击“确定”按钮。

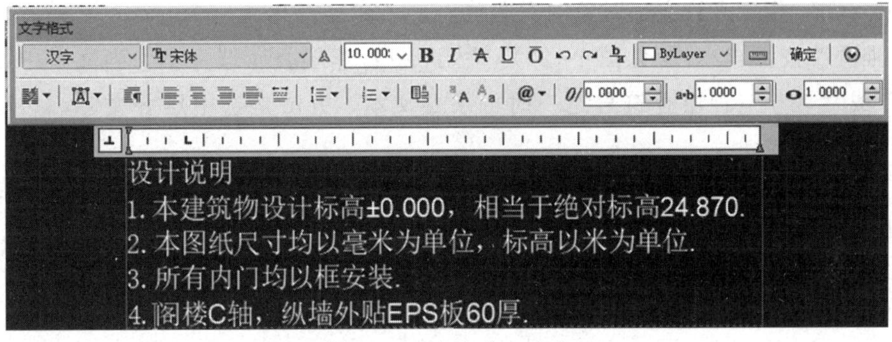

图 1-119　文字窗口内容

说明： 多行文字编辑器如图 1-120 所示。

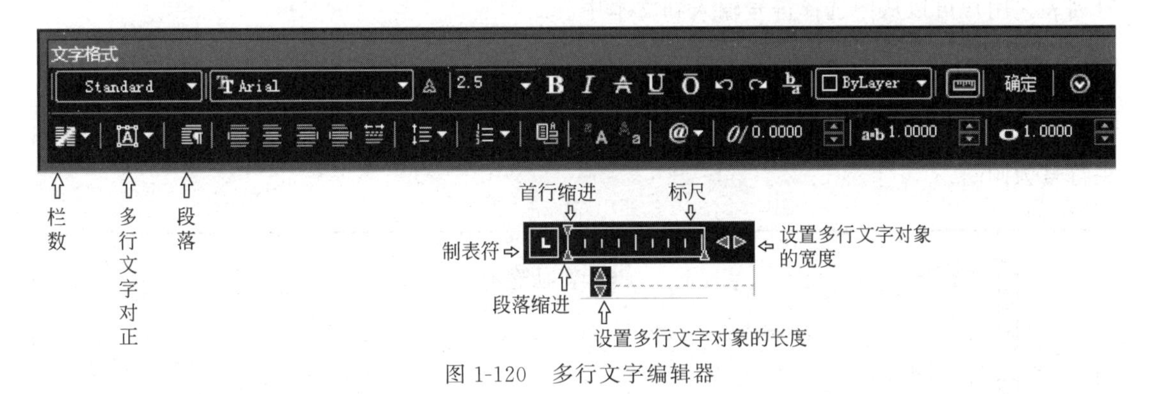

图 1-120　多行文字编辑器

多行文本的命令行提示如下。

```
MTEXT 指定对角点或[高度(H)对正(J)行距(L)旋转(R)样式(S)宽度(W)栏(C)]
```

在绘制多行文本的命令行提示中，各选项含义如下。

◆ 指定对角点：在绘图区域单击选取一个点作为矩形框的第二个角点，以这两个点为对角点形成一个矩形区域，其宽度作为多行文本的宽度，第一个点作为第一行文本顶线的起点。

◆ 对正（J）：确定所标注文本的对正方式。

◆ 行距（L）：确定多行文本的行间距。这里所说的行间距是指相邻两文本行基线之间的垂直距离。选择此项，命令行提示如下。

```
MTEXT 输入行距类型[至少(A)精确(E)]<至少(A)>:
```

在此提示下有“至少”和“精确”两种方式确定行间距。“至少”方式下系统根据每行文本中最大的字符自动调整行间距。“精确”方式下系统给多行文本赋予一个固定的行间距。可以直接输入一个确定的间距值，也可以输入“nx”的形式，其中 n 是一个具体数，表示行间距设置为单行文本高度的 n 倍，而单行文本高度是本行文本字符高度的 1.66 倍。

◆ 旋转（R）：确定文本行的倾斜角度。

◆ 样式（S）：确定当前的文字样式。

◆ 宽度（W）：指定多行文本的宽度。

◆ 栏（C）：指定多行文字对象的栏选项。

◆“堆叠”按钮 $\frac{b}{a}$（参见图 1-120）：用于层叠/非层叠所选文本。当文本中某处出现“/”、“^”或“#”三种层叠符号之一时可层叠文本，方法是选中层叠文字，然后单击此按钮。

其中“/”和“#”层叠符号是用来输入分数的，如输入“1/2”，然后选中，单击“堆叠”按钮，则显示分数；如输入“1#2”，然后选中，单击“堆叠”按钮，则显示分数“1/2”。

叠符号“^”可用来输入上标和下标，如输入“R^1”，然后选中“^1”，单击“堆叠”按钮，则显示“R_1”；如输入“R1^”，然后选中“^1”，单击“堆叠”按钮，则显示“R^1”。

◆“符号”按钮 @▾（参见图 1-120）：用于输入各种符号。单击该按钮，系统打开符号列表，用户可以从中选择符号输入到文本中。

上机练习

创建如图 1-121 所示的样图中的引线标注，其中文字高度为 100，字体为仿宋，引线箭头符号为倾斜。

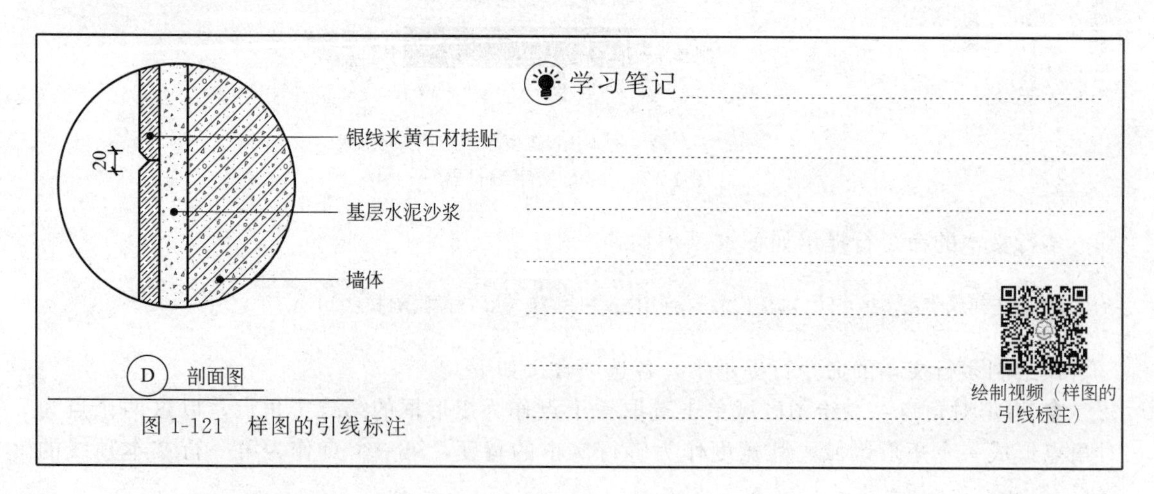

图 1-121 样图的引线标注

（二）绘图过程

第 1 步：绘制机械剖面图。

利用直线指令、偏移指令、填充指令和倒直角指令绘制机械剖面图，绘制结果如图 1-122 所示。

第 2 步：新建如图 1-123 所示的“机械”标注样式。

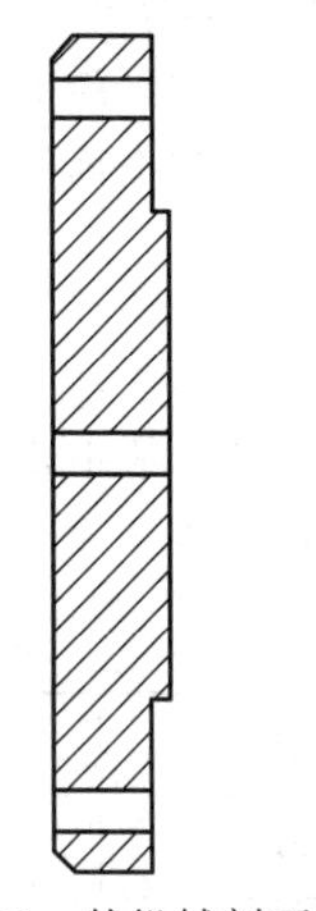

图 1-122　某机械剖面图

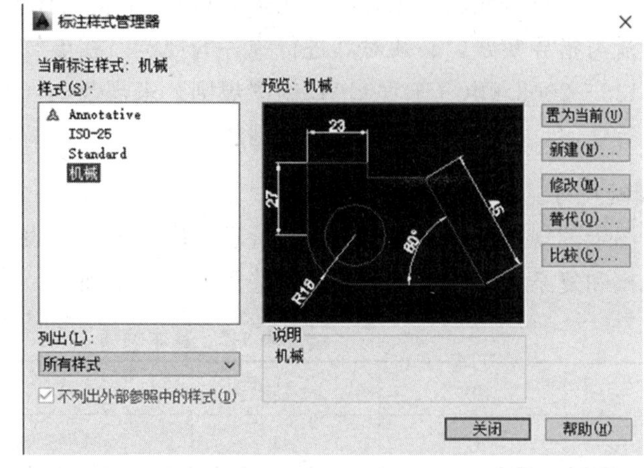

图 1-123　新建“机械”标注样式

第 3 步：标注尺寸。

① 标注线性尺寸：2，10，4，48，70，82，如图 1-124 所示。

② 输入直径符号 ϕ。双击鼠标左键需要输入直径符号的尺寸，出现如下文字格式对话框，点击“@▼”选择快捷菜单中的“直径”，完成直径符号添加，如图 1-125 所示。

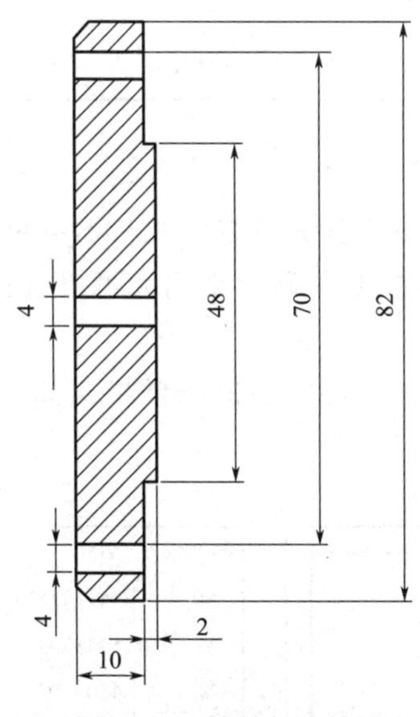

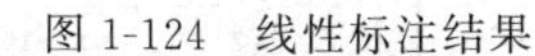

图 1-124　线性标注结果

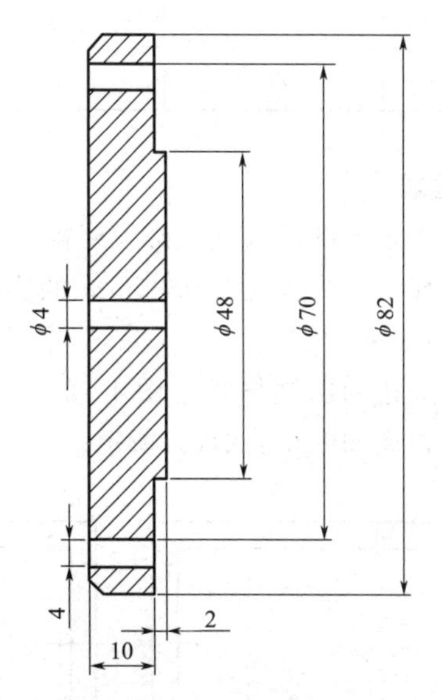

图 1-125　输入直径符号

第 4 步：标注文字。

利用多行文字编辑添加“C2”的标注，标注完成结果如图 1-84 所示。

注意： *尺寸文字的位置可以运用夹点移动功能适当调整。*

五、电气图幅相关知识

AutoCAD 2014 软件提供了许多样板图文件，但由于是美国 Autodesk 公司开发的，其中的样板图都不符合我国国家标准。另外，CAD 工程图样作为技术领域中的共同语言，为了方便交流与指导实践，必须对其进行统一的规定。在电气工程领域，我国颁布了国家标准 GB/T 18135—2008《电气工程 CAD 制图规则》来规范电气工程图样，每个电气工程人员都应对其进行学习，并根据国家标准来绘制图样。

1. 图幅尺寸

为了图纸的规范统一、便于装订和管理，应优先选择表 1-2 中所列的基本幅面，并在满足设计规模和复杂程度的前提下，尽量选用较小的幅面。

表 1-2　基本幅面　　单位：mm

幅面	A0	A1	A2	A3	A4
长	1189	841	594	420	297
宽	841	594	420	297	210

如有特殊要求，也可以选择表 1-3 中列出的加长幅面。加长幅面的尺寸是由基本幅面的短边整数倍增加得出的。

表 1-3　加长幅面　　单位：mm

幅面	A3×3	A3×4	A4×3	A4×4	A4×5
长	891	1189	630	840	1050
宽	420	420	297	297	297

2. 图框线

图框线表示绘图的区域，必须用粗实线画出，其格式分为留装订线和不留装订线两种，如图 1-126 所示。外框线为 0.25mm 的实线，内框线根据图幅由小到大可以选择 0.5mm、0.7mm、1.0mm 的实线。

留装订线边的图框格式如图 1-126(a) 所示，不留装订线边的图框格式如图 1-126(b) 所示，边线距离如图 1-126(c) 所示。

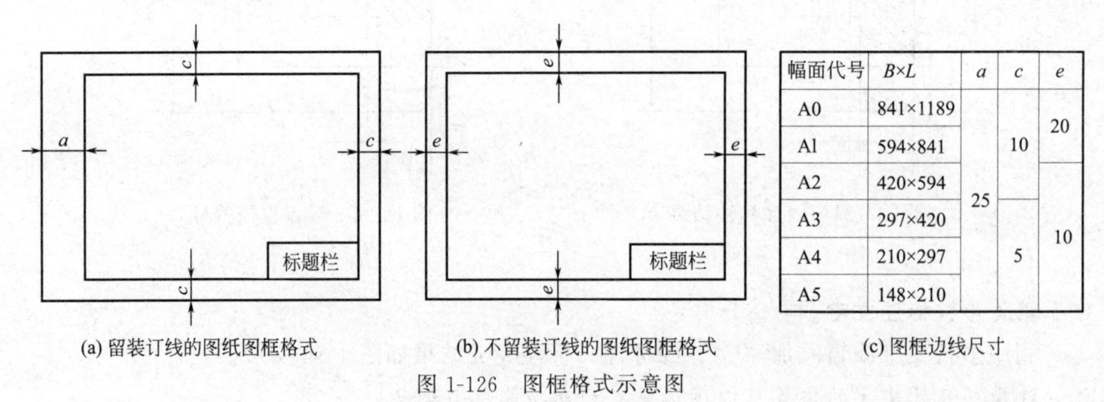

<table>
<tr><th>幅面代号</th><th>B×L</th><th>a</th><th>c</th><th>e</th></tr>
<tr><td>A0</td><td>841×1189</td><td rowspan="6">25</td><td rowspan="3">10</td><td rowspan="2">20</td></tr>
<tr><td>A1</td><td>594×841</td></tr>
<tr><td>A2</td><td>420×594</td><td rowspan="4">10</td></tr>
<tr><td>A3</td><td>297×420</td><td rowspan="3">5</td></tr>
<tr><td>A4</td><td>210×297</td></tr>
<tr><td>A5</td><td>148×210</td></tr>
</table>

(a) 留装订线的图纸图框格式　　(b) 不留装订线的图纸图框格式　　(c) 图框边线尺寸

图 1-126　图框格式示意图

3. 标题栏

一张完整的图纸还应包括标题栏。标题栏是用来反映设计名称、图号、张次、设计者等相关设计信息，位于内框右下角，方向与看图方向一致，格式没有统一规定，一般长为120～180mm，宽30～40mm，通常包括设计单位名称、用户单位名称、设计人、审核人等。

4. 图线

电气图中绘图所用的各种线条统称为图线，图线的宽度按照图样的类型和尺寸大小在0.13mm、0.18mm、0.25mm、0.35mm、0.5mm、0.7mm、1mm、1.4mm、2mm中选择，同一图样中粗线、中粗线、细线的比例为4∶2∶1。根据GB/T 17450—1998《技术制图 图线》标准，有实线、虚线、点画线等16种基本线型，波浪线、锯齿线等4种变形，使用时依据图样的需要，对基本图线进行变形或组合，具体规则见国标。表1-4仅列出了电气制图中常用的图线形式及应用说明。

表1-4　常用图线形式及应用说明

序号	图线名称	图线形式	图线线宽	应用说明
1	粗实线	————	b=0.5～2mm	电气线路(主回路、干线、母线)
2	细实线	————	约$b/3$	一般线路、控制线
3	虚线	-----------	约$b/3$	屏蔽线、机械连线、电气暗敷线、事故照明线
4	点画线	—·——·—	约$b/3$	控制线、信号线、边界线
5	双点画线	—··——··—	约$b/3$	辅助边界线、36V以下线路等
6	加粗实线	————	约$2b$～$3b$	汇流排(母线)
7	较细实线	————	约$b/4$	轮廓线、尺寸线等
8	波浪线	—∿∿—	约$b/3$	视图与剖视的分界线等
9	双折线	—∧∨—	约$b/3$	断开的边界线

5. 字体

汉字应采用长仿宋体简化汉字字体，高度不小于3.5mm；字母和数字应采用罗马体单线字体，高度不小于2.5mm。汉字、字母和数字通常写成直体，也可写成斜体。斜体字字头向右倾斜，与水平线成75°角。字体大小视图纸幅面大小而定，其最小高度详见表1-5的规定。

表1-5　最小字符高度　　单位：mm

字符高度	图幅				
	A0	A1	A2	A3	A4
汉字	5	5	3.5	3.5	3.5
数字和字母	3.5	3.5	2.5	2.5	2.5

6. 比例

比例是指所绘图形与实物大小的比值，通常使用缩小比例系列，前面的数字为 1，后面的数字为实物尺寸与图形尺寸的比例倍数，电气工程图常用比例有 1∶10、1∶20、1∶50、1∶100、1∶200、1∶500 等。需要注意的是，不论采用何种比例，图样所标注的尺寸数值必须是实物的实际大小尺寸，而与图形比例无关。

设备布置图、平面图、结构图按比例绘制，而系统图、电路图、接线图等多不按比例画出，因为这些图是关于系统功能、电路原理、电气元件功能、接线关系等信息的，绘制的是电气图形符号，而非电气元件、设备的实际形状与尺寸。

项目实施

一、创建新图

（1）新建图形文件　单击下拉菜单栏中的【文件】|【新建】命令，系统将弹出“选择文件”对话框。在文件列表中选择“acadiso. dwt”文件，单击“打开”按钮。

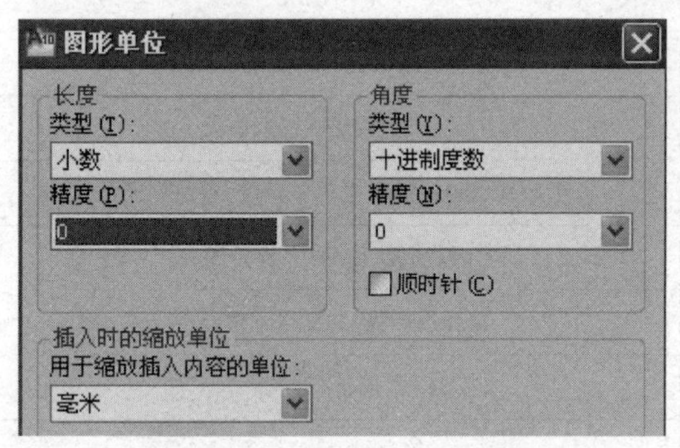

图 1-127　“图形单位”对话框

（2）设置长度单位及精度　单击下拉菜单栏中的【格式】|【单位】命令，系统弹出“图形单位”对话框，在“长度”选项区域中，可以从“类型”下拉列表框提供的 5 个选项中选择“小数”长度单位，根据绘图的需要从“精度”下拉列表框中选择一种合适的精度。设置结果如图 1-127 所示。

（3）设置图形界限　单击下拉菜单【格式】|【图形界限】命令，命令行提示如下。

```
命令:_limits
重新设置模型空间界限:
指定左下角点或[开(ON)/关(OFF)]<0,0>:          //回车,默认坐标原点
指定右上角点<420,297>:297,210                //输入新坐标,回车
```

执行上述命令后，图形界限被设置为宽 297、高 210 的矩形区域，即该图纸的大小被设置为 297×210。

注意： 按下状态栏中的“栅格”按钮，可以观察图纸的全部范围。

（4）显示图形界限　在命令行中输入 ZOOM 命令并回车，选择“全部（A）”选项，显示幅面全部范围。

（5）设置文字样式　本项目要建立两个文字样式：“汉字”样式和“数字”样式。“汉字”样式采用“仿宋 _ GB2312”字体，不设定字体高度，宽度比例设为 0.8，用于填写工程做法、标题栏、会签栏、门窗列表、设计说明等部分的汉字；“数字”样式采用“Simplex. shx”字体，宽度比例设为 0.8，用于标注尺寸、书写数字及特殊字符等。

二、绘制 A4 图幅

绘制如图 1-128 所示 A4 幅面样板图。

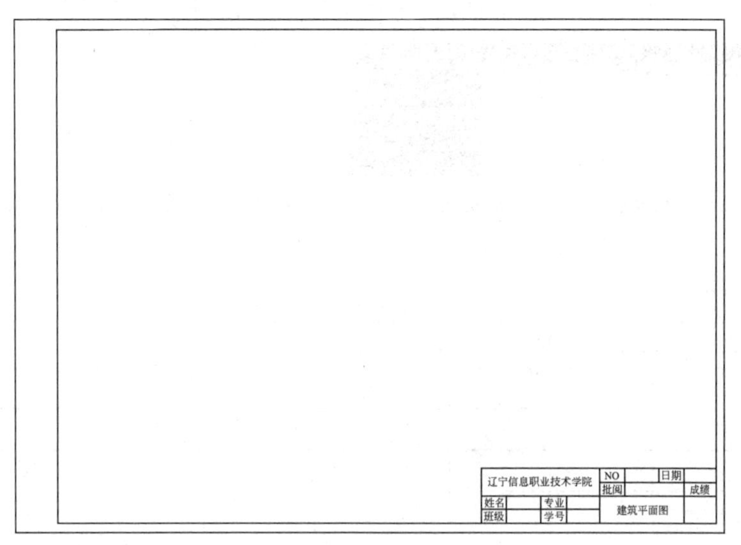

图 1-128 A4 幅面样板图

（1）绘制图框 单击下拉菜单【绘图】|【矩形】命令，命令行提示如下。

```
命令:_rectang
指定第一个角点或[倒角(C)/标高(E)/圆角(F)/厚度(T)/宽度(W)]:
指定另一个角点或[面积(A)/尺寸(D)/旋转(R)]:D
指定矩形长度<10.0000>:297
指定矩形宽度<10.0000>:210
```

这里选择不需装订的图纸类型，所以内框和外框四周距离相等。用“偏移”命令绘制距离 5mm 的内框，命令行提示及操作如下。

```
命令:_offset
当前设置:删除源=否图层=源 OFFSETGAPTYPE=0
指定偏移距离或[通过(T)/删除(E)/图层(L)]<10.0000>:5
选择要偏移的对象,或[退出(E)/放弃(U)]<退出>:
指定要偏移的那一侧上的点,或[退出(E)/多个(M)/放弃(U)]<退出>:
选择要偏移的对象,或[退出(E)/放弃(U)]<退出>:
```

根据 A4 图幅框线的规定，进行图框线的调整。单击外框线，单击特性工具栏的“线宽”选项，如图 1-129 所示，选 0.25mm 的粗实线。对内框进行同样操作，将其线宽设为 0.5mm 的粗实线。绘制好的图框如图 1-130 所示。

注意：在绘图视窗中是不显示线宽的，只显示线型，要查看结果可以通过打印预览进行显示；或者打开状态栏的“显示线宽”的功能，即可显示。

（2）绘制标题栏 这里要绘制的简易标题栏如图 1-131 所示，标出了行列尺寸与标题内容。绘制过程如图 1-132 所示。

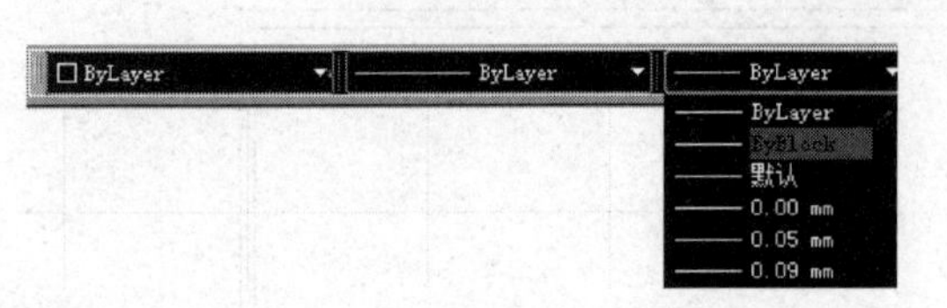

图 1-129 在特性工具栏中改变线宽

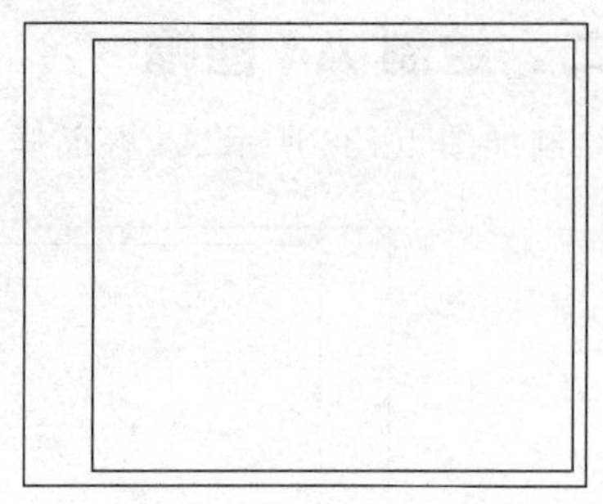

图 1-130 通过打印预览显示的 A4 规格图框

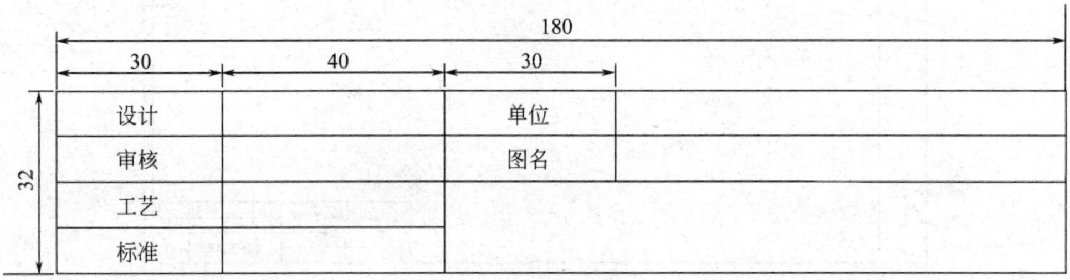

设计		单位	
审核		图名	
工艺			
标准			

（尺寸：总长 180；各列宽 30、40、30；高 32）

图 1-131 简易标题栏

① 打开“对象捕捉”模式，单击“矩形” 命令，第一点捕捉内框右下角，绘制 180×32 矩形的标题栏外框，得到图 1-132(a) 所示的小矩形。

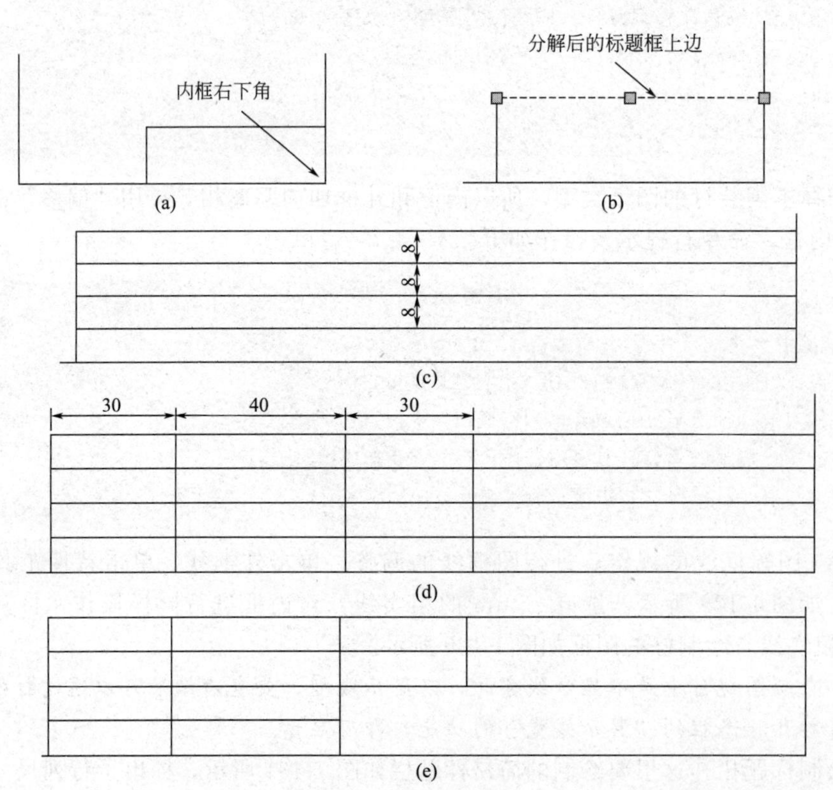

图 1-132 标题栏框的绘制

② 对外框使用“分解” 命令，选择如图 1-132(b) 所示上边，单击“偏移” 命令，偏移量为 8，依次下移单击得到如图 1-132(c) 所示的 3 条水平线。

③ 再用“偏移” 命令依次处理右边，距离分别为 30、40、30，如图 1-132(d) 所示。

④ 用“修剪” 命令剪去多余线条，即可完成图 1-132(e) 标题栏绘制。

(3) 输入文字　输入标题栏内的文字。

① 将“汉字”样式设置为当前文字样式。

② 单击下拉菜单【绘图】|【文字】|【多行文字】命令，命令行提示如下。

```
命令：_mtext
当前文字样式： "汉字"  文字高度： 3  注释性： 否
指定第一角点：                        //捕捉文字框左上角点指定对角点
或[高度(H)/对正(J)/行距(L)/旋转(R)/样式(S)/宽度(W)/栏(C)]：
                                      //捕捉文字框左上角点,打开"文字格式"对话栏,如图 1-133 所示
```

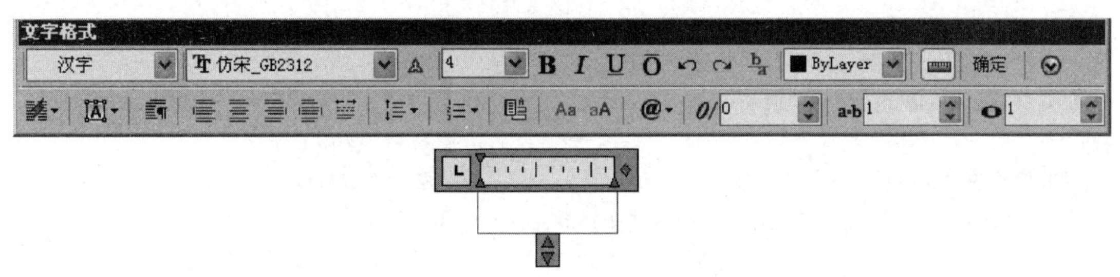

图 1-133　“文字格式”对话框

③ 选择“汉字”样式，输入文字高度 4，单击 文字对正按钮，选取“正中 MC”，输入文字“设计”，单击“确定”按钮结束命令。

④ 运用复制命令可以复制“姓名”到其他标题栏位置，然后双击各个文字，依次修改各个文字内容，标题栏文字内容输入结果如图 1-131 所示。

(4) 保存图幅　将该文件保存为样板图文件。单击下拉菜单【文件】/【保存】命令，打开“图形另存为”对话框。从“文件类型”下拉列表中选择“AutoCAD 图形样板（*.dwt）”，输入文件名称“A4 图幅”，单击“保存”按钮，在弹出的样板说明对话框中输入说明“A4 幅面模板”，单击“确定”按钮，完成设置。

说明： *以 A4 幅面样板图为例详细讲解了样板图的制作过程，其他幅面的样板图可以在此样板图的基础上修改而成。标题栏和图框线的尺寸和宽度可以根据相关规范设置。*

三、绘制机械轴零件图

由于该图形多为水平线和垂直线，在绘制前打开状态栏中的“正交”“对象捕捉”“追踪”模式。

(1) 绘制定位线　单击工作界面左侧常用绘图工具栏的“直线” 命令，按照下面命令行的提示进行绘制。绘制过程如图 1-135 所示。

```
命令：_line 指定第一点                    //用光标在绘图区指定第一点
指定下一点或[放弃(U)]：36                 //光标垂直向下移动,输入 36,按 Enter 键
```

```
指定下一点或[放弃(U)]:                          //按 Enter 键结束命令
命令:_line 指定第一点                           //捕捉垂直线中点为水平线第一点
指定下一点或[放弃(U)]:142                       //光标向左水平移动,输入 142,按 Enter 键
指定下一点或[放弃(U)]:                          //按 Enter 键结束命令
```

（2）绘制最大轴径　单击修改工具栏的“偏移”命令，按照如下命令行提示进行绘制，如图 1-135 所示。

```
命令:_offset
当前设置:删除源=否图层=源 OFFSETGAPTYPE
指定偏移距离或[通过(T)/删除(E)/图层(L)]<通过>:73 //输入 73,按 Enter 键
选择要偏移的对象,或[退出(E)/放弃(U)]<退出>:        //拾取垂直定位线
指定要偏移的那一侧上的点,或[退出(E)/多个(M)/放弃(U)]<退出>:
                                               //左侧单击
选择要偏移的对象,或[退出(E)/放弃(U)]<退出>:* 取消*  //按 Esc 键退出
命令:_offset                                   //再次重复该命令
当前设置:删除源=否图层=源 OFFSETGAPTYPE
指定偏移距离或[通过(T)/删除(E)/图层(L)]<73.0000>:86
                                               //输入 86,按 Enter 键
选择要偏移的对象,或[退出(E)/放弃(U)]<退出>:        //拾取垂直定位线
指定要偏移的那一侧上的点,或[退出(E)/多个(M)/放弃(U)]<退出>:
                                               //左侧单击
选择要偏移的对象,或[退出(E)/放弃(U)]<退出>:* 取消* //按 Esc 键退出
```

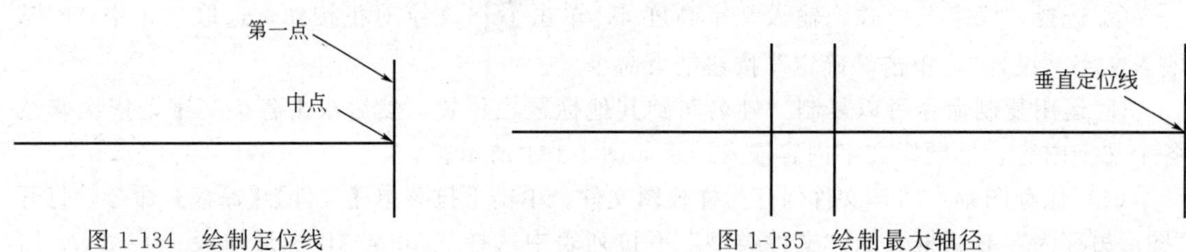

图 1-134　绘制定位线

图 1-135　绘制最大轴径

单击鼠标右键，在快捷菜单中选取“重复 OFFSET”，重复“偏移”命令数次，绘制最大轴径为直径 36 及右侧直径依次为 27、30 的轴径。垂线偏移分别为 3、13，轴径向上和向下偏移 18、13.5、15，如图 1-136 所示。

（3）最大轴及右侧第一轴的修剪成形　单击修改工具栏的“修剪”命令，按命令行提示操作。修剪后如图 1-137 所示。

（4）绘制最右端两轴径　继续使用“偏移”命令绘制右端两轴径，垂线偏移量为 23，水平线向上和向下均偏移 14、12，如图 1-138 所示。然后使用“修剪”命令修剪多余线条，修剪后的结果如图 1-139 所示图形。

（5）绘制最左端两轴径　继续使用“偏移”命令绘制左端两轴径，水平线向上和向下均偏移 15、16，垂线偏移量分别为 25、31，如图 1-140 所示。再使用“修剪”命令修剪多余线条，得到如图 1-141 所示的轴零件的雏形。

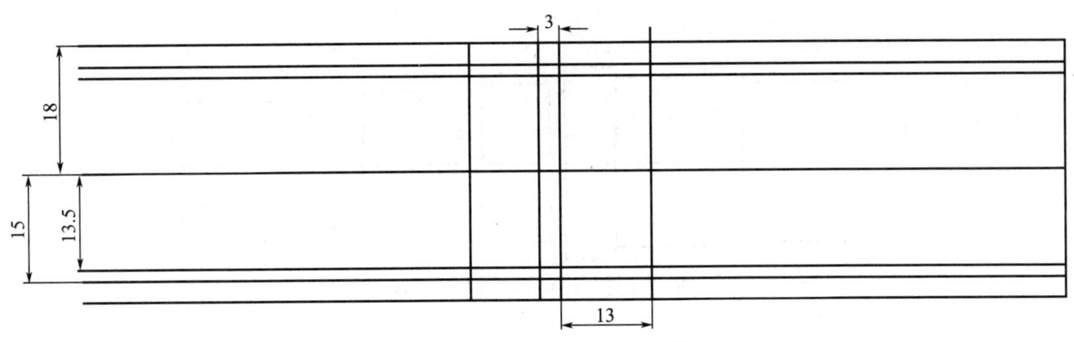

图 1-136　绘制 36、30、27 的轴径

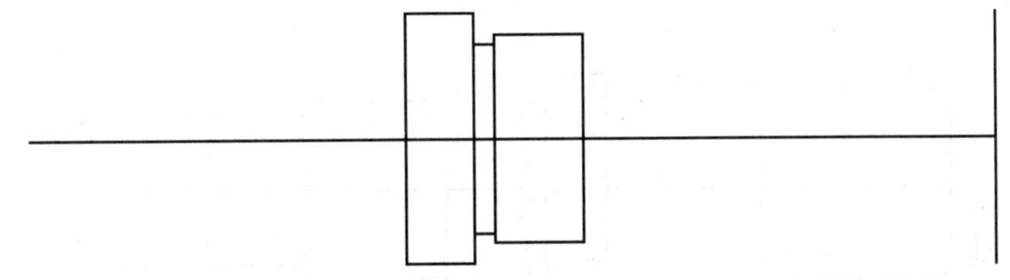

图 1-137　对图 1-136 修剪后结果

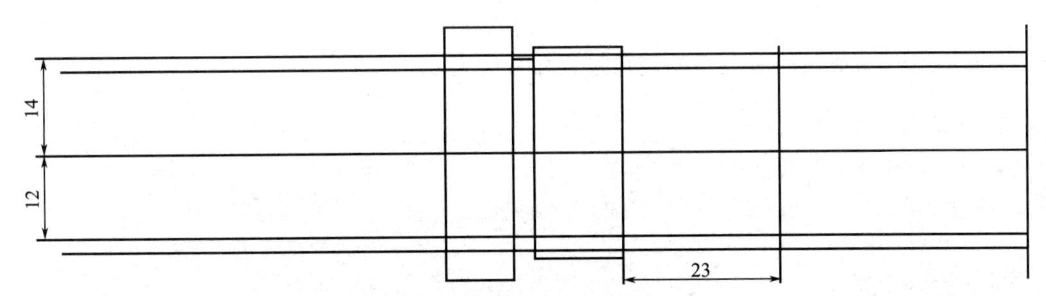

图 1-138　绘制右端两轴径

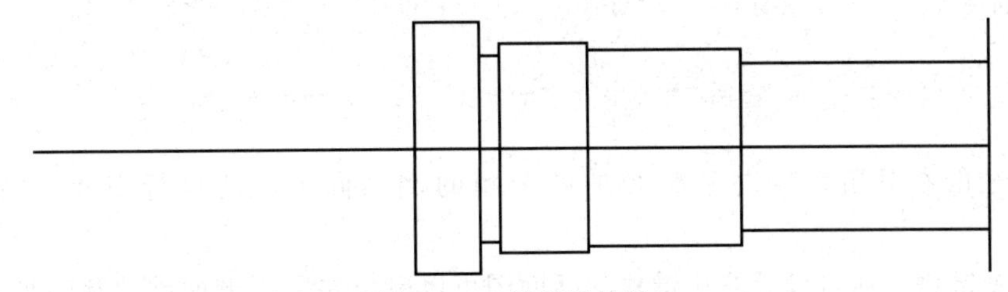

图 1-139　修剪后结果

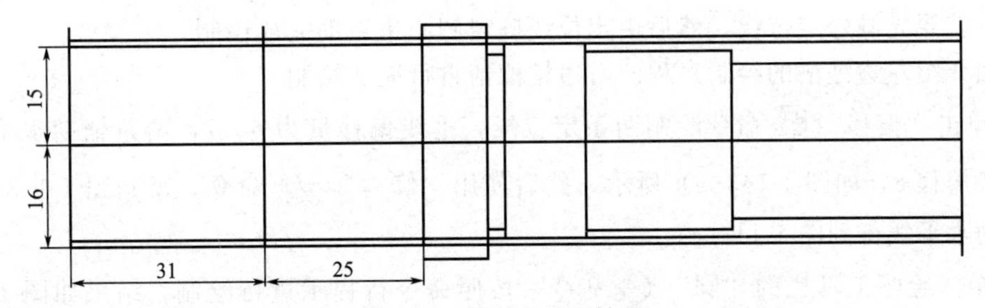

图 1-140　绘制左端两轴径

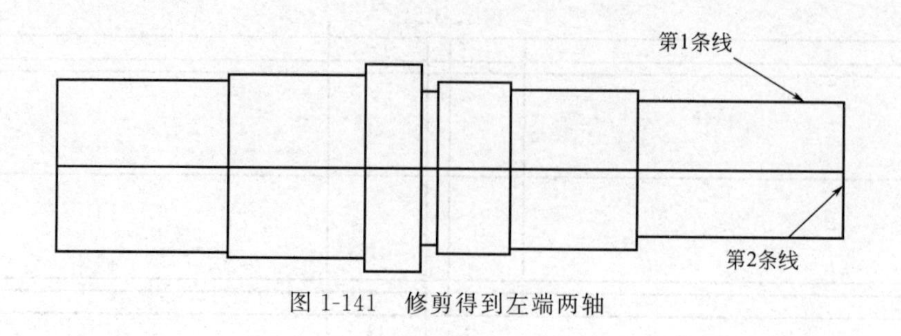

图 1-141　修剪得到左端两轴

（6）零件两端的倒角　单击修改工具栏的“倒角”命令，按照命令行提示进行绘制，倒角结果如图 1-142 所示。

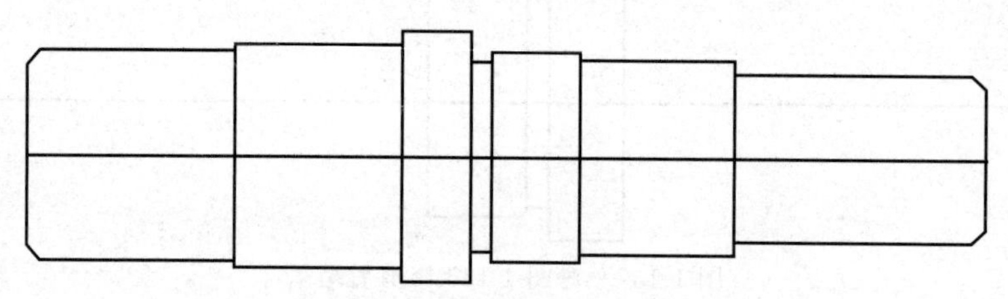

图 1-142　完成倒角后的图形

下面给出右端轴径的右上角的倒角过程命令行显示。

```
命令:_chamfer
("修剪"模式)当前倒角距离 1＝0.0000,距离 2＝0.0000
选择第一条直线或[放弃(U)/多段线(P)/距离(D)/角度(A)/修剪(T)/方式(E)/多个(M)]:d
                                                    //输入字母 d 通过距离来倒角
指定第 1 个倒角距离＜0.0000＞:2                      //输入 2
指定第 2 个倒角距离＜0.0000＞:2                      //输入 2
选择第 1 条直线或[放弃(U)/多段线(P)/距离(D)/角度(A)/修剪(T)/方式(E)/多个(M)]:
                                                    //单击图 1-141 所示第 1 条直线
选择第 2 条直线,或按住 shift 键选择要应用角点的直线:   //单击第 2 条直线
```

右端轴径的右下角以及左端轴径的两个角的倒角同上，请自行完成，倒角距离都为 2。

（7）绘制键槽　通过设计图中键槽的断面图可以看出左端键槽两端的圆的半径为 5，距离轴左边 1、右边 2；右端键槽两端圆的半径为 3，距离轴左边 3、右边 6。要正确绘制这两个键槽，就要先画好定位线，然后由定位线确定圆心来帮助完成绘制。

下面介绍左边键槽的绘制过程。右边键槽请自行完成绘制。

① 单击“偏移”命令绘制两条定位线，垂线偏移量为 6、7，两条辅助水平线向上和向下各偏移 8，如图 1-143(a) 所示，然后使用“修剪”命令，得到图 1-143(b)，再删除辅助水平线得到图 1-143(c)。

② 单击绘图工具栏的“圆”命令，按照命令行提示进行绘制，结果如图 1-144(a) 所示。

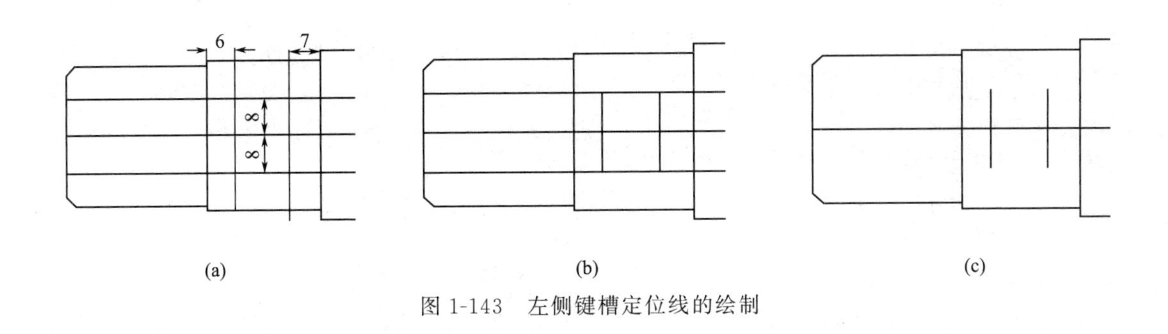

(a)　　(b)　　(c)

图 1-143　左侧键槽定位线的绘制

```
命令:_circle
指定圆的圆心或[三点(3P)/两点(2P)/相切、相切、半径(T)]:          //捕捉点 1
指定圆的半径或[直径(D)]:5                                      //输入 5 为圆半径值
命令:CIRCLE
指定圆的圆心或[三点(3P)/两点(2P)/相切、相切、半径(T)]:          //捕捉点 2
指定圆的半径或[直径(D)]<5.0000>:                               //半径相同,直接按 Enter 键
```

③ 使用“修剪” 命令得到图 1-144（b）所示的图形，最后用“直线” 命令，通过捕捉两点圆的端点绘制 2 根连线，即得到图 1-144(c) 所示轴零件左侧键槽。

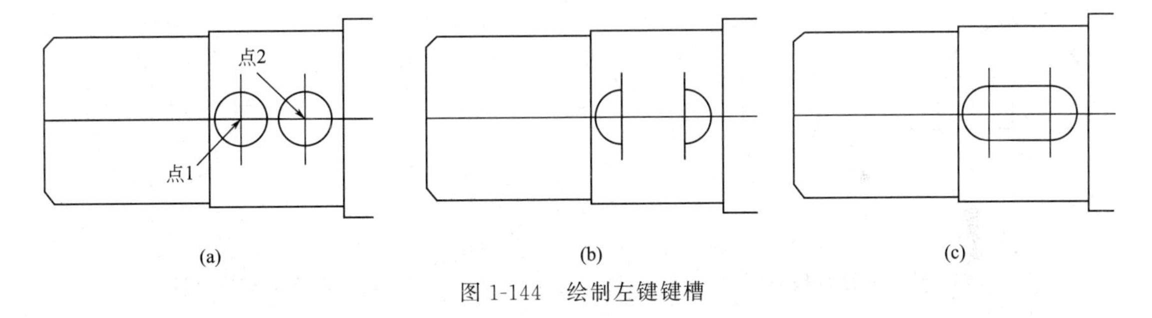

(a)　　(b)　　(c)

图 1-144　绘制左键键槽

（8）绘制键槽断面图　先来绘制键槽的断面图，仍然是以左边键槽断面图为例，右边键槽断面图请自行完成。

① 单击“直线” 命令，移动鼠标找到轴中点向下移动一定距离作为直线第一位置，如图 1-145(a) 所示，然后根据命令行提示完成图 1-145(b) 所示圆的定位线绘制。

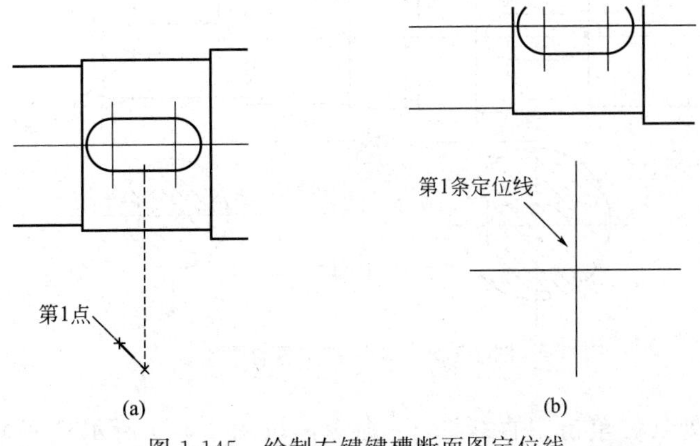

(a)　　(b)

图 1-145　绘制左键键槽断面图定位线

```
命令：_line 指定第一点：                    //图 1-145 中(a)所示第 1 点位置
指定下一点或[放弃(U)]：@ 40<270            //以相对极坐标形式输入@ 40<270
指定下一点或[放弃(U)]：                     //按 Enter 键完成第 1 条定位线绘制
命令：_line 指定第一点：                    //捕捉第 1 条定位线中点
指定下一点或[放弃(U)]：@ 20,0              //以相对直角坐标形式输入@ 20,0
指定下一点或[放弃(U)]：
命令：_line 指定第一点：                    //仍然捕捉第 1 条定位线中点
指定下一点或[放弃(U)]：@ 20<180            //以相对极坐标形式输入@ 20<180
指定下一点或[放弃(U)]：
```

② 单击"圆"命令，以定位线交点为圆心，画出半径为 15 的圆。单击"偏移"命令绘制一条垂线（偏移量为 12），两条水平线（上下偏移量均为 5），如图 1-146(a)所示，然后使用"修剪"命令得到图 1-146(b)。

(9) 填充键槽断面　单击"填充"按钮，弹出"图案填充和渐变色"对话框，按图 1-147 的操作指示进行填充，即可完成左侧键槽断面的填充。右侧键槽断面的填充请作为练习来完成。

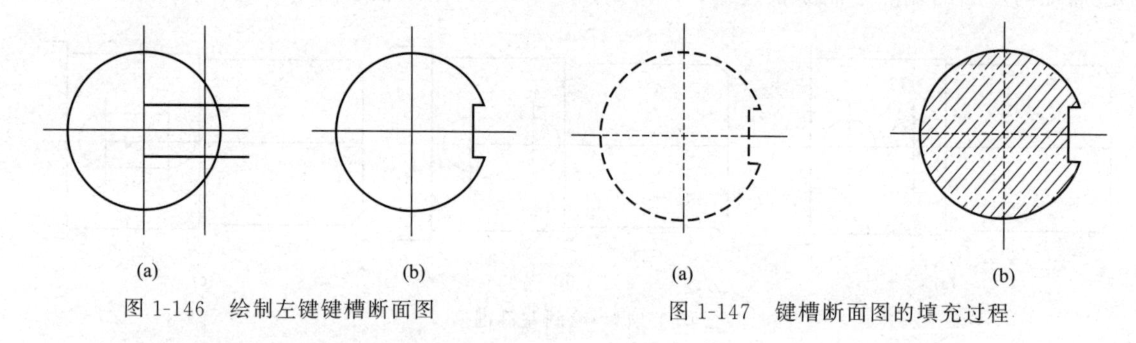

图 1-146　绘制左键键槽断面图　　图 1-147　键槽断面图的填充过程

(10) 整理图形　到这里为止，轴的图形基本绘制完成，但需要进行如图 1-148 所示两处的调整，一是右端轴的倒圆角处理，二是中心线与定位线的处理。

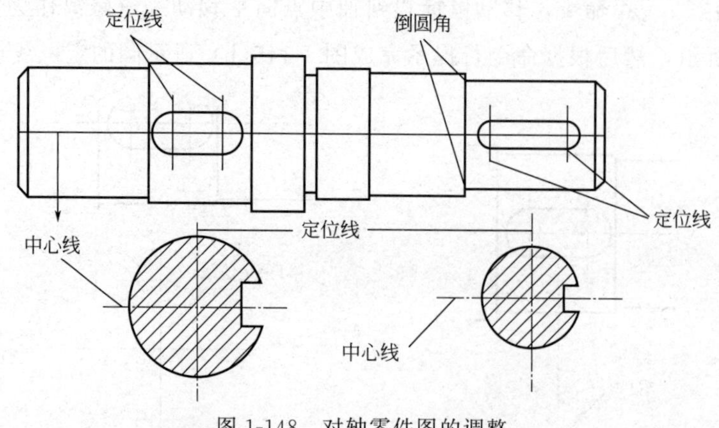

图 1-148　对轴零件图的调整

先进行倒圆角处理。单击"直线"命令，按图 1-149 所示位置画两条直线。单击

“倒圆角” 命令，按照命令行提示进行绘制，倒角结果如图 1-150 所示。

```
命令:_line 指定第一点:                                    //通过端点捕捉点 1
指定下一点或[放弃(U)]:                                    //通过端点捕捉点 2
指定下一点或[放弃(U)]:                                    //按 Enter 键确认
命令:_line 指定第一点:                                    //通过端点捕捉点 3
指定下一点或[放弃(U)]:                                    //通过端点捕捉点 4
指定下一点或[放弃(U)]:                                    //按 Enter 键确认
命令:_fillet                                              //通过端点捕捉点 3
当前设置:模式=修剪,半径=0.0000
选择第一个对象或[放弃(U)/多段线(P)/半径(R)/修剪(T)/多个(M)]:r
指定圆角半径<0.0000>:1.5                                  //输入要倒角的半径
选择第一个对象或[放弃(U)/多段线(P)/半径(R)/修剪(T)/多个(M)]:
                                                          //选择直线 1-2
选择第二个对象,或按住 shift 键选择要应用角点的对象:       //选择与之相邻边//按 Enter 键确认
命令:_fillet
当前设置:模式=修剪,半径=1.5000
选择第一个对象或[放弃(U)/多段线(P)/半径(R)/修剪(T)/多个(M)]:
                                                          //选择直线 3-4
选择第二个对象,或按住 shift 键选择要应用角点的对象:       //选择与之相邻边
```

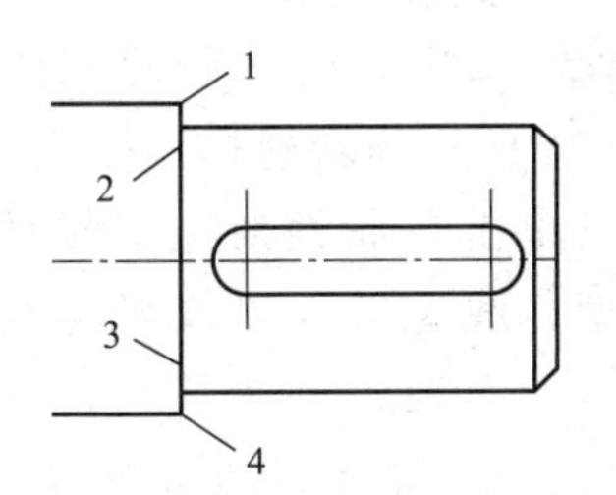

图 1-149　2 条直线起始位置

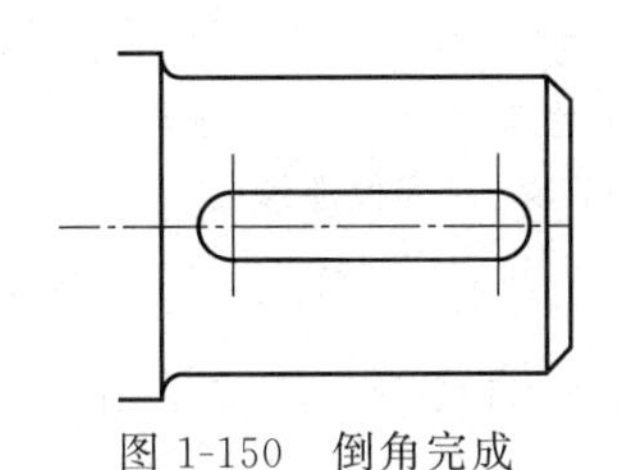
图 1-150　倒角完成

接下来处理中心线和定位线。选取图 1-148 所示的 6 根定位线，单击鼠标右键，在快捷菜单中选择“特性”，打开如图 1-151 所示的“特性”对话框，单击“颜色”文本框，在下拉选项中选择红色，按 Esc 键，返回绘图窗口。选取图 1-148 中所示的 4 根中心线，将颜色改为红色。再单击“线型”文本框，在下拉选项中选择 CENTER2，即中心线样式，按 Esc 键，返回绘制窗口，完成设置。

四、尺寸标注

完成该图的最后一步就是进行尺寸标注，一个完整的尺寸标注应由标注文字、尺寸线、标注箭头、尺寸界线及标注起点组成，如图 1-152 所示。

（1）设置标注样式　在进行标注前，先要对标注样式进行定义，即规定标注箭头样式、大小、文字字体、大小、位置等，以方便用户按照自己的要求来进行标注。单击标注工具栏的 ，或单击下拉菜单【标注】|【标注样式】命令，打开如图 1-153 所示的“标注样式管理器”。

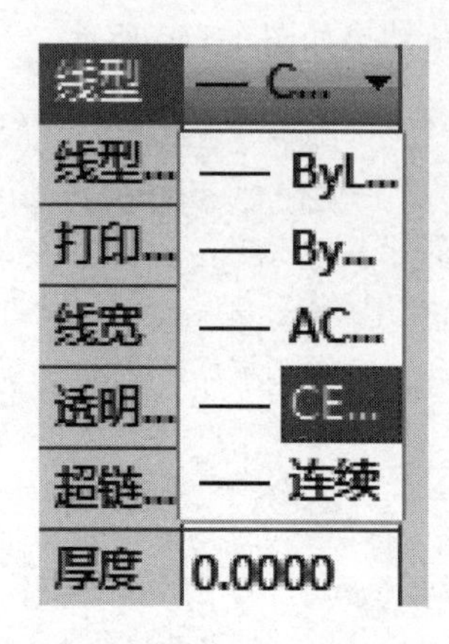

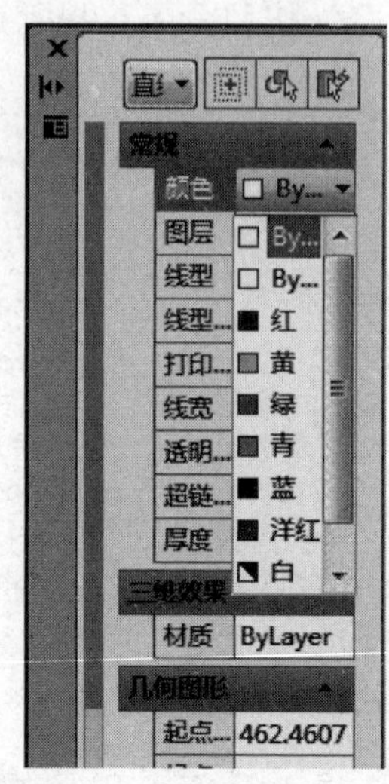

图 1-151　调整颜色和线型

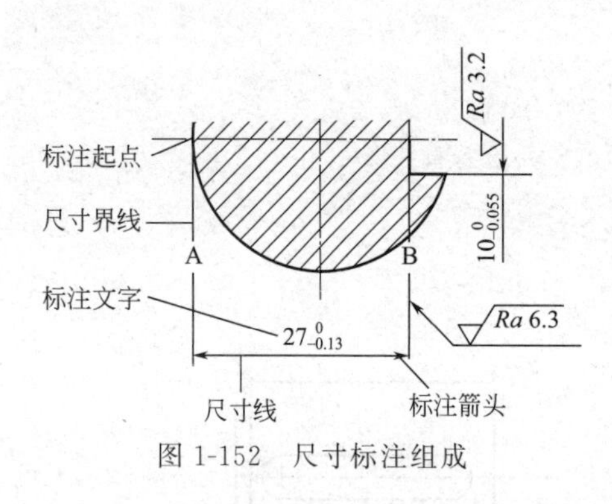

图 1-152　尺寸标注组成

单击 **新建(N)** 按钮，弹出如图 1-153 所示的“创建新标注样式”对话框，在“新样式名”文本框内输入样式名。单击“基础样式”下拉框，可以选择新样式的基础样式，单击“用于”下拉框，确定用户新建样式的使用范围。

单击 **继续** 按钮，进入新建标注样式编辑对话框。图 1-154 所示为新建标注样式中标注线的编辑界面，可以单击各属性对应下拉框选择尺寸线的颜色、线型、线宽等，以及延伸线的颜色、线型、偏移量等。每改动一个属性，右侧预览框会及时显示改动后的效果。依次单击“符号和箭头”“文字”等标签即可对相应属性进行修改和编辑。

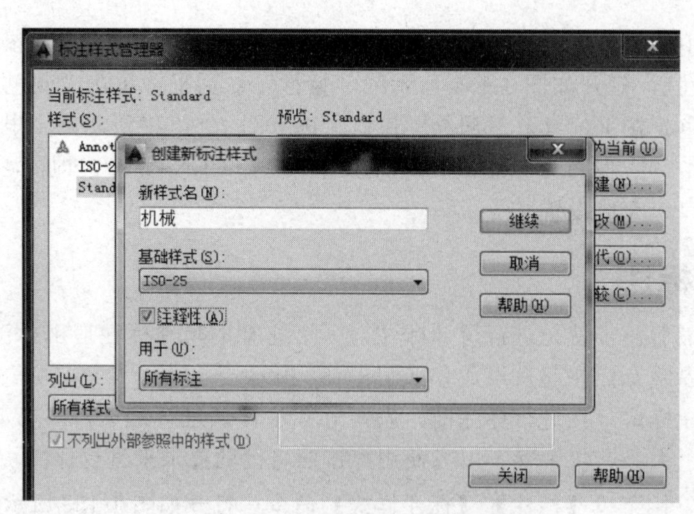

图 1-153　“创建新标注样式”对话框

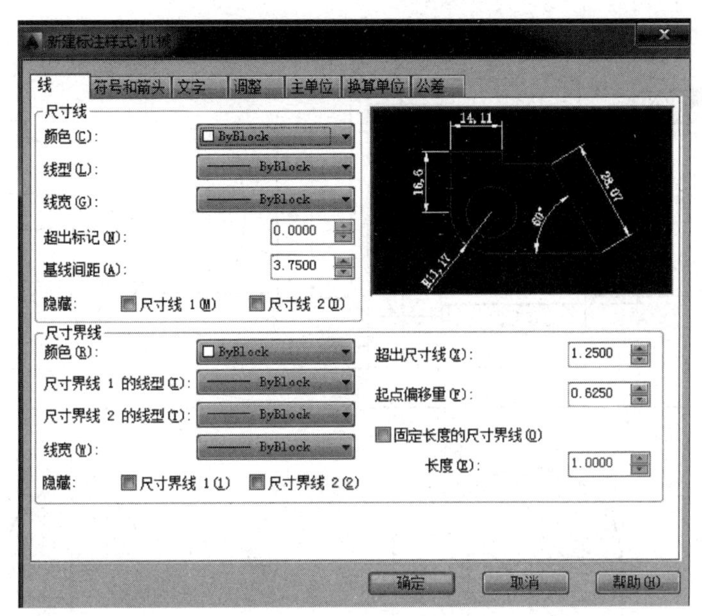

图 1-154　新建样式中标注线编辑对话框

在进行尺寸标注时，要遵守以下基本规则。

① 机件真实大小与图形的大小及绘图准确度无关，以图样上所标注的尺寸数值为依据，且该尺寸为图样所示机件的最后完工尺寸，否则应另加说明。

② 图样中尺寸单位默认为 mm，不需标注计量单位的代号或名称。如采用其他单位，则必须注明相应的计量单位的代号或名称。

③ 机件的每一尺寸，一般只标注一次，并应标注在反映该结构最清晰的图形上。

④ 重要尺寸，如总体的长、宽、高尺寸，孔的中心位置等，必须直接注出，而不应由其他尺寸计算求得。

⑤ 相互平行并列的尺寸在标注时，不得互相穿插，即大尺寸在外，小尺寸在内。

⑥ 尽量避免在虚线处标注尺寸，以免造成不清晰和误解。

本项目中用到的标注有：线性标注，如图 1-155 中所标的 2、3 等；基线标注，如图 1-155 中所标的 34、73、142 等；连续标注，如图 1-155 中所标的 3、25 等；半径标注，如图 1-155 中所标的 $R1.5$；还有直径符号的线性标注，如图 1-155 中的 $\phi28$、$\phi36$ 等；而图 1-155 中的 $27_{-0.13}^{\ 0}$ 是用极限偏差标注的。

（2）标注尺寸

① 创建线性标注。单击“线性标注” 命令，按照命令行提示进行标注，结果如图 1-156(a) 所示。

```
命令:_dimlinear
指定第 1 条尺寸界线原点或<选择对象>:                    //单击线 1
指定第 2 条尺寸界线原点:                                //单击线 2
指定尺寸线位置:
指定尺寸线位置或[多行文字(M)/角度(A)/水平(H)/垂直(V)/旋转(R)]:  //纵向拉伸并确认
标注文字=34
```

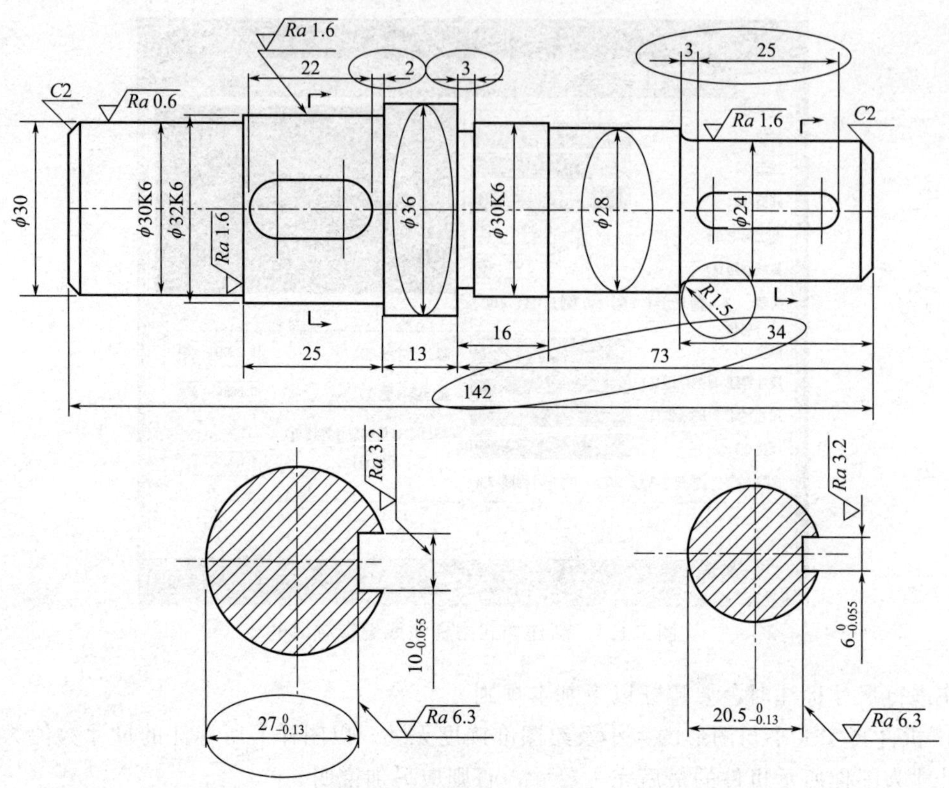

图 1-155　项目尺寸标注类型示意

② 创建基线标注。单击标注工具栏的“基线标注” 命令，按照命令行提示进行标注，结果如图 1-156(b) 所示。

```
命令：_dimbaseline
选择基准标注：                                        //单击标注 34
指定第 2 条尺寸界线原点或[放弃(U)/选择(S)]<选择>：        //捕捉中点 1
标注文字=73
指定第 2 条尺寸界线原点或[放弃(U)/选择(S)]<选择>：        //捕捉中点 2
标注文字=142
指定第 2 条尺寸界线原点或[放弃(U)/选择(S)]<选择>：* 取消*
```

③ 创建连续标注。单击“标注”工具栏的“连续标注” 命令，按照命令行提示进行标注，结果如图 1-156(c) 所示。

```
命令：_dimcontinue
选择连续标注：                                        //单击标注 73
指定第 2 条尺寸界线原点或[放弃(U)/选择(S)]<选择>：        //捕捉中点 3
标注文字=13
指定第 2 条尺寸界线原点或[放弃(U)/选择(S)]<选择>：        //捕捉中点 4
标注文字=25
指定第 2 条尺寸界线原点或[放弃(U)/选择(S)]<选择>：* 取消*
```

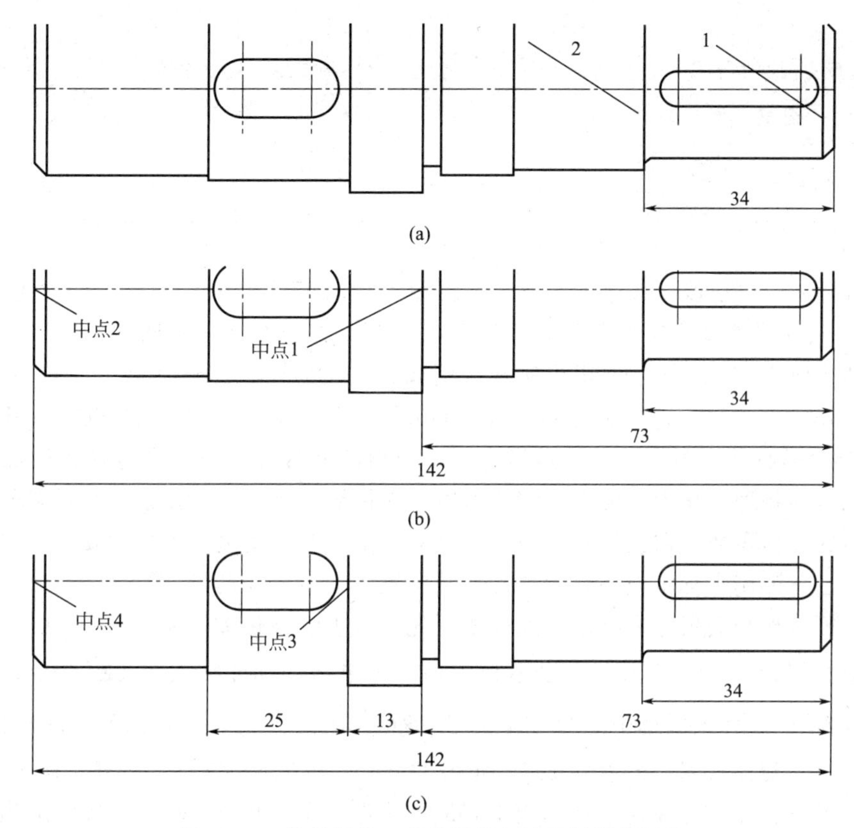

图 1-156　线性标注、基线标注和连续标注的创建

④ 创建半径标注。单击“半径标注”命令，按照命令行提示进行标注，结果如图 1-157(a) 所示。

```
命令:_dimradius
选择圆弧或圆:                                    //单击要标注的那段圆弧
标注文字＝1.5
指定尺寸线位置或[多行文字(M)/角度(A)/文字(T)]:      //移动鼠标单击确定位置
```

⑤ 创建含有半径和直径符号的线性标注。单击“线性标注”命令，按照命令行提示标注，结果如图 1-157(b) 所示。

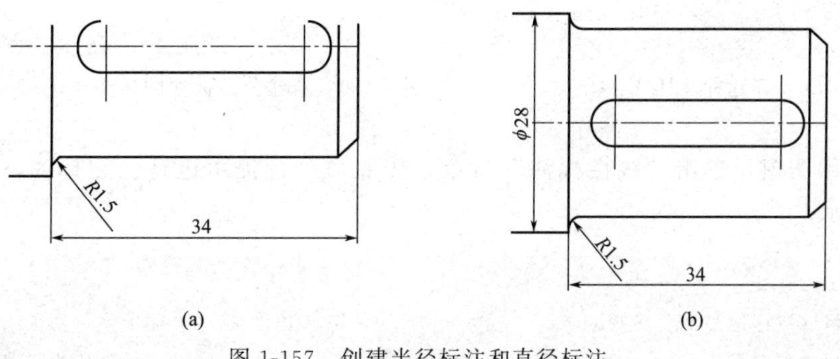

图 1-157　创建半径标注和直径标注

```
命令:_dimlinear
指定第 1 条尺寸界线原点或＜选择对象＞:                    //捕捉轴上边界中点
指定第 2 条尺寸界线原点:                                  //捕捉轴下边界中点
指定尺寸线位置或
[多行文字(M)/角度(A)/水平(H)/垂直(V)/旋转(R)]:t
输入标注文字＜28＞:%%c28                                  //%%c是直径的控制代码
```

在进行标注时可以改变文字的内容，根据命令行的提示，输入 m 或 t 来改变文字内容，输入 a、h、v、r 是改变文字的位置，不区分大小写。如要在文字中插入特殊字符，可以通过输入控制代码或 Unicode 字符串来实现。例如，上面的控制代码/%%c 表示直径字符 ϕ，即输入/%%c28 显示 ϕ28，当然也可以输入 Unicode 字符串 \ u+220528 也可以显示 ϕ28。

⑥ 创建公差标注。所谓公差，是指实际参数值的允许变动量，既包括机械加工中的几何参数，也包括物理、化学、电学等学科参数。在机械设计中，公差是一个重要的参数，它设定了产品的几何参数，使其达到互换或配合的要求。在一些电气设备的安装图中也可以见到公差标注，一般用来标定设备、元器件安装位置等参数的变动量。

这里左侧键槽断面尺寸是极限偏差样式，先标注上、下偏差分别为 0、−0.13，表示零件尺寸偏差范围为 26.87～27.00。公差标注前，先单击“标注样式” 命令，打开“标注样式管理器”，在样式区选中 ISO-25，单击 **新建(N)...** 按钮，在弹出的“新建标注样式”对话框中设置新建样式名“公差 0.13”，如图 1-158 所示。点击继续，打开“修改标注样式”对话框，选择“公差”标注，进行如图 1-159 所示的设置，单击“确定”按钮退出标注样式修改。

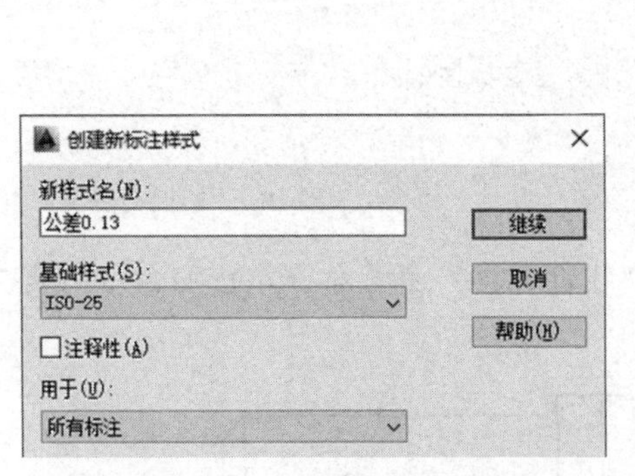

图 1-158　新建标注样式

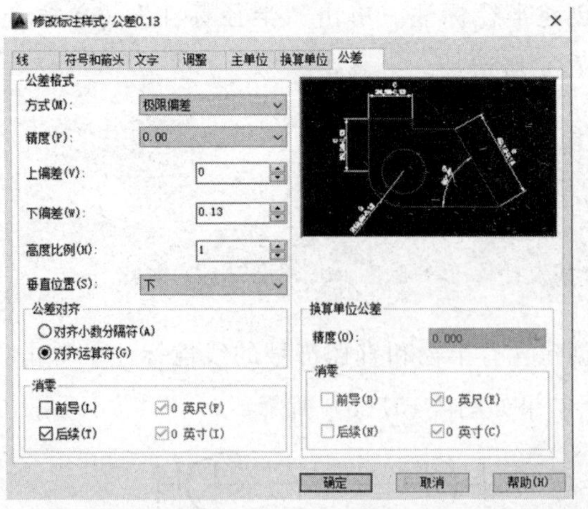

图 1-159　新建公差标注的标注样式

然后在绘图窗口单击“线性标注”命令，按照命令行提示进行公差标注，标注过程如图 1-160 所示。

```
命令:_dimlinear
指定第 1 条尺寸界线原点或＜选择对象＞:                    //单击图 1-160(a)所示中点 1
指定第 2 条尺寸界线原点:                                  //单击图 1-160(a)所示中点 2
```

指定尺寸线位置或
[多行文字(M)/角度(A)/水平(H)/垂直(V)/旋转(R)]://移动鼠标到适当位置单击即可完成

然后标注左侧键槽断面上、下偏差分别为0、−0.055的极限偏差，单击“标注样式”命令，打开“标注样式管理器”，在样式区选中ISO-25，单击 新建(N)... 按钮，在弹出的“新建标注样式”对话框中设置新建样式名“公差0.055”如图1-161所示，点击继续，打开“修改标注样式”对话框，选择“公差”标注，进行如图1-162所示的设置，单击“确定”按钮退出标注样式修改。

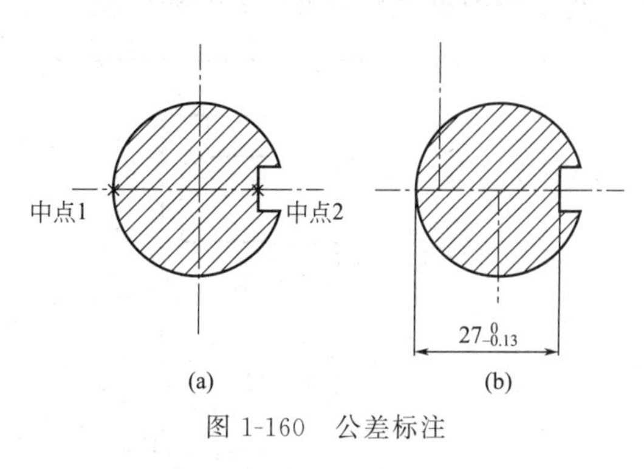

图1-160　公差标注

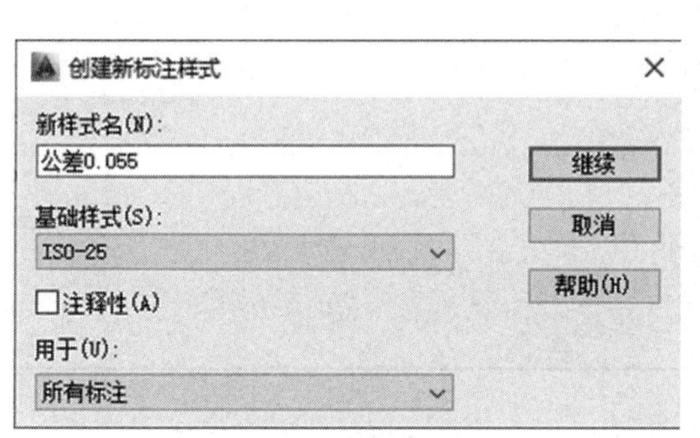

图1-161　新建标注样式

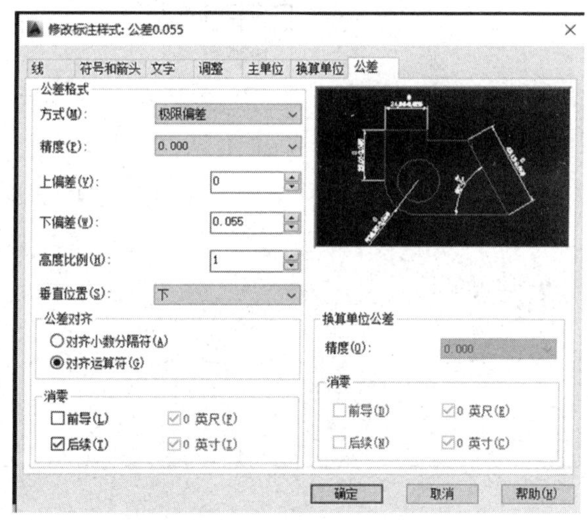

图1-162　新建公差标注的标注样式

然后在绘图窗口单击“线性标注”命令，按照命令行提示进行公差标注，标注结果如图1-163所示。

右侧键槽的公差标注过程与上述相同，学生可自行练习。

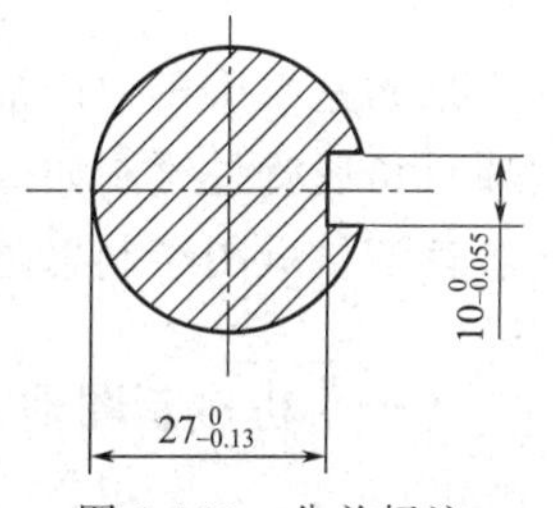

图1-163　公差标注

五、标注整理

在按照上述方法完成尺寸标注后，要对某些标注进行整理，主要调整标注位置、角度等。例如，图1-156(b)中的基线标注间距太小需要调整。打开“正交”模式，关闭“对象捕捉追踪”模式，单击标注142，选中该标注，移动光标到标注中点位置单击，蓝色夹点变成红色，同时向下移动鼠标，标注跟随移动，到适当位置单击鼠标左键完成移动。用同样的方法调整其他需要调整的标注。

图1-1中的表面粗糙度标注，系统没有提供该类标注命令，用户可以自己绘制并定义成块，然后插入图中适当位置。

上机练习

请绘制如图 1-164 所示的机械图形。

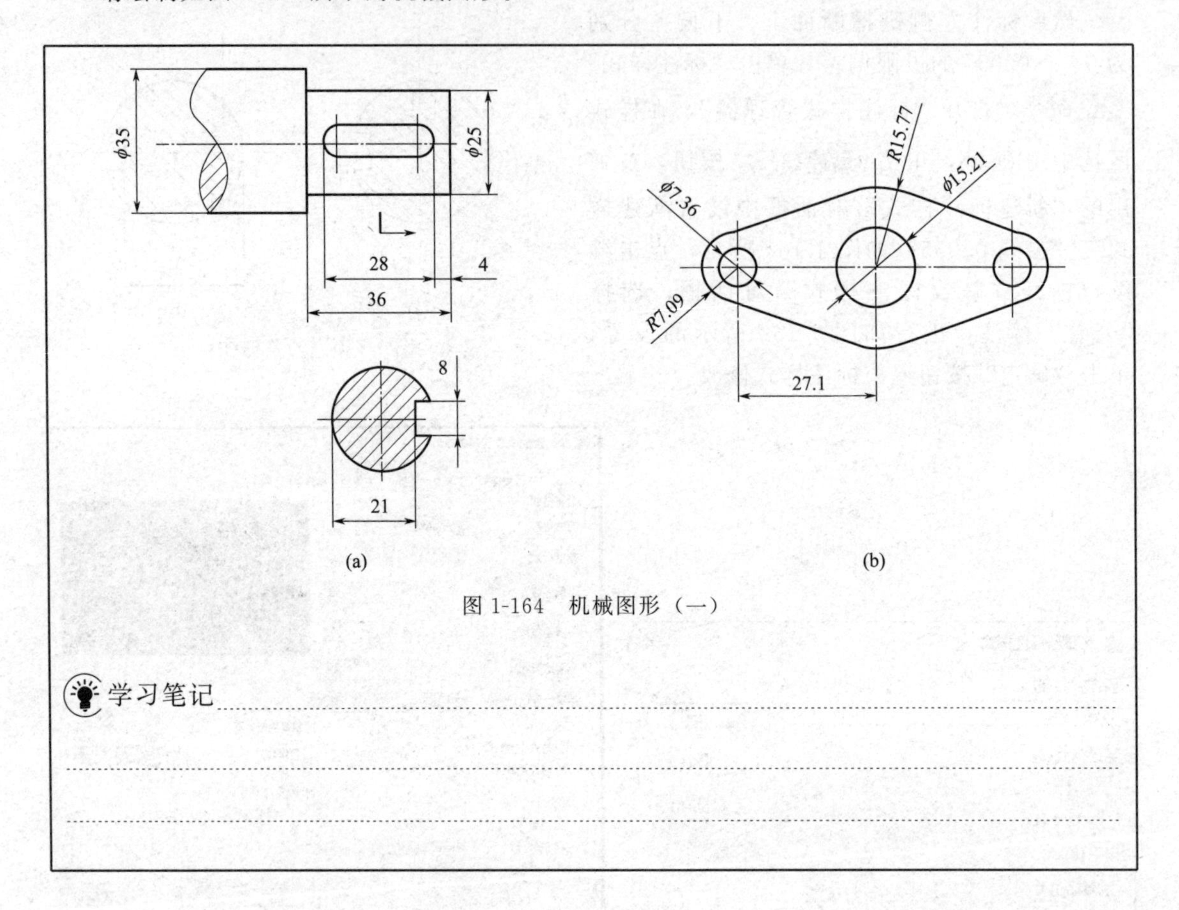

图 1-164　机械图形（一）

学习笔记

项目拓展　绘制吊钩零件平面图

吊钩是起重机中最常见的一种吊具，也是初学 CAD 机械绘图经常绘制的典型案例，本次项目拓展就是绘制如图 1-165 所示起重机吊钩零件平面图，进一步帮助读者理清机械图绘制思路，从而更加熟悉机械图绘制过程和技巧。

【拓展阅读】一场由螺丝钉引发的空难

（一）机械制图相关概念

1. 三视图

要观察一个物体，可以从 6 个方向进行，即上、下、左、右、前、后。若对这 6 个方向做投影，会发现上下、前后、左右的投影是一样的，描述一个物体只需要使用 3 个投影面：从前往后的投影（称为正投影面，用 V 表示），从上往下的投影（称为水平投影，用 H 表示）和从左往右的投影（称为侧投影面，用 W 表示），又将 V 的视图叫作主视图，H 的视图叫作俯视图，W 的视图叫作左视图，如图 1-166 所示。

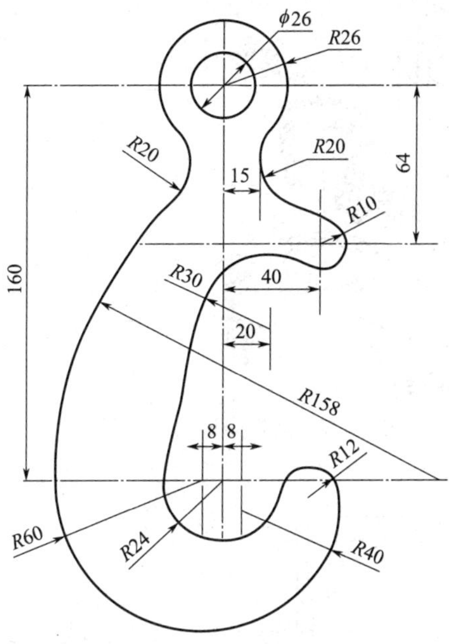

图 1-165　吊钩零件平面图

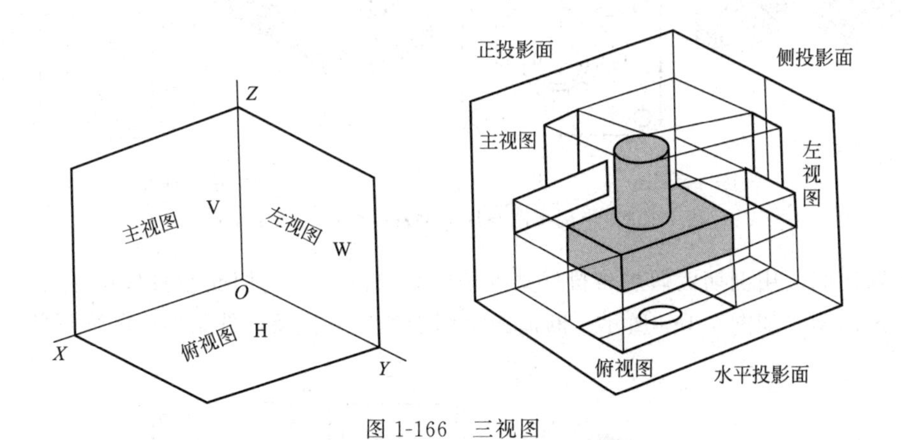

图 1-166　三视图

2. **辅助视图**

在零件加工、设备安装图中常常将三视图和一些辅助视图，如剖视图、断面图等结合使用，以便完整、清晰地表达内部结构等信息。

(1) 剖视图　在机件适当位置用一假想剖切平面将其一切为二，移去观察者和剖切面之间的部分，其余部分向投影面投射，并在机件被剖切处画上剖面符号（由一组平行的剖面线构成，剖面线是与主要轮廓线成 45°角的细实线），就构成了剖视图，如图 1-167 所示。图中 *A*—*A* 表示剖视图的名称，工件俯视图中字母 *A*—*A* 表示剖切位置，箭头表示剖开机件后的投影方向。

图 1-168 所示为全剖视图，有时若机件具有对称平面，在向垂直于对称平面的投影面投射时，可以对称中心线为界，一半画成剖视图，另一半画成视图，就形成了半剖视图，如图 1-168(a) 所示。如果机件对称位置有一轮廓线而不适合采用半剖视图，或需要表达的内部结构范围较小，可以采用局部剖开机件的方法，得到图 1-168(b) 所示的局部剖视图。

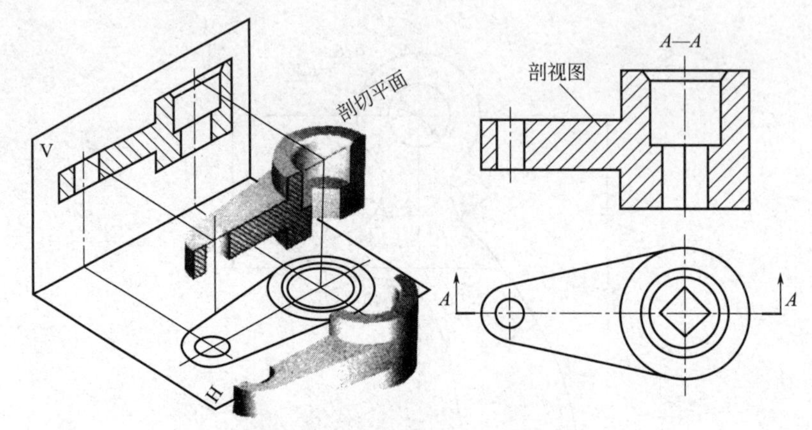

图 1-167 剖视图形成与绘制示例

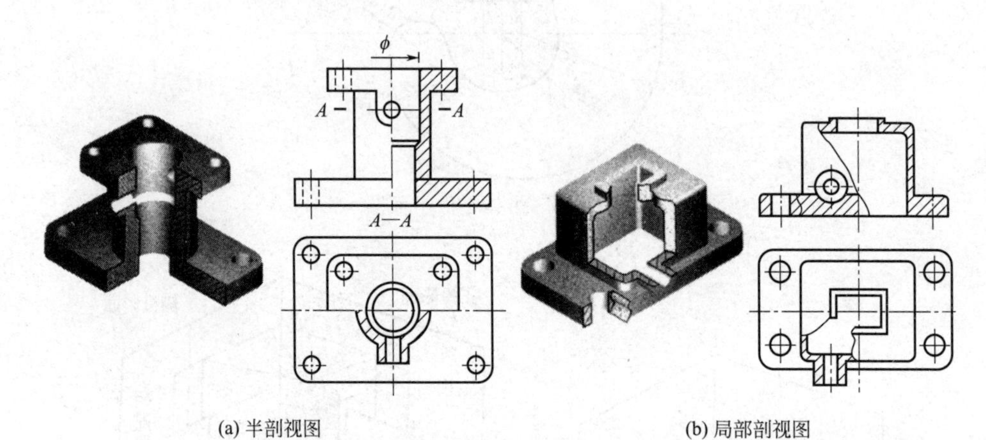

图 1-168 半剖视图与局部剖视图形成与绘制示例

（2）断面图 用剖切面假想将机件某处切断，仅画出该剖切面与机件接触部分的图形，就形成了断面图，如图 1-169 所示。断面图常用于表达型材及机件某处的断面形状。

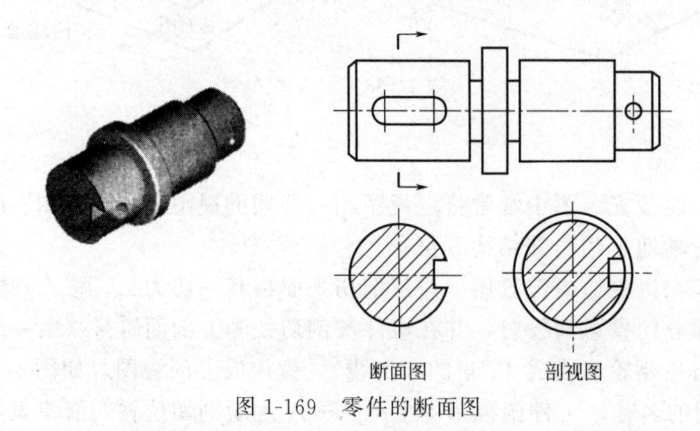

图 1-169 零件的断面图

（二）机械制图基本元素

1. 图线

国家标准《技术制图 图线》（GB/T 17450—1998）规定了工程图样中各种图线名称、

形式及其画法。图 1-170 所示为常用图线的应用，其中粗线的宽度（b）为 0.5～2mm，细线的宽度约为 $d/3$，详见表 1-4。

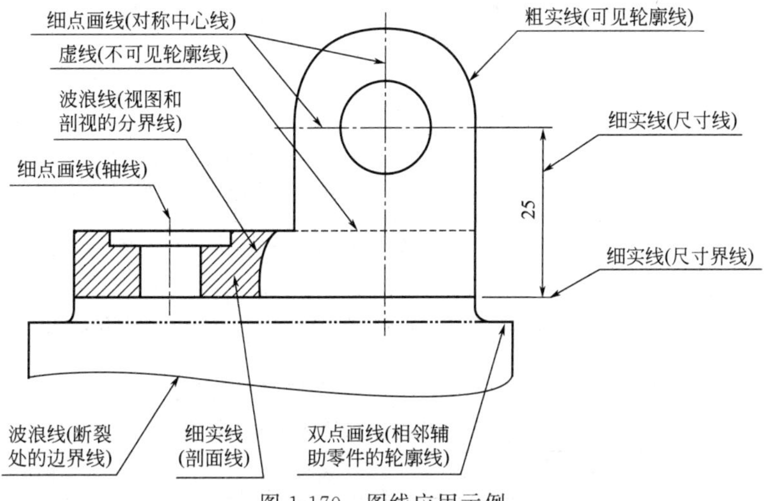

图 1-170　图线应用示例

2. 表面粗糙度

表面粗糙度是工程样图和技术文件中的重要内容，GB/T 131—2006《产品几何技术规范（GPS）技术产品文件中表面结构的表示法》中给出了详细的说明。表面结构是表面粗糙度、表面波纹度、表面缺陷、表面纹理和表面几何形状的总称。其中表面粗糙度是指零件加工后表面上具有的微小间距和微小峰谷组成的微观几何形状特征，表面结构符号的画法和标注如图 1-171 所示。

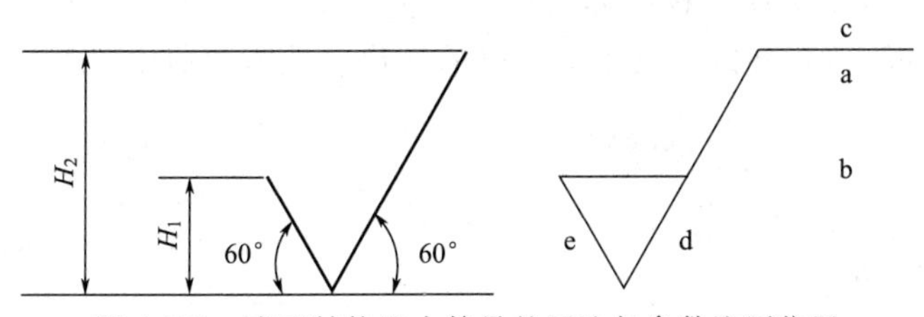

图 1-171　表面结构基本符号的画法与参数注写位置

表面结构基本符号的绘制尺寸如表 1-6 所示，表面结构符号如表 1-7 所示。在进行参数注写时各参数位置如图 1-171 中字母所示。其中位置 a 注写表面结构的单一要求；位置 b 注写表面结构第二个单一要求，如要注写更多的单一要求，图形符号应在垂直方向扩大留出足够空间；位置 c 注写加工方法、表面处理、涂层或其他工艺要求（如车、磨等）；位置 d 注写加工纹理和方向符号（表 1-8）；位置 e 注写加工余量（单位：mm）。

表 1-6　表面结构符号尺寸　　单位：mm

数字和字母高度 h	2.5	3.5	5	7	10	14	20
符号线宽 d' 数字和字母线宽 d	0.25	0.35	0.5	0.7	1	1.4	2
高度 H_1	3.5	5	7	10	14	20	28
高度 H_2	7.5	10.5	15	21	30	42	60

表 1-7　表面结构符号

符号	意义及说明
	基本图形符号，表示未加工指定工艺方法的表面
	扩展图形符号，基本符号加一短划，表示表面是用去除材料的方法获得。例如：车、铣、钻、磨、剪切、抛光、腐蚀、电火加工、气割等
	扩展图形符号，基本符号加一小圆，表示表面是用不去除材料的方法获得或是用于保持上道工序形成的表面。例如：铸、锻、冲压变形、冷轧、粉末冶金等
	完整图形符号，在上述 3 个符号的长边上均可加一短横线，用于标注表面机构的补充信息
	完整图形符号上加一小圆符号，表示对投影上封闭的轮廓所表示的表面具有相同的表面结构要求

表 1-8　表面结构符加工纹理和方向符号

符号	解释	符号	解释
=	纹理平行于视图所在的投影面	C	纹理呈近似同心且圆心与表面中心相关
⊥	纹理垂直于视图所在的投影面	R	纹理呈近似放射状且表面圆心相关
×	纹理呈两面交叉且与识图所在的投影面相交	P	纹理呈微粒、凸起无方向性
M	纹理呈多方向性		

3. 新旧标准表面结构注写位置对比

目前表面结构表示方法使用标准是 GB/T 131—2006，与原来实行的 GB/T 131—1993 相比，其图形符号注写位置和内容发生了细微的变化，具体差别如图 1-172 所示。

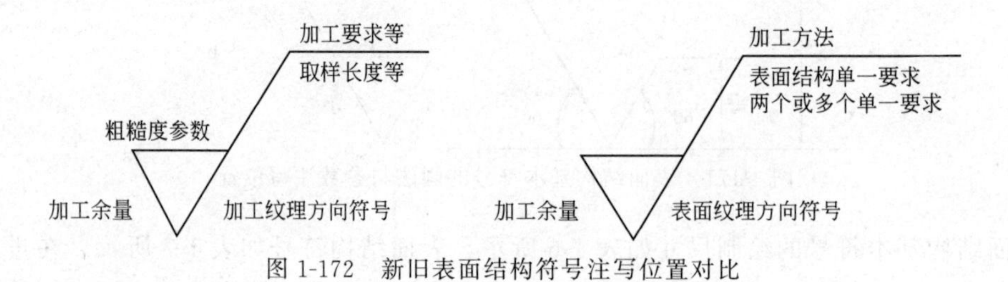

图 1-172　新旧表面结构符号注写位置对比

（三）绘制过程

① 绘制辅助线，绘制结果如图 1-173 所示。

② 根据已知圆弧绘制圆形，如图 1-174 所示。

③ 绘制与两个圆分别相切的圆和直线，绘制结果如图 1-175 所示。

④ 根据两圆相切的关系绘制辅助圆，绘制结果如图 1-176 所示。

⑤ 根据图形关系绘制 $R158$ 的圆和与之相切的圆，绘制过程如图 1-177 所示。

⑥ 根据图形关系绘制 $R40$、$R12$ 的圆和与 $R24$、$R30$ 圆弧相切的直线，如图 1-178 所示。

⑦ 修剪多余的线条，绘制结果如图 1-165 所示。

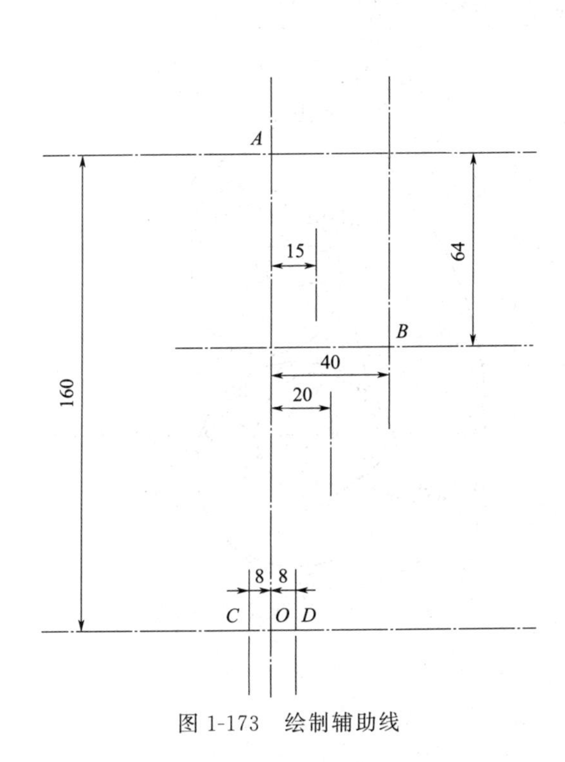

图 1-173　绘制辅助线

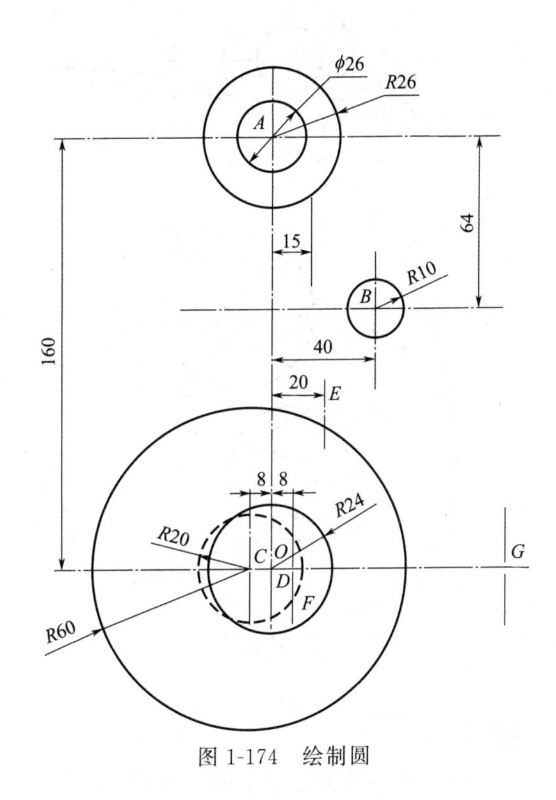

图 1-174　绘制圆

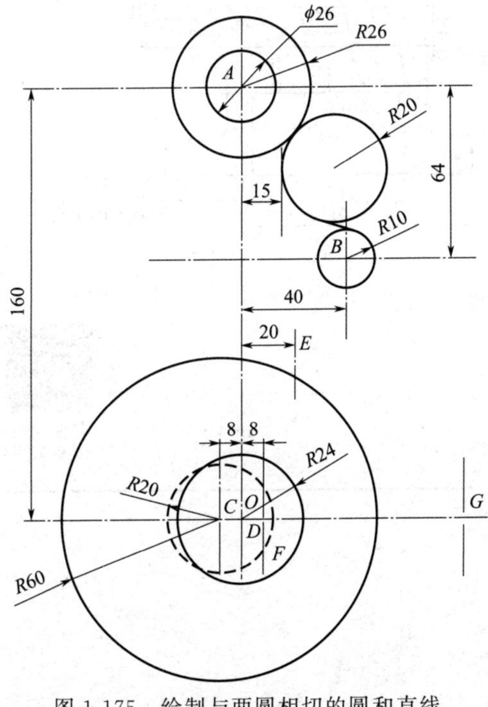

图 1-175　绘制与两圆相切的圆和直线

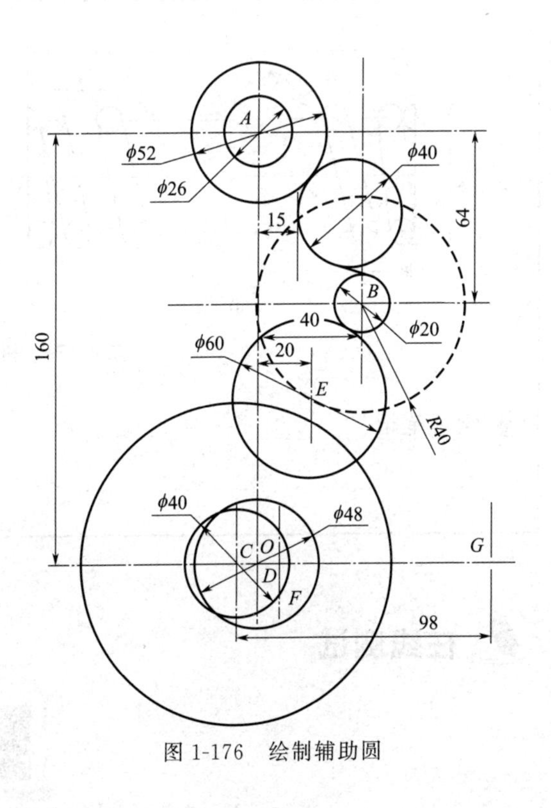

图 1-176　绘制辅助圆

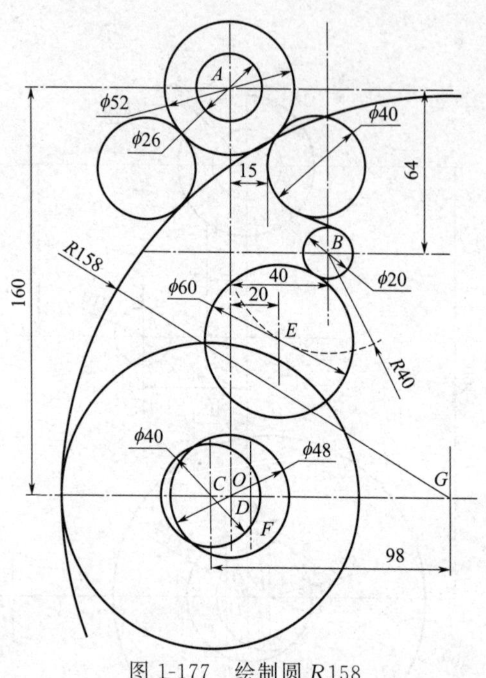

图 1-177　绘制圆 $R158$

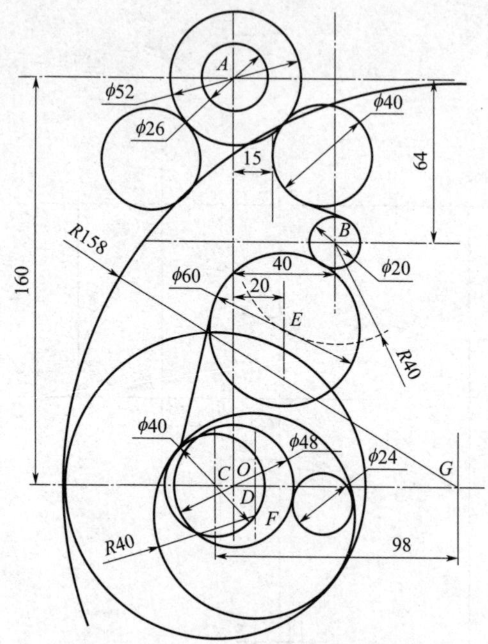

图 1-178　绘制圆 $R40$、$R12$

上机练习

绘制如图 1-179 所示的机械图形。

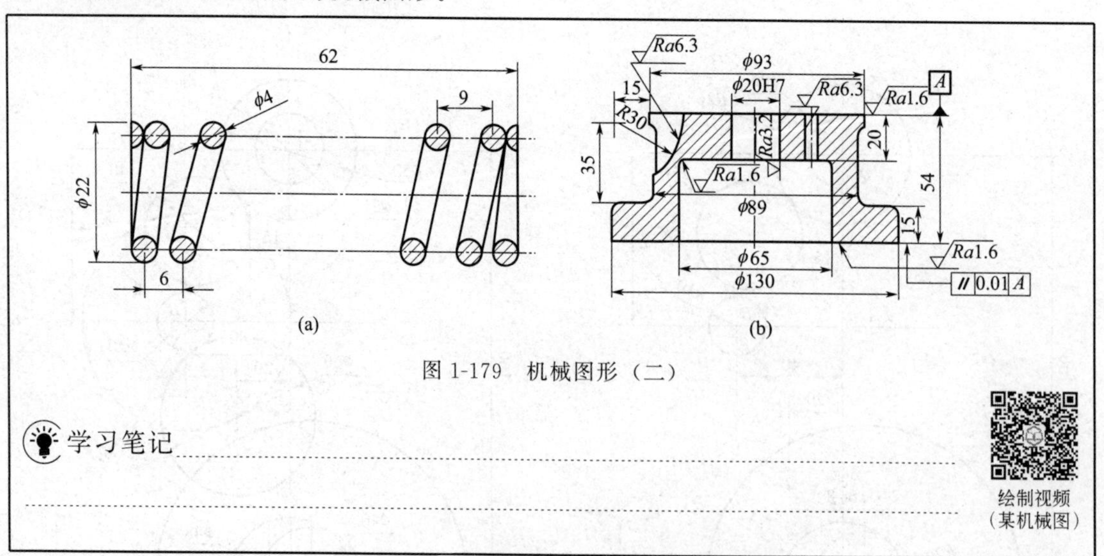

图 1-179　机械图形（二）

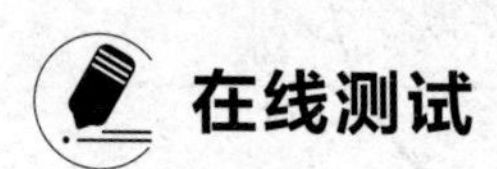

在线测试

选择【项目一】

项目二

电子线路图的绘制

项目目标

【能力目标】

通过调频器电路图的绘制，进一步掌握 AutoCAD 软件的基本操作和绘图技巧，熟练使用部分常用绘图工具，并具备电子线路图的识图和绘图能力。

【知识目标】

1. 掌握图形对象的缩放、移动与旋转操作。
2. 掌握块的创建、插入、分解。
3. 熟悉电子线路图绘图步骤及方法。

【素质目标】

1. 通过“印制电路板发展简史”的案例，帮助学生了解印制电路板设计在行业领域的作用，激发其从事本行业的热情，增强大国自信。

2. 通过“华为麒麟芯片崛起”的案例，增强学生对专业理解和认同，塑造学生的大国信仰，培养学生科技独立自主的精神。

项目导入

调频器广泛用于调频广播、电视伴音、微波通信、锁相电路、扫频仪等电子设备，是一种使受调波的瞬时频率随调制信号而变化的电路，图 2-1 所示为一种典型的调频器电路原理图。本项目要求运用相关的绘图、修改、对象捕捉追踪工具，完成电路图各种标准元器件的绘制，合理布置电路图，使用文字工具对电路元件进行标识，形成电路图。

【拓展阅读】印制电路板发展简史

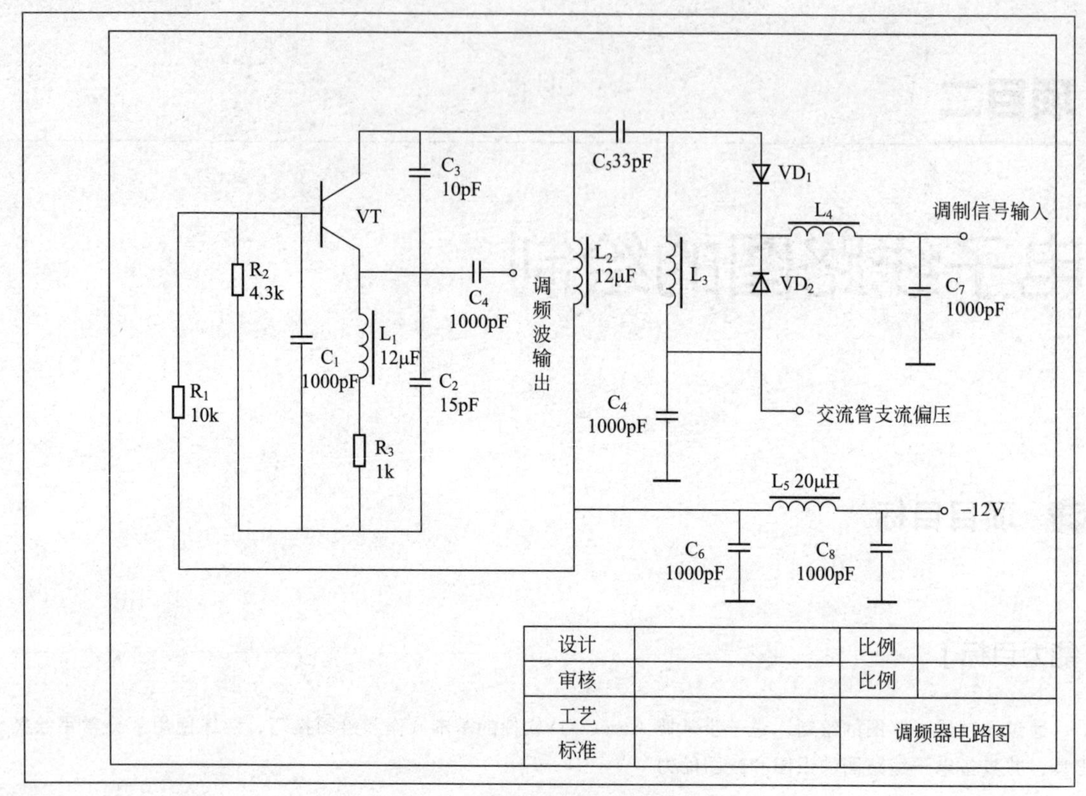

图 2-1　典型调频器电路原理图

相关知识

一、图块

块是 AutoCAD 中的一种对象，是由一个或多个对象组成的对象集合，常用于绘制一些复杂且重复的对象，当需要用到该对象时，可以直接插入到图中，插入时可以调整块的比例与旋转角度。熟练地运用块，可以极大地提高绘图效率。

（一）创建内部图块

1. 创建块（block）

定义块即是创建块，在创建块之前，必须先绘制完成对象。有 3 种方式可以打开如图 2-2 所示的“块定义”对话框进行“创建块”操作。

命令行：block

菜单：【绘图(D)】|【块（K)】|【创建（M）】

工具栏：单击绘图工具栏中的“创建块” 图标

下面将对话框中的各个要素作一说明。

① 名称。名称是指定块的名称。名称的长度要在 255 个字符以内，字符类型包括字母、数字、空格等符号，块的名称与块的定义仅保存在当前的图形中，在其他图形中不能使用。

图 2-2　“块定义”对话框

② 基点。基点是在插入图块时，光标牵引图块移动的点，用于确定图块的插入位置。在该栏中有 2 个选项：

◆ 在屏幕上指定：如果没有勾选此选项，系统会提示用户指定图块的基点。

◆ 拾取点：选择此选项，系统会暂时关闭“块定义”对话框，以便用户在绘图区中选取图块的基点，选取完基点后，系统会自动返回到“块定义”对话框中。

③ 对象。对象是指定要创建的图块中包含的对象。该栏中有 5 个选项：

◆ 屏幕上指定：如果没有勾选此选项，系统会提示用户指定要用于追寻新图块的对象。

◆ 选择对象 ：单击此选项，“块定义”对话框会自动暂时关闭，让用户在绘图区中选择要创建新图块的对象，选择完对象后，按 Enter 键，则会自动返回到“块定义”对话框中。

◆ 保留：若选择此项，创建完图块后，所选的对象会被保留下来，其性质不会被更改。

◆ 转换为块：若选此项，创建完图块后，所选的对象会自动被转换为图块。

◆ 删除：选择此项后，创建完图块后，所选的对象会被自动删除。

④ 方式。方式是指定块的使用方式，该栏中有 4 个选项：

◆ 注释性：将块指定为注释性。

◆ 使块方向与布局匹配：这个选项只有在勾选了“注释性”选项后才可以使用，其作用是使图块的参照方向与图纸的布局方向相匹配。

◆ 按统一比例缩放：当勾选此项后，图块在各个方向上均统一按一个比例来缩放。

◆ 允许分解：当勾选此项时，将允许图块可以通过“分解”命令被分解拆散。

⑤ 设置。用于设置图块的单位与超链接。

在定义图块时，都需要对这些选项进行设置。单击“确定”按钮完成块生成操作。生成块后，单独的线条元素变成一个整体图符。完成块生成后，设置保存路径，保存图块，供后面需要时调用。例如图 2-3(a) 所示为块定义前图形被选中的情况（6 根单独线条），而图 2-3(b) 所示为定义成块以后被选中的情况。

2. 插入块（insert）

插入块是指将图块插入当前图形中。如果想插入图块可以选择下列命令形式之一打开如

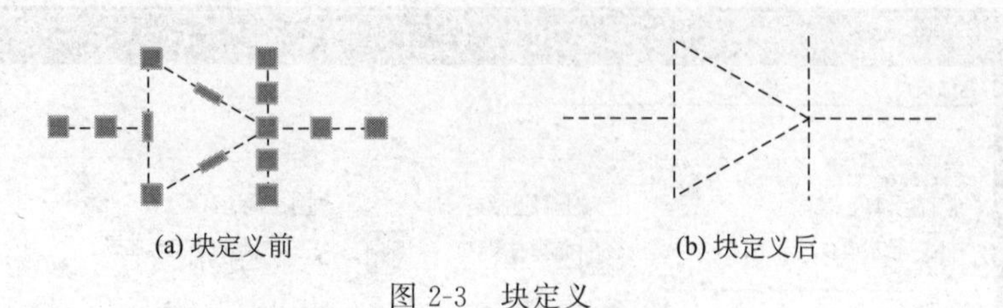

(a) 块定义前　　(b) 块定义后

图 2-3　块定义

图 2-4 所示的“插入”对话框，完成指定位置上块的插入。

命令行：insert

菜单：【插入(I)】|【块(B)】

工具栏：单击绘图工具栏中的“插入块”图标

图 2-4　“插入”对话框

3. **分解块（explode）**

对块进行分解是得到与块相近图形的一种快速方法，使用“分解”命令可以将所选的块分解成单个图形对象，即恢复块定义以前的状态。例如，选择图 2-3(b)，用分解命令后，块就被打散为图 2-3(a) 中的 6 条直线。

注意：若在块的定义中取消了“允许分解”项，分解命令对该块无效。

“分解”块的命令形式也有如下 3 种。

命令行：explode

菜单：【修改(M)】|【分解(X)】

工具栏：单击修改工具栏中的“分解”图标

（二）创建外部图块

图块被定义后，只能在当前图形中使用，而在其他的图形中则不能使用，要想在其他图形中也能使用到该图块，可以将该图块保存在磁盘中，要想在其他图形中插入该图块，只需在插入时在磁盘中选择该图块的图形文件即可。

在 AutoCAD 2014 中可以使用“WBLOCK”命令来保存图块。在命令行中输入“WBLOCK”命令，按＜Enter＞键，此时会弹出“写块”对话框，如图 2-5 所示。以下将对该窗口中一些组成部分进行详细介绍。

图 2-5 “写块”对话框

◆ 块：将现有的图块另存为磁盘中的文件，可以在其右边的列表中选择要另存为文件的现有图块。

◆ 整个图形：将全部图形作为生成块的对象，全部保存在磁盘中，作为图块使用。

◆ 对象：在图形中指定要生成图块的对象，这与块定义非常相似，同样需要指定图块的基点与对象等。

◆ 目标：保存在磁盘中的块文件的名称与保存路径。

◆ 插入单位：指定图块的单位。

【实操】 绘制集成芯片 MC1413 非门逻辑符号的图块，绘制流程如图 2-6 所示。

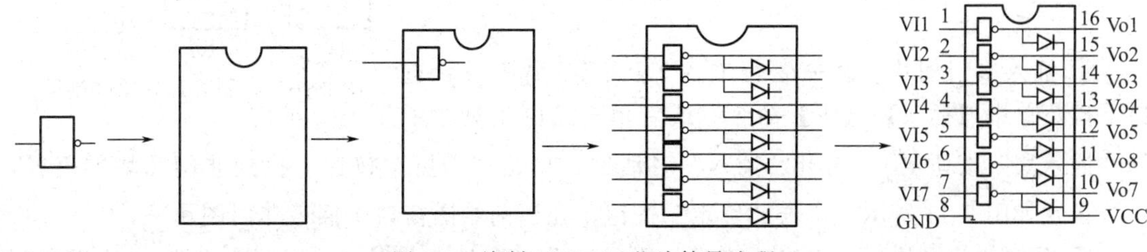

图 2-6 绘制 MC1413 芯片符号流程

(1) 制作“非门符号”图块

① 使用前面学习的命令绘制如图 2-7 所示的非门符号图形。

② 在命令行输入 BLOCK 命令，或者选择下拉菜单中【插入】|【块】|【创建】命令，或者单击绘图工具栏中的“创建块”按钮，打开“块定义”对话框。在“名称”文本框中输入“非门符号”。单击“拾取点”按钮切换到绘图区域，选择最右端直线的右端点为

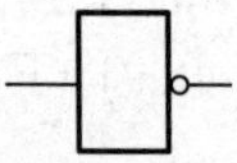

图 2-7 非门符号

插入基点，返回“块定义”对话框。单击“选择对象”按钮切换到绘图区域，选择如图 2-7 所示的对象后，回车返回“块定义”对话框，如图 2-8 所示。最后，单击“确定”按钮，关闭对话框。

③ 在命令行输入 WBLOCK 命令，系统打开“写块”对话框，如图 2-9 所示在“源”选项组中选择“块”单选按钮，在后面的下拉列表框中选择“非门符号”块，并进行其他相关设置后单击“确定”按钮退出。

图 2-8 “块定义”对话框

图 2-9 “写块”对话框

（2）绘制芯片外轮廓

① 绘制矩形。单击绘图工具栏中的“矩形”按钮，绘制一个 35mm×55mm 的矩形，如图 2-10(a) 所示。

② 绘制圆。单击绘图工具栏中的“圆”按钮，以矩形上侧边的中点为圆心，绘制一个半径为 3.5mm 的圆，如图 2-10(b) 所示。

③ 修剪图形。单击修改工具栏中的“修剪”按钮，分别以矩形上侧边和圆为剪刀线，裁去上半圆和矩形上侧边在圆内的部分，如图 2-10(c) 所示。

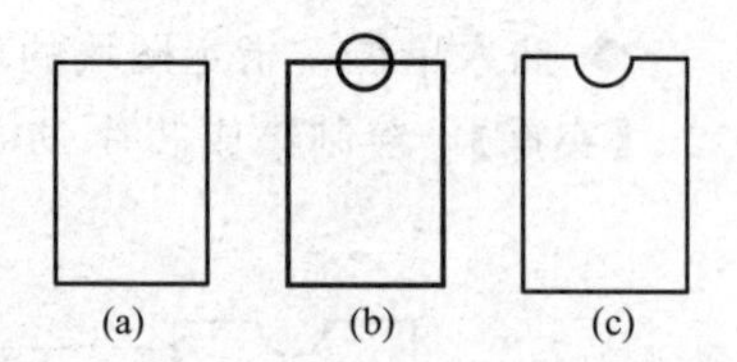

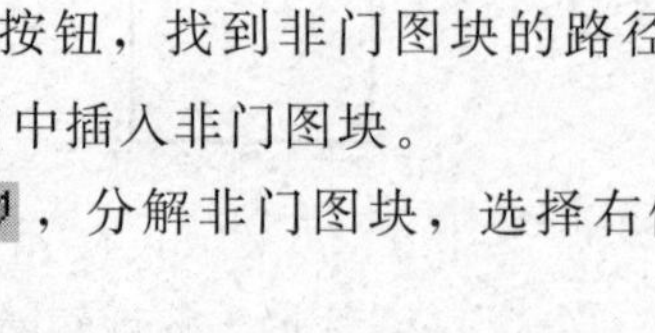

图 2-10 绘制芯片外轮廓流程

（3）插入块

① 插入非门图块。在命令行输入 INSERT 命令或者选择下拉菜单中【插入】|【块】命令，或者单击绘图工具栏中的“插入块”按钮，打开“插入”对话框，单击“浏览”按钮，找到非门图块的路径，参数设置如图 2-11 所示。单击“确定”按钮，在当前绘图窗口中插入非门图块。

② 分解非门图块。单击修改工具栏中的“分解”按钮，分解非门图块，选择右侧的水平直线，拖动其端点拉伸直线，效果如图 2-12 所示。

③ 插入二极管图块。单击绘图工具栏中的“插入块”按钮，在当前绘图窗口中插入二极管图块，如图 2-13 所示。

④ 复制块。单击修改工具栏中的“复制”按钮，将插入的块图形向 Y 轴负方向复制 6 份，距离为 7mm，如图 2-14 所示。

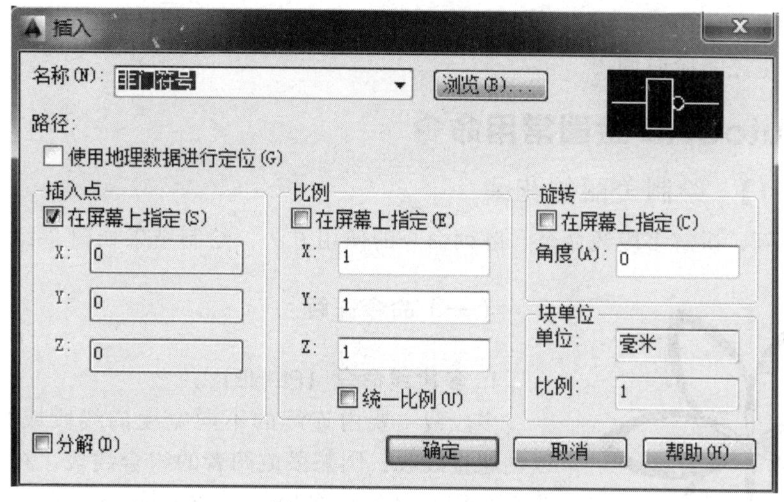

图 2-11　“插入”对话框

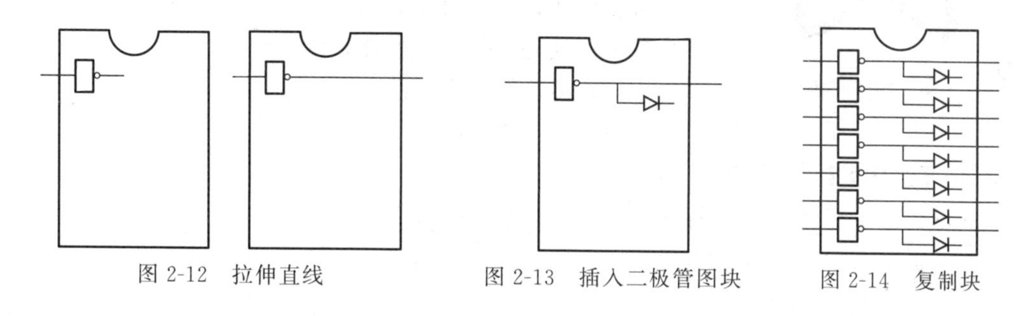

图 2-12　拉伸直线　　图 2-13　插入二极管图块　　图 2-14　复制块

(4) 编辑图形

① 绘制直线。单击绘图工具栏中的“直线”按钮，连接所有二极管的出头线，如图 2-15 所示。

② 绘制数字地引脚。单击绘图工具栏中“直线”按钮，绘制芯片的数字地引脚，如图 2-16 所示。

③ 添加注释文字。单击绘图工具栏中的“多行文字”按钮，为各引脚添加数字标号和文字注释，完成芯片 MC1413 的绘制，如图 2-17 所示。

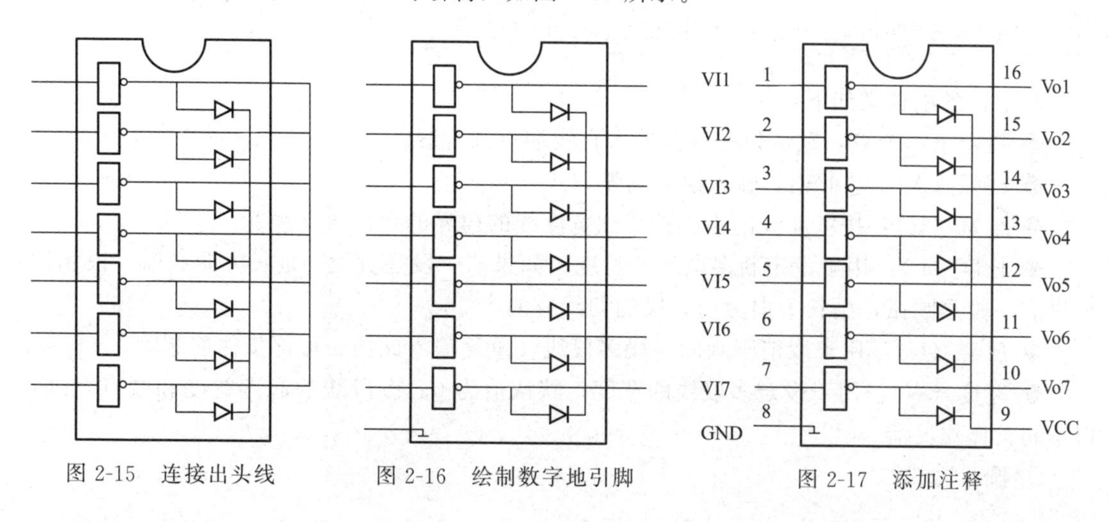

图 2-15　连接出头线　　图 2-16　绘制数字地引脚　　图 2-17　添加注释

④ 生成块。使用WBLOCK命令，将绘制的MC1413芯片符号生成块并保存，以方便后面绘制数字电路系统时调用。

二、AutoCAD绘图常用命令

【实例2-1】 绘制美丽的花朵

以花朵为例，讲解多段线命令、阵列命令的使用方法，绘制结果如图2-18所示。

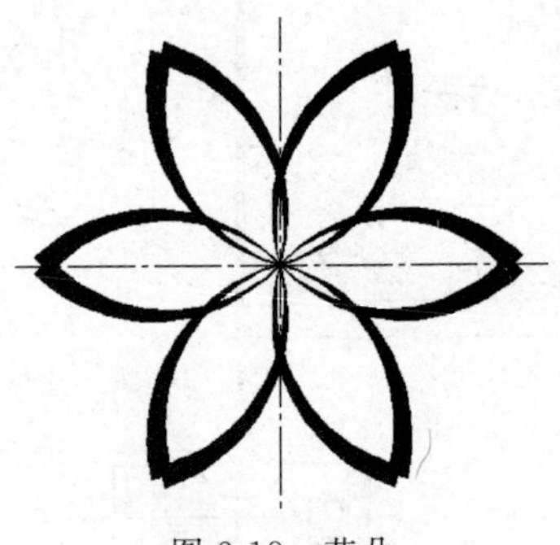

图2-18 花朵

（一）命令详解

1. 多段线命令（PLINE）

多段线主要由连续的不同宽度的线段或圆弧组成，可以创建直线段、圆弧段或两者的组合线段，在AutoCAD中非常有用。另外，多段线与单独的圆与直线等对象不同，它可直可曲，可宽可窄，可以宽度一致，也可以粗细变化；整条多段线是一个单一实体，便于编辑。

(1) 多段线调用方法

命令行：PLINE

菜单：【绘图】|【多段线】

工具栏：单击修改工具栏中“多段线”的命令按钮

(2) 操作方法

```
命令:_pline                    //激活多段线命令
指定起点:                      //输入一点
当前线宽为 0.0000
指定下一个点或[圆弧(A)/半宽(H)/长度(L)/放弃(U)/宽度(W)]:
```

PLINE命令的操作分为直线方式和圆弧方式两种，初始提示为直线方式。现分别介绍不同方式下各选项的含义。

① 直线方式。系统提示如下：

```
指定下一个点或[圆弧(A)/半宽(H)/长度(L)/放弃(U)/宽度(W)]:
```

其中，各项含义如下：

◆ 指定下一个点：默认值，直接输入直线端点画直线。

◆ 圆弧（A）：选此项，转入绘制圆弧方式。

◆ 半宽（H）：按宽度线的中心轴线到宽度线的边界的距离定义线宽。

◆ 长度（L）：用于设定新多段线的长度。如果前一段是直线，延长方向和前一段相同；如果前一段是圆弧，延长方向为前一段的切线方向。

◆ 放弃（U）：用于取消刚画的一段多段线，重复输入此项，可逐步往前删除。

◆ 宽度（W）：用于设定多段线的宽度，默认值为0。多段线的起点宽度和端点宽度可以不同，操作灵活。

② 圆弧方式。

```
命令:_pline                                    //激活多段线命令
指定起点:                                      //输入一点
当前线宽为 0.0000
指定下一个点或[圆弧(A)/半宽(H)/长度(L)/放弃(U)/宽度(W)]:A
                                               //键入 A 后,回车,转入绘制圆弧方式
指定圆弧的端点或[角度(A)/圆心(CE)/方向(D)/半宽(H)/直线(L)/半径(R)/第二个点(S)/放弃(U)/宽度(W)]:
```

其中各项的含义如下：

◆ 角度（A）：指定圆弧段的从起点开始的包含角。

◆ 圆心（CE）：基于圆心指定圆弧段。

◆ 方向（D）：指定圆弧起点上的切线方向来创建圆弧。

◆ 半宽（H）：指定圆弧的半线宽。

◆ 直线（L）：切换到绘制直线段的状态。

◆ 半径（R）：指定圆弧段的半径。

◆ 第二个点（S）：指定三点圆弧的第二点。

◆ 放弃（U）：用于取消上一次选项的操作。

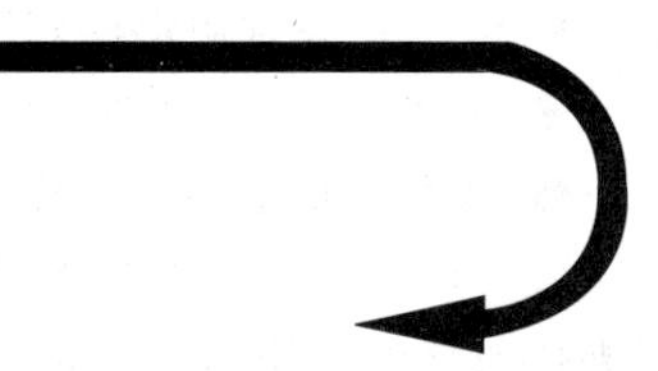

图 2-19　多段线绘制结果

【实操】 利用多段线命令来绘制如图 2-19 所示的图形。

单击绘图工具栏中多段线的命令按钮，命令行提示如下。

```
命令:_pline                                                  //激活多段线命令
指定起点:                                                    //在绘图区内任意点单击
当前线宽为 0.0000
指定下一个点或[圆弧(A)/半宽(H)/长度(L)/放弃(U)/宽度(W)]:W    //设置线宽
指定起点宽度<0.0000>:5                                       //输入 5
指定端点宽度<5.0000>:                                        //回车,取默认值 5
指定下一个点或[圆弧(A)/半宽(H)/长度(L)/放弃(U)/宽度(W)]:100  //沿水平向右方向输入距离值 100
指定下一个点或[圆弧(A)/半宽(H)/长度(L)/放弃(U)/宽度(W)]:A    //由绘制直线转为绘制圆弧
指定圆弧的端点或[角度(A)/圆心(CE)/方向(D)/半宽(H)/直线(L)/半径(R)/第二个点(S)/放弃(U)/宽度(W)]:50
                                                             //沿垂直向下方向输入距离值 50
指定圆弧的端点或[角度(A)/圆心(CE)/方向(D)/半宽(H)/直线(L)/半径(R)/第二个点(S)/放弃(U)/宽度(W)]:L
                                                             //由绘制圆弧转为绘制直线
指定下一个点或[圆弧(A)/半宽(H)/长度(L)/放弃(U)/宽度(W)]:W    //设置箭头的宽度
指定起点宽度<5.0000>:10                                      //输入起点宽度 10
指定端点宽度<10.0000>:0                                      //输入端点宽度 0
指定下一个点或[圆弧(A)/半宽(H)/长度(L)/放弃(U)/宽度(W)]:25   //沿水平向左方向输入距离值 25
指定下一个点或[圆弧(A)/半宽(H)/长度(L)/放弃(U)/宽度(W)]      //回车,结束命令
```

2. 阵列命令（ARRAY）

在绘制大量且相同的对象时，可以选择使用“复制”，但如果这些对象排布规律，则可以使用阵列来快速高效地复制这些对象。阵列可以分为矩形阵列、环形阵列与路径阵列。

（1）矩形阵列　当对象的分布为矩形分布时，可以使用矩形阵列，通过指定对象的行与

列的参数，则可快速高效地复制大量相同的对象。

① 矩形阵列调用方法。

命令行：ARRAY

菜单：【修改】|【阵列】|【矩形阵列】

工具栏：单击修改工具栏中“矩形阵列”命令按钮

② 操作方法。创建矩形阵列的步骤是：先执行“矩形阵列”命令，再选择要进行阵列的对象，按＜Enter＞键，此时会出现一个阵列参数设置的选项卡，在选项卡中设置矩形阵列的参数，按＜Enter＞键，然后退出该选项卡，即可创建完成矩形阵列，如图 2-20 所示。

现在对参数选项卡中的一些参数进行简单介绍。

◆ 列数：设置矩形阵列的列数。

◆ 行数：设置矩形阵列的行数。

◆ 介于：设置矩形阵列中的行（列）中每个对象的距离。

◆ 关联：设置矩形阵列中的对象是关联的还是独立的。

◆ 基点：指定用于在阵列中放置项目的基点。

（2）环形阵列　如果需要绘制大量相同的对象且对象呈环形分布时，则可以使用环形阵列来快速高效地绘制这些对象。

① 环形阵列调用方法。

命令行：ARRAY

菜单：【修改】|【阵列】|【环形阵列】

② 操作方法。创建环形阵列的步骤是：先执行“环形阵列”命令，再选择要进行阵列的对象，按＜Enter＞键，接着选择环形阵列的圆心，在参数设置选项卡中设置环形阵列的参数，按＜Enter＞键，然后退出该选项卡，即可创建完成环形阵列，如图 2-21 所示。

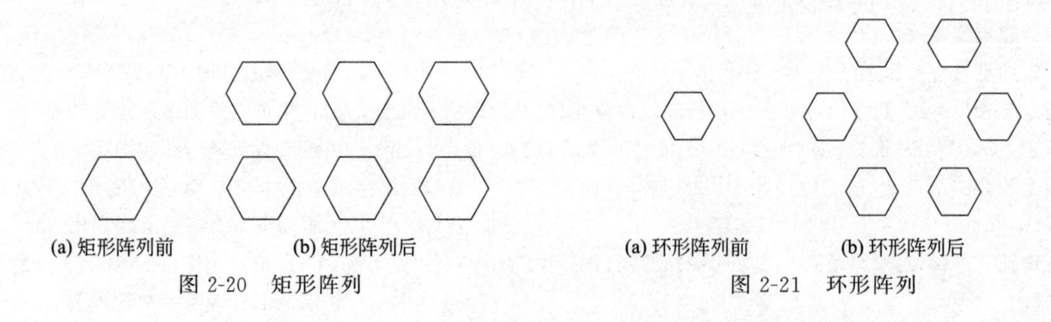

(a) 矩形阵列前　　(b) 矩形阵列后

图 2-20　矩形阵列

(a) 环形阵列前　　(b) 环形阵列后

图 2-21　环形阵列

创建环形阵列时，需要指定圆心，对象即以此圆心来创建环形阵列。环形阵列的参数设置也是在一个选项卡中设置。

下面将对象选项卡中的一些参数进行简单介绍。

◆ 项目数：环形阵列中项目的个数（包括源对象）。

◆ 行数：设置环形阵列中的环数。

◆ 介于：创建环形阵列中，相邻两个项目之间的角度。

◆ 填充：指定阵列中第一个和最后一个项目之间的角度。

◆ 行距：设置环形阵列中相邻两环之间的径向距离。

【实操】　利用环形阵列命令来绘制如图 2-22 所示的图形。

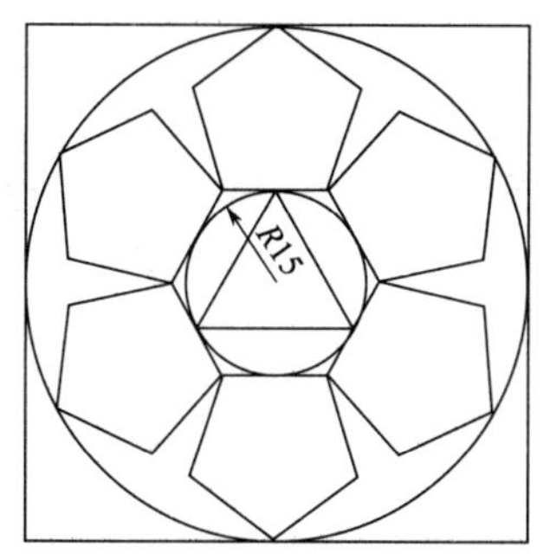

图 2-22　环形阵列绘制结果

① 绘制正三边形。单击下拉菜单中的【绘图】|【正多边形】命令，命令行的显示如下。

```
命令:_polygon                                      //激活正多边形命令
输入边的数目<4>:3                                  //输入边数 3
指定正多边形的中心点或[边(E)]:                     //在屏幕内任选一个点
输入选项[内接于圆(I)/外切于圆(C)]<I>:              //默认内接于圆的方式
指定圆的半径:15                                    //输入半径值,回车完成正三边形
```

② 绘制圆。单击下拉菜单中的【绘图】|【圆】|【三点】，其命令行的显示如下。

```
命令:_circle
指定圆的圆心或[三点(3P)/两点(2P)/相切、相切、半径(T)]:_3p  //三点绘制图
指定圆上的第一个点:                                //捕捉正三角形的第一个顶点
指定圆上的第二个点:                                //捕捉正三角形的第二个顶点
指定圆上的第三个点:                                //捕捉正三角形的第三个顶点
```

③ 绘制正六边形。重复“正多边形”命令，其命令行的显示如下。

```
命令:_polygon 输入边的数目<2>:6                    //绘制正六边形
指定正多边形的中心点或[边(E):                      //捕捉圆心
输入选项[内接于圆(I)/外切于圆(C)]<I>:c             //外切于圆方式
指定圆的半径:15                                    //输入半径值,回车完成正六边形
```

绘制完成的正三边形、圆和正六边形如图 2-23 所示。

④ 绘制正五边形。其命令行的显示如下。

```
命令:_polygon 输入边的数目<6>:5                    //绘制正五边形
指定正多边形的中心点或[边(E)]:e                    //利用边长绘制正五边形
指定边的第一个端点:1                               //选取第一条边的起点 1
指定边的第二个端点:2                               //选取第一条边的终点 2
```

绘制完成的正五边形如图 2-24 所示。

注意： 利用边长绘制正五边形的应该顺时针方向选点，先选择 1，然后选择 2。

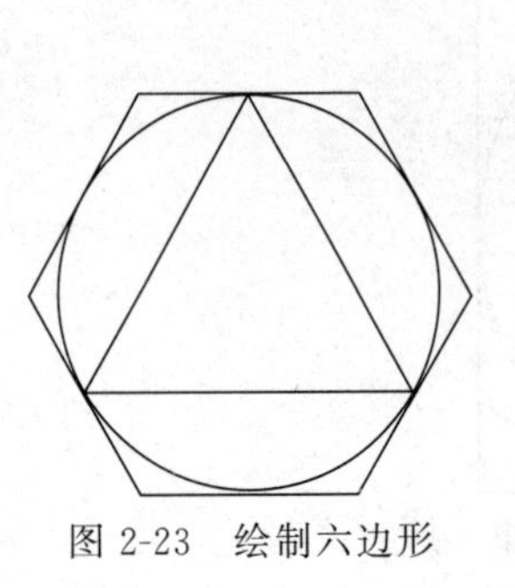

图 2-23 绘制六边形

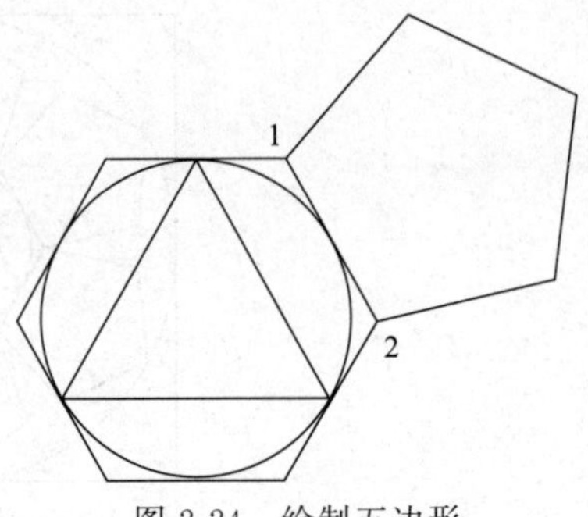

图 2-24 绘制五边形

⑤ 阵列正五边形。单击下拉菜单中的【修改】|【阵列】|【环形阵列】，命令行的显示如下。

```
命令：_array                          //激活阵列命令
指定阵列中心点：<对象捕捉开>           //捕捉圆心
选择对象：找到 1 个                   //选择正五边形
选择对象：                            //回车完成环形阵列
```

绘制完成环形阵列的结果如图 2-25 所示。

⑥ 绘制外接圆和正四边形。

◆ 绘制外接圆。单击下拉菜单中的【绘图】|【圆】|【三点】，其命令行的显示如下。

```
命令：_circle                         //激活圆命令
指定圆的圆心或[三点(3P)/两点(2P)/相切、相切、半径(T)]：_3p
                                      //通过三点绘制图
指定圆上的第一个点：                  //捕捉阵列中的第一个正五边形的A 点作为绘制图的第一个点
指定圆上的第二个点：                  //捕捉阵列中的第二个正五边形的B 点作为绘制图的第二个点
指定圆上的第三个点：                  //捕捉阵列中的第三个正五边形的C 点作为绘制图的第三个点
```

◆ 绘制正四边形。单击下拉菜单中的【绘图】|【正多边形】选项，其命令行的显示如下。

```
命令：_polygon                        //激活正多边形命令
输入边的数目<5>：4                    //绘制正四边形，输入边数 4
指定正多边形的中心点或[边(E)]：       //捕捉圆心
输入选项[内接于圆(I)/外切于圆(C)]<C>：//外切于圆
指定圆的半径：                        //捕捉大圆的 90°象限点
```

绘制完成的结果如图 2-26 所示。

（二）绘图过程

第 1 步：绘制第一个花瓣。

① 画中心线，命令行的显示如下。

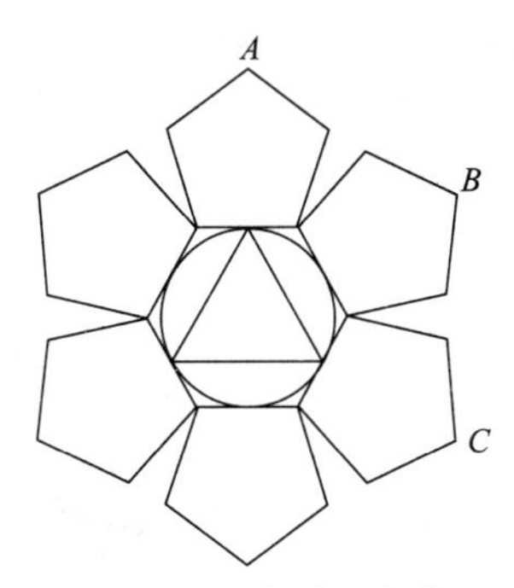

图 2-25 阵列五边形

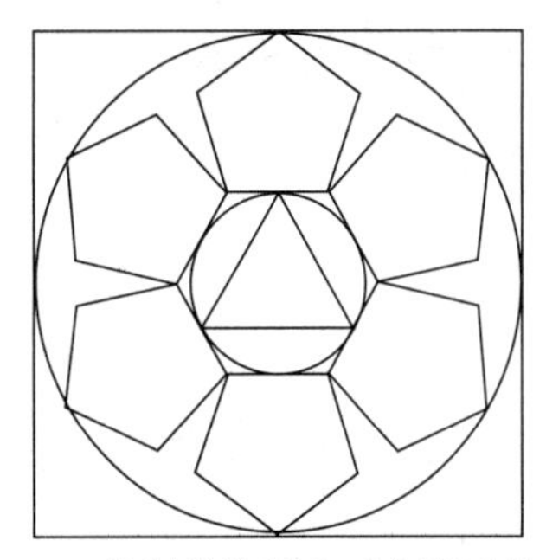

图 2-26 绘制外接圆和正方形后的结果

```
命令:_line
指定第一点:100,120                                          //输入第一点坐标
指定下一点或[放弃(U)]:270,120                                //输入第二点坐标完成水平线
指定下一点或[放弃(U)]:                                       //回车
命令:_line 指定第一点:190,195                                //输入第一点坐标绘制垂直线
指定下一点或[放弃(U)]:190,35                                 //输入第二点坐标完成垂直线
指定下一点或[放弃(U)]:                                       //回车
```

② 选取“轮廓线”。选择下拉菜单【绘图】|【多段线】命令，命令行的显示如下。

```
命令:_pline                                                  //激活多段线命令
指定起点:                                                    //输入一点
当前线宽为 0.0000
指定下一个点或[圆弧(A)/半宽(H)/长度(L)/放弃(U)/宽度(W)]:w     //改变线宽
指定起点宽度<5.0000>:0                                       //宽度为 0
指定端点宽度<0.0000>:7                                       //宽度为 7
指定下一个点或[圆弧(A)/半宽(H)/长度(L)/放弃(U)/宽度(W)]:a     //圆弧选项
指定圆弧的端点或[角度(A)/圆心(CE)/方向(D)/半宽(H)/直线(L)/半径(R)/第二个点(S)/放弃(U)/宽
度(W)]:d                                                     //方向选项
指定圆弧的起点切向:45                                        //起点切向,输入 45
指定圆弧的端点:@ 75<0                                        //输入端点坐标
指定圆弧的端点或[角度(A)/圆心(CE)/闭合(CL)/方向(D)/半宽(H)/直线(L)/半径(R)/第二个点(S)/放
弃(U)/宽度(W)]:                                              //回车结束
```

绘制效果如图 2-27 所示。

第 2 步：镜像和环形花瓣。

① 选择多段线圆弧做镜像操作，相对于水平线做镜像。选择下拉菜单【修改】|【镜像】，命令行的显示如下。

```
命令:_mirror                                                 //激活镜像命令
选择对象:找到 1 个                                           //选择多段线圆弧
选择对象:                                                    //回车
指定镜像线的第一点:                                          //选取水平线左端点
```

```
指定镜像线的第二点:                                    //选取水平线右端点
要删除源对象吗? [是(Y)/否(N)]<N>:                      //回车
```

镜像结果如图 2-28 所示。

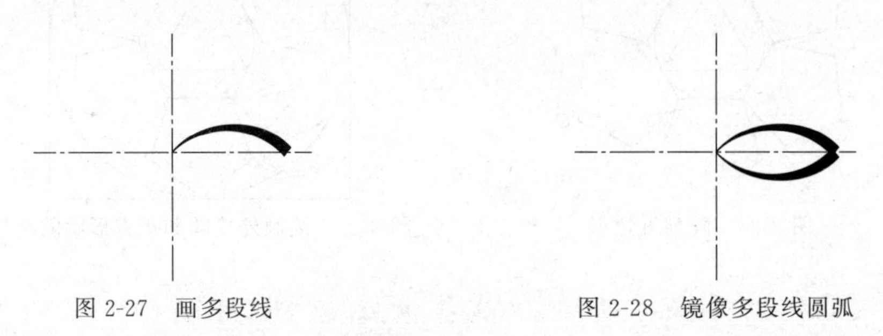

图 2-27 画多段线　　　图 2-28 镜像多段线圆弧

② 阵列花瓣。选择下拉菜单【修改】|【阵列】|【环形阵列】；选择两瓣圆弧为阵列对象，确定阵列“中心点”；在选项区中，选取“项目”为 6；单击“确定”按钮。阵列结果如图 2-18 所示。

上机练习

利用多段线命令、圆命令和阵列命令绘制点火分离器符号。绘制点火分离器符号的流程如图 2-29 所示。

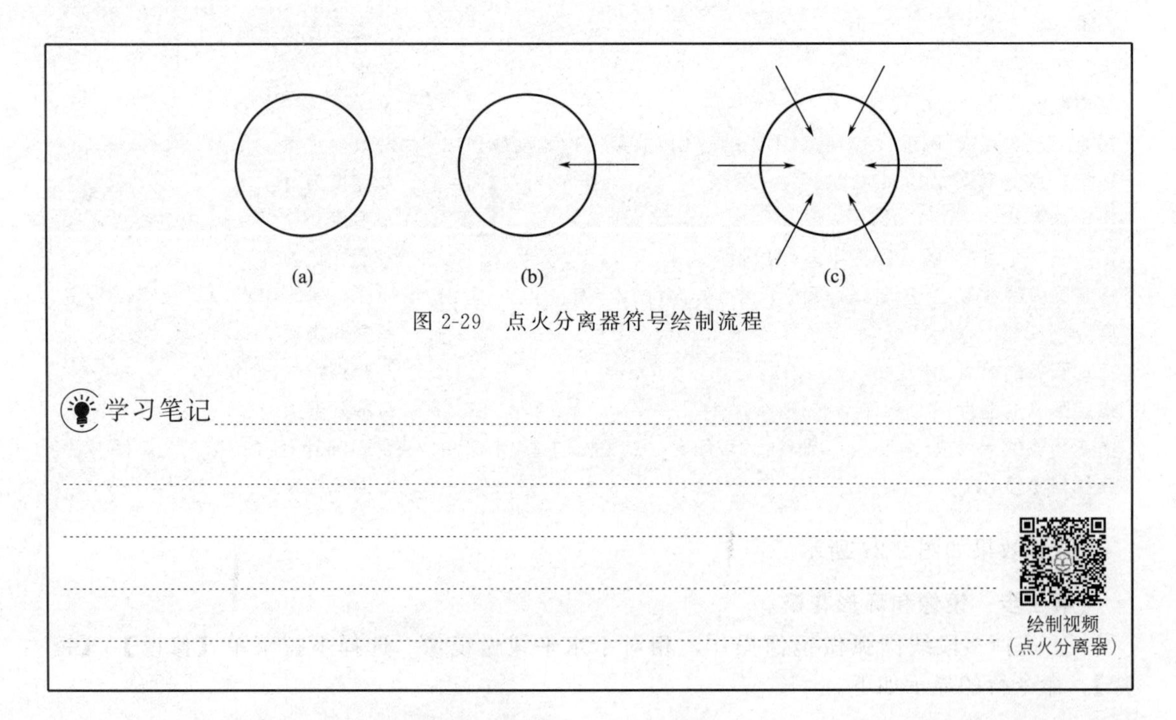

图 2-29 点火分离器符号绘制流程

学习笔记

绘制视频
（点火分离器）

【实例 2-2】 绘制坐便器平面图

以坐便器平面图为例，讲解矩形命令、椭圆命令和修剪命令的使用方法，绘制结果如图 2-30 所示。

（一）命令详解

1. 椭圆（弧）命令（ELLIPSE）

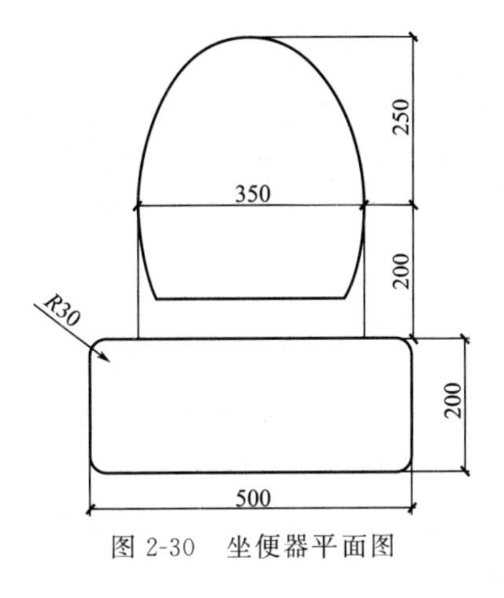

图 2-30 坐便器平面图

在 AutoCAD 2014 中，椭圆由两条轴来定义，即椭圆的长轴与椭圆的短轴，而绘制椭圆弧时则需另外增加椭圆弧起点和端点角度。

（1）命令调用方法

命令行：ELLIPSE

菜单：【绘图】|【椭圆】

工具栏：单击绘图工具栏中的“椭圆”命令按钮

（2）操作方法 绘制椭圆的方法有以下 3 种，如图 2-31 所示。

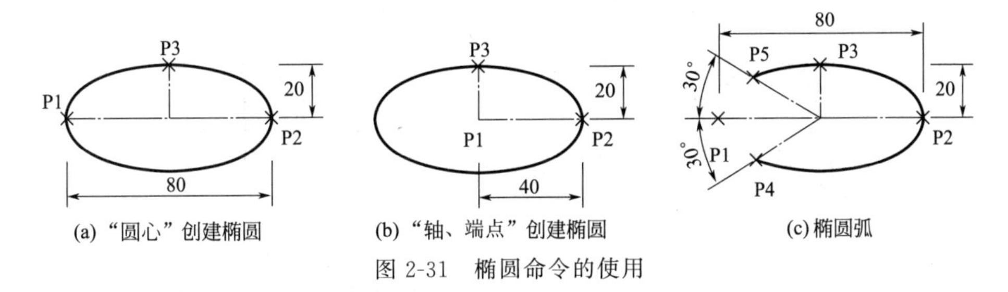

(a)“圆心”创建椭圆 (b)“轴、端点”创建椭圆 (c)椭圆弧

图 2-31 椭圆命令的使用

①“圆心”创建椭圆。“圆心”创建椭圆即用中心点、第一个轴的端点和第二个轴的长度来创建圆弧。

```
命令:_ellipse                                   //激活椭圆命令
指定椭圆的轴端点或[圆弧(A)/中心点(C)]:_c          //椭圆中心点选项
指定椭圆的中心点:                                //在屏幕中选取一点作为椭圆中心点
指定轴的端点:                                    //输入椭圆第一个轴的端点
指定另一条半轴长度或[旋转(R)]:                    //输入第二个轴长度
```

②“轴、端点”创建椭圆。“轴、端点”创建椭圆即用椭圆第一个轴的两个端点与第二个轴的一个端点来创建椭圆。

```
命令:_ellipse
指定椭圆的轴端点或[圆弧(A)/中心点(C)]:           //适当指定一点为椭圆的轴端点
指定轴的另一个端点:                              //在水平方向指定椭圆轴的另一个端点
指定另一条半轴长度或[旋转(R)]:                    //适当指定一点,以确定椭圆另一条半轴的长度
```

③ 椭圆弧。“椭圆弧”命令是用来创建椭圆弧的。椭圆弧的前两个点确定第一条轴的位置和长度，第三个点确定椭圆弧的圆心与第二条轴的端点之间的距离。第四、五个点确定起点和端点的角度。

```
命令:_ellipse
指定椭圆弧的轴端点或[中心点(C)]:                  //指定端点或输入 C
```

```
指定轴的另一个端点:                              //指定另一个端点
指定另一条半轴长度或[旋转(R)]:                    //指定另一条半轴长度或输入 R
指定起始角度或[参数(P)]:                          //指定起始角度或输入 P
指定终止角度或[参数(P)/包含角度(I)]:
```

2. 图形对象的移动与旋转命令（move/rotate）

（1）图形的移动　选中对象后，选择下拉菜单【修改】|【移动】，也可以单击修改工具栏中的“移动”图标或单击鼠标右键选择“移动”，都可以对所选的对象执行“移动”命令。该命令提供两种移动方法。

方法 1：将选定对象移动到用户输入的坐标位置。坐标值用作相对位移，而不是基点位置。

方法 2：将选定对象移动到用户鼠标指定位置。绘图中常用这种方法，操作如图 2-32 所示。

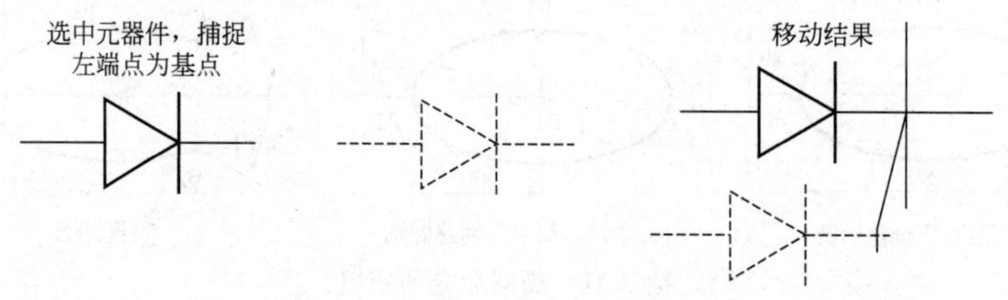

图 2-32　按鼠标指定点移动对象

（2）图形的旋转　要旋转选中的对象，可以选择下拉菜单【修改】|【旋转】命令，也可以单击“修改”工具栏中的“旋转”图标或单击鼠标右键选择“旋转”命令，让所选的对象以指定基点为中心按指定角度旋转，如图 2-33 所示。旋转命令行参数 C 表示创建要旋转的选定对象的副本，参数 R 表示将对象从指定的角度旋转到新的绝对角度。

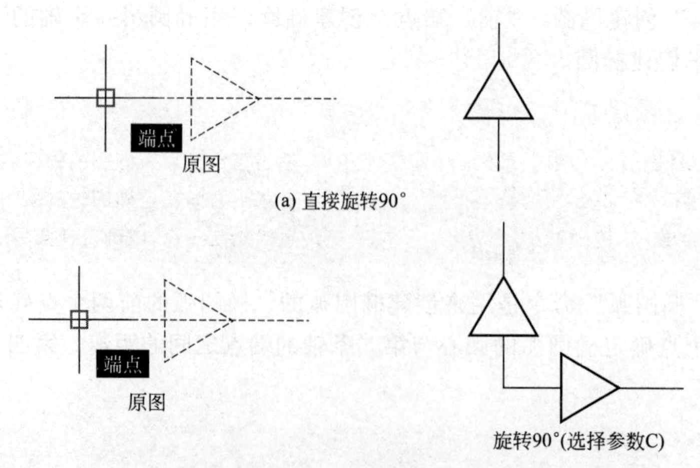

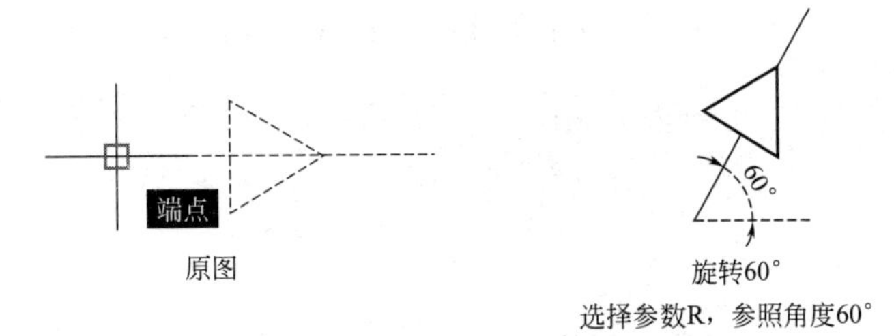

(c) 设定参照角为60°对图形进行旋转60°操作

图 2-33 对二极管图形对象执行“旋转”命令

(二) 绘图过程

第 1 步：绘制蓄水箱

选取下拉菜单【绘图】|【矩形】命令，命令行提示如下。

```
命令:_rectang                                                //激活矩形命令
指定第一个角点或[倒角(C)/标高(E)/圆角(F)/厚度(T)/宽度(W)]:f   //选取圆角选项
指定矩形的圆角半径<0.0000>:30                                 //输入圆角半径值 30
指定第一个角点或[倒角(C)/标高(E)/圆角(F)/厚度(T)/宽度(W)]:    //单击确定第一个角点A
指定另一个角点或[面积(A)/尺寸(D)/旋转(R)]:d                   //选取尺寸选项
指定矩形的长度<10.0000>:500                                   //输入长度 500
指定矩形的宽度<10.0000>:200                                   //输入宽度 200
指定另一个角点或[面积(A)/尺寸(D)/旋转(R)]:                    //单击确定第二个角点B ,向下点取
```

绘制完成的蓄水箱如图 2-34 所示。

第 2 步：绘制坐便器。

(1) 绘制坐便器轮廓线　选取下拉菜单【绘图】|【椭圆】|【中心点】，命令行提示如下。

```
命令:_ellipse                                  //激活椭圆命令
指定椭圆的轴端点或[圆弧(A)/中心点(C)]:_c       //椭圆中心点选项
指定椭圆的中心点:200                           //选取蓄水箱上面线中点,如图 2-35 所
                                                 示,为参考点,向上追踪,输入 200,回车
                                               //得到椭圆的中心点
指定轴的端点:250                               //输入椭圆长轴端点,再向上追踪,输
                                                 入长半轴值:250,回车
指定另一条半轴长度或[旋转(R)]:175              //输入另一条半轴长度值:175,回车
```

绘制完成坐便器的轮廓线，如图 2-36 所示。

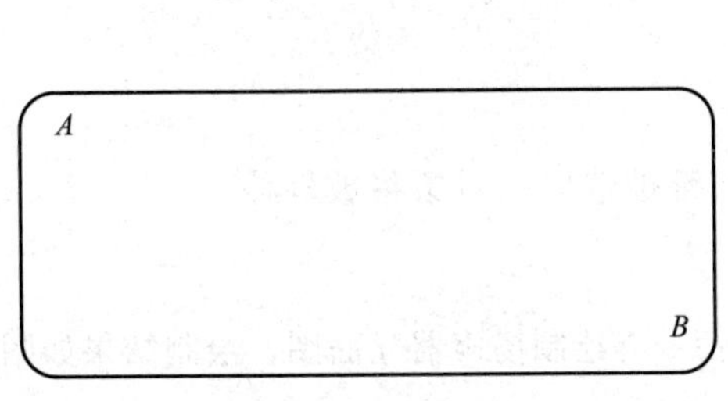

图 2-34 蓄水箱

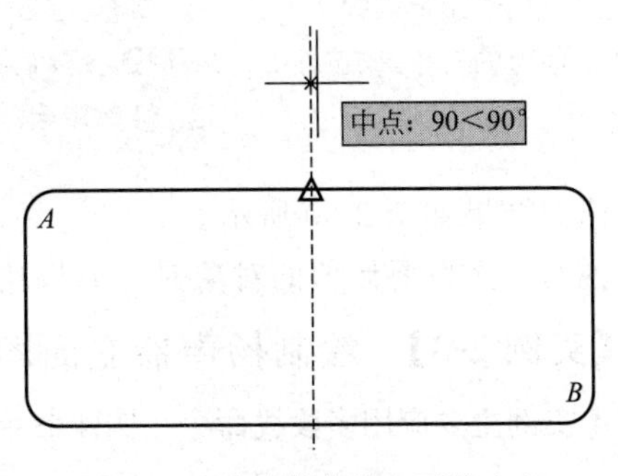

图 2-35 选取蓄水箱上面线中点

（2）修改坐便器轮廓线　选取下拉菜单【绘图】|【直线】，命令行提示如下。

```
命令：_line                       //激活直线命令
指定第一点：                      //选取椭圆象限点A ，如图 2-36 所示
指定下一点或[放弃(U)]：           //沿极轴捕捉蓄水箱上边线交点B
指定下一点或[放弃(U)]：           //回车
命令：_line 指定第一点：          //捕捉椭圆象限点D ，如图 2-36 所示
指定下一点或[放弃(U)]：           //沿极轴捕捉蓄水箱上边线交点C
指定下一点或[放弃(U)]：           //回车
命令：_line 指定第一点：60        //选取B 点作为参考点，从B 点沿极轴向上追踪，输入 60，回车确定 E 点
指定下一点或[放弃(U)]：           //选取直线 CD 的垂足点F ，完成直线EF
指定下一点或[放弃(U)]：           //回车
```

绘制结果如图 2-37 所示。

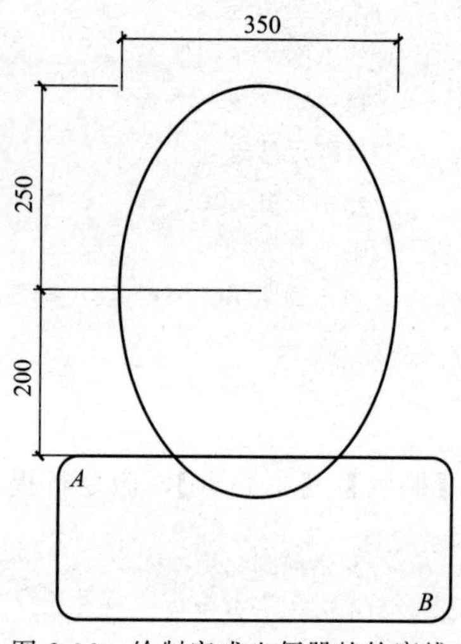

图 2-36　绘制完成坐便器的轮廓线

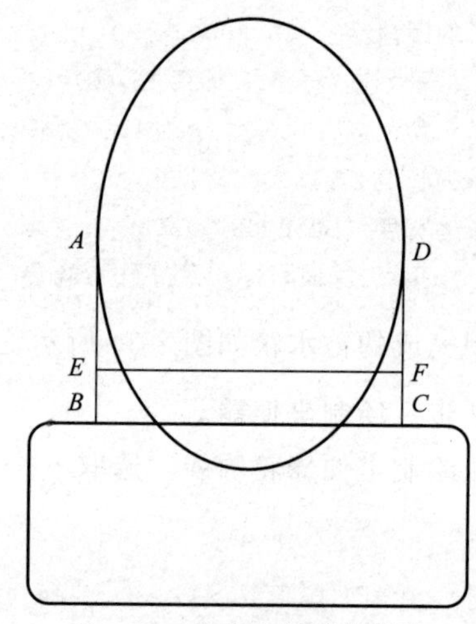

图 2-37　修改坐便器轮廓线

（3）修剪对象　选取下拉菜单【修改】|【修剪】，命令行提示如下。

```
命令：_trim                       //激活修剪命令
当前设置：投影＝UCS，边＝无
选择剪切边...
选择对象或＜全部选择＞：          //回车，选取全部对象
选择要修剪的对象，或按住 Shift 键选择要延伸的对象，或[栏选(F)/窗交(C)/投影(P)/边(E)/删除(R)/
放弃(U)]：                        //修剪多余的对象
```

修剪结果如图 2-30 所示。

说明：选取要修剪的对象时，如果按住 shift 键被选取的对象将被延伸。

【实例 2-3】　绘制扬声器立面图

本实例主要应用多段线命令、圆弧命令、偏移命令等绘制扬声器立面图，绘制结果如图 2-38 所示。

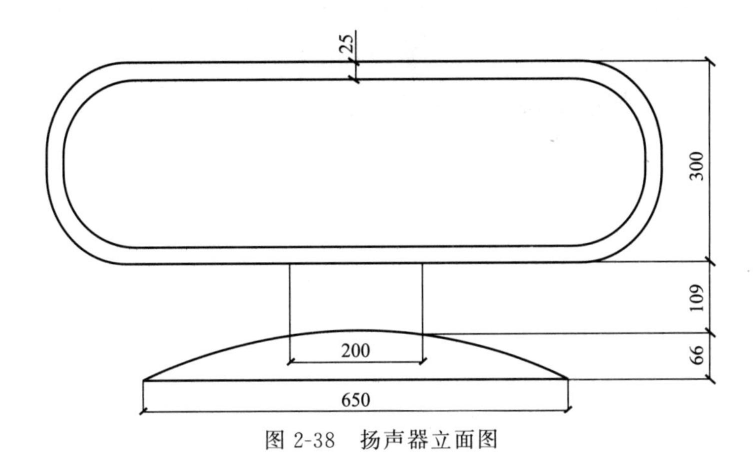

图 2-38　扬声器立面图

（一）命令详解

1. 圆弧命令（ARC）

圆弧是圆的一部分，也可以说是另外一种曲线。

（1）圆弧命令调用方法

命令行：ARC

菜单：【绘图】|【圆弧】

工具栏：单击绘图工具栏中的“圆弧”图标

（2）操作方法　画圆弧时，可以根据系统提示选择不同的选项，具体功能和用【绘图】菜单的【圆弧】子菜单提供的 11 种方式相似。这 11 种方式如图 2-39(a)～(k) 所示。

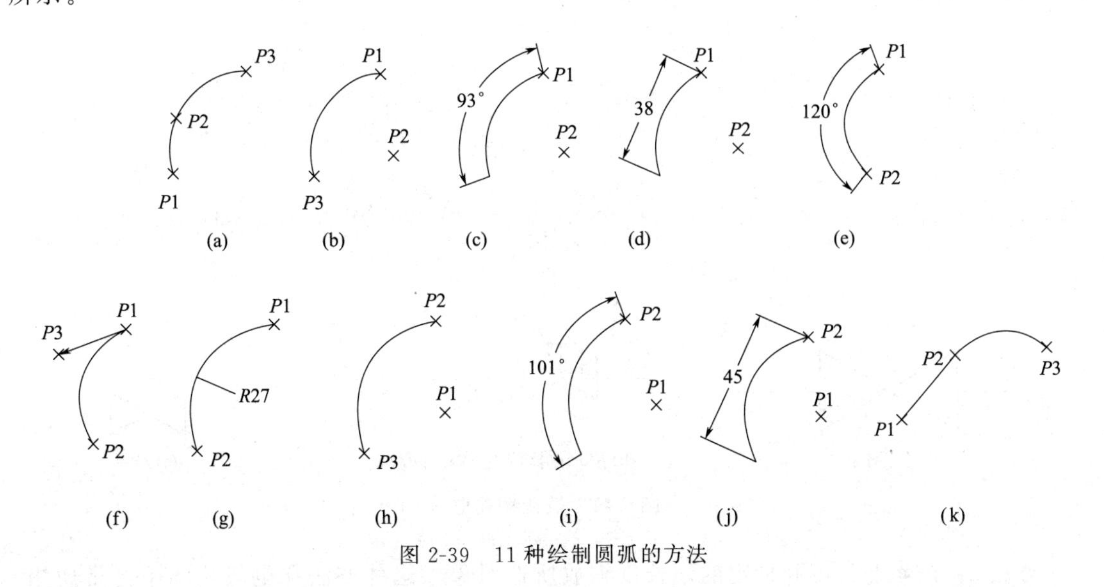

图 2-39　11 种绘制圆弧的方法

上机练习

绘制一个由 5 个相同大小的半圆连接而成的梅花图案，如图 2-40 所示。

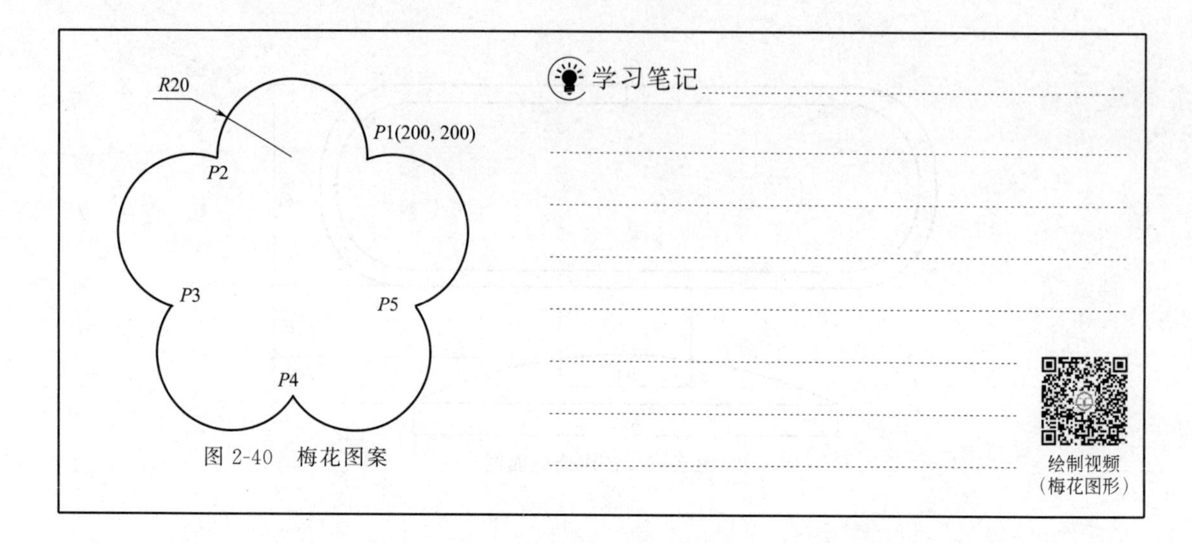

图 2-40　梅花图案

注意：绘制圆弧时，注意圆弧曲率是遵循逆时针方向的，所以在采用指定圆弧两个端点和半径模式时，需要注意端点的指定顺序，否则有可能导致圆弧的凹凸形状与预期的相反。

2. 图形对象的缩放命令（scale）

选中对象后，选择下拉菜单的【修改】|【缩放】；也可以单击修改工具栏中的“缩放”图标；或单击鼠标右键，选择快捷菜单的“缩放”命令，都可以对所选对象执行“缩放”命令。该命令提供两种缩放方法。

方法 1：按用户输入的比例缩放选定对象的尺寸。大于 1 的比例因子使对象放大，介于 0 和 1 之间的比例因子使对象缩小；还可以拖动光标，使对象变大或变小，如图 2-41 所示。命令行显示如下。

```
命令:_scale
选择对象:找到 1 个                                    //选中阀门对象
选择对象:                                            //按 Enter 键确认
指定基点:                                            //单击点 2
指定比例因子或[复制(C)/参照(R)]<1.0000>:0.5          //输入比例,按 Enter 键确认
```

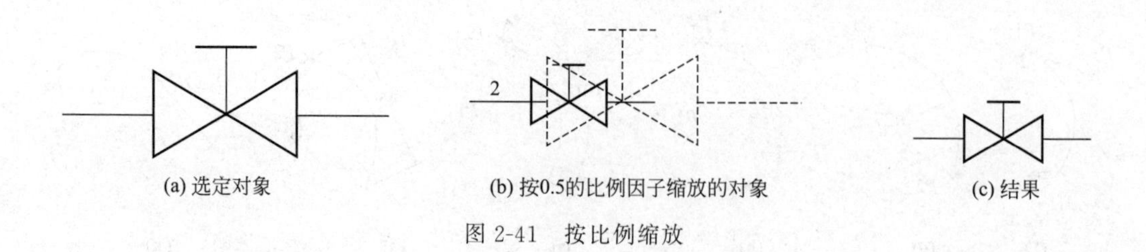

图 2-41　按比例缩放

方法 2：按参照长度和指定的新长度缩放所选对象。这种方法在电气绘图中经常使用。在插入元器件时，一般不知道它们的尺寸和预留位置的比例，所以指定元器件长度为参照长度，新长度为预留插入位置长度，执行缩放后，元器件的大小和预留位置一致，其过程如图 2-42 所示。命令行显示如下。

```
命令:_scale
选择对象:指定对角点,找到 6 个                    //选中二极管对象
选择对象:                                       //按 Enter 键确认
指定比例因子或[复制(C)/参照(R)]<0.7134>:r         //输入参数 R
指定参照长度<70.0000>:指定第 2 点                 //打开大小捕捉,单击A、B 两点
指定新的长度或<点(P)><50.0000>:P                  //输入参数 P,表示通过点选来确定长度
指定第 1 点:指定第 2 点                           //单击C、D 两点
```

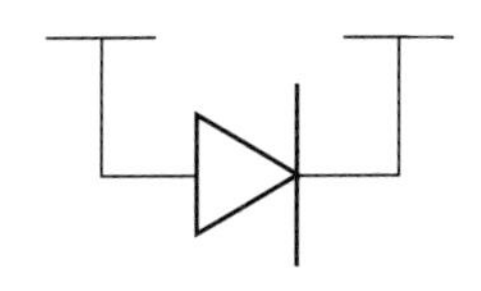

(a) 元件块尺寸大于插入位置长度

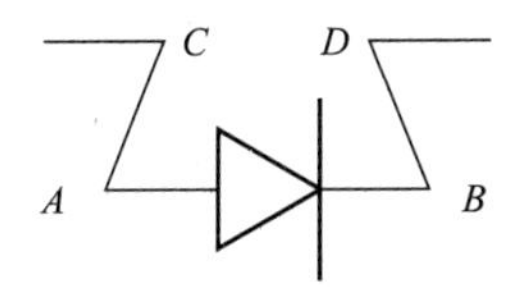

(b) AB为参照长度，CD为新长度

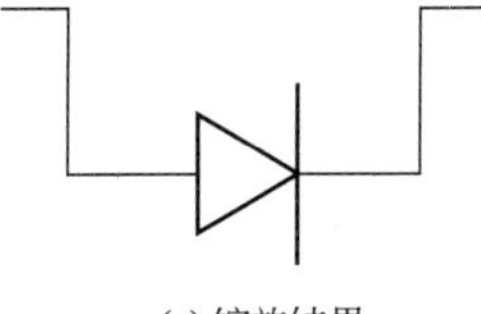

(c) 缩放结果

图 2-42　按参数进行缩放

3. 样条曲线命令（SPLINE）

样条曲线是创建经过或靠近一组拟合点或由控制框顶点定义的平滑曲线。

样条曲线的绘制步骤是：在绘图工具栏单击“样条曲线”命令按钮 ，进入样条曲线绘制状态，在屏幕中连续选取 4 个点，键盘输“公差”选项 L，然后输入公差为“0”，按 Enter 键完成样条曲线的绘制，再按 Enter 键，退出命令，如图 2-43 所示。

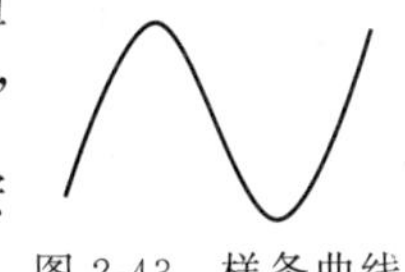

图 2-43　样条曲线

上机练习

利用样条曲线、正多边形、直线命令绘制整流器框形符号。绘制整流器框形符号的过程如图 2-44 所示。

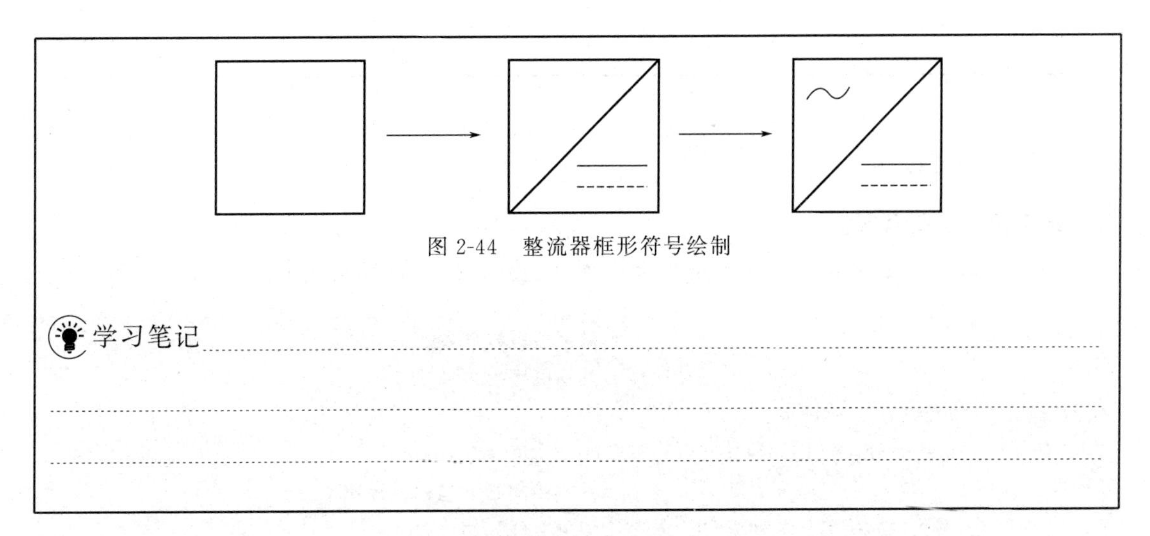

图 2-44　整流器框形符号绘制

学习笔记

4. 分解命令（EXPLOD）

分解对象 是将一个合成图形分解成若干个简单的、单一组成的对象。例如，矩形

被分解之后就变成 4 条直线。若对一个有宽度的直线执行分解，分解后会失去其宽度属性。

分解对象的步骤是：先执行“分解”命令，再选择要进行分解的整体对象，按<Enter>键，即可分解对象，如图 2-45 所示。

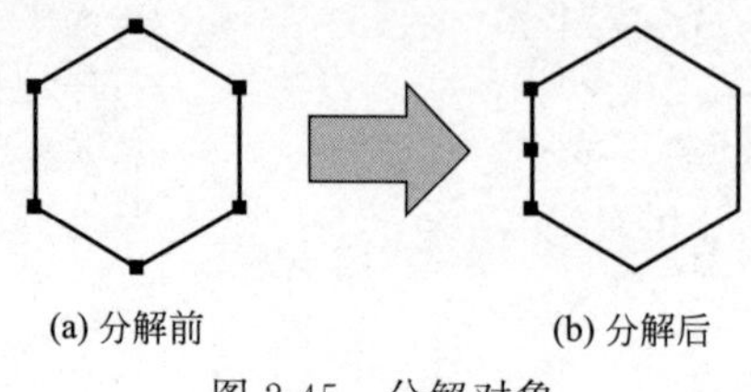

图 2-45　分解对象

上机练习

利用矩形命令、直线命令和分解命令完成电容器符号的绘制。绘制过程如图 2-46 所示。

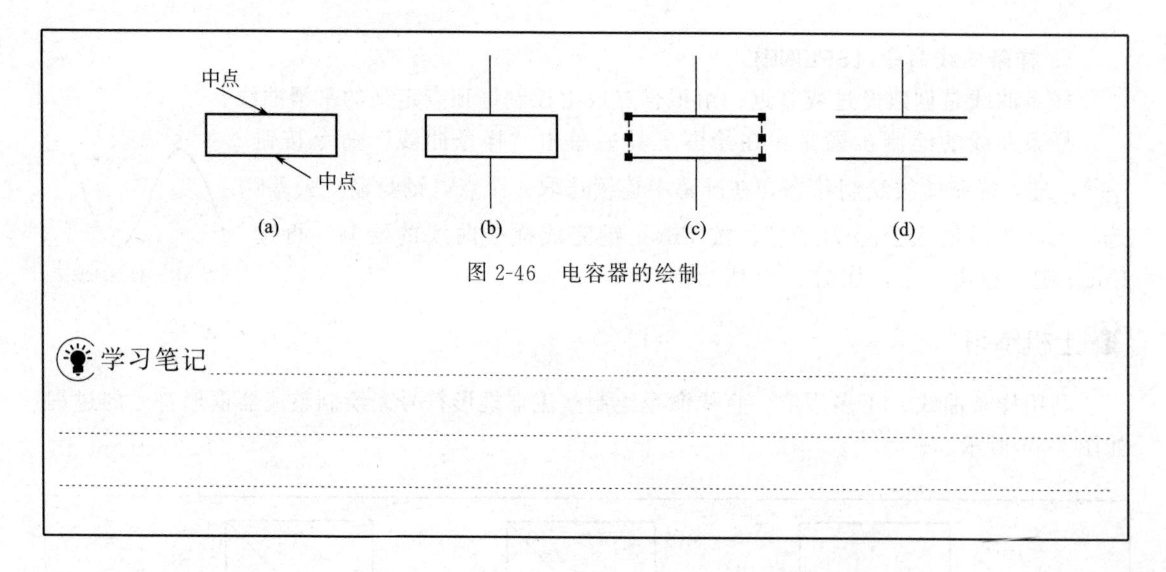

图 2-46　电容器的绘制

学习笔记

（二）绘图过程

第 1 步：绘制音箱。

① 单击绘图工具栏中的“多段线”命令按钮 ，命令行提示如下。

```
命令：_pline                                      //激活多段线命令
指定起点：                                        //在绘图区之内单击任意一点
当前线宽为 0.0000
指定下一个点或[圆弧(A)/半宽(H)/长度(L)/放弃(U)/宽度(W)]：650
                                                  //沿水平向右方向输入距离 650
指定下一点或[圆弧(A)/闭合(C)/半宽(H)/长度(L)/放弃(U)/宽度(W)]：a
                                                  //选择“圆弧(A)”选项开始绘制圆弧
指定圆弧的端点或[角度(A)/圆心(CE)/闭合(CL)/方向(D)/半宽(H)/直线(L)/半径(R)/第二个点(S)/放
弃(U)/宽度(W)]：300                               //沿垂直向下方向输入距离 300
```

```
指定圆弧的端点或[角度(A)/圆心(CE)/闭合(CL)/方向(D)/半宽(H)/直线(L)/半径(R)/第二个点(S)/放
弃(U)/宽度(W)]:l                                        //选择"直线(L)"选项绘制直线
指定下一点或[圆弧(A)/闭合(C)/半宽(H)/长度(L)/放弃(U)/宽度(W)]:650
                                                        //沿水平向左方向输入距离 650
指定下一点或[圆弧(A)/闭合(C)/半宽(H)/长度(L)/放弃(U)/宽度(W)]:a
                                                        //选择"圆弧(A)"选项开始绘制圆弧
指定圆弧的端点或[角度(A)/圆心(CE)/闭合(CL)/方向(D)/半宽(H)/直线(L)/半径(R)/第二个点(S)/放
弃(U)/宽度(W)]:300                                      //沿垂直向上方向输入距离 300
指定圆弧的端点或[角度(A)/圆心(CE)/闭合(CL)/方向(D)/半宽(H)/直线(L)/半径(R)/第二个点(S)/放
弃(U)/宽度(W)]:                                         //回车,结束命令
```

② 单击下拉菜单【修改】|【偏移】命令，命令行提示如下。

```
命令:_offset                                            //激活偏移命令
当前设置:删除源=否  图层=源  OFFSETGAPTYPE=0
指定偏移距离或[通过(T)/删除(E)/图层(L)]＜1.0000＞:25    //输入偏移距离 25
选择要偏移的对象,或[退出(E)/放弃(U)]＜退出＞:           //选择多段线
指定要偏移的那一侧上的点,或[退出(E)/多个(M)/放弃(U)]＜退出＞:
                                                        //在多段线的内部单击任意一点
选择要偏移的对象,或[退出(E)/放弃(U)]＜退出＞:           //回车,结束命令
```

绘图结果如图 2-47 所示。

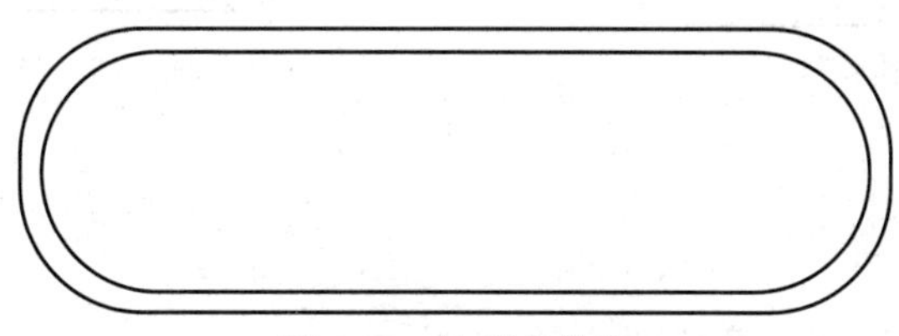

图 2-47 绘制多段线

第 2 步：镜像操作。

① 单击绘图工具栏中的直线命令按钮，命令行提示如下。

```
命令:_line                                              //激活直线命令
指定第一点:100                                          //沿多段线的中点 A 水平向左追踪距离为 100
指定下一点或[放弃(U)]:109                               //沿垂直向下方向输入距离 109
指定下一点或[放弃(U)]:                                  //回车,结束命令
命令:_line                                              //回车,再次输入直线命令
LINE 指定第一点:200                                     //沿多段线的中点 A 垂直向下追踪间距为 200
指定下一点或[放弃(U)]:325                               //沿水平向左方向输入距离 325
指定下一点或[放弃(U)]:                                  //回车,结束命令
```

② 单击下拉菜单栏中的【修改】|【镜像】，命令行提示如下。

```
命令:_mirror                                            //激活镜像命令
选择对象:指定对角点:找到 2 个                           //选择两条直线对象
```

```
选择对象:  指定镜像线的第一点:指定镜像线的第二点:
                                        //分别捕捉多段线的中点A 和中点B 作为镜像线的第一
                                          点和第二点
要删除源对象吗? [是(Y)/否(N)]<N>:        //回车,不删除源对象
```

镜像结果如图 2-48 所示。

第 3 步：绘制圆弧。

单击下拉菜单【绘图】|【圆弧】命令，命令行提示如下。

```
命令:_arc                                  //激活圆弧命令
指定圆弧的起点或[圆心(C)]:                //捕捉C点
指定圆弧的第二个点或[圆心(C)/端点(E)]:    //捕捉D点
指定圆弧的端点:                            //捕捉E点
```

最终结果如图 2-49 所示。

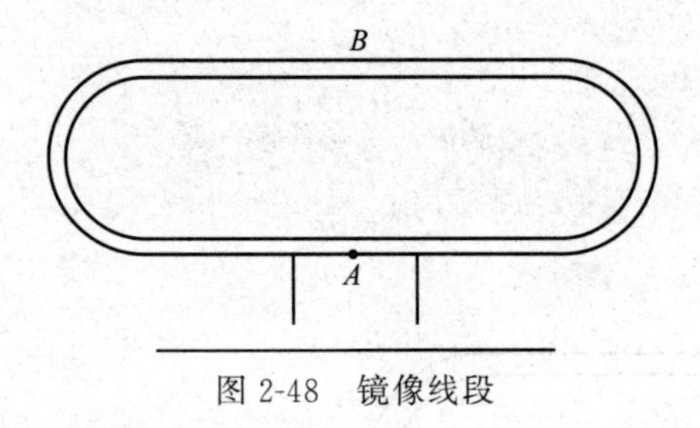

图 2-48　镜像线段

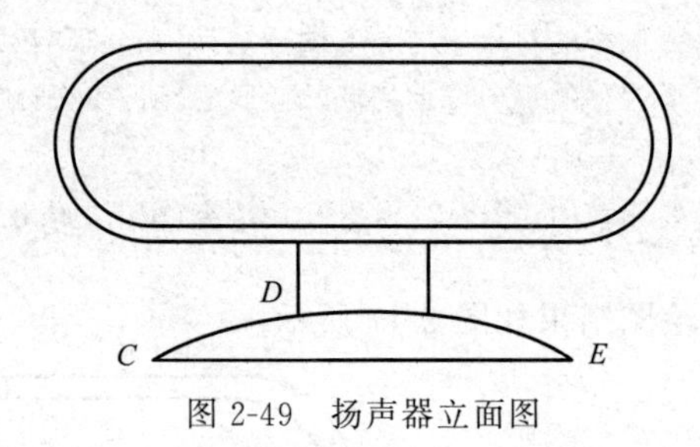

图 2-49　扬声器立面图

上机练习

绘制如图 2-50 所示电子元器件符号。

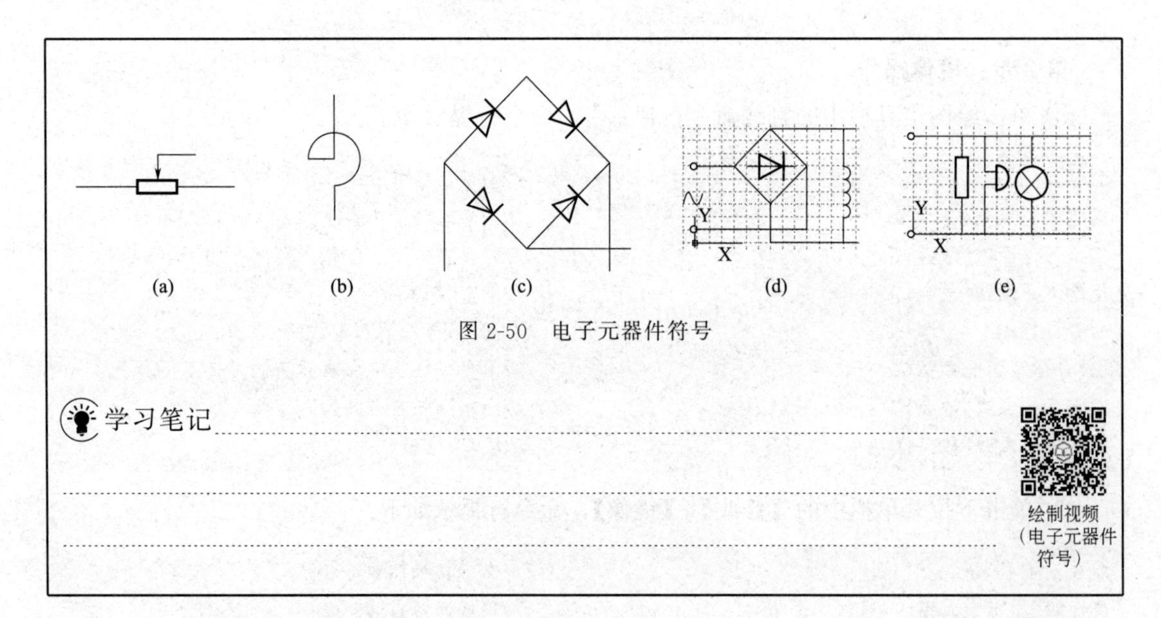

图 2-50　电子元器件符号

学习笔记

绘制视频（电子元器件符号）

【实例 2-4】 绘制圆点、实心矩形及沿曲线均布对象的综合图形

使用直线、偏移、圆弧、填充及定数等分等命令绘制如图 2-51 所示图形。

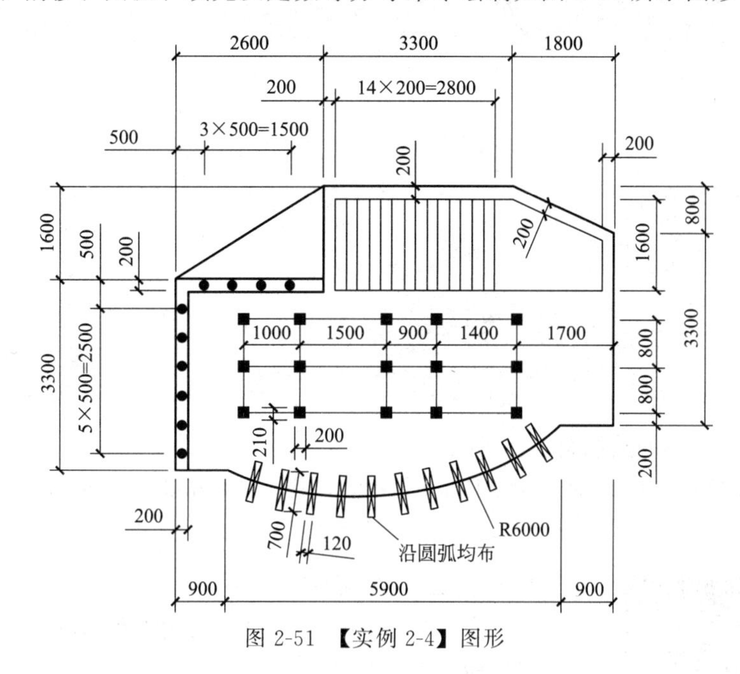

图 2-51 【实例 2-4】图形

（一）命令详解

1. 圆环命令（DONUT）

（1）命令用途 使用 DONUT 可以绘制填充圆环或圆点。

（2）命令调用方法

命令行：DONUT

菜单：【绘图】|【圆环】

（3）操作方法 执行该命令后，依次输入圆环内径、外径及圆心，AutoCAD 就会自动生成圆环。若要画圆点，则只需指定内径为“0”即可。图 2-52 所示是圆环指令的四种绘制结果。

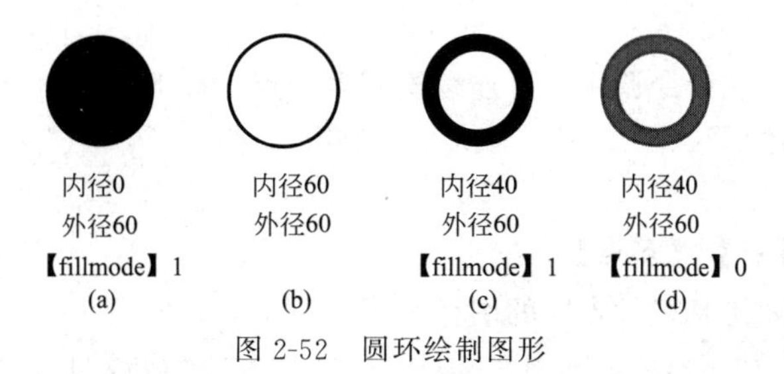

图 2-52 圆环绘制图形

图 2-52(a) 的命令行提示如下。

```
命令:_fillmode                          //设置圆环的填充模式
输入 fillmode 的新值<0>:1               //对象填充
命令:_donut                             //激活圆环命令
指定圆环的内径<30.0000>:0
```

```
指定圆环的外径＜30.0000＞:60
指定圆环的中心点或＜退出＞                    //点击任意一点
                                              //回车
```

图 2-52(d) 的命令行提示如下。

```
命令:_fillmode                                //设置圆环的填充模式
输入 fillmode 的新值＜1＞:0                   //对象不填充
命令:_donut                                   //激活圆环命令
指定圆环的内径＜30.0000＞:40
指定圆环的外径＜30.0000＞:60
指定圆环的中心点或＜退出＞                    //点击任意一点
                                              //回车
```

图 2-52(b)、(c) 的绘制自行练习。

注意： 圆环的填充模式由参数 fillmode 决定，输入 fillmode=0 时，表示对象不填充；输入 fillmode=1 时，表示对象填充。

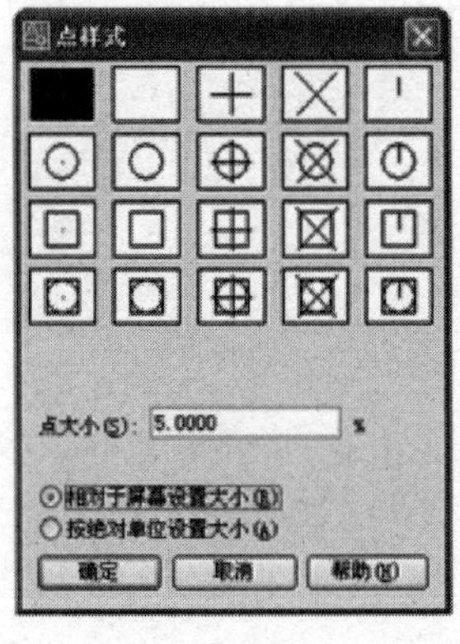

图 2-53 “点样式”对话框

2. 点样式（ptype）

（1）命令用途　用于设置点的大小和形状。

（2）命令调用方法

命令行：ptype

菜单：【格式】|【点样式】

“点样式”对话框见图 2-53。

3. 单点（point）

（1）命令用途　用于绘制单个点，绘制单个点后命令自动结束。

（2）命令调用方法

命令行：point

菜单：【绘图】|【点】|【单点】

4. 多点（point）

（1）命令用途　一次命令调用，可连续绘制多个点，按 Esc 键命令才会结束。

（2）命令调用方法

命令行：point

菜单：【绘图】|【点】|【多点】

工具栏：单击绘图工具栏“点”的图标 ·

5. 定数等分点（divide）

（1）定数等分点命令用途　按给定的线段数目等分指定的对象，并且在各个等分点处绘制点标记或块对象。可以进行定数等分的对象包括直线、圆弧、圆、椭圆、椭圆弧、多段线和样条曲线。

（2）命令调用方法

命令行：divide

菜单：【绘图】|【点】|【定数等分】

【实操】 使用定数等分点命令绘制如图 2-54 所示的图形。

① 设置点的样式。选择第 9 个样式，如图 2-55 所示。

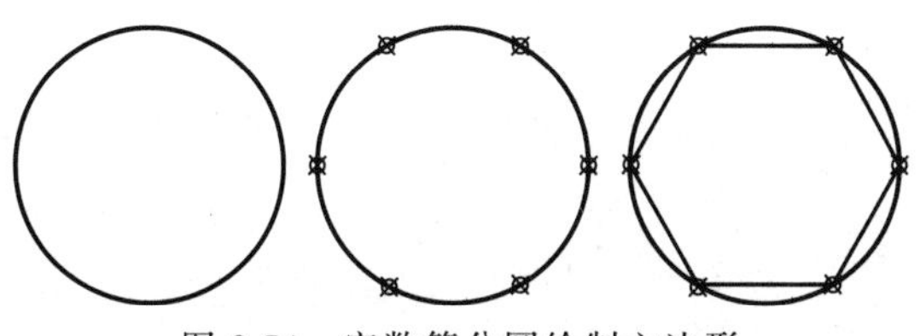

图 2-54 定数等分圆绘制六边形

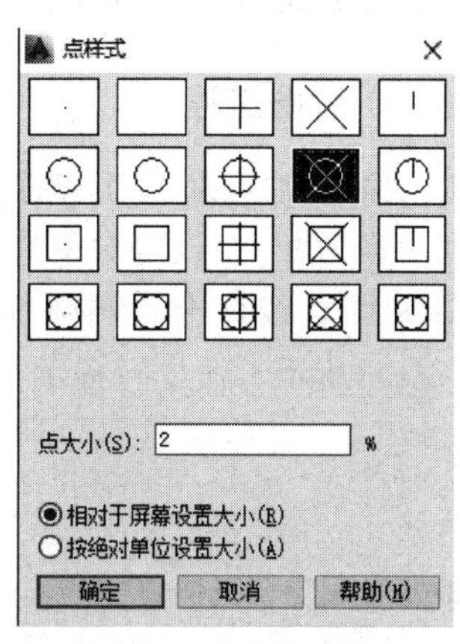

图 2-55 点的样式设置

② 创建定数等分。命令提示行如下。

```
命令:_circle
指定圆的圆心或[三点(3P)两点(2P)切点、切点、半径(T)]:        //点击任意一点
指定圆的半径或[直径(D)]<50.0000>:100                      //输入 100
命令:_divide
选择要定数等分的对象:                                       //点击圆选中
输入线段数目或[块(B)]:6                                    //输入六边形边数
                                                            //回车
```

③ 直线连接等分点。绘制完成如图 2-54 所示。

6. 定矩等分点（measure）

（1）命令用途　按给定的距离等分指定的对象，并且在各个等分点处绘制点标记或块对象。

（2）命令调用方法

命令行：measure

菜单：【绘图】|【点】|【定矩等分】

【实操】使用定矩等分点制如图 2-56 所示的图形。

① 设置点的样式。选择第 9 个样式，如图 2-55 所示。

② 创建定矩等分。命令提示行如下。

```
命令:_line
指定第一个点:                                               //点击任意一点
指定下一点或[放弃(U)]:200                                   //输入 200
                                                            //回车
命令:_measure
选择要定矩等分的对象:                                       //点击直线选中
```

```
输入线段长度或[块(B)]:30                            //输入线段长度
                                                    //回车
```

绘制完成如图 2-56 所示。

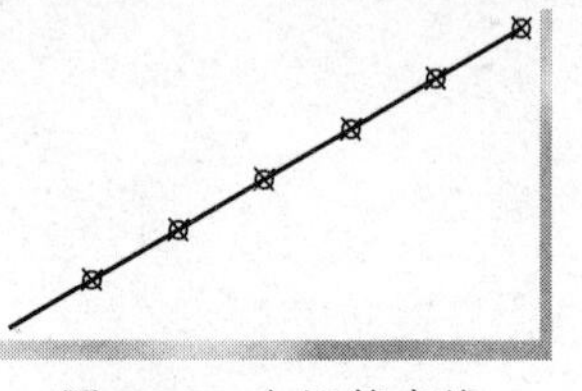
图 2-56 定矩等直线

（二）绘图过程

① 激活极轴追踪、对象捕捉及自动追踪功能。指定极轴追踪角度增量为 90°；设定对象捕捉方式为端点、交点。

② 利用直线命令、圆弧命令、偏移命令绘制图形Ⅰ，如图 2-57(a) 所示。命令行提示如下。

```
命令:_arc                                           //激活圆弧命令
指定圆弧的起点或[圆心(C)]:                          //捕捉端点B
指定圆弧的第二个或[圆心(C)/端点(E)]:e               //指定圆弧的端点
                                                    //捕捉端点C
指定圆弧的圆心或[角度(A)/方向(D)/半径(R)]:r         //指定圆弧的半径
                                        :6000       //输入圆弧的半径值
```

③ 利用偏移命令及修剪命令绘制图形Ⅱ，结果如图 2-57(b) 所示。

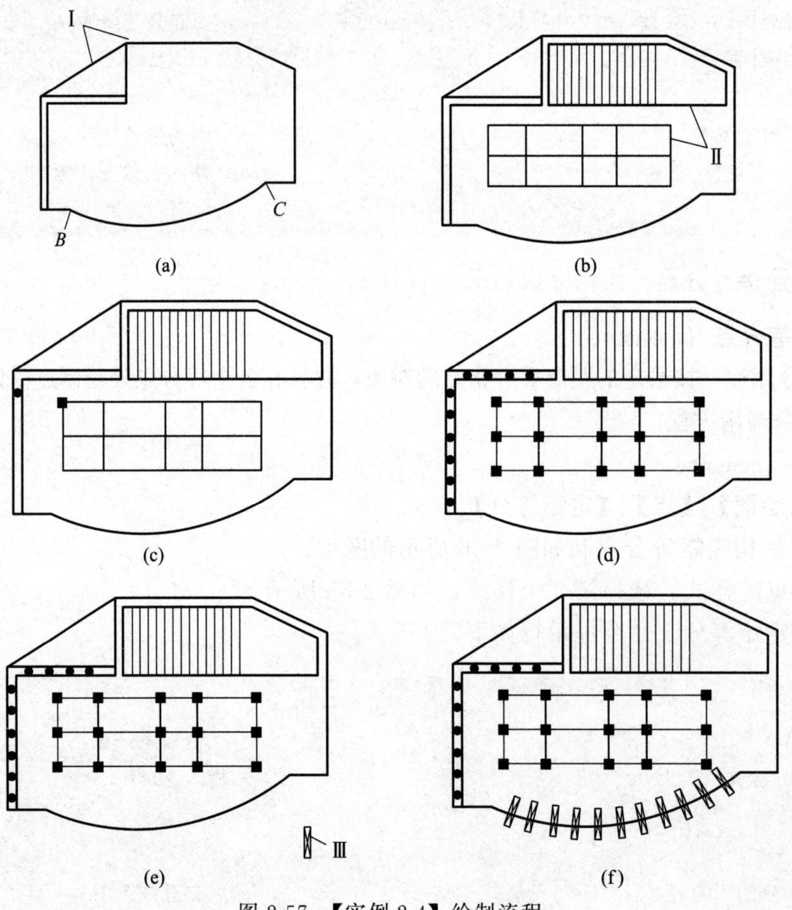

图 2-57 【实例 2-4】绘制流程

④ 绘制圆点及实心小矩形，如图 2-57(c) 所示；复制圆点及实心小矩形，如图 2-57(d) 所示。

⑤ 绘制对象Ⅲ，并将其创建成图块，如图 2-57(e) 所示。利用等数等分点命令沿圆弧均布图块，块的数量为 11，如图 2-57(f) 所示。

项目实施

一、创建新图

单击下拉菜单栏中的【文件】|【新建】命令，弹出“选择样板”对话框，选择“A4 模板”样板文件，点击“打开”按钮，即可创建一个新的绘图文件。

二、绘制电路元器件

本次任务所用的元器件主要有电阻器、电感器、电容器、二极管、三极管，如图 2-58 所示。绘图主要用到的命令有直线、矩形、多段线、圆弧、分解、复制、镜像等。

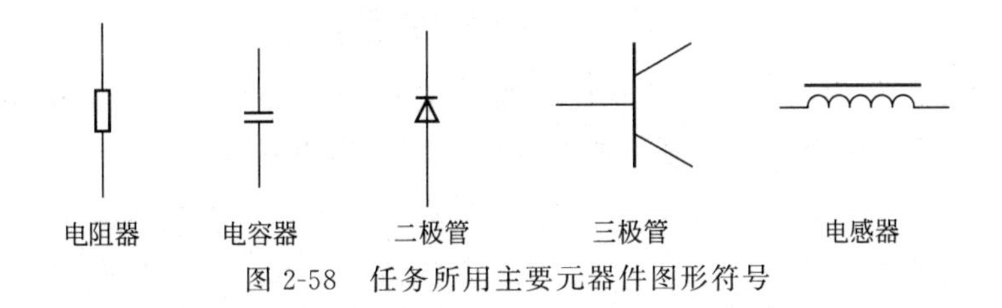

图 2-58　任务所用主要元器件图形符号

(1) 绘制电阻器符号　打开“正交”“对象捕捉”模式（“中点”必选，其他为常用即可)，电阻器绘制过程如图 2-59 所示。

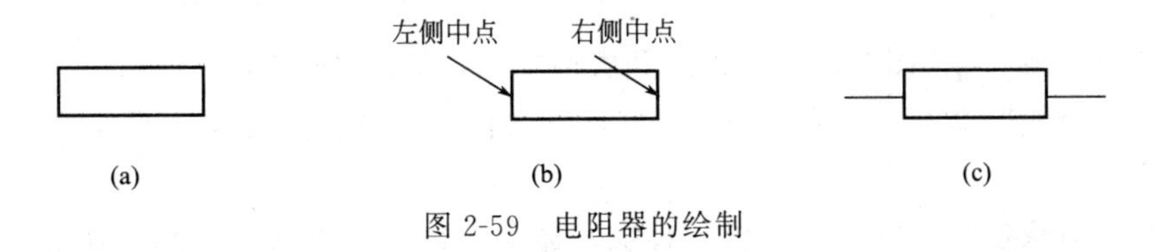

图 2-59　电阻器的绘制

① 单击绘图工具栏中的“矩形”图标，或者在命令行窗口中输入 rectang，绘制一个长 15、宽 5 的矩形，如图 2-59(a) 所示。

② 单击“直线”图标，捕捉 2-59(b) 中矩形的右侧中点，用相对坐标输入直线长度。

③ 用同样方法绘制另一边直线，即可得到电阻器图形，如图 2-59(c) 所示。电阻器的绘制过程的命令行提示如下。

```
命令:_rectang                                              //单击图标,命令自动输入
指定第一个角点或[倒角(C)/标高(E)/圆角(F)/厚度(T)/宽度(W)]:   //任意点
指定另一个角点或[面积(A)/尺寸(D)/旋转(R)]:d                 //参数 d 可指定大小
指定矩形的长度<10.0000>:15                                 //输入 15 为长度
```

```
指定矩形的宽度<10.0000>:5                    //输入5为宽度
指定另一个角点或[面积(A)/尺寸(D)/旋转(R)]:
命令:_line                                  //捕捉2-59(b)图右侧中点
指定下一点或[放弃(U)]:@ 7,0                   //直线长度为7
指定下一点或[放弃(U)]:                        //确认退出命令
命令:_line 指定第一点                         //捕捉2-59(b)图另一中点
指定下一点或[放弃(U)]:@ -7,0                  //直线长度为7
```

（2）绘制电容器符号　电容器的绘制过程如图2-46所示。

（3）绘制二极管符号　绘制二极管符号的过程如图2-60所示。

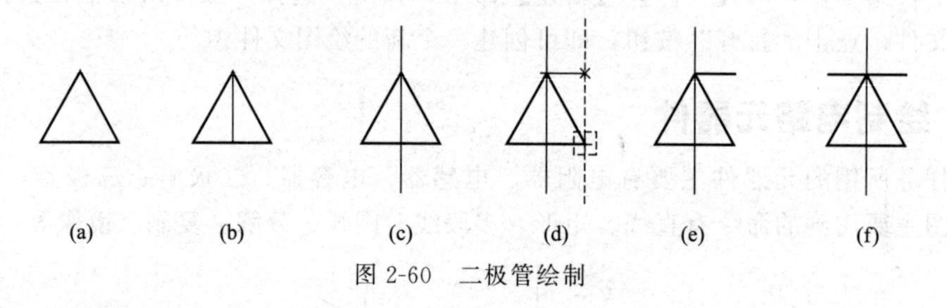

图2-60　二极管绘制

① 单击绘图工具栏中的“正多边形”图标，或在命令行窗口中输入polygon，在“正交”模式下，按照下面命令行提示画出图2-60(a)所示等边三角形。

```
命令:_POLYGON
输入边的数目<5>:3
指定正多边形的中心点或[边(E)]:e              //正交模式下确定一条边
指定边的第一个端点:                           //任意指定
指定边的第二个端点:@ 6,0                      //边长为6的正三角形
```

② 单击“直线”图标，连接顶点和底边中点，如图2-60(b)所示。

③ 继续“直线”命令，在刚才画的直线的两头向外各画一条长为3的直线如图2-60(c)所示。

④ 打开“对象追踪”模式，继续“直线”命令，捕捉顶点为第一点，从底边端点向上移动鼠标，通过追踪确定如图2-60(d)所示的第二点。

⑤ 单击鼠标左键确定，画出图2-60(e)。

⑥ 用同样方法画出另一边直线，即可完成二极管符号的绘制，如图2-60(f)所示。

（4）绘制三极管符号　绘制三极管符号过程如图2-61所示。

① 关闭“正交”“对象捕捉”模式，3次调用“直线”命令，绘制隔层、基极和集电极，位置参数如图2-61(a)所示。

② 单击“多段线”命令，或者在命令行窗口中输入pline，根据下面命令行参数绘制PNP三极管发射极，绘制结果如图2-61(b)所示。

```
命令:_pline                                  //激活多段线命令
指定起点:                                     //选基极起点
当前线宽为0.0000
```

```
指定下一个点或[圆弧(A)/半宽(H)/长度(L)/放弃(U)/宽度(W)]:@ 20<120
指定下一个点或[圆弧(A)/闭合(C)/半宽(H)/长度(L)/放弃(U)/宽度(W)]:W
指定起点宽度<0.0000>:0                        //宽度为 0
指定端点宽度<0.0000>:0.5                      //绘制箭头的线宽为 0.5
指定下一点或[圆弧(A)/闭合(C)/半宽(H)/长度(L)/放弃(U)/宽度(W)]:@ 10<120
指定下一点或[圆弧(A)/闭合(C)/半宽(H)/长度(L)/放弃(U)/宽度(W)]:W
指定起点宽度<0.5000>:0
指定端点宽度<0.0000>:
指定下一点或[圆弧(A)/闭合(C)/半宽(H)/长度(L)/放弃(U)/宽度(W)]:@ 30<120
指定下一个点或[圆弧(A)/闭合(C)/半宽(H)/长度(L)/放弃(U)/宽度(W)]:
```

③ 打开“正交”“对象捕捉”模式，在集电极下方画一短直线，选中该直线，单击修改工具栏中的“镜像”命令，以基极为镜像线，得到图 2-61(c)。

④ 执行“移动”命令，单击发射极，以其下端为基点，移动到左侧短直线与水平线交点位置，如图 2-61(d) 所示。

⑤ 删除两根小短线，得到三极管符号如图 2-61(e) 所示。

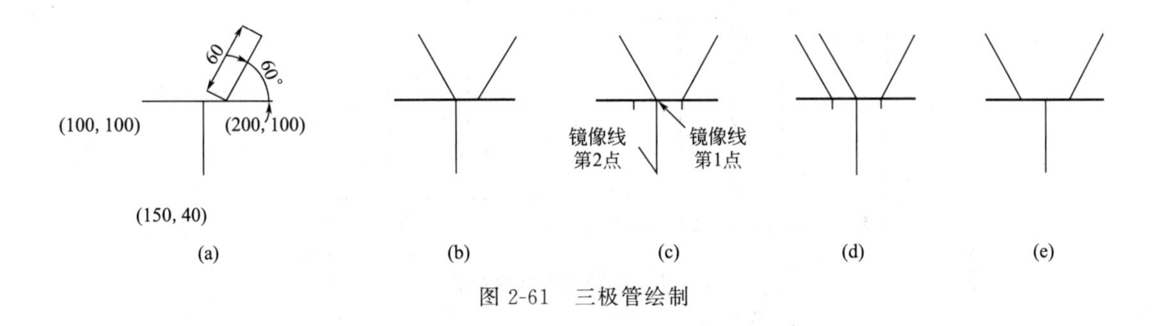

图 2-61　三极管绘制

(5) 绘制电感器符号　绘制电感器符号的过程如图 2-62 所示。

① 单击绘图工具栏中的“圆弧”命令，或者在命令行窗口中输入 arc，按照下面命令行提示，画半径为 10 的圆弧，绘制结果如图 2-62(a) 所示。

```
命令:_arc 指定圆弧起点或[圆心(c)]:c           //参数 c 表示用圆心定位
指定圆弧的圆心:                               //任意点
指定圆弧的起点:<正交开>@ 10,0                 //设置距圆心右侧水平方向 10
指定圆弧的端点或[角度(A)/弦长(L)]:@ -10,0     //设置距圆心左侧水平方向 10
```

② 打开“对象捕捉”(确保“端点捕捉”选中)，调用“复制”命令，选中圆弧，按照图 2-62(b) 所示确定基点，依次确定第 2 点，复制完成其他 4 个相切半圆弧绘制。

③调用“直线”命令，分别捕捉两端圆弧的外侧端点，用定长绘制方法绘制两端长 10 的引线，并在线圈上部画出表示铁芯的直线（两端比圆弧略长即可），电感器绘制完毕，如图 2-62(c) 所示。

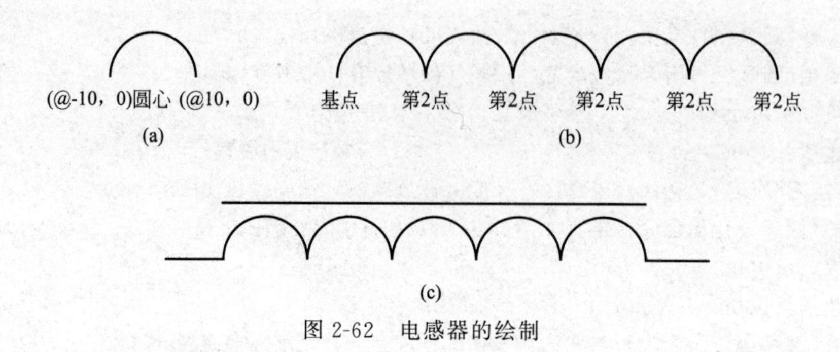

图 2-62　电感器的绘制

三、绘制线路结构图

观察图 2-1 可知，图中所有的元器件之间都是用直线来表示的导线连接而成的，如果除去元器件，电路图就变为只有直线的结构图，称之为线路结构图，许多电路图的绘制都是在线路结构图基础上添加元器件来完成的。图 2-1 中的线路结构如图 2-63 所示，绘制过程如图 2-64 所示。

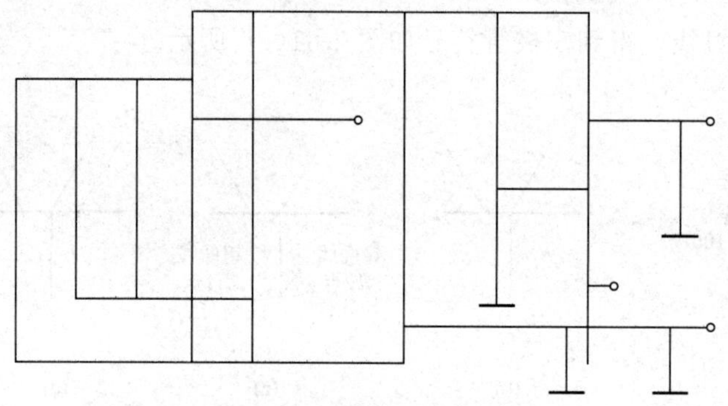

图 2-63　电路图的线路结构

① 打开“正交”和“对象捕捉追踪”模式。调用“直线” 命令，画 1 根垂线，按照图 2-64(a) 中的尺寸用“偏移”命令得到其他垂线，连接垂线上端。

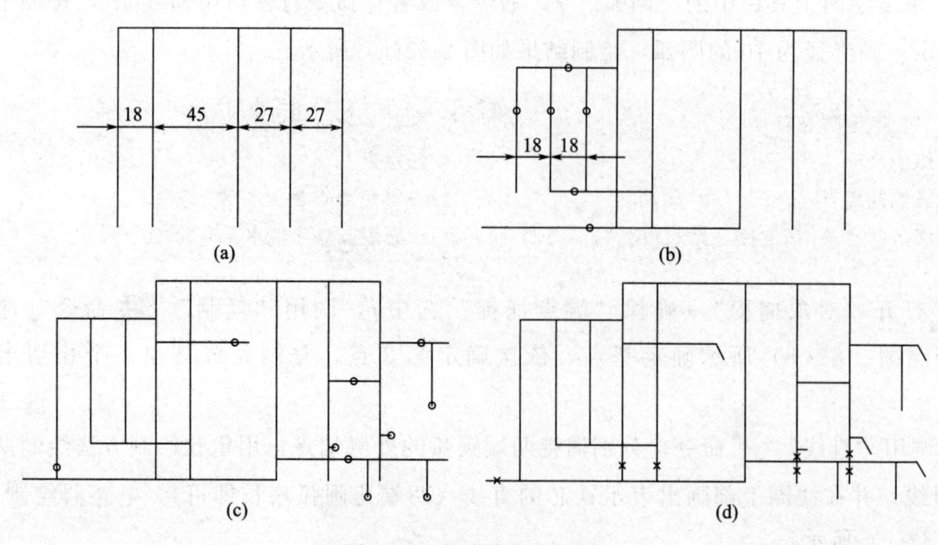

图 2-64　电路结构的绘制

② 在左侧一定距离再画 1 根垂线，按图 2-62(b) 所示距离依次向右用“偏移”命令得到两根垂线，再调用“直线”命令结合端点、垂点捕捉画出 3 条水平线，如图 2-64(b) 中圆圈标识的线条。

③ 根据 2-64(c) 重复“直线”命令，在相应位置上画出若干条长、短水平线和 3 条垂线，如图 2-64(c) 中圆圈标识的线条。

④ 根据图 2-64(d) 的指示，用“修剪”命令完成多余线条修剪，在箭头标识位置上画出表示输入/输出点的圆，即可完成图 2-61 所示的线路结构图的绘制。

四、插入图形符号到结构图

将前面画好的元器件图形符号依次复制、移动到线路结构图的相应位置上。插入过程中，结合使用“对象捕捉”等功能，同时注意各图形符号的大小与线路结构协调，要根据实际需要利用“缩放”功能来及时调整。

本图中电气符号比较多，下面以电阻器符号插入导线之间这一操作为例来说明插入、调整的操作方法。

① 移动电阻器到插入位置（AB 线）附近一点，结果如图 2-65(a) 所示。

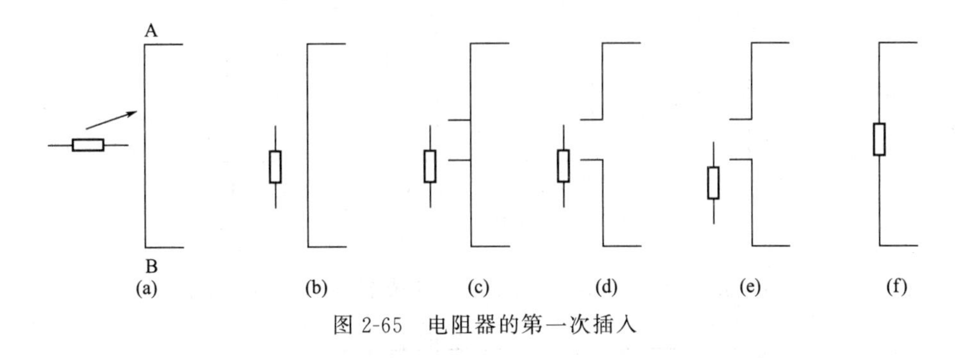

图 2-65 电阻器的第一次插入

② 选中电阻器，执行“旋转”命令，输入 90°，得到图 2-65(b)。

③ 在线上画 2 条垂直的小直线来确定电阻器在线上的位置和大小，如图 2-65(c) 所示。

④ 用“修剪”命令得到电阻器预留位置，如图 2-65(d) 所示。

⑤ 选中电阻器，执行“缩放”命令（用参照长度法进行），按照下面命令行提示操作，得到图 2-65(e)。

```
命令:_scale
选择对象:找到 1 个                          //单击电阻器
选择对象:                                   //单击右键确认
指定基点:                                   //电阻器上端点
指定比例因子或[复制(C)/参照(R)]<1.5000>:r
指定参照长度<53.4532>:指定第 2 点           //电阻器上下两端点为此处 1、2 点
指定新的长度或<点(P)><1.0000>:P
指定第 1 点:指定第 2 点                     //直线预留位置上下两端点为指定第 1、2 点
```

⑥ 单击“移动”命令，选中电阻器，以上顶点或下顶点为基点，移动到线路中

（捕捉线段相应位置的端点为移动的第 2 点）并确定，并将定位用的两根小线段删除，即可完成，如图 2-65(f) 所示。

第 1 个电阻器插入完成后，其他的电阻器就可以通过复制这个电阻器而得到，并保持整个图的统一性。其他元器件第一次插入时采用的方法和上述电阻器插入方法一致，再插入重复元器件时，采用以下方法更快。现以第 2 个电阻器插入为例介绍该方法。

① 关闭“正交”模式，保留“对象捕捉”。选中电阻器，单击“复制” 命令，以电阻器上端点为基点复制到第 2 个插入位置附近，如图 2-66(a) 所示。

② 从电阻器两端点画两条垂线到插入线段，如图 2-66(b) 所示。

③ 用“修剪” 命令剪去中间线段，如图 2-66(c) 所示。

④ 用“移动” 命令，将电阻器移入线段空位（基点取电阻器任意端点，第 2 点捕捉对应的线段端点），并删除两条小线段，完成插入，结果如图 2-66(d) 所示。

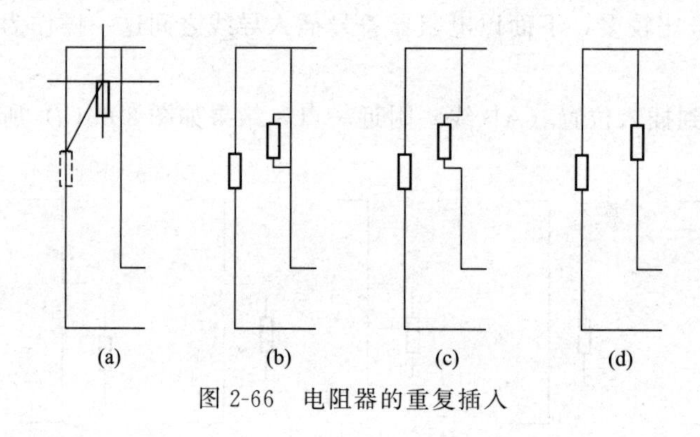

图 2-66　电阻器的重复插入

按照上面的方法将全部的元器件插入完成后的电路图如图 2-67 所示。

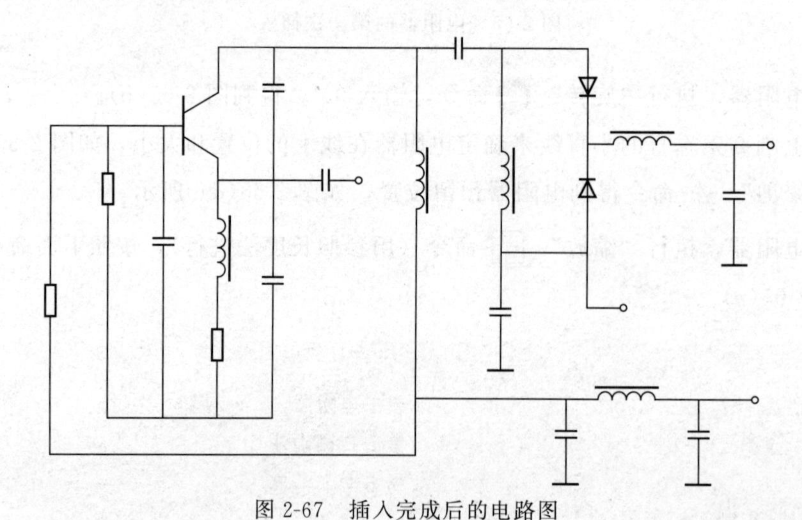

图 2-67　插入完成后的电路图

五、添加文字和注释

单击下拉菜单【格式】|【文字样式】或单击绘图工具栏中的“文字样式” 图标，打开“文字样式”对话框。单击“新建”按钮，然后输入样式名“工程字”并单击“确定”按

钮，如图 2-68 所示。

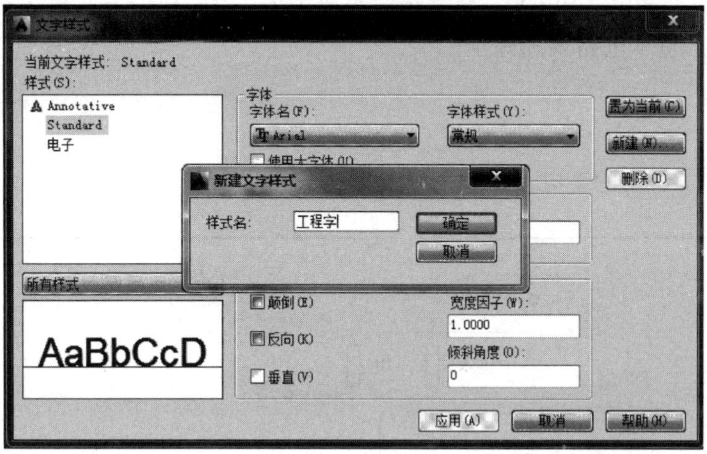

图 2-68　在“文字样式”中新建“工程字”样式

字体选“仿宋 GB_2313”，高度选择默认值，宽度比例输入值为 0.7，倾斜角度默认值为 0。检查预览区文字外观，如果合适，单击“应用”和“关闭”按钮，如图 2-69 所示。

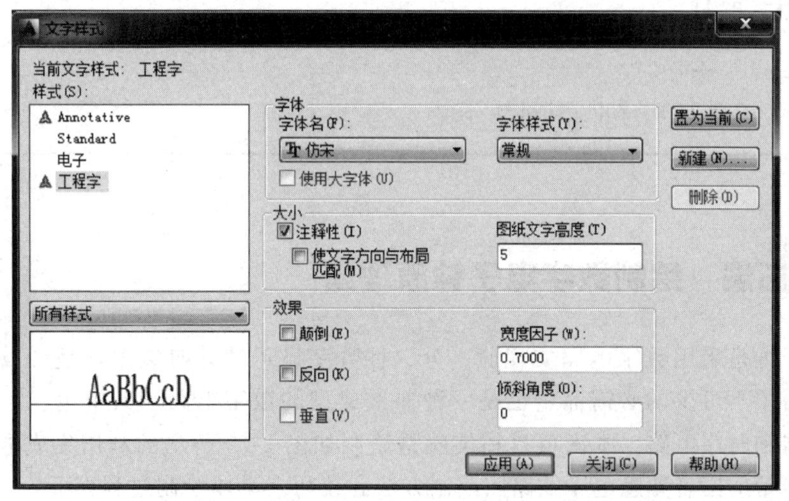

图 2-69　设置文字样式

文字格式设置好了，下面开始进行文字输入。单击绘图工具栏中的“多行文字” **A** 图标，或者在命令行窗口中输入 mtext，在要添加文字的位置上单击确定文字框，弹出的添加文字框如图 2-70 所示。

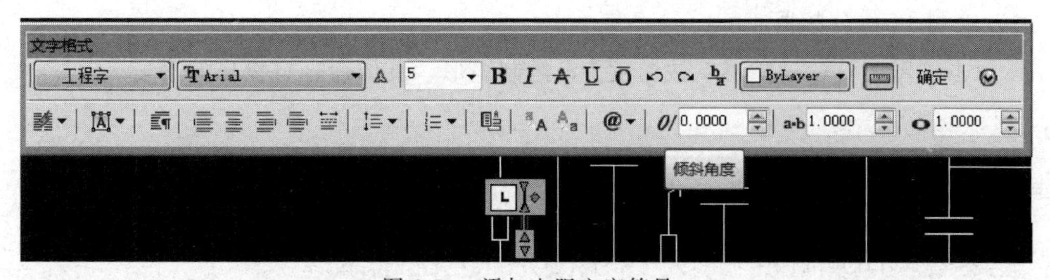

图 2-70　添加电阻文字符号

在光标闪烁的框内输入“R1”后按回车键，继续输入“10kΩ”，用鼠标选中“R1”，将字体大小改为 2.5，选中“10kΩ”，将字体大小改为 4。用同样的方法输入全部元器件名称、值以及说明文字。整个电路就画好了。

上机练习

绘制如图 2-71 所示的某电子线路图。

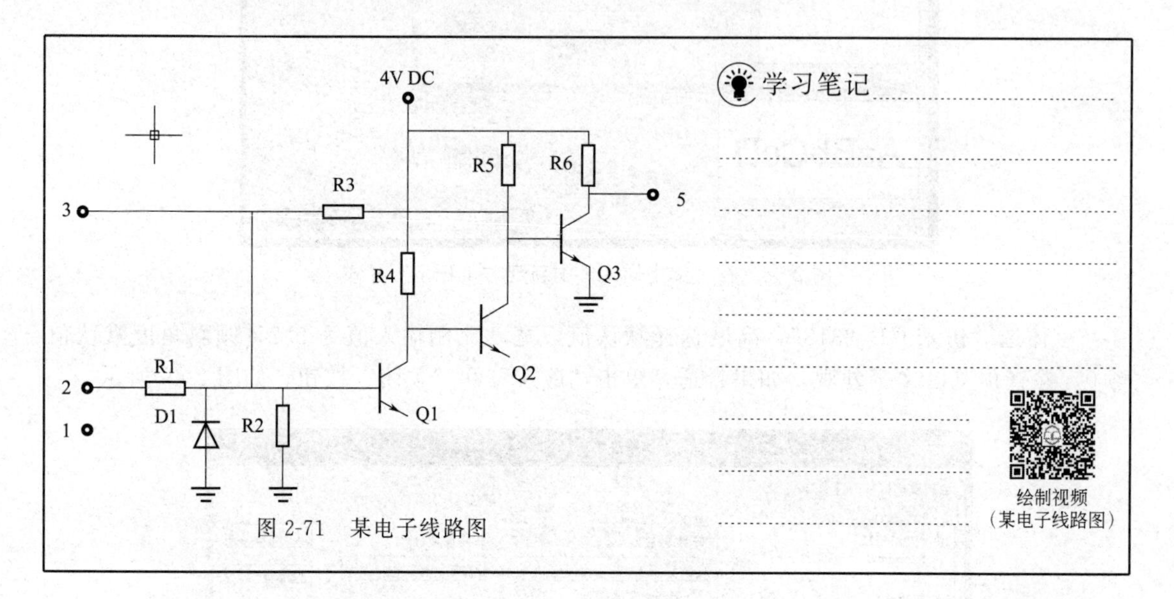

图 2-71　某电子线路图

项目拓展　绘制数字电子钟原理图

【拓展阅读】华为麒麟芯片崛起

数字电子钟是采用数字电路实现时、分、秒数字显示的计时装置，是人们日常生活中不可少的必需品，也是一种非常典型的数字电路，其中包括了组合电路和时序电路。本次项目拓展就是绘制如图 2-72 所示的利用集成电路组成的电子钟，进一步帮助读者熟悉电子线路图绘制方法和技巧。具体绘制过程如下。

第 1 步：设置绘图环境。

设置绘图环境包括新建文件、图层设置和文字样式，具体设置过程如前面所述，请读者自行设置。

第 2 步：绘制数字元件。

（1）绘制 14 位分频器 4060

① 单击绘图工具栏“矩形”按钮，绘制矩形。具体命令行操作如下。

```
命令:_rectang
指定第一个角点或[倒角(C)/标高(E)/圆角(F)/厚度(T)/宽度(W)]:
                                //在窗口中合适位置单击,指定矩形起点
指定另一个角点或[面积(A)/尺寸(D)/旋转(R)]:输入"@ 15,60",按[Enter]键确认
```

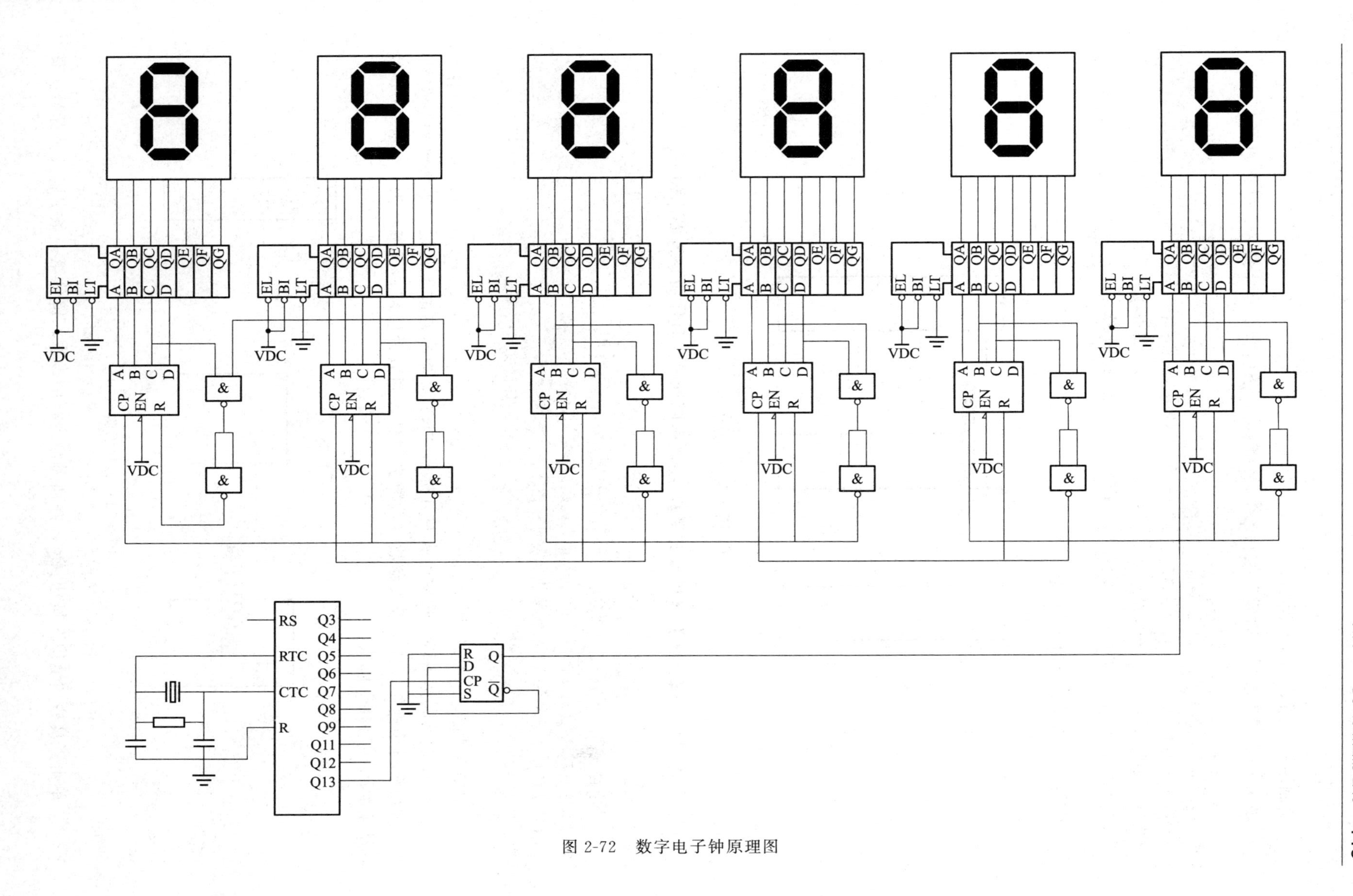

图 2-72　数字电子钟原理图

绘制结果如图 2-73(a) 所示。

② 单击绘图工具栏“直线”按钮 ，绘制第一条引脚。具体命令行操作如下。

```
命令:_line
指定第一点:捕捉矩形左上角,向下移动十字光标,输入"5",按[Enter]键确认
指定下一点或[放弃(U)]:向左平移十字光标,输入"10",按[Enter]键确认
指定下一点或[闭合(C)/放弃(U)]:按[Enter]键确认      //完成线段绘制
```

绘制结果如图 2-73(b) 所示。

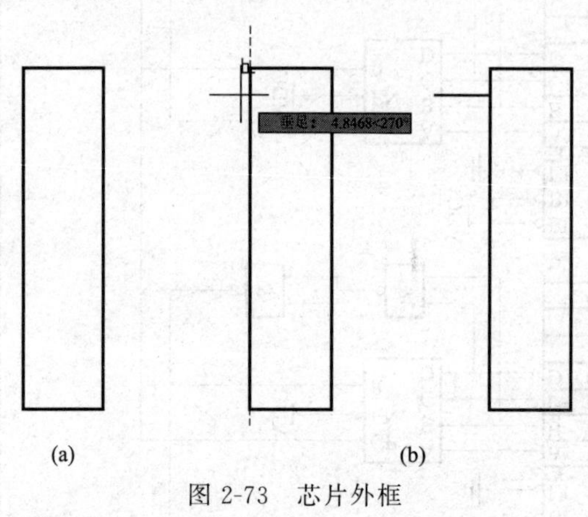

图 2-73　芯片外框

③ 单击菜单栏【文字】|【单行文字】，绘制引脚标号。具体命令行操作如下。

```
命令:_text
当前文字样式:"Standard"文字高度:2.5000 注释性:否
指定文字的起点或[对正(J)/样式(S)]:指定线段左端点附近为文字起点,单击选中
指定文字的旋转角度<0>:向右移动十字光标,按[Enter]键确认
输入文字"RS",按[Enter]键确认                    //完成文字的输入
```

绘制结果如图 2-74(a) 所示。

④ 绘制四条同样引脚。选中引脚及其标号“RS”，单击修改工具栏“矩形阵列”按钮，并通过命令行中操作，依次输入参数（行数为“4”，列数为“1”，行偏移为“－10”），绘制结果如图 2-74(b) 所示。

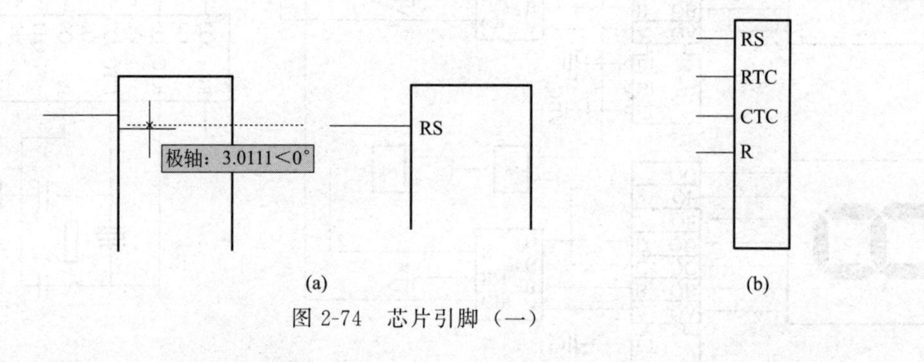

图 2-74　芯片引脚（一）

⑤ 单击工具栏“镜像”按钮 ，并通过命令行中操作，镜像第一条引脚及其标号。具

体命令行操作如下。

```
命令:_mirror
选择对象:选中引脚及其标号“RS”
选择对象:按[Enter]键确认
指定镜像线第一点:选中矩形上边线中点
指定镜像线第二点:选中矩形下边线中点
要删除源对象吗? [是(Y)/否(N)]:按[Enter]键确认
将镜像所得文字修改为 Q3
```

绘制结果如图 2-75(a) 所示。

⑥ 选中上一步镜像生成的引脚和标号，单击修改工具栏中的“矩形阵列”，并通过命令行中操作，依次输入参数（行数为“10”，列数为“1”，行偏移为“－5”），将阵列得到的引脚标号，左侧从上至下一次修改为“Q4”“Q5”“Q6”“Q7”“Q8”“Q9”“Q11”“Q12”“Q13”。绘制结果如图 2-75(b) 所示。

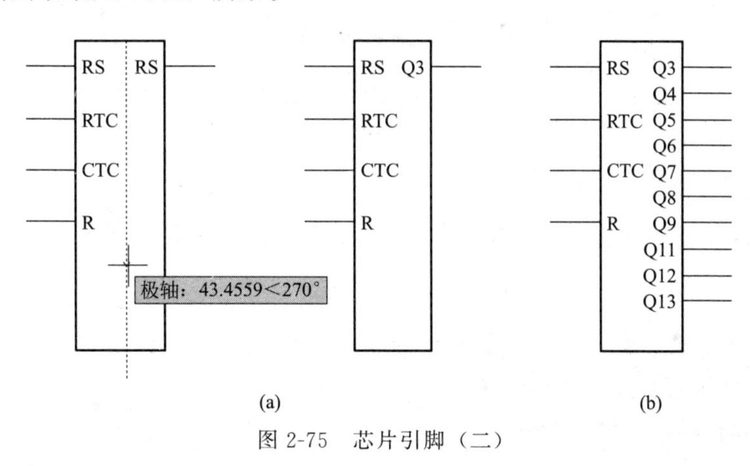

图 2-75　芯片引脚（二）

（2）绘制双 4 位计数器 4518　双 4 位计数器 4518 内部含有两个功能相同的 4 位二进制计数单元。根据电路图绘制原则，这两个单元虽然在一个芯片内，但不必绘制在一起，而可以分别安置在电路的不同地方。由于两个单元相同，我们绘制其中一个单元即可。

① 单击绘图工具栏“矩形”按钮，绘制矩形。具体命令行操作如下。

```
命令:_rectang
指定第一个角点或[倒角(C)/标高(E)/圆角(F)/厚度(T)/宽度(W)]:
                    //在窗口中合适位置单击,指定矩形起点
指定另一个角点或[面积(A)/尺寸(D)/旋转(R)]:输入“@ 15,20”,按[Enter]键确认
```

绘制结果如图 2-76(a) 所示。

② 单击绘图工具栏“插入块”按钮，弹出“插入”对话框，在“名称”下拉列表中选择“输入逻辑极性指示符”，单击“确定”按钮，如图 2-77 所示。

```
命令:_insert
指定插入点或 [基点 (B) /比例 (S) /旋转 (R) ]: 捕捉矩形右边线中点为插入点并单击。
```

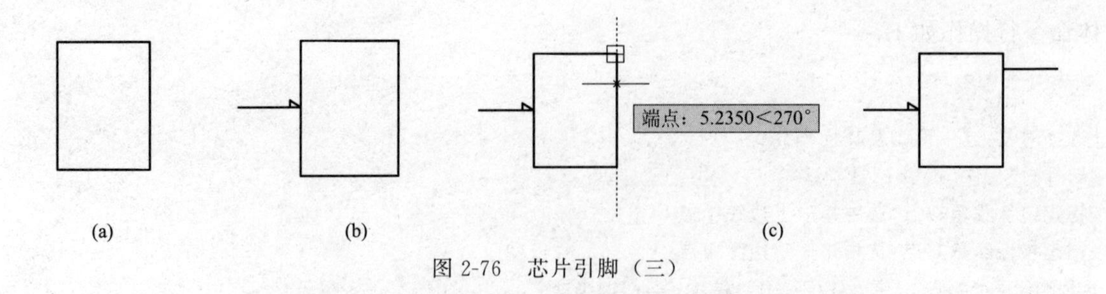

图 2-76 芯片引脚（三）

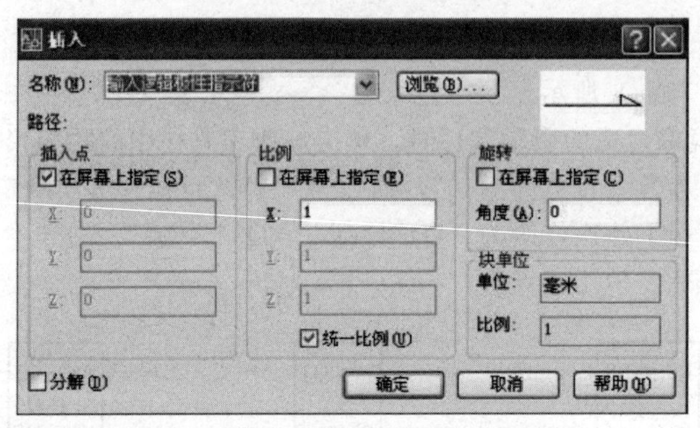

图 2-77 插入“输入逻辑极性指示符”

绘制结果如图 2-76(b) 所示。

③ 单击绘图工具栏“直线”按钮，具体命令行操作如下。

```
命令：_line
指定第一点：捕捉矩形右上角，向下移动十字光标，输入“25”，按[Enter]键确认
指定下一点或[放弃(U)]：向右平移十字光标，输入“10”，按[Enter]键确认
指定下一点或[放弃(U)]：按[Enter]键确认
```

绘制结果如图 2-76(c) 所示。

④ 单击菜单栏【文字】|【单行文字】，绘制引脚标号。具体命令行操作如下。

```
命令：_text
当前文字样式："Standard"文字高度：2.5000 注释性：否
指定文字的起点或[对正(J)/样式(S)]：指定右上方线段左端点附近为文字起点，单击选中
指定文字的旋转角度<0>：向右移动十字光标，按[Enter]键确认
输入文字“A”，按[Enter]键确认，完成文字的输入
```

绘制结果如图 2-78(a) 所示。

⑤ 绘制 3 条同样引脚。选中引脚及其标号，单击修改工具栏“矩形阵列”按钮，并通过命令行中操作，依次输入参数（行数为“4”，列数为“1”，行偏移为“−5”），将阵列生成的文字一次修改为“B”“C”“D”，绘制结果如图 2-78(b) 所示。

⑥ 单击修改工具栏“镜像”按钮，并通过命令行中操作，生成左侧的新引脚和标号，并将镜像所得的文字分别修改为“CP”、“EN”和“R”。

⑦ 单击修改工具栏“移动”按钮，修改引脚和标号位置，绘制结果如图 2-78(c)

所示。

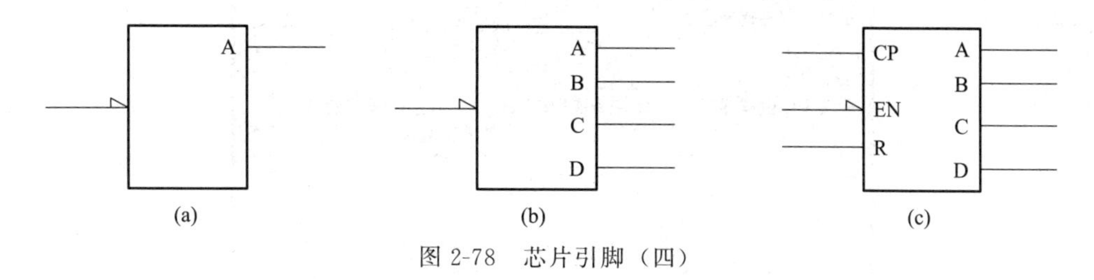

图 2-78　芯片引脚（四）

第 3 步：绘制 BCD——七段译码器 4511。

① 单击绘图工具栏“直线”按钮 ，绘制 4511 的公共控制框，具体命令行操作如下。

```
命令:_line
指定第一点:单击在窗口中第一点
指定下一点或[放弃(U)]:向上移动十字光标,输入“3”,按[Enter]键确认
指定下一点或[放弃(U)]:向左移动十字光标,输入“3”,按[Enter]键确认
指定下一点或[闭合(C)]:向上移动十字光标,输入“15”,按[Enter]键确认
指定下一点或[放弃(U)/放弃(U)]:向右平移十字光标,输入“7.5”,按[Enter]键确认
指定下一点或[放弃(U)/放弃(U)]:按[Enter]键确认
```

绘制结果如图 2-79(a) 所示。

② 单击工具栏“镜像”按钮 ，镜像绘制出完整的公共控制框。

绘制结果如图 2-79(b) 所示。

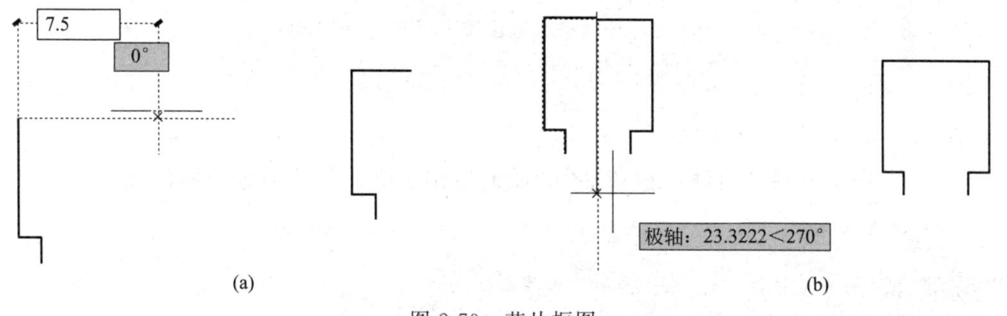

图 2-79　芯片框图

③ 单击绘图工具栏“插入块”按钮 ，弹出“插入”对话框，在“名称”下拉列表中选择“逻辑非输入符”，单击“确定”按钮，如图 2-80 所示。

```
命令:_insert
指定插入点或[基点(B)/比例(S)/旋转(R)]:捕捉公共控制框左上端点,向下平移十字光标,输入“2.5”,按
[Enter]确认
```

绘制结果如图 2-81(a) 所示。

④ 单击下拉菜单栏【文字】|【单行文字】，输入文字 EL。

⑤ 选中上一步镜像生成的引脚和标号，单击修改工具栏中的“矩形阵列”按钮 ，并

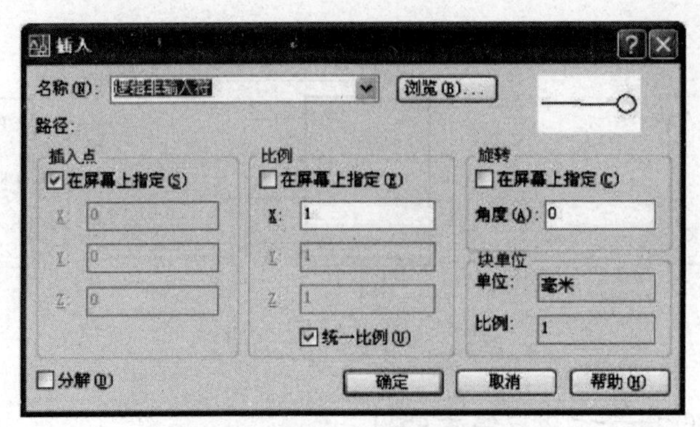

图 2-80　插入“逻辑非输入符”

通过命令行中操作，依次输入参数（行数为“3”，列数为“1”，行偏移为“－5”），将阵列得到的引脚标号，左侧从上至下一次修改为“BI”“LT”。绘制结果如图 2-81(b) 所示。

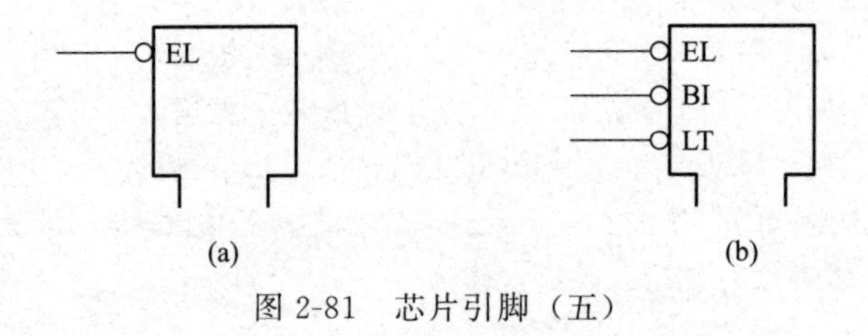

图 2-81　芯片引脚（五）

⑥ 单击绘图工具栏“矩形”按钮，绘制输出单元框。具体命令行操作如下。

```
命令:_rectang
指定第一个角点或[倒角(C)/标高(E)/圆角(F)/厚度(T)/宽度(W)]:
    捕捉两条线段的端点,移动十字光标使两条极轴虚线出现交点,单击选中
指定另一个角点或[面积(A)/尺寸(D)/旋转(R)]:输入“@ 15,-5”,按[Enter]键确认
```

绘制结果如图 2-82(a) 所示。

⑦ 单击绘图工具栏“直线”按钮，绘制输出引脚，具体命令行操作如下。

```
命令:_line
指定第一点:捕捉矩形右边线中点,单击选中为直线第一点
指定下一点或[放弃(U)]:向右移动十字光标,输入“10”,按[Enter]键确认
指定下一点或[放弃(U)]:按[Enter]键确认
```

绘制结果如图 2-82(b) 所示。

⑧ 在线段左端点附近端插入单行文字 QA。选中该矩形及其引脚和标号，单击修改工具栏中“矩形阵列”按钮，并通过命令行中操作，依次输入参数（行数为“7”，列数为“1”，行偏移为“－5”），单击“确定”按钮。将阵列得到的引脚标号，从上至下一次修改为“QB”“QG”。绘制结果如图 2-82(c) 所示。

⑨ 单击工具栏“镜像”按钮，镜像绘制四条输入引脚。绘制结果如图 2-83 所示。

第 4 步：绘制元器件。

图 2-84 是图形中所要用到的基本电子元件，绘制方法在前面已讲过，这里不再叙述绘

制过程，直接插入到图形中即可。

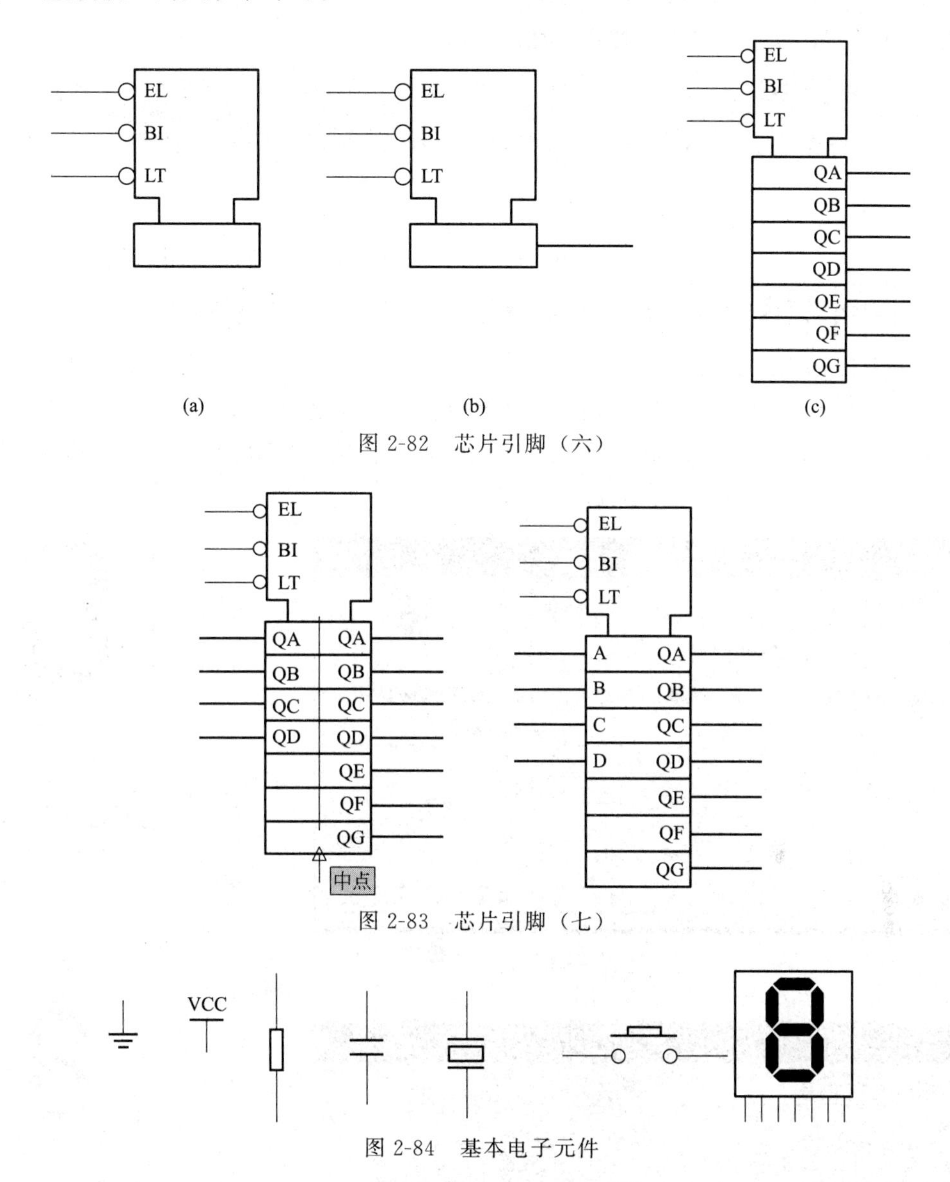

图 2-82　芯片引脚（六）

图 2-83　芯片引脚（七）

图 2-84　基本电子元件

第 5 步：绘制连接线。

（1）元件布局

① 单击修改工具栏中的“旋转”按钮，旋转 4511，具体操作如下。

```
命令:_rotate
选择对象:                              //选中 4511 的全部内容
选择对象:按[Enter]键确认
指定基点:单击选中 4511 内任一点
指定旋转角度,或[复制(C)/参照(R)]<0>:输入“90”,按[Enter]键确认
```

绘制结果如图 2-85 所示。

② 单击绘图工具栏“插入块”按钮 ，弹出“插入”对话框，在“名称”下拉列表中选择“数码管”，单击“确定”按钮，如图 8-86 所示。

```
命令:_insert
指定插入点或[基点(B)/比例(S)/旋转(R)]:捕捉 4511 引脚 QA 端点,单击放置
```

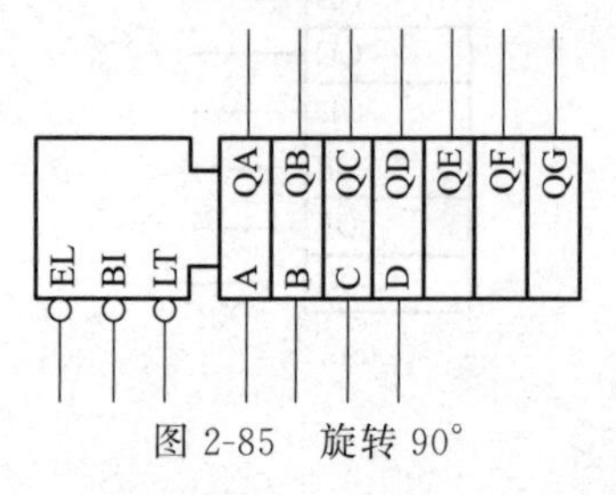

图 2-85 旋转 90°

绘制结果如图 2-86 所示。

③ 单击修改工具栏中的“旋转”按钮 ，旋转 4518；单击修改工具栏中的“移动”按钮 ，调整 4518 位置。

④ 单击绘图工具栏“插入块”按钮 ，弹出“插入”对话框，在【名称】下拉列表中选择“与非门符号”，输入旋转角度“－90”，单击“确定”按钮。绘制结果如图 2-87 所示。

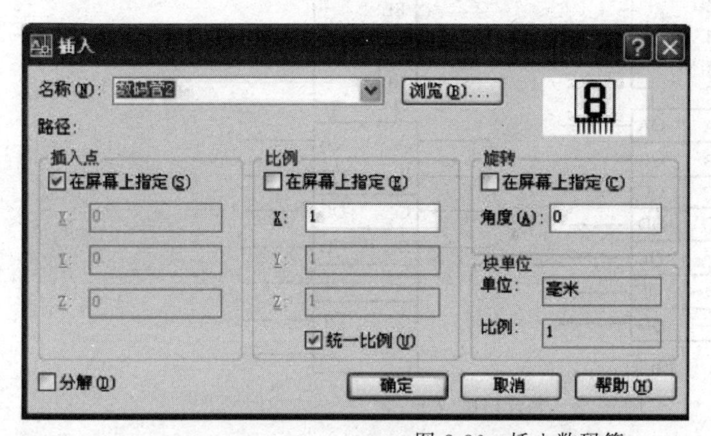

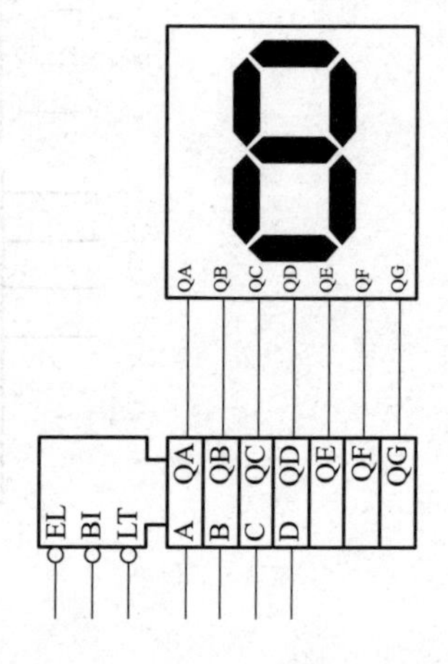

图 2-86 插入数码管

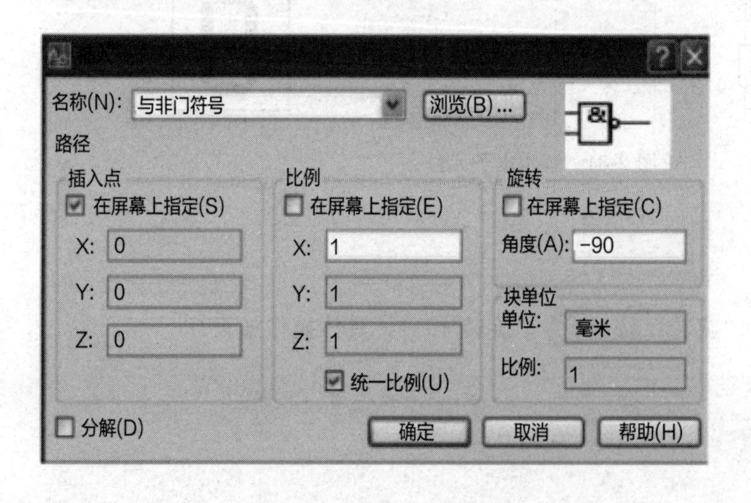

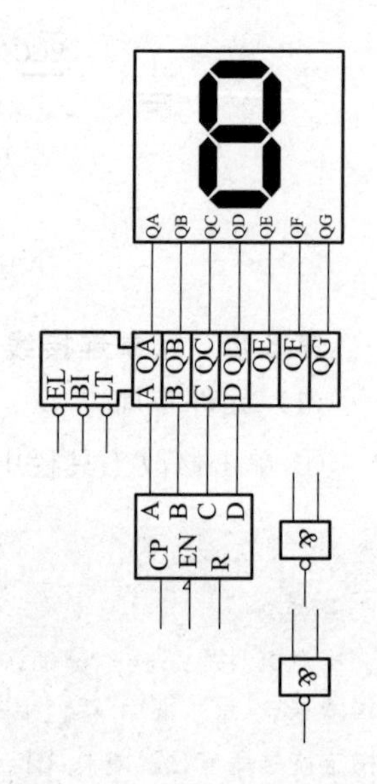

图 2-87 放置 4518 和与非符号

⑤ 单击修改工具栏中的“移动”按钮 ，移动 4060 到图幅下方。

⑥ 单击绘图工具栏“插入块”按钮，弹出“插入”对话框，在“名称”下拉列表中选择“D 触发器”，单击“确定”按钮。

绘制结果如图 2-88 所示。

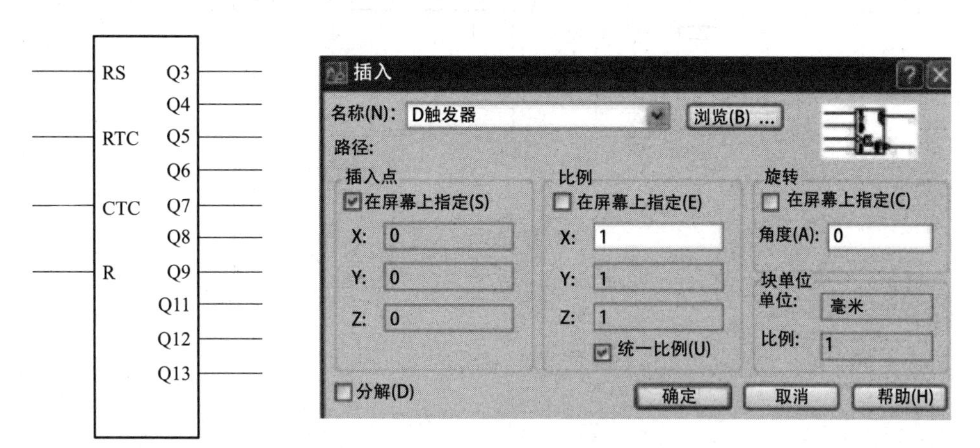

图 2-88　插入 4060 和 D 触发器

（2）添加电源和接地符号

① 单击绘图工具栏“插入块”按钮，弹出“插入”对话框，在“名称”下拉列表中选择“接地符号”，单击“确定”按钮，如图 2-89 所示。

```
命令:_insert
指定插入点或[基点(B)/比例(S)/旋转(R)]:捕捉电容下方引脚端点,单击放置
```

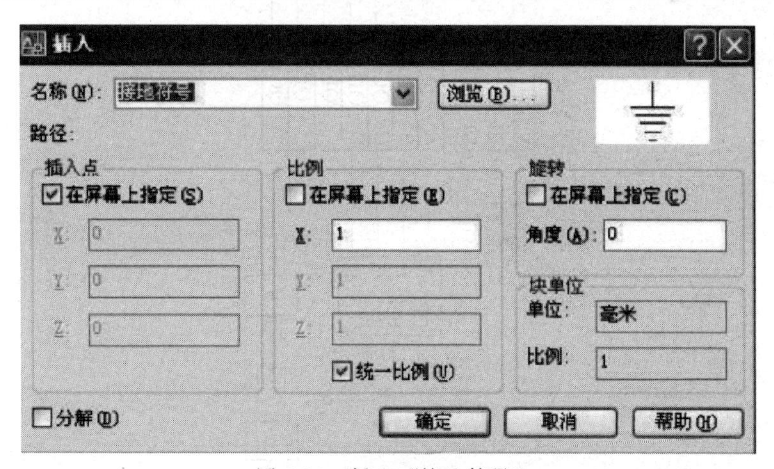

图 2-89　插入“接地符号”

② 通过复制粘贴操作，在其他位置放置接地符号。

③ 单击绘图工具栏“插入块”按钮，弹出“插入”对话框，在“名称”下拉列表中选择“电源符号”，输入旋转角度“180”，单击“确定”按钮。

绘制结果如图 2-90 所示。

（3）连接导线

① 用直线指令将各元器件连接，绘制结果如图 2-91 所示。

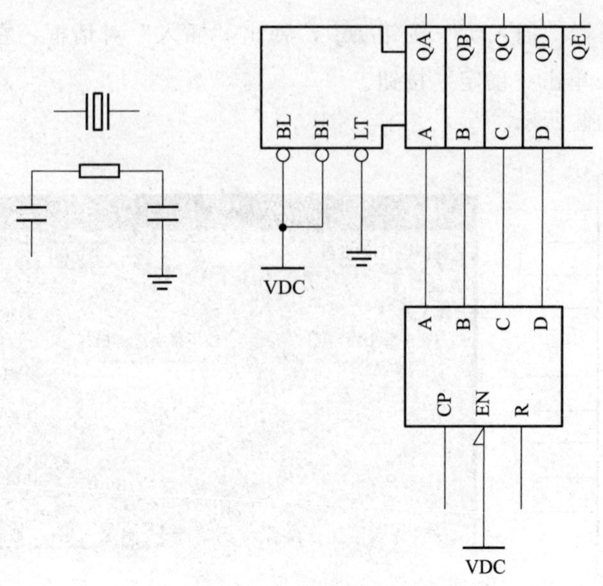

图 2-90　接地符号

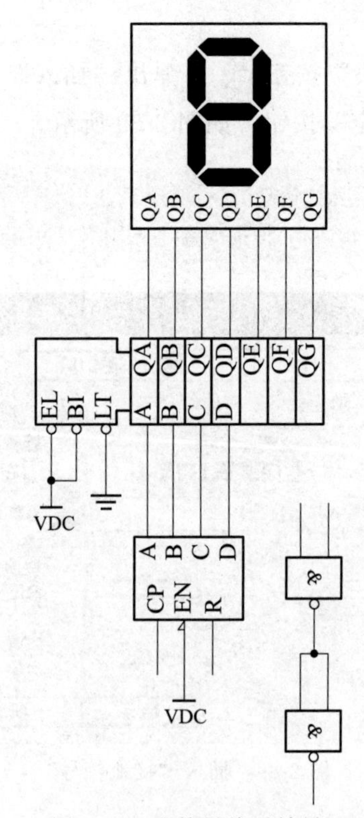

图 2-91　连接导线后效果

② 选中4518、4511、与非门、数码管及其上面的电源和接地符号，单击修改工具栏“矩形阵列”按钮，命令行输入参数（行数为“6”、列数为“1”、行偏移为“62”），单击“确定”按钮。绘制结果如图2-92所示。

③ 通过直线指令，连接4060的电路，绘制结果如图2-93所示。

④ 通过类似操作，按照电路图要求连接其他各处导线。

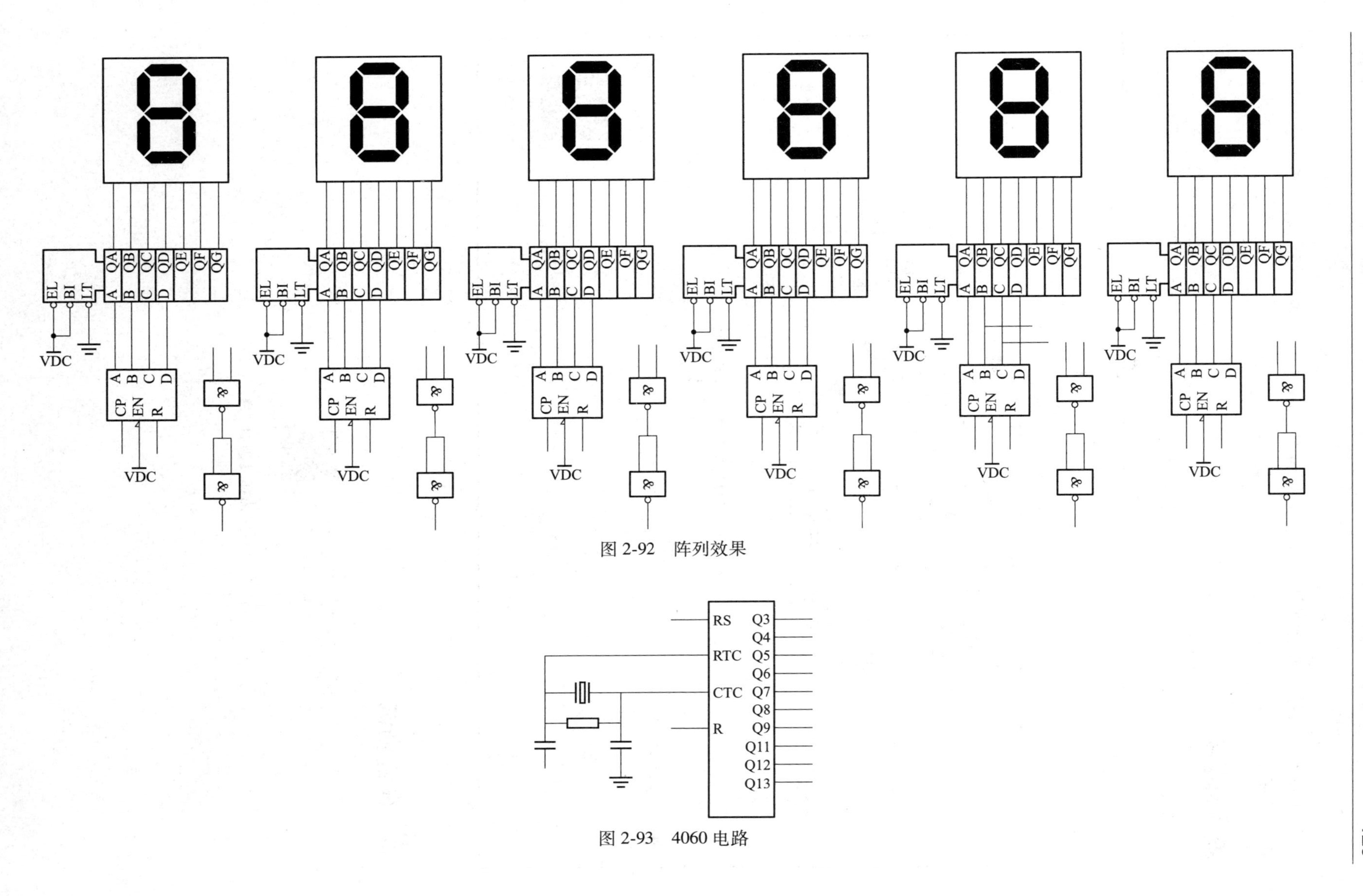

图 2-92　阵列效果

图 2-93　4060 电路

⑤ 在电路图导线所有交叉处放置交叉符号，数字电子钟电路绘制完毕。绘制结果如图 2-72 所示。

上机练习

绘制如图 2-94 所示的 TDA2030 音频功放电路。

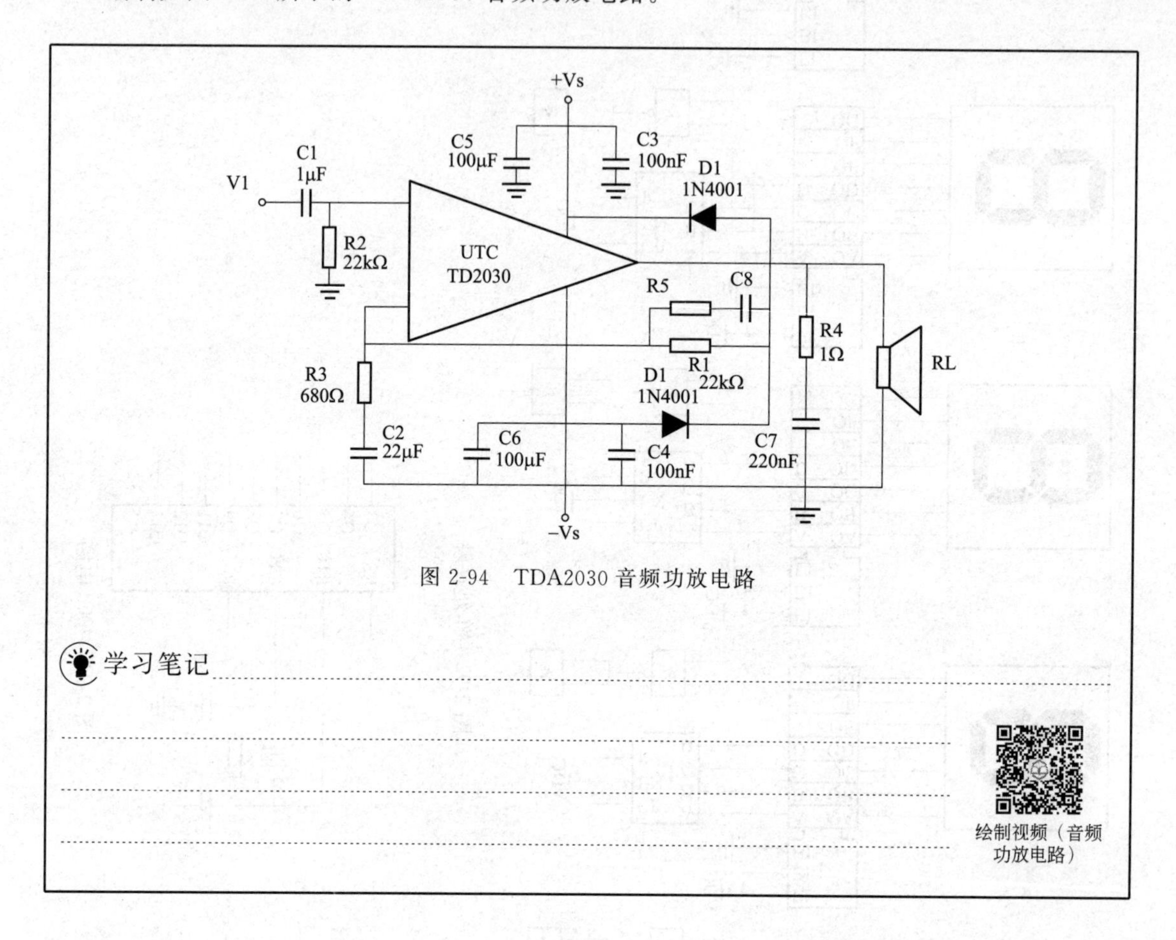

图 2-94　TDA2030 音频功放电路

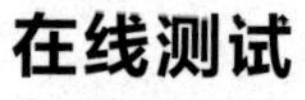

在线测试

选择【项目二】

项目三

电气控制原理图的绘制

项目目标

【能力目标】

通过典型电气控制电路原理图的绘制，巩固常用绘图命令及对图层的操作，熟练使用捕捉功能，能灵活应用辅助线帮助绘图，并具备电气控制电路图的识图和绘图能力。

【知识目标】

1. 掌握图层的创建、特性和状态的设置及管理方法。
2. 熟练应用栅格及捕捉功能。
3. 熟练应用辅助线绘图。
4. 掌握电气控制电路图绘制步骤及方法。

【素质目标】

1. 通过“全球视野下的工业 4.0 和中国制造 2025”案例，进行爱国主义教育，鼓励学生掌握先进制造技术，勇于创新，争取为中国制造 2025 做贡献。

2. 通过“国之重器：地下蛟龙‘盾构机’”案例，告诉学生大国发展离不开制造业，制造业是国民经济的主体，激励学生为国家从“中国制造”向“中国智造”的国家战略、民族创新发展而奋发图强。

项目导入

目前机电设备的控制技术进入了无触点、连续控制、弱电化、微机控制的时代，由于继电器-接触器控制系统所用的控制电器结构简单、价格便宜，同时能够满足机械设备一般生产要求，因此，在许多简单控制系统和一些生产设备中具有广泛的应用。作为电气工程技术人员必须熟悉继电器-接触器的控制电路，并能熟练绘制该类电气设计图。

【拓展阅读】全球视野下的工业4.0和中国制造2025

机床是一种机械加工设备，用来对金属或其他材料进行加工而获得一定几何形状、尺寸精度和表面质量的零件，这些零件通常用来制造机械产品，所以机床是制造机器的机器。常用机床有镗床（孔和平面）、磨床（加工各种表面）、车床（加工各种回转表面和回转体的端面）、刨床（加工各种平面）、铣床（加工平面、沟槽、分齿零件等）、钻床（钻孔、扩孔、铰孔、锪平面和攻螺纹等加工）、齿轮加工机床（加工齿轮轮齿表面）等。

本项目将以图 3-1 所示的机床控制原理图为例，学习电气控制电路的绘制方法，运用前面所学的绘图命令、修改命令、正交、捕捉追踪工具，应用辅助线绘图方法、栅格及捕捉，完成机床控制电路的绘制。

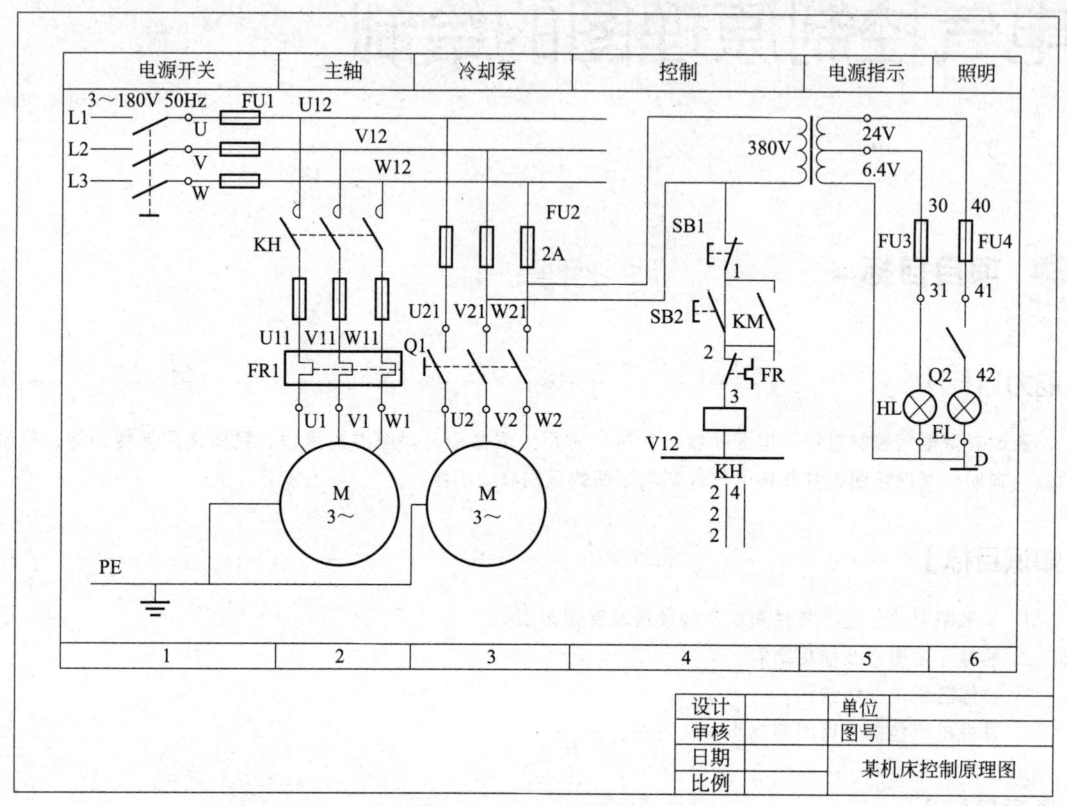

图 3-1 机床控制原理图

相关知识

一、电气原理图的绘制规则

电气原理图一般分主电路和辅助电路两部分。在绘制线路图时要遵循以下规则。

① 主电路（电机、电器及连接线等）用粗线表示，而控制电路（电器及连接线等）用细线表示。

② 带电部件，都要在电气原理图中表示出来。

③ 所有电气元件都应采用国家标准中统一规定的图形符号和文字符号表示，不画实际外形图。

④ 各电气元件的位置，应根据阅读原则安排。相同元件的各个部件可以不画在一起，但必须用相同的文字符号。

⑤ 电气原理图中，所有电器的可动部分均按没有通电或没有外力作用时的状态画出。

⑥ 对于继电器、接触器的触点，按其线圈不通电时的状态画出，控制器按手柄处于零位时的状态画出。

⑦ 对于按钮、行程开关等触点按未受外力作用时的状态画出。

⑧ 原理图的绘制，应布局合理、排列均匀，便于阅读。可以水平布置，也可以垂直布置。主电路安排在图面左侧或上方，辅助电路安排在图面右侧或下方。

⑨ 电气元件应按功能布置，尽可能按动作顺序从上到下，从左到右排列。

⑩ 电气原理图中，应尽量减少线条和避免线条交叉。各导线之间有电联系时，在导线交叉处画实心圆点。根据图面布置需要，可以将图形符号旋转绘制，一般逆时针方向旋转90°，但文字符号不可倒置。

二、图层

图层是 AutoCAD 来分类组织不同图形信息的重要工具之一。AutoCAD 的图层可以被想象为一张“透明图纸”，每一图层绘制一类图形，所有图纸层叠在一起，就组成了一个完整的图形。

绘图时应考虑将图纸划分为哪些图层以及按什么样的标准进行划分。如果图层的划分较为合理且采用了合理的命名，则会使图形信息更清晰、更有序，为以后修改、观察及打印图样带来极大的便利。例如，绘制建筑施工图时，常根据组成建筑物的结构元素划分图层，因而一般要创建以下几个图层：①建筑—轴线；②建筑—柱网；③建筑—墙线；④建筑—门窗；⑤建筑—楼梯；⑥建筑—阳台；⑦建筑—文字；⑧建筑—尺寸。

在命令行输入 LAYER 命令或者选择下拉菜单中的【格式】|【图层】命令，或者直接单击工具栏上的“图层”按钮，系统会弹出“图层特性管理器”对话框，如图 3-2 所示，对图层的所有设置都可以在该对话框内完成。

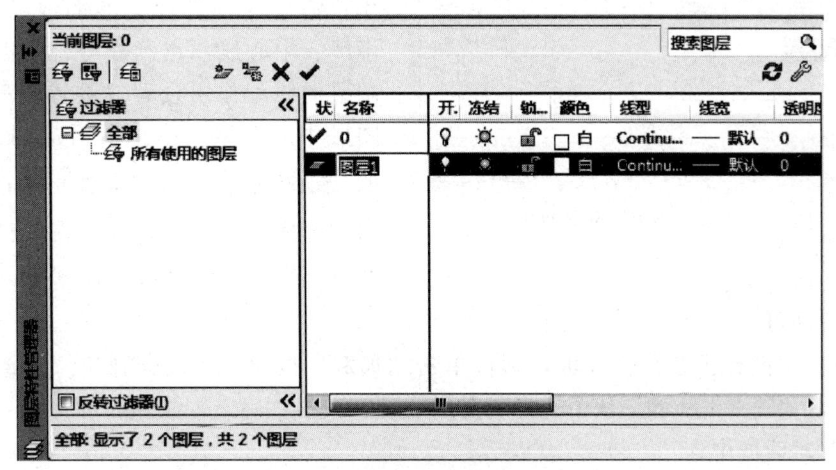

图 3-2 “图层特性管理器”对话框

1. 图层的特点

① 每个图层对应一个图层名。其中系统默认设置的图层是“0”层，该图层不能删除。其余图层可以单击“图层特性管理器”中“新建图层”按钮建立，数量不限。

② 各图层具有相同的坐标系，每一个图层对应一种颜色、一种线型、一种线宽。

③ 当前图层只有一个，且只能在当前图层绘制图形。

④ 图层具有打开、关闭、冻结、解冻、锁定、解锁等特征。

2. 图层的设置

（1）新建图层　当新建一个图形文件时，AutoCAD 2014会自动新建一个图层0，在该图层中，线型为“Continuous”（即直线），线宽为“默认”，而图层颜色则为黑色或白色，具体要视绘图区的背景颜色而定。

单击“图层特性管理器”中的“新建图层”命令按钮 即可新建一个图层。如果想要命名图层，则单击该图层的“名称”一栏，当该栏处于选中状态且有输入光标时，输入图层的名字，按Enter键即可（注意，图层0的名称与相关设置不能更改）。若想将某个图层置为当前，可以选中该图层，单击对话框中 按钮即可将其置为当前。如果想删除某个图层，只需选中该图层，单击 按钮，即可删除该图层。

新建的图层会自动继承上一个图层所有特性，如果想更改该图层特性，则需自行修改。

（2）设置图层颜色　在绘制图形中，图层的颜色非常重要，它可醒目地区分各种图形元素，而且各个图形的颜色可以相同也可以不同，用户可以根据实际需要进行设置。设置的方法是：单击该图层中“颜色”一栏所对应的图标按钮，如 □ 白 ，即可弹出如图3-3所示的“选择颜色”对话框，用户在选中自己所需的颜色之后，单击“确定”按钮即可设置颜色。

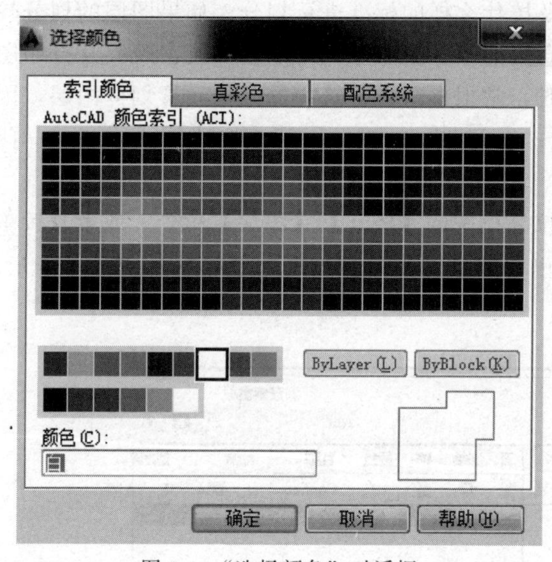

图3-3 “选择颜色”对话框

（3）设置图层线型　在绘图的过程中，用户需要用到各种类型的线条，如实线、虚线、中心线、点画线等，所以就需要对图层的线型作出设置。设置线型时，单击图层中“线型”一栏所对应的图标按钮，如 Continu... ，系统会弹出如图3-4所示的“选择线型”对话框，在“已加载的线型”一栏中选择自己所需要的线型，单击“确定”按钮即可。

如果该栏中没有线型符合要求，则可单击“加载”按钮，系统会弹出“加载或重载线型”对话框，如图3-4所示。从中选择所需的线型，单击“确定”按钮，即可将线型加载到“选择线型”对话框中。

在实际绘图中，由于画幅可大可小，因此所选线型的比例就不一定符合要求。尤其是使用虚线与中心线时经常出现这种情况。例如在一张较大的图纸中，如果虚线的比例较小，则虚线在图纸中显得像实线一样。所以设置线型的比例就显得非常重要。执行下拉菜单中的【格式】|【线型】命令，会弹出“线型管理器”对话框，如图3-5所示。选中要设置比例的线型后，单击“显示细节”按钮，则在对话框中会显示线型的“全局比例因子”与“当前对象缩放比例”，其中的“全局比例因子”用于设置图形中所有对象的线型比例，“当前对象缩

放比例”用于设置新建对象的线型比例。一般情况下只设置“全局比例因子”就可以。

图 3-4　“选择线型”对话框

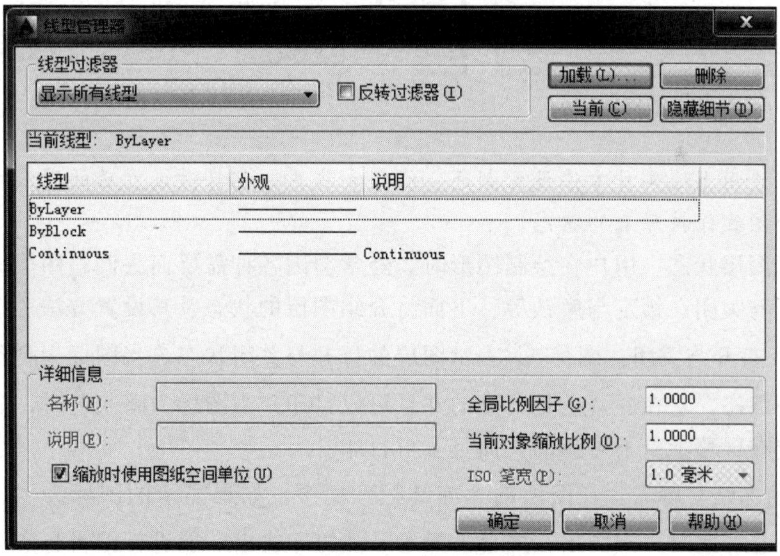

图 3-5　“线型管理器”对话框

“线型管理器”对话框中其他选项和按钮的功能如下：

① 下拉列表框：确定在线型列表中显示哪些线型。

②“加载”按钮：单击该按钮，系统弹出“加载或重载线型”对话框，利用该对话框可以加载其他线型。

③“删除”按钮：单击该按钮，可去除在线型列表中选中的线型。

④“当前”按钮：单击该按钮，可将选中的线型设置为当前的线型。

⑤“隐藏细节”按钮：单击该按钮，可显示或隐藏“线型管理器”对话框中的“详细信

息”选项组。

（4）设置图层线宽　在绘图过程中。用户需要用到不同粗细的线条，以表达不同图形，因此需要对图层的线宽进行设置。在“图层特性管理器”对话框中，单击该图层中“线宽”一栏所对应的图标，即可弹出“线宽”对话框，如图 3-6 所示。选中所需的线宽后，单击“确定”按钮即可对线宽进行设置，但绘图窗口中所绘对象不会反映出线宽的不同，如果想看出线宽的变化，可以单击“格式”菜单中“线宽”，打开图 3-7 所示“线宽设置”对话框。

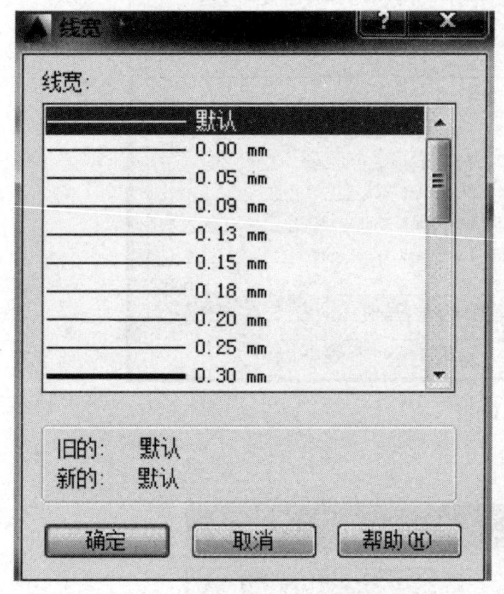

图 3-6　“线宽”对话框

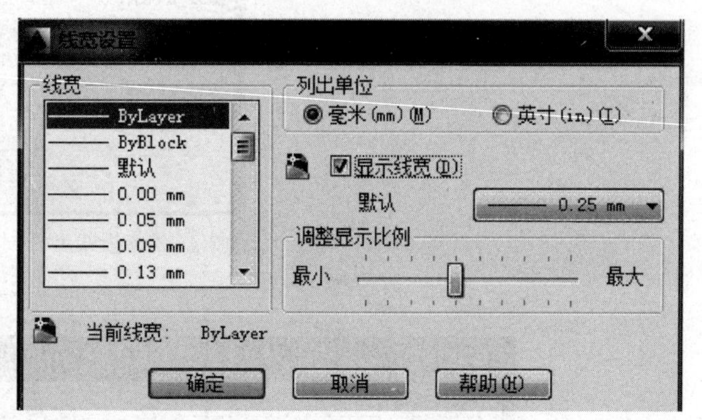

图 3-7　线宽设置对话框

注意：无论用上述哪种方法设置颜色、线型和线宽，都只对设置后的图线绘制有效，而设置前所绘的图线保持原来的状态。

（5）设置图层状态　用户在绘制图形时，经常会因各种需要而去调整图层的状态，如调整图层的打开与关闭、锁定与解锁等。下面将介绍图层的状态及其设置方法。

① 图层的打开与关闭：图标表示图层的打开与关闭状态，当图标为亮黄色时，表示图层处于打开状态，它在屏幕上是可见的并且可以打印；当图标为暗灰色时，表明图层处于关闭状态，它在屏幕上是不可见的，而且不可打印。

② 图层的冻结与解冻：在图层的“冻结”一栏中，如果显示的图标为时，表明图层处于解冻状态，此时，该图层在屏幕上显示、能打印输出、能进行编辑与修改；如果该栏显示的图标为，则该图层被冻结，不能在屏幕上显示、不能打印输出且不能编辑修改。需要注意的是，用户不能将冻结图层设为当前图层，也不可冻结当前图层。在绘制图形时，尤其是绘制大型、复杂图形时，可以将一些不需要的图层冻结，这样可以加快系统的运算速度。

③ 图层的锁定与解锁：在图层的“锁定”一栏中，如果显示的图标为，则表明该图层已被解锁，该图层上的图形可以进行编辑，也可以在屏幕上显示打印输出；如果该栏中显示的图标为，表明该图层已经被锁定，该图层上的图形不能被编辑、修改，但依然可以在屏幕上显示和打印输出。

④ 图层能否打印：在图层的“打印”一栏中，如果显示的图标为，表明该图层上的图形可以被打印输出；如果显示的图标为，则表明该图层中的图形不能被打印输出。

【实操】 通过绘制如图 3-8 所示的励磁发电机符号来熟练掌握“图层”功能的操作方法。

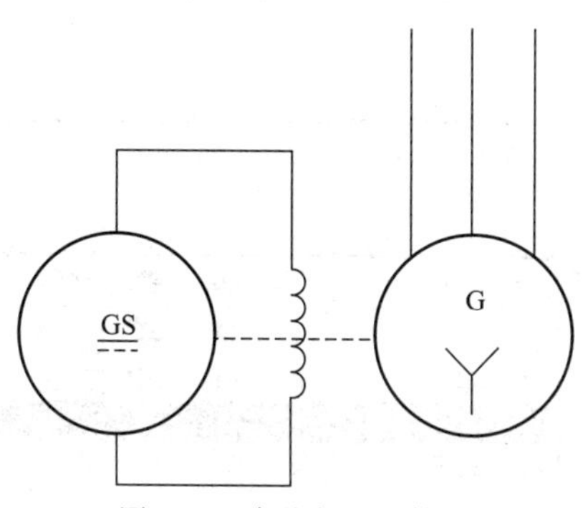

图 3-8　励磁发电机符号

第 1 步：利用“图层特性管理器”对话框创建 3 个图层。

① 打开“图层特性管理器”对话框。

② 单击“新建”按钮创建一个新图层，将该图层的名称由默认的“图层 1”重命名为“实线”，如图 3-9 所示。

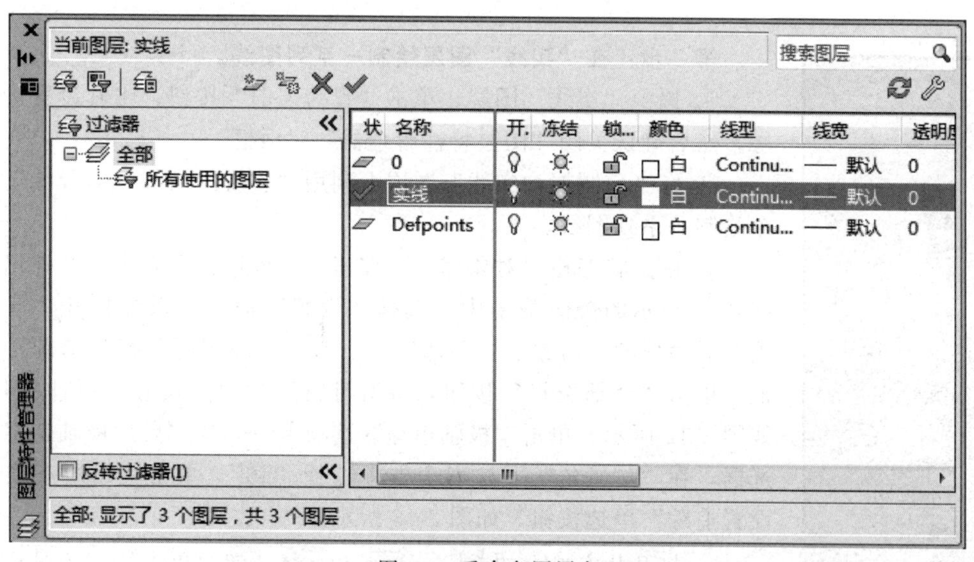

图 3-9　重命名图层名

③ 单击“实线”图层对应的“线宽”选项，打开“线宽”对话框，选择 0.09mm 线宽，单击“确定”按钮退出。

④ 再次单击“新建”按钮创建一个新图层，命名为“虚线”。

⑤ 单击“虚线”图层对应的“颜色”选项，打开“选择颜色”对话框，选择“颜色”为蓝色。确认后返回“图层特性管理器”对话框。

⑥ 单击“虚线”图层对应的“线型”选项，打开“选择线型”对话框，在“选择线型”对话框中单击“加载”按钮，打开“加载或重载线型”对话框，选择 ACAD _ ISO02W100 线型，确认后返回。

⑦ 用同样的方法将“虚线”图层的线宽设置为 0.09mm。

⑧ 用同样方法再建立新图层，命名为“文字”。将“文字”图层的颜色设置为红色，线型为 Continuous，线宽为 0.09mm。并让 3 个图层均处于打开、解冻和解锁状态，各项设置如图 3-10 所示。

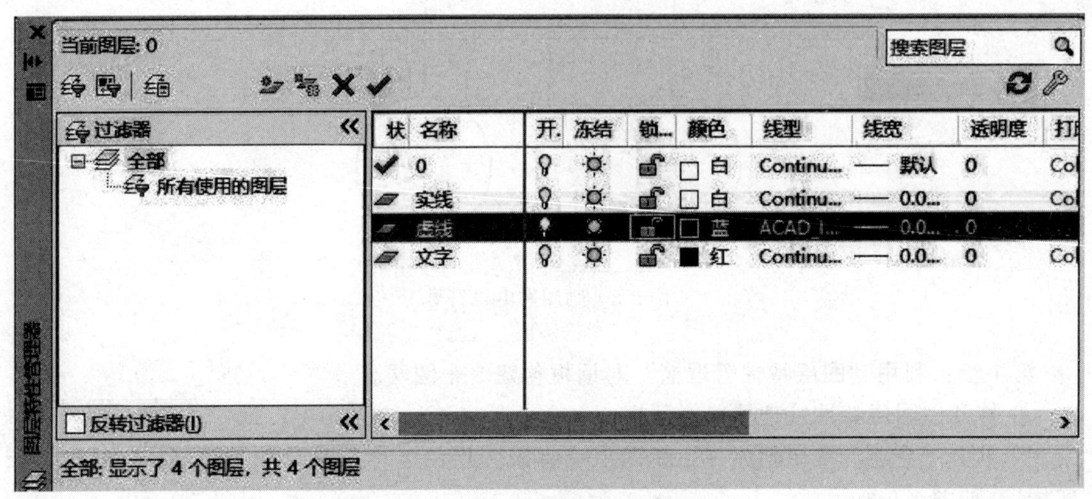

图 3-10　设置图层

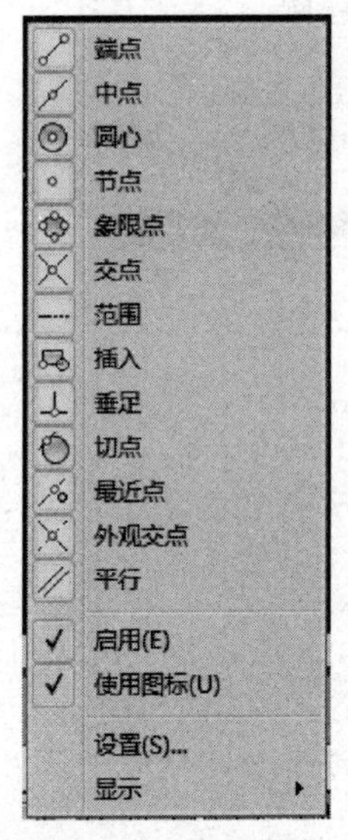

图 3-11　快捷菜单

第 2 步：在“实线”图层绘制一系列图线。

① 选中“实线”图层，单击“置为当前”按钮，将其设置为当前层，然后确认关闭“图层特性管理器”对话框。

② 在当前图层“实线”图层上利用“直线”“圆”“多段线”等命令绘制一系列图线。

③ 单击状态栏“对象捕捉”按钮，在该按钮上右击，在弹出的如图 3-11 所示的快捷菜单中，选择“设置”命令，系统打开“草图设置”对话框的“对象捕捉”选项卡，勾选“启用对象捕捉追踪”复选框，单击“全部选择”按钮，将所有特殊位置点设置为可捕捉状态，如图 3-12 所示。单击“极轴追踪”选项卡，勾选“启用极轴追踪”复选框，在“增量角”下拉列表框中选择“45”，单击“用所有极轴角设置追踪”单选按钮，如图 3-13 所示。

④ 打开状态栏上的、和按钮。单击绘图工具栏中的“直线”按钮，将鼠标移向表示电感的多段线顶端，系统自动捕捉该端点为直线起点，单击确认，如图 3-14 所示。继续移动鼠标指向左边圆，捕捉到圆的圆心或象限点，向上移动鼠标，这时显示对象捕捉追踪虚线和水平垂直线的交点，如图 3-15 所示，在交点处单击确认，完成水平线段的绘制，继续向下移动鼠标，捕捉圆的上象限点，如图 3-16 所示，单击“确定”，最后回车，结果如图 3-17 所示。

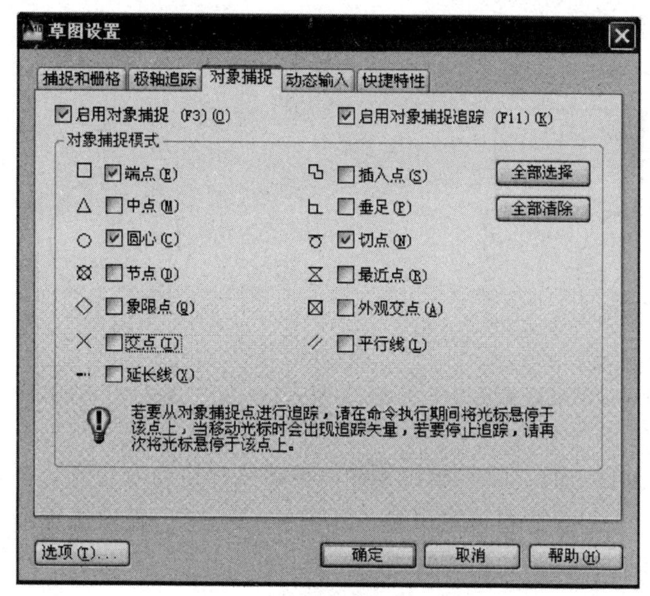

图 3-12　“对象捕捉”设置

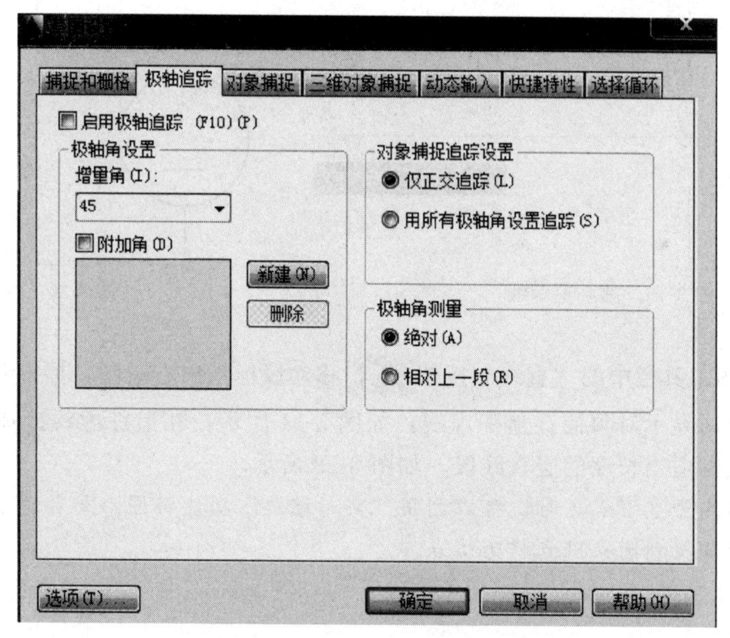

图 3-13　“极轴追踪”设置

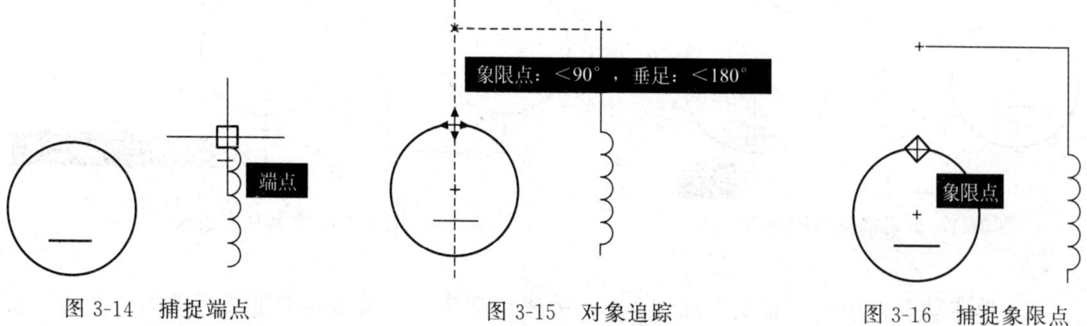

图 3-14　捕捉端点　　图 3-15　对象追踪　　图 3-16　捕捉象限点

⑤ 用同样的方法绘制下面的导线，如图3-18所示。

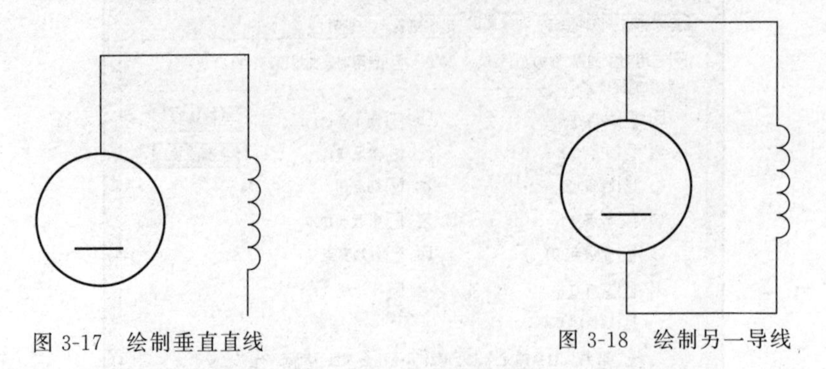

图3-17　绘制垂直直线　　　　图3-18　绘制另一导线

⑥ 单击绘图工具栏中的“圆”按钮 ，移动鼠标指向左边圆，捕捉到圆的圆心，向右移动鼠标，这时显示对象捕捉追踪虚线，如图3-19所示，在追踪虚线上适当指定一点作为圆心，绘制适当大小的圆，如图3-20所示。

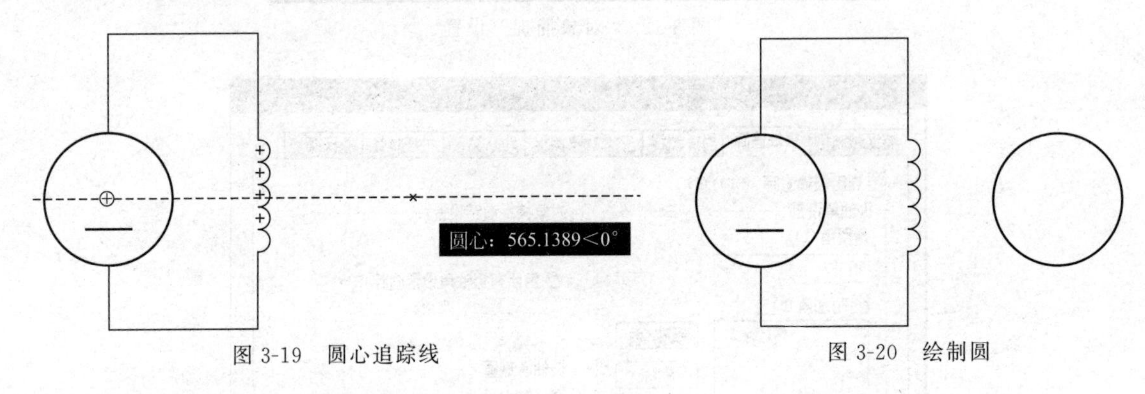

图3-19　圆心追踪线　　　　图3-20　绘制圆

⑦ 单击绘图工具栏中的“直线”按钮 ，移动鼠标指向右边圆，捕捉到圆的圆心，向下移动鼠标，这时显示对象捕捉追踪虚线，如图3-21所示，在追踪虚线上适当指定一点作为直线端点，绘制适当长度的竖直线段，如图3-22所示。

注意： 在指定竖直下端点时，可以利用“实时缩放”功能将图形局部适当放大，这样可以避免系统自动捕捉到圆象限点作为端点。

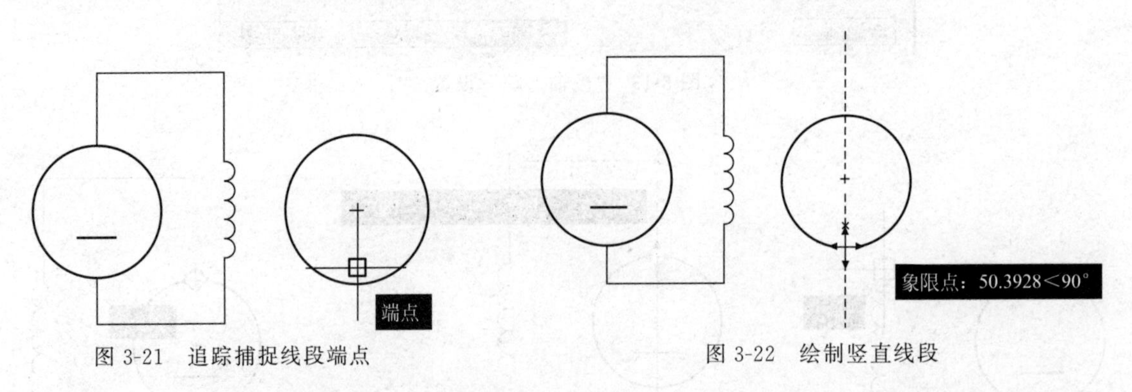

图3-21　追踪捕捉线段端点　　　　图3-22　绘制竖直线段

⑧ 单击状态栏中的“正交”按钮 ，关闭正交功能。单击绘图工具栏中的“直线”按

钮，捕捉刚绘制的线段的上端点为起点，绘制两条倾斜线段，利用“极轴追踪”功能，捕捉倾斜角度为±45°，结果如图 3-23 所示。

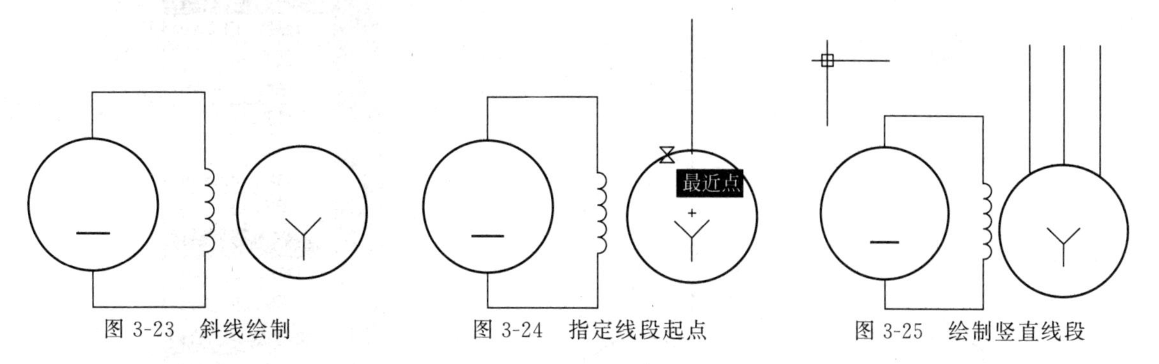

图 3-23　斜线绘制　　图 3-24　指定线段起点　　图 3-25　绘制竖直线段

⑨ 单击状态栏中的“正交”按钮，关闭正交功能。单击绘图工具栏中的“直线”按钮，捕捉右边圆的上象限点为起点，绘制一条适当长度的竖直线段。再次执行“直线”命令，在圆弧上适当位置捕捉一个“最近点”作为直线起点，如图 3-24 所示，绘制一条与刚绘制竖直线段顶端平齐的线段。用同样的方法，绘制另一条竖直线段，如图 3-25 所示。

注意： 这里利用“对象捕捉追踪”功能捕捉线段的终点，保证竖直线段顶端平齐。

第 3 步：在“虚线”图层绘制线段。

① 打开图层工具栏中图层下拉列表，将“虚线”层设置为当前层。

② 单击绘图工具栏中的“直线”按钮，捕捉左边圆的右象限点为起点，如图 3-26 所示，右边圆的左象限点为终点，绘制一条适当长度的水平线段，如图 3-27 所示。

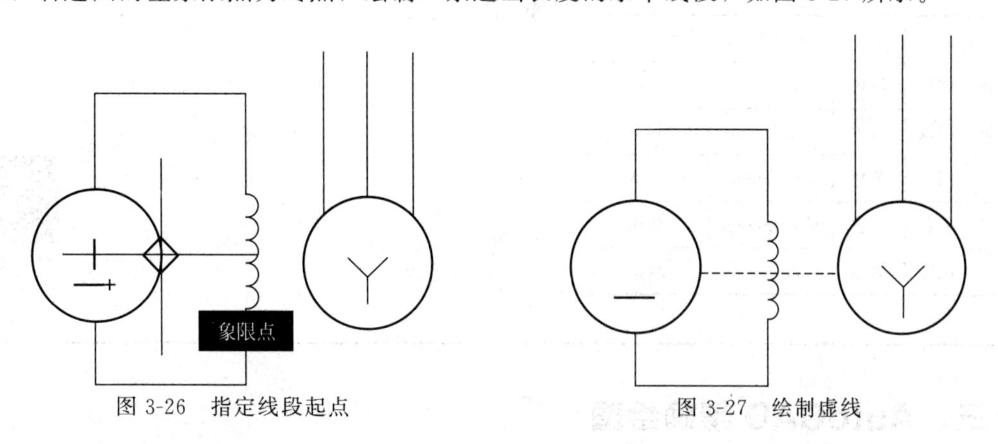

图 3-26　指定线段起点　　图 3-27　绘制虚线

③ 同理，在圆内绘制另一条虚线。

第 4 步：在“文字”图层标注文字。

将“文字”图层设置为当前图层，并在“文字”图层上绘制文字，如图 3-28 所示。

注意： 绘制的虚线在计算机屏幕上有时显示为实线，这是由于显示比例过小所致，放大图形后可以显示出虚线。如果要在当前图形大小下明确显示出虚线，可以单击该虚线，使之呈被选中状态，然后双击，打开“特性”对话框，该对话框中包含对象的各种参数，可以将其中的“线型比例”参数设置为比较大的数值，如图 3-29 所示。这样就可以在正常图形显示状态下清晰地看见虚线的细线段和间隔。

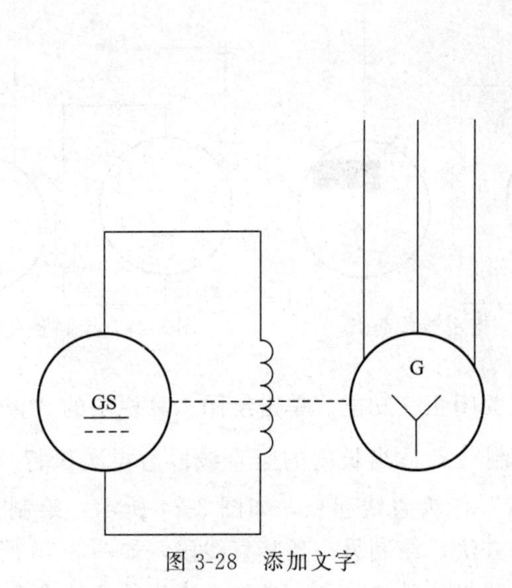

图 3-28　添加文字

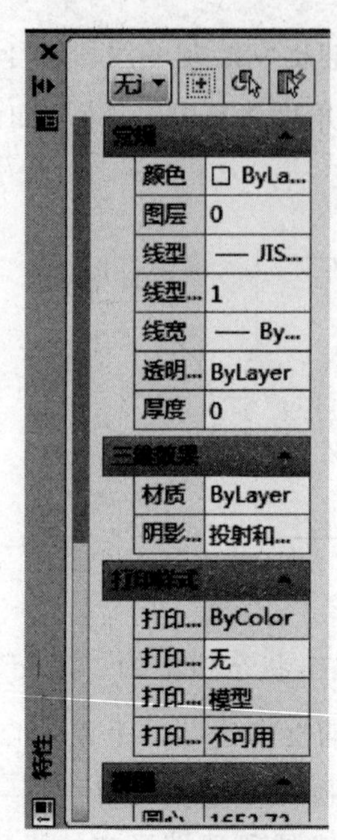

图 3-29　修改虚线参数

上机练习

按表 3-1 的要求设置图层。

表 3-1　图层设置要求

名称	颜色	线型	线宽
建筑—轴线	红色	Center	默认
建筑—墙线	白色	Continuous	0.7
建筑—门窗	黄色	Continuous	默认
建筑—阳台	蓝色	Continuous	默认
建筑—尺寸	绿色	Continuous	默认

学习笔记

绘制视频
（图层设置）

三、AutoCAD 精确绘图

【实例 3-1】　绘制摆钩平面图

利用圆弧命令及对象捕捉快捷菜单中的“临时追踪点”和“自”绘制如图 3-30 所示摆钩。

第 1 步：绘制中心线。

① 设置中心线图层为当前层，绘制直线。

② 选择下拉菜单【绘图】|【直线】命令，命令行的显示如下。

```
命令:_line
指定第一点:                        //在屏幕上任选一点
```

```
指定下一点或[放弃(U)]:9                    //绘制水平线,9in(1in=2.54cm)长
指定下一点或[放弃(U)]:                     //回车
同理,绘制垂线                              //绘制垂线 5in 长
```

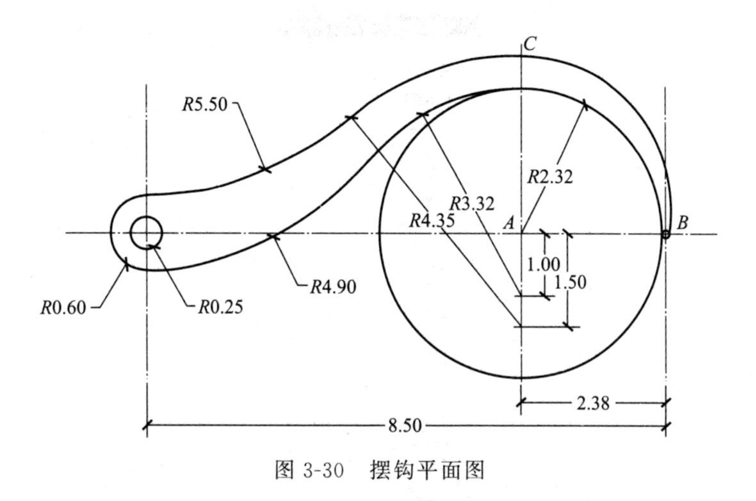

图 3-30　摆钩平面图

第 2 步：偏移垂线。

选择下拉菜单【修改】|【偏移】命令，命令行的显示如下。

```
命令:_OFFSET
指定偏移距离或[通过(T)]<1.0000>:2.38       //输入偏移距离值
选择要偏移的对象或<退出>:                  //选择垂线
指定点以确定偏移所在一侧:                  //在右侧单击一点向右偏移
选择要偏移的对象或<退出>:                  //回车
命令: OFFSET
指定偏移距离或[通过(T)]<2.3800>:8.5        //输入偏移距离值
选择要偏移的对象或<退出>:                  //选取刚刚偏移的垂线
指定点以确定偏移所在一侧:                  //在左侧单击一点向左偏移
```

绘制效果如图 3-31 所示。

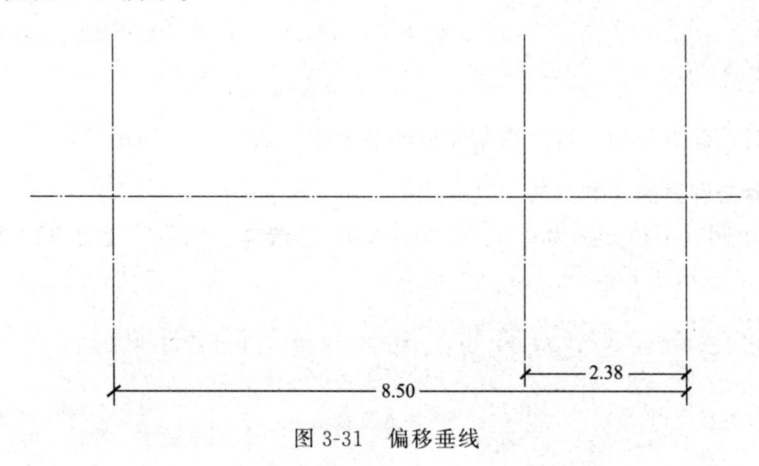

图 3-31　偏移垂线

第 3 步：使用“临时追踪点”和“自”绘制 2 个圆。

① 设置“轮廓线”层为当前层，打开“临时追踪点”和“自”的方法：Shift＋右键出现对象捕捉快捷菜单，使用左键点选，如图 3-32 所示。

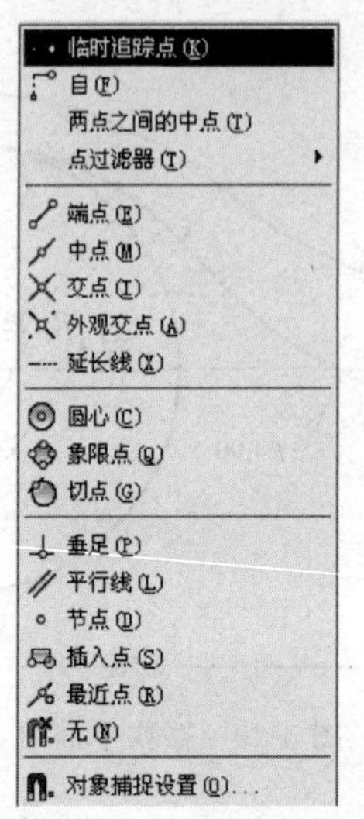

图 3-32　对象捕捉快捷菜单

② 选择下拉菜单【绘图】|【圆】|【圆心、半径】，命令行的显示如下。

```
命令:_circle 指定圆的圆心或[三点(3P)/两点(2P)/相切、相切、半径(T)]:_tt 指定临时对象追踪点:
                                        //Shift＋右键,单击对象捕捉快捷菜单“临时追踪点”选
                                          项,捕捉中心线的交点 A
指定圆的圆心或[三点(3P)/两点(2P)/相切、相切、半径(T)]:1
                                        //沿极轴向下偏移距离,指定圆(R =3.32mm)的圆心
指定圆的半径或[直径(D)]<0.0600>:3.32  //输入半径值
```

③ 两次回车重复圆命令，命令行的显示如下。

```
命令:_circle 指定圆的圆心或[三点(3P)/两点(2P)/相切、相切、半径(T)]:_from 基点:<偏移>:@ 0,
－1.5                                   //单击对象捕捉快捷菜单中的 “自”按钮,选取中心线的
                                          交点 A 为基点,输入相对坐标指定R =4.35mm 圆的圆心
指定圆的半径或[直径(D)]<3.3200>:4.35  //输入半径值
```

利用“临时追踪点”和“自”绘制完成的两个圆，如图 3-33 所示。

第 4 步：复杂圆弧的绘制方法。

① 绘制 3 个圆（半径分别为 0.6、0.25、0.06）。选择下拉菜单【绘图】|【圆】|【圆心、半径】。命令行的显示如下。

```
命令:_circle 指定圆的圆心或[三点(3P)/两点(2P)/相切、相切、半径(T)]:
                                        //选取左面中心线交点
指定圆的半径或[直径(D)]:0.6            //输入半径值
```

```
命令:_circle 指定圆的圆心或[三点(3P)/两点(2P)/相切、相切、半径(T)]:
                                            //选取左面中心线交点
指定圆的半径或[直径(D)]<0.25>:0.25
                                            //输入半径值
命令:_circle 指定圆的圆心或[三点(3P)/两点(2P)/相切、相切、半径(T)]:
                                            //选取右面中心线交点
指定圆的半径或[直径(D)]<0.60>:0.06
                                            //输入半径值
```

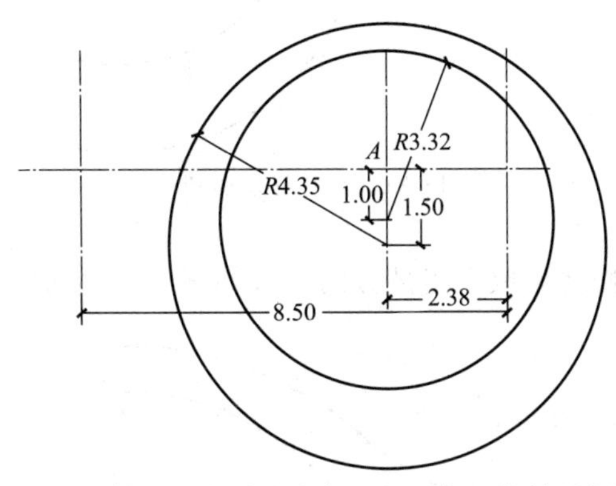

图 3-33　使用“临时追踪点”和“自”绘制两个圆

② 绘制第一个相切圆。选择下拉菜单【绘图】|【圆】|【相切、相切、半径】。命令行的显示如下。

```
命令:_circle 指定圆的圆心或[三点(3P)/两点(2P)/相切、相切、半径(T)]:_ttr
                                       //选取画圆相切、相切、半径选项
指定对象与圆的第一个切点:              //点选与R =0.6mm 的圆相切点
指定对象与圆的第二个切点:              //点选与R =4.35mm 的圆相切点
指定圆的<4.3500>:5.5                   //输入半径 5.5
```

③ 绘制第二个相切圆。命令行的显示如下。

```
命令:_circle 指定圆的圆心或[三点(3P)/两点(2P)/相切、相切、半径(T)]:_ttr
                                       //相切、相切、半径选项
指定对象与圆的第一个切点:              //点选与R =0.6mm 的圆相切点
指定对象与圆的第二个切点:              //点选与R =3.32mm 的圆相切点
指定圆的半径<5.5000>:4.9               //输入半径值 4.9
```

绘制完成的相切圆如图 3-34 所示。

第 5 步：修剪完成左半部分的圆弧。

```
命令:_trim
当前设置:投影=UCS,边=无
选择剪切边...                           //首先选择剪切边
选择对象:找到 1 个                      //然后选择被剪切边
```

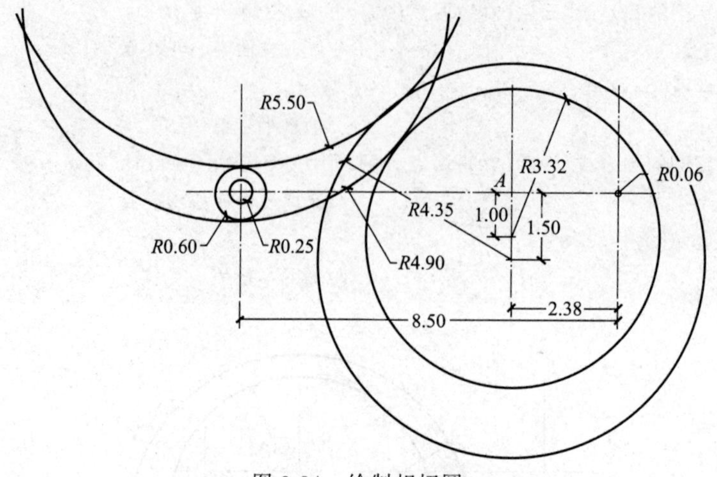

图 3-34 绘制相切圆

逐个修剪各个部分，修剪完成左半部分的圆弧如图 3-35 所示。

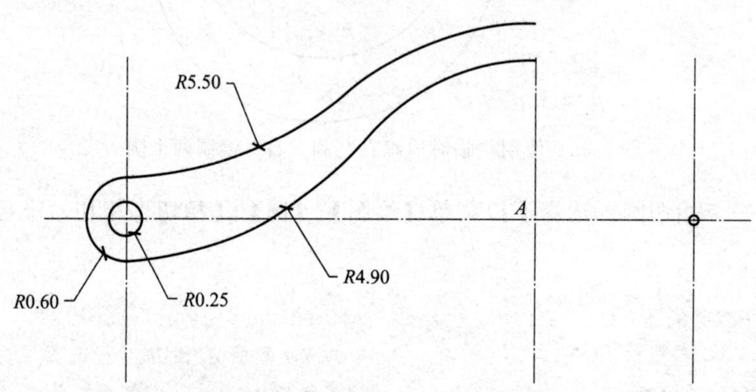

图 3-35 修剪完成左半部分的圆弧

第 6 步：绘制右半部分的圆弧和圆。

① 绘制圆弧。单击下拉菜单中的【绘图】|【圆弧】|【起点、端点、方向】，命令行的显示如下。

```
命令：_arc 指定圆弧的起点或[圆心(C)]:                    //捕捉圆弧端点C
指定圆弧的第二个点或[圆心(C)/端点(E)]:_E                 //用"起点、端点、方向"选项绘制圆弧
指定圆弧的端点:                                          //捕捉圆(R =0.06mm)的象限点B
指定圆弧的圆心或[角度(A)/方向(D)/半径(R)]:_D             //指定圆弧的起点切向
                                                         //沿着极轴 0°方向确定一点
```

提示：操作时注意在端点 C 处，使圆弧与极轴水平线相切。

② 绘制圆。命令行的显示如下。

```
命令：_circle 指定圆的圆心或[三点(3P)/两点(2P)/相切、相切、半径(T)]: //圆心A 点
指定圆的半径或[直径(D)]:2.32                                        //输入半径
```

绘制完成右半部分的圆弧和圆如图 3-36 所示。

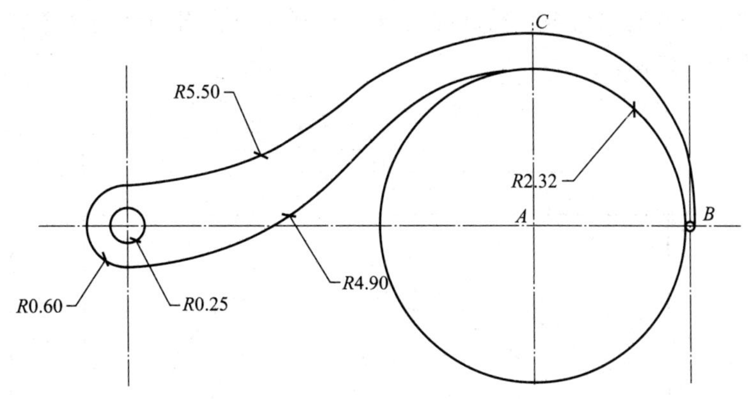

图 3-36 绘制完成右半部分的圆弧和圆

第 7 步：修剪多余对象。

激活“修剪”命令，命令行的显示如下。

```
命令:_trim
当前设置:投影=UCS,边=无
选择剪切边...                          //首先选择剪切边
选择对象:找到 1 个                      //然后选择被剪切边
```

逐个修剪各个部分，绘制完成的摆钩图如图 3-30 所示。

上机练习

绘制如图 3-37 所示电控元器件符号。

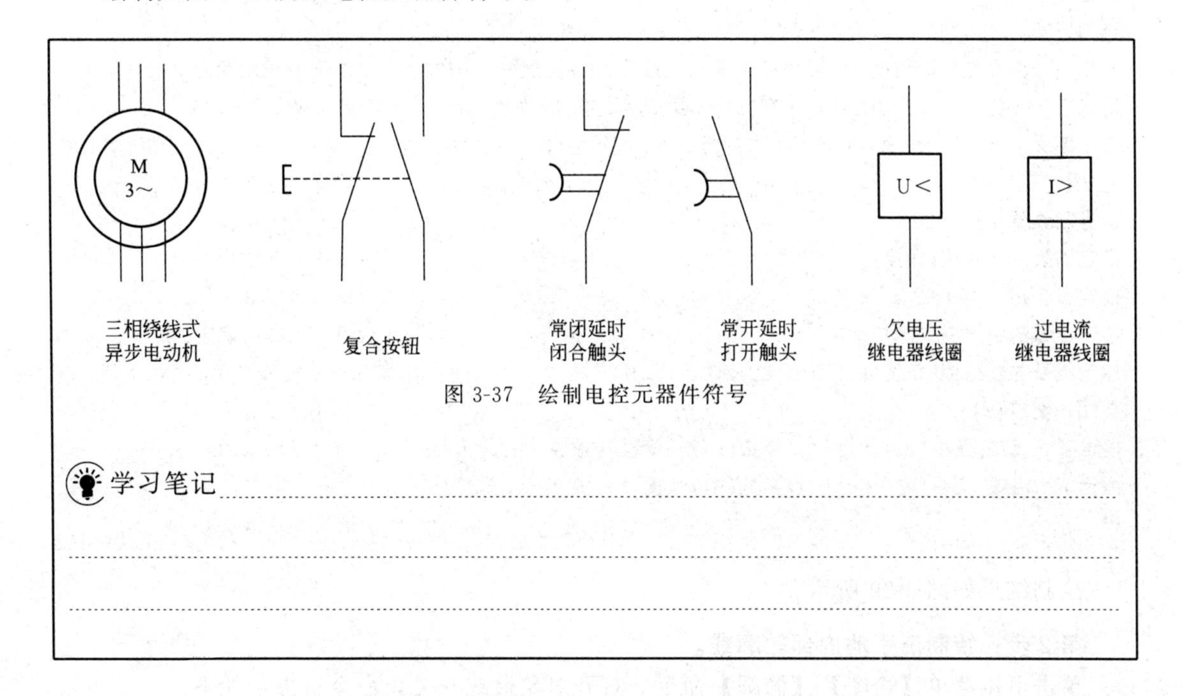

图 3-37 绘制电控元器件符号

【实例 3-2】 绘制洗手盆平面图

使用多段线命令、椭圆命令、椭圆弧命令、复制命令、圆和直线命令来完成如图 3-38 所示洗手盆平面图的绘制。

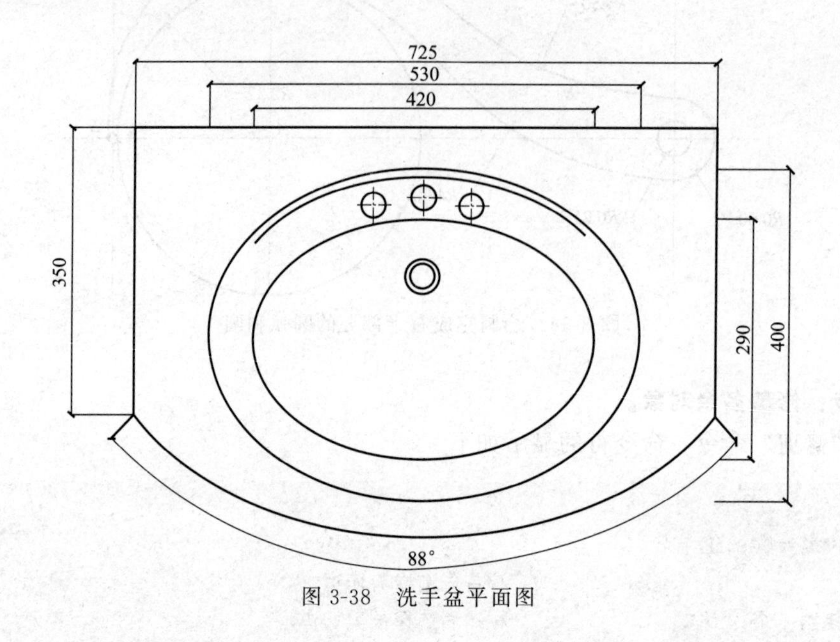

图 3-38 洗手盆平面图

第 1 步：绘制洗手池轮廓图形。

打开正交开关，单击下拉菜单中的【绘图】|【多段线】，命令行提示如下。

```
命令:_pline                                                    //激活多段线命令
指定起点:                                                      //单击确定起点A 点
当前线宽为 0.0000
指定下一个点或[圆弧(A)/半宽(H)/长度(L)/放弃(U)/宽度(W)]:350    //向下沿极轴输入 350
指定下一点或[圆弧(A)/闭合(C)/半宽(H)/长度(L)/放弃(U)/宽度(W)]:a //选取圆弧选项“A”
指定圆弧的端点或[角度(A)/圆心(CE)/闭合(CL)/方向(D)/半宽(H)/直线(L)/半径(R)/第二个点(S)/放
弃(U)/宽度(W)]:r                                               //选择半径选项 R
指定圆弧的半径:520                                             //输入圆弧半径 520
指定圆弧的端点或[角度(A)]:a                                     //选择角度选项 A
指定包含角:88                                                  //输入角度 88°
指定圆弧的弦方向<270>:                                          //沿水平方向确定C 点
指定圆弧的端点或[角度(A)/圆心(CE)/闭合(CL)/方向(D)/半宽(H)/直线(L)/半径(R)/第二个点(S)/放
弃(U)/宽度(W)]:l                                               //选择直线选项 L
指定下一点或[圆弧(A)/闭合(C)/半宽(H)/长度(L)/放弃(U)/宽度(W)]: //向上沿极轴输入 350
指定下一点或[圆弧(A)/闭合(C)/半宽(H)/长度(L)/放弃(U)/宽度(W)]:c
                                                               //选择闭合选项 C
```

绘制结果如图 3-39 所示。

第 2 步：绘制洗手池内部轮廓线。

单击下拉菜单【绘图】|【椭圆】命令，打开对象追踪开关，命令行提示如下。

```
命令:_ellipse                                  //激活椭圆命令(选择轴、端点选项)
指定椭圆的轴端点或[圆弧(A)/中心点(C)]:50          //捕捉直线AD 中点,向下追踪,输入 50,单击确定E 点
指定轴的另一个端点:400                           //向下输入距离值 400,单击确定H 点
指定另一条半轴长度或[旋转(R)]:265                 //输入另一条半轴长度值 265,单击确定J 点
命令:_ellipse
指定椭圆的轴端点或[圆弧(A)/中心点(C)]:110         //捕捉直线AD 中点,向下追踪,输入 110,单击确定F 点
指定轴的另一个端点:290                           //向下输入距离值 290,单击确定G 点
指定另一条半轴长度或[旋转(R)]:210                 //输入另一条半轴长度值 210,单击确定I 点
```

洗手池内部轮廓线，完成结果如图 3-40 所示。

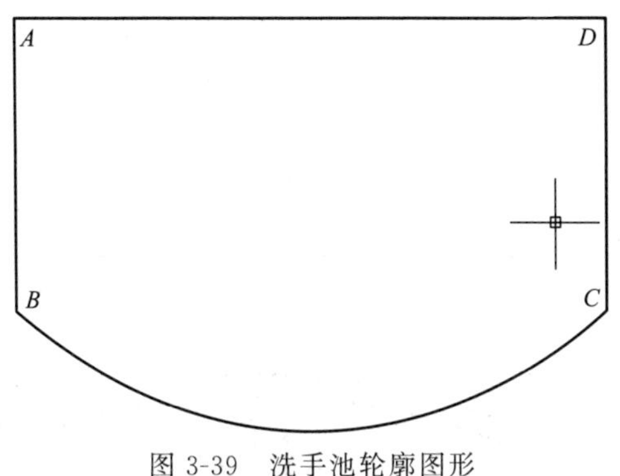

图 3-39　洗手池轮廓图形

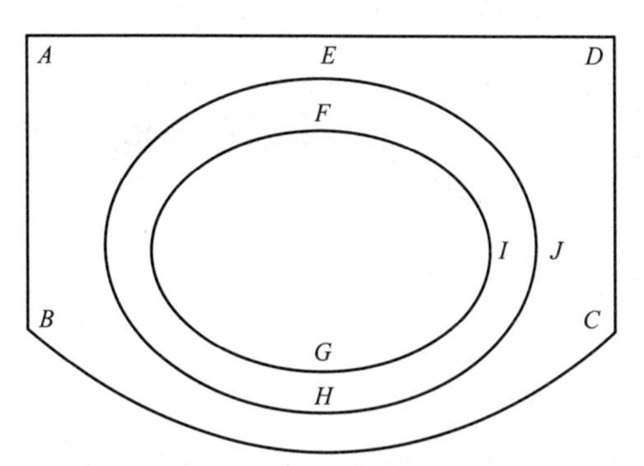

图 3-40　洗手池内部轮廓线

第 3 步：绘制椭圆弧。

单击下拉菜单【椭圆】|【圆弧】命令，命令行提示如下。

```
命令:_ellipse
指定椭圆的轴端点或[圆弧(A)/中心点(C)]:_a                  //选择椭圆弧命令
指定椭圆弧的轴端点或[中心点(C)]: <对象捕捉开>60          //捕捉直线AD 中点,向下追踪,输入距离 60
指定轴的另一个端点:380                                   //向下追踪输入距离值 380
指定另一条半轴长度或[旋转(R)]:255                         //输入另一条半轴长度值 255
指定起始角度或[参数(P)]:210                              //指定起始角度 210
指定终止角度或[参数(P)/包含角度(I)]:330                   //指定终止角度 330,回车
```

绘制椭圆弧如图 3-41 所示。

第 4 步：绘制水孔辅助直线。

单击下拉菜单【绘图】|【直线】命令，命令行提示如下。

```
命令:_line 指定第一点:65                        //捕捉直线AD 中点,向下追踪,输入 65,单击确定A 点
指定下一点或[放弃(U)]:40                        //向下追踪输入距离值 40,单击确定B 点
指定下一点或[放弃(U)]:                          //回车
```

```
令:_line 指定第一点:20                           //捕捉直线AB 中点,向左追踪输入偏移值
                                                   20,单击确定C 点
指定下一点或[放弃(U)]:40                         //向右追踪输入偏移值 40,单击确定D 点
指定下一点或[放弃(U)]:                           //回车
```

第 5 步：绘制水孔。

单击下拉菜单【绘图】|【圆】命令，命令行提示如下。

```
命令:_circle 指定圆的圆心或[三点(3P)/两点(2P)/相切、相切、半径(T)]:
                                                 //选取交点E 为圆心
指定圆的半径或[直径(D)]:15                       //输入圆半径 15
```

绘制结果如图 3-42 所示。

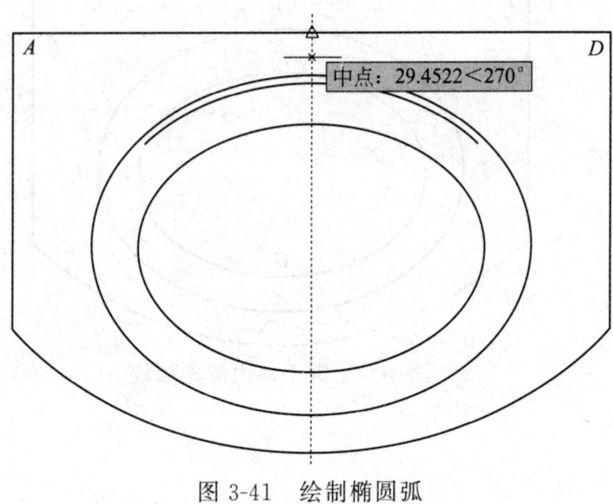

图 3-41　绘制椭圆弧

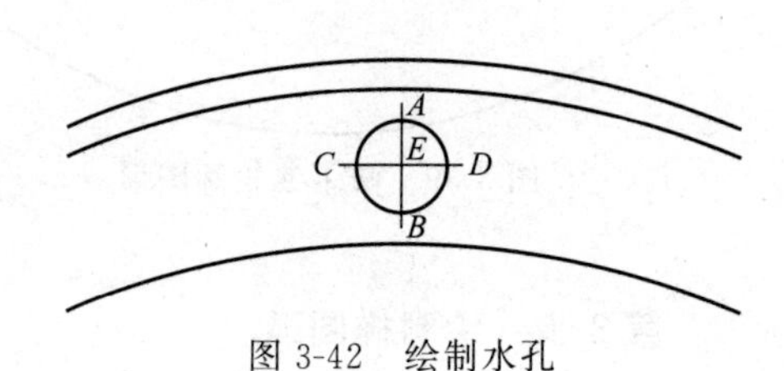

图 3-42　绘制水孔

第 6 步：复制水孔。

单击下拉菜单【修改】|【复制】命令，复制水孔，命令行提示如下。

```
命令:_copy                                       //激活复制命令
选择对象:指定对角点:找到 3 个                    //选择对象
当前设置:  复制模式=多个
指定基点或[位移(D)/模式(O)]<位移>:               //指定基点E ,见图 3-41
指定第二个点或<使用第一个点作为位移>:@ 60,-10    //输入位移值,完成右边水孔
指定第二个点或[退出(E)/放弃(U)]<退出>:  @ -60,-10  //输入位移值,完成左边水孔
指定第二个点或[退出(E)/放弃(U)]<退出>:           //回车结束
```

第 7 步：绘制下水孔。

单击下拉菜单中的【绘图】|【圆】命令，命令行提示如下。

```
命令:_circle 指定圆的圆心或[三点(3P)/两点(2P)/相切、相切、半径(T)]:95
                                          //捕捉 E 点,向下追踪,输入 95,单击确定圆心点
指定圆的半径或[直径(D)]<15.0000>:15              //输入圆半径值 15
```

```
CIRCLE 指定圆的圆心或[三点(3P)/两点(2P)/相切、相切、半径(T)]:
指定圆的半径或[直径(D)]<15.0000>:20        //输入圆半径值 20
```

绘制完成的下水孔效果图，如图 3-43 所示。

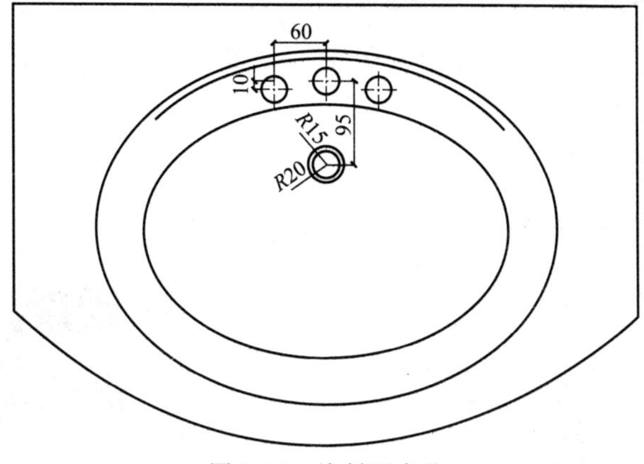

图 3-43　绘制下水孔

上机练习

使用直线、圆、偏移、剪切、多行文字、图案填充等命令绘制带燃油泵电机符号，绘制流程如图 3-44 所示。

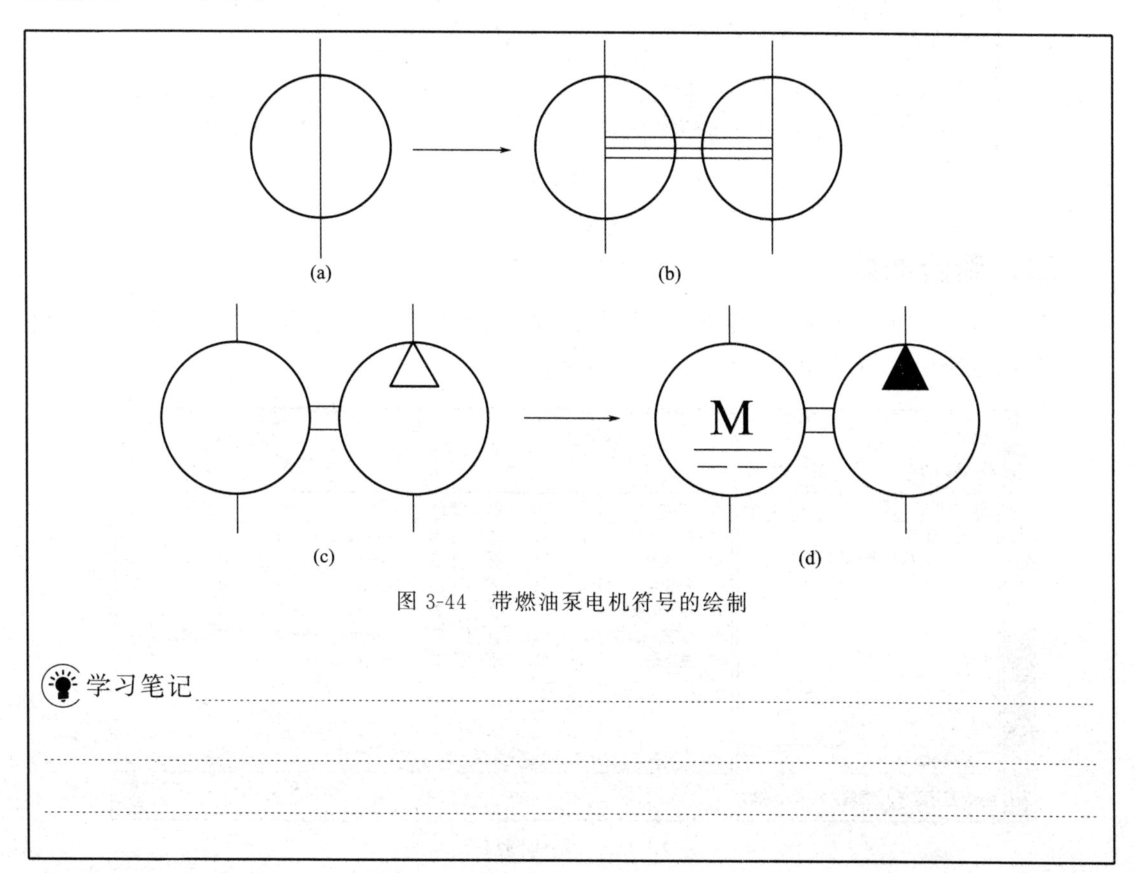

图 3-44　带燃油泵电机符号的绘制

学习笔记

项目实施

一、新建图形文件

选择下拉菜单中的【文件】|【新建】命令，弹出“选择样板”对话框，单击选取“acadiso. dwt”文件，单击“打开”按钮，如图 3-45 所示。

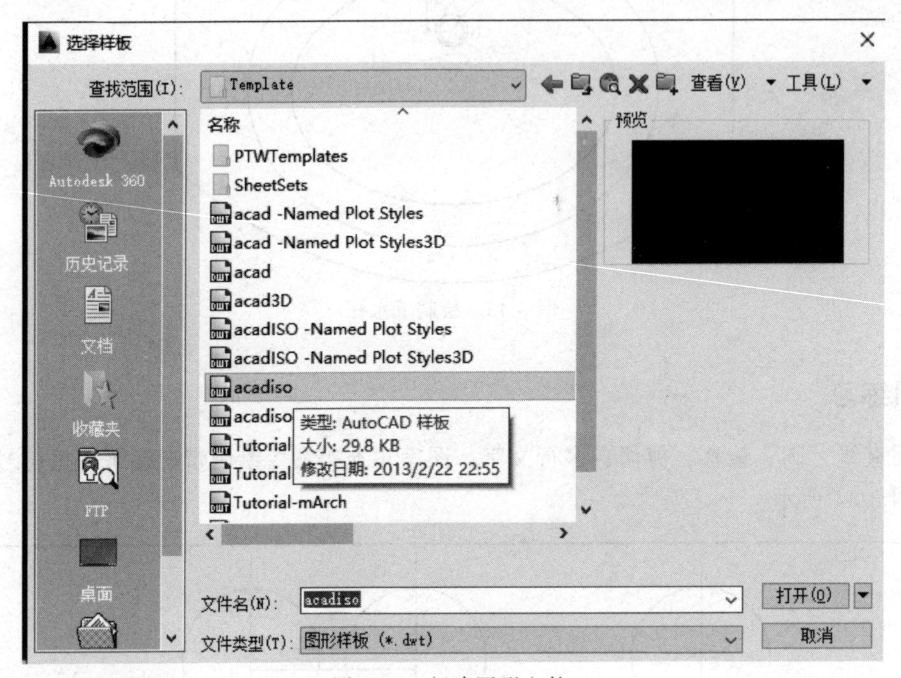

图 3-45　新建图形文件

二、新建图层

单击“图层特性管理器”，建立 5 个图层：“A3 图框层”“标题栏层”“文字层”“主电路层”“辅助电路层”，如图 3-46 所示。

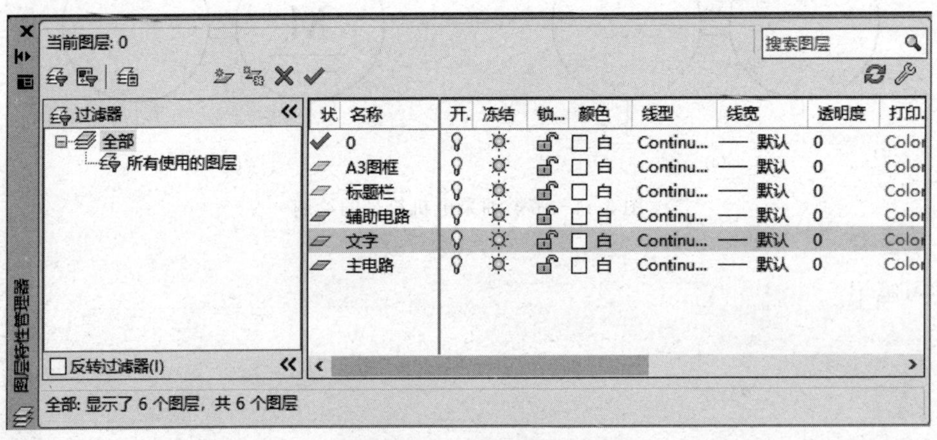

图 3-46　新建图层

三、绘制A3图幅

(1) 画图框　利用“直线”命令，先绘制A3图框的外框，再画内框，外框线设为0.25，内框线设为0.5，如图3-47所示。

图3-47　A3框图

(2) 画标题栏　利用“偏移”命令，绘制标题栏，其中行高为8，列宽为25、32、22、62。利用“修剪”命令进行修剪，最后输入标题栏文字，如图3-48所示。

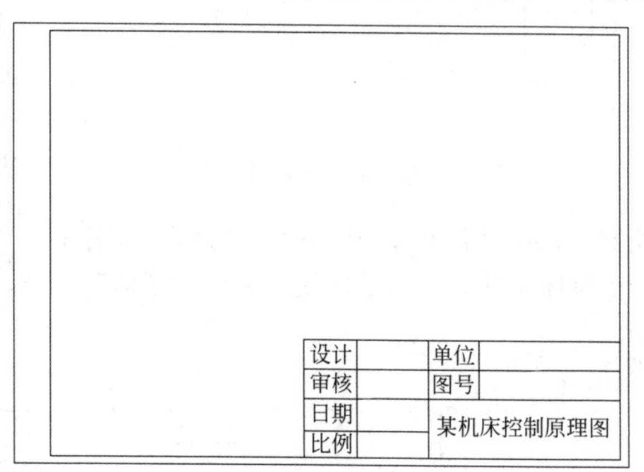

图3-48　A3图幅

四、创建电气元件块

(1) 变压器线圈的绘制　利用“直线”命令画长20的竖线，再以其中心为圆心画直径为4的圆。用“复制”“修剪”“镜像”命令完成变压器线圈绘制，如图3-49所示。

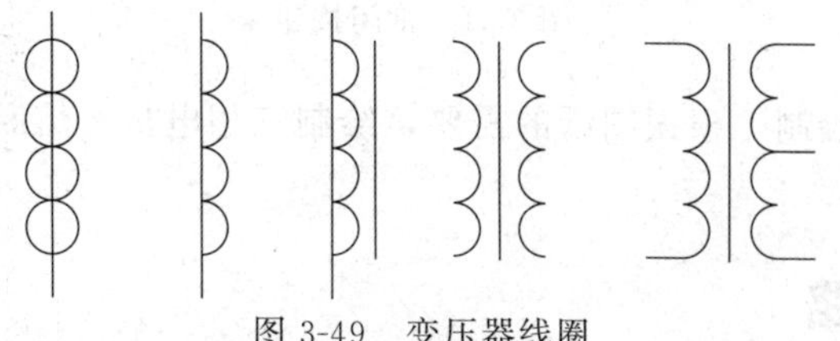

图3-49　变压器线圈

(2) 常开按钮的绘制

① 打开“正交”模式，用“直线”命令绘制长度约为80的十字形。

② 用“偏移”命令分别作辅助线，如图 3-50(a) 所示。

③ 关闭“正交”模式，捕捉交点，画斜线，并删去两条辅助线。

④ 继续利用“偏移”命令画辅助线，然后利用“修剪”命令去掉多余的线段，如图 3-50(b) 所示。

⑤ 把按钮处的实线改成虚线，最后建立常开按钮图块。

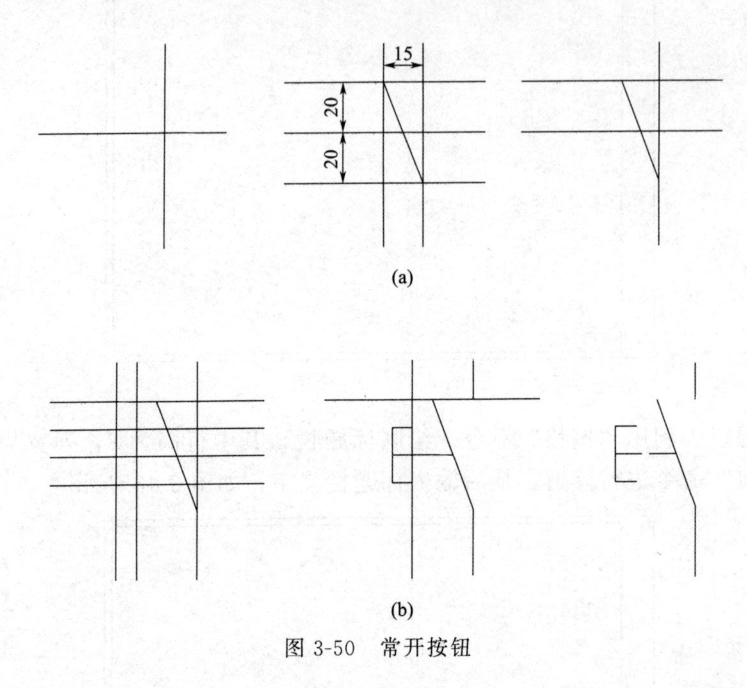

图 3-50 常开按钮

(3) 常闭按钮的绘制 选中“常开按钮”图块，分解，并将斜线“镜像”到右侧。延伸虚线。调用“直线”命令画闭合线，并画辅助线，利用“延伸”命令，最后删除辅助线，定义图块，如图 3-51 所示。

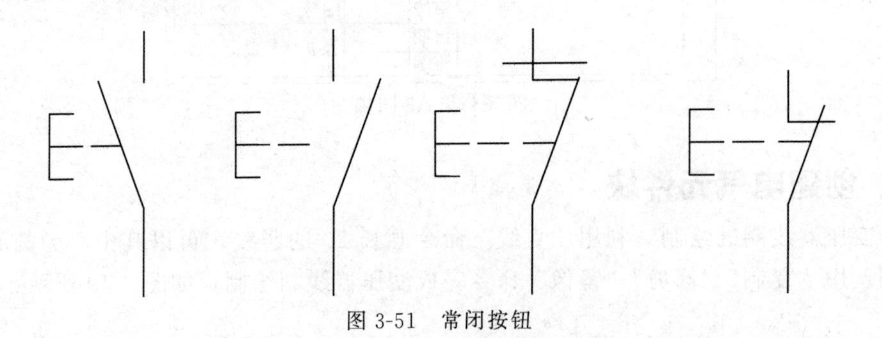

图 3-51 常闭按钮

(4) 其他元器件的绘制 根据图纸的需要，绘制三相电机、熔断器、电灯等，如图 3-52 所示。

五、绘制主电路

根据机床电路特点，电路分为左、中、右结构。主电路的电源电路绘制在左侧，为水平布置。电动机线路在中间，为垂直布置。信号电路在右侧。布局绘制如图 3-53 所示。

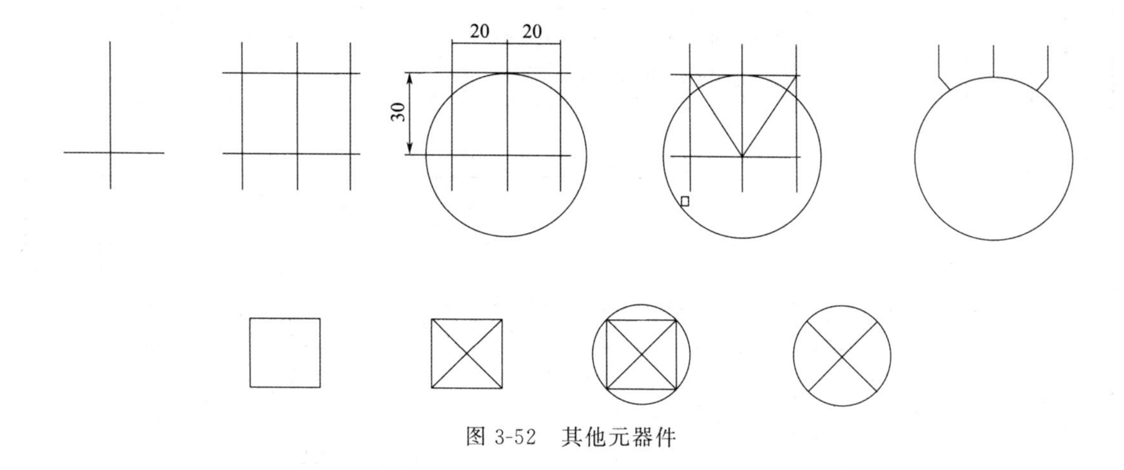

图 3-52　其他元器件

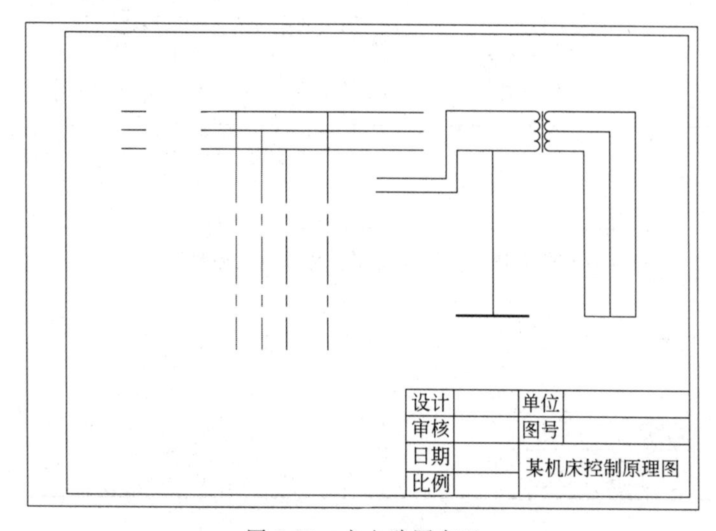

图 3-53　主电路图布置

六、绘制控制电路

调用“插入块”命令，根据预留元件位置，插入相应的元件。调整大小、高度，形成元件连接电路。

七、添加文字和注释

切换到“文字层”，添加文字和注释。机床控制电路图的最终效果如图 3-1 所示。

上机练习

绘制如图 3-54 所示的物料混配控制系统电气原理图。

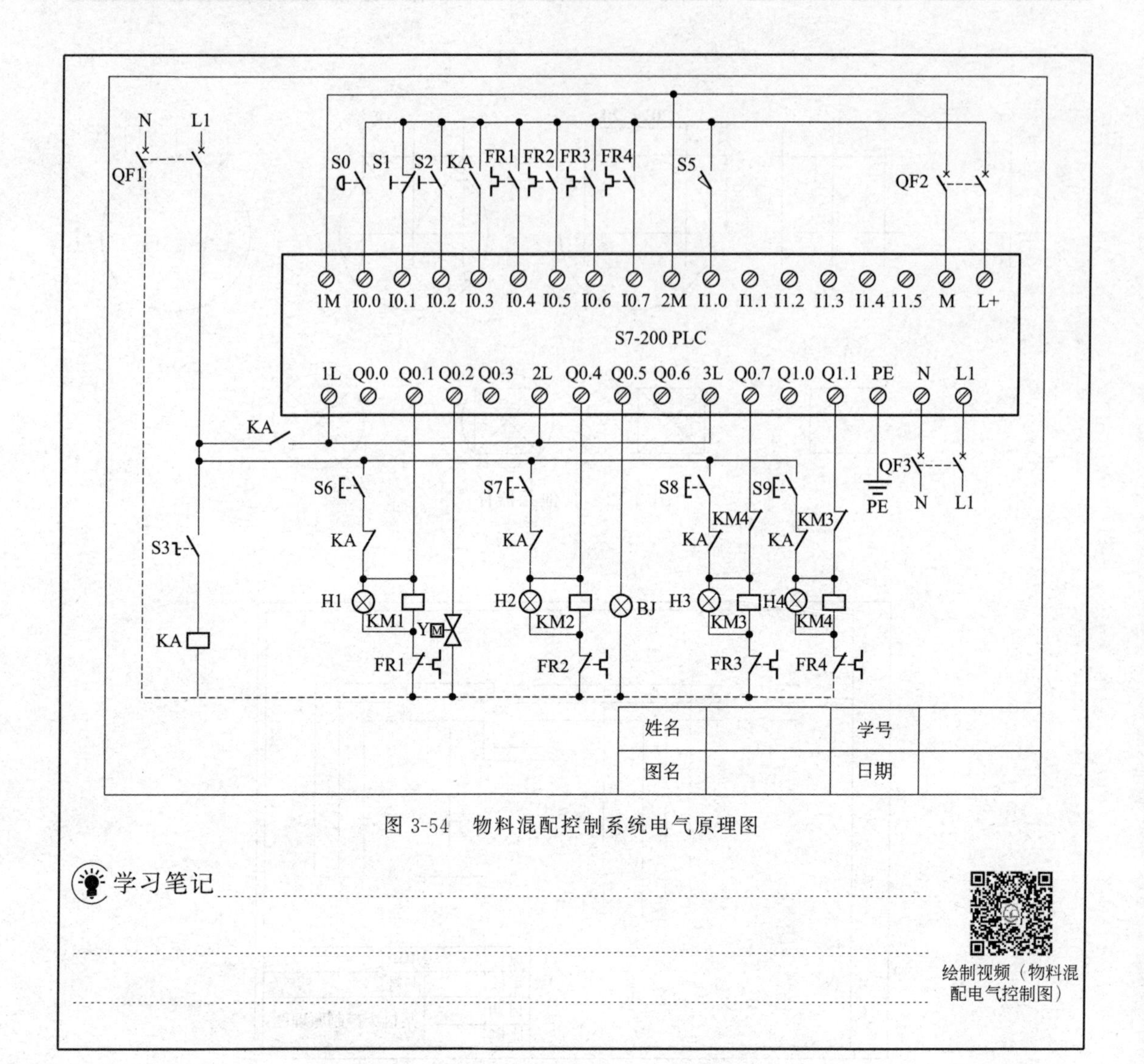

图 3-54　物料混配控制系统电气原理图

学习笔记

绘制视频（物料混配电气控制图）

项目拓展　绘制 T68 卧式镗床电气原理图

【拓展阅读】国之重器：地下蛟龙“盾构机”

T68 卧式镗床是镗床中应用较为广泛的一种机床，其控制电路为继电器控制，主要用于钻孔、镗孔及加工端平面等。T68 卧式镗床电气原理很好地体现了机械动作与电气控制相配合的理念，通过绘制如图 3-55 所示 T68 卧式镗床电气原理图，进一步熟悉 AutoCAD 绘图步骤，提高电气控制原理图绘图的规范性和美观度。

第 1 步：创建新图。

单击下拉菜单【文件】|【新建】命令，弹出“选择样板”对话框，选择“A4 模板”样板文件，然后单击“打开”按钮，创建一个新的绘图文件。

第 2 步：建立图层。

单击工具栏上的“图层”按钮，打开“图层特性管理器”对话框，按照如 3-56 所示

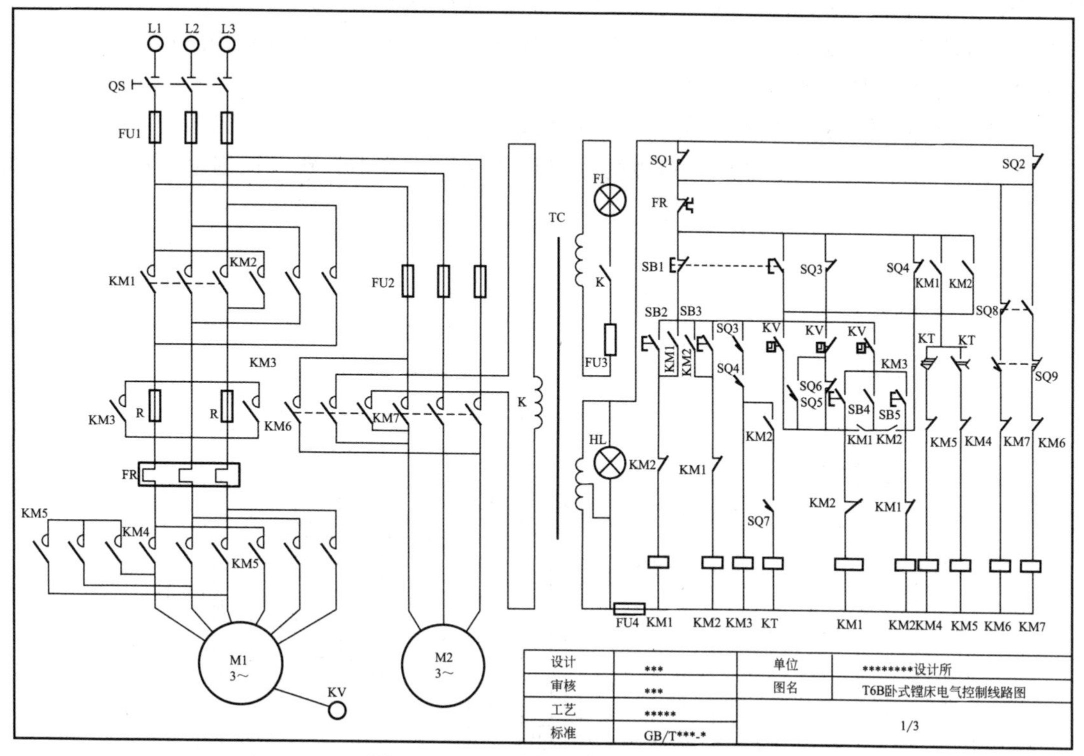

图 3-55　T68 卧式镗床电气原理图

新建 3 个图层，分别为：“文字层”，用来放置元器件名称、说明等文字信息；“线路层”，用来绘制电路图中的线路；“元器件层”，用来绘制所有元器件图块。系统默认的图层用来绘制图框及标题栏。各图层可以根据需要设置不同的线型、颜色、线宽，以便区分和管理。

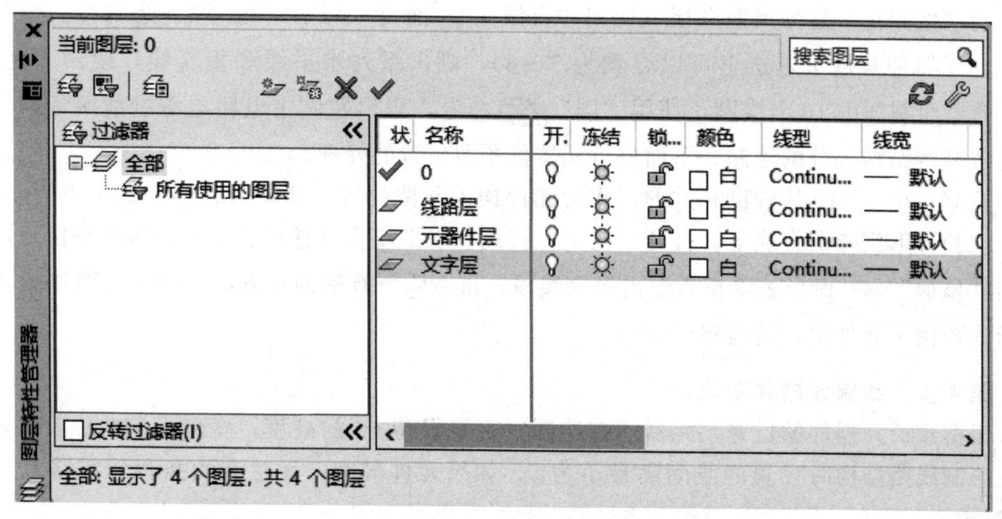

图 3-56　新建图层

第 3 步：绘制电路的线路结构图。

根据电气原理图布局规则来绘图时，除了要考虑布局合理性，也要考虑其美观性，即同种元器件在同一图纸中大小一致，不同控制元器件的大小保持一致。这里电路结构的绘制主要是学习如何统一设置对元器件预留位置。考虑到设计图纸图幅A4的尺寸以及整个线路的复杂度，确定元器件的预留间隔为10。

图3-57所示的线路结构在绘制时要注意线条之间的对称与美观。例如，三相电源线之间的距离、长度一致；变压器原、副边两个回路的间隔、大小一致；控制电路内的10个线圈位置、大小一致，放置高度一致等。

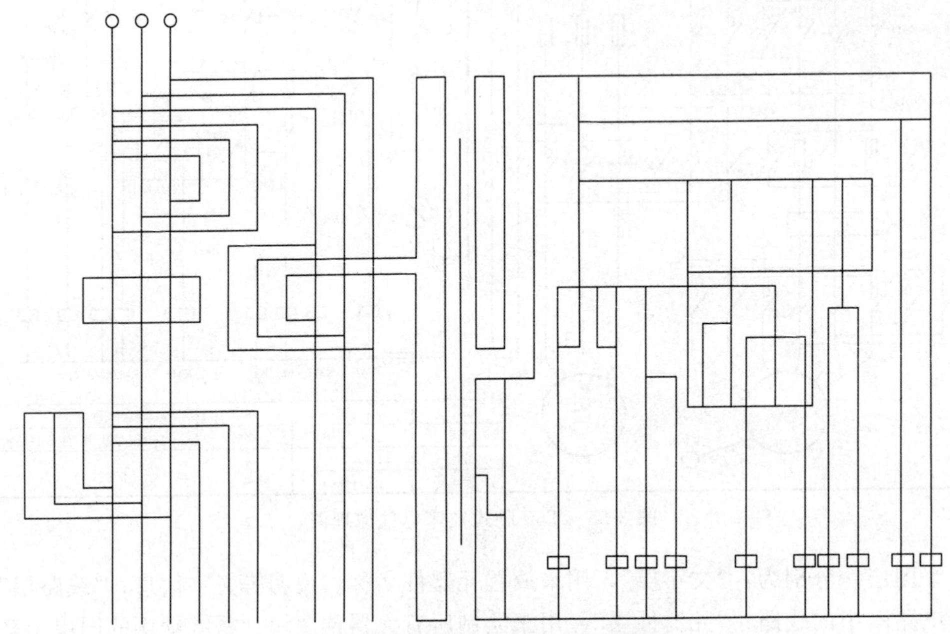

图3-57 镗床控制电路的线路结构图

将"线路层"置为当前图层，使用"直线"命令，结合"偏移"命令（偏移尺寸应比元器件宽度大，这里可以设置为5～8），画出系列水平线和垂直线，使用"矩形"命令绘制图中10个线圈，使用"圆"命令，画出左侧主电路电源进线端标识，即可完成基本结构部分的绘制。下面进行元器件预留位置的处理。

绘制一个4×10的辅助长方形，作为元件插入预留位置。捕捉长方形上边中点为基点，移动该长方形到指定直线上。打开"正交"模式，水平或垂直移动长方形到每个预留点，最后用"修剪"命令去除长方形内多余线段，再删除所有辅助长方形，即可得到如图3-58所示的预留了元件位置的线路结构图。

第4步：绘制元器件图块。

根据预留元器件的位置，元器件在绘制时也要保持10的高度，宽度设定为5，因为前面在绘制线路结构时设置的线间隔最小为5，如果元件太宽，无法在两条相邻线路上并排放置。

镗床控制电路中大多数元器件的绘制方法在前面的任务中已经讲过，这里只给出新增元器件（图3-59）如变压器TC线圈、速度继电器KV触点、限位开关SQ触点、信号灯的绘制方法，重点学习在预定尺寸空间内绘制图形的方法，以在同一设计中保持图形对象尺寸的一致性。

（1）电感的绘制　电感的绘制过程如图3-60所示。

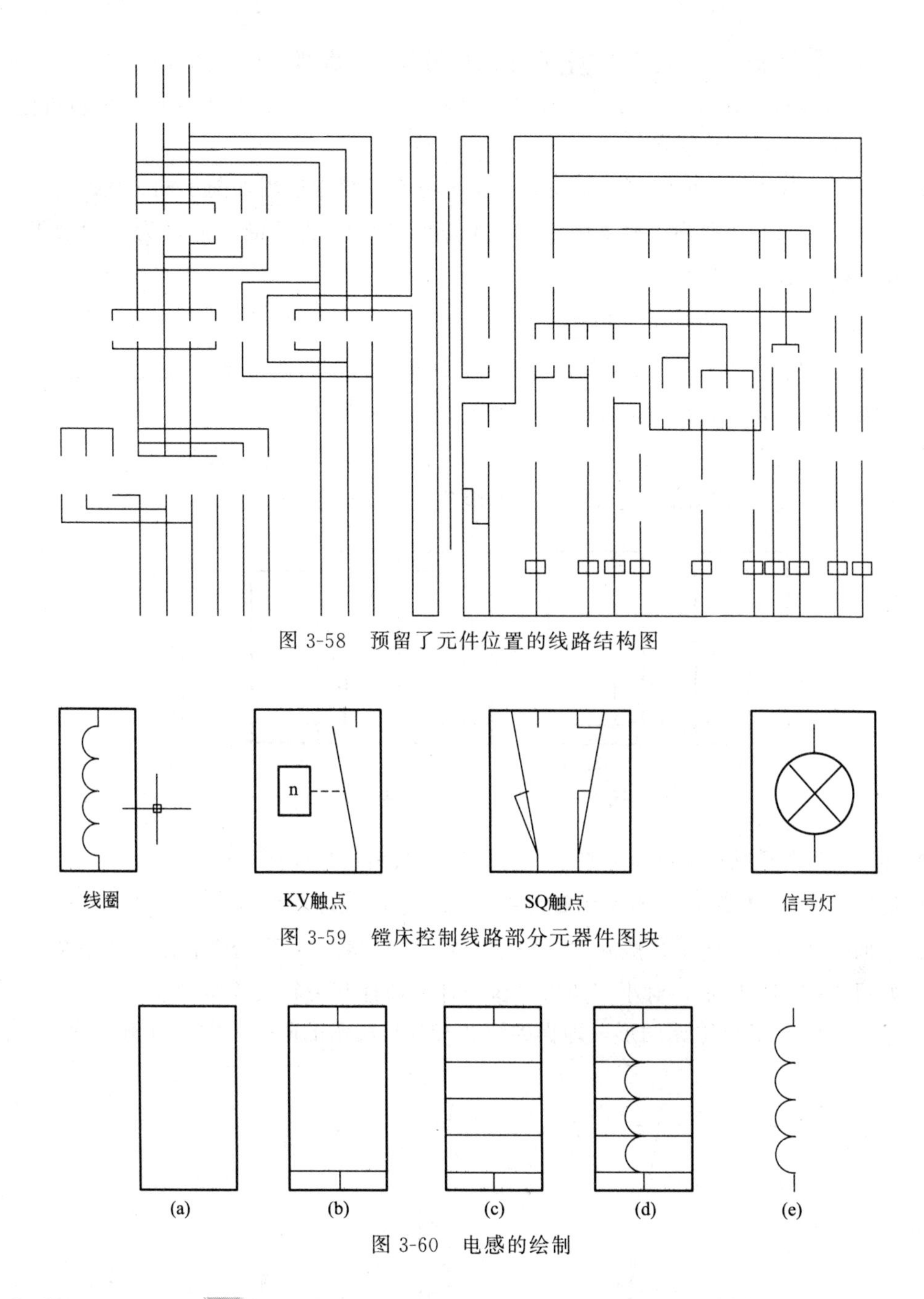

图 3-58　预留了元件位置的线路结构图

图 3-59　镗床控制线路部分元器件图块

图 3-60　电感的绘制

① 使用“矩形”命令画一个 5×10 的辅助长方形为绘图边界，并使用“分解”命令将其打散，如图 3-60(a) 所示。

② 对矩形上下两边向内用“偏移”命令做间隔为 1 的两条直线，打开“对象捕捉”和“追踪”模式，使用“直线”命令结合中点捕捉画两条短垂线，如图 3-60(b) 所示。

③ 根据图 3-60(c) 所示，使用“偏移”做间隔 2 的水平线 3 条。

④ 使用“圆弧”命令，以间隔水平线中点为端点，以圆弧半径为 1 画出圆弧，再

使用“复制”命令或“镜像”命令画出另外3个圆弧，得到图3-60(d)。

⑤ 删除辅助线，就得到电感元件图形，如图3-60(e) 所示，其中圆弧的个数可以调节。

(2) 限位开关触点的绘制

● 限位开关常闭触点的绘制　限位开关常闭触点的绘制过程如图3-61所示。

① 使用“矩形”命令画如图3-61(a) 所示5×10的辅助长方形为绘图边界，并使用“分解”命令将其打散。

② 对图3-61(b) 图矩形上下边用“偏移”命令向内画间隔为1的两条直线、距离左边1.5的直线；使用“直线”命令结合端点捕捉画一条斜线并延长与上边界相交。

③ 捕捉斜线中点画直线垂直左边界，如图3-61(c) 所示。

④ 使用“修剪”命令根据图3-61(d) 进行修剪，得到基本图形。

⑤ 删除辅助线，得到图3-61(e) 所示的限位开关常闭触点图形。

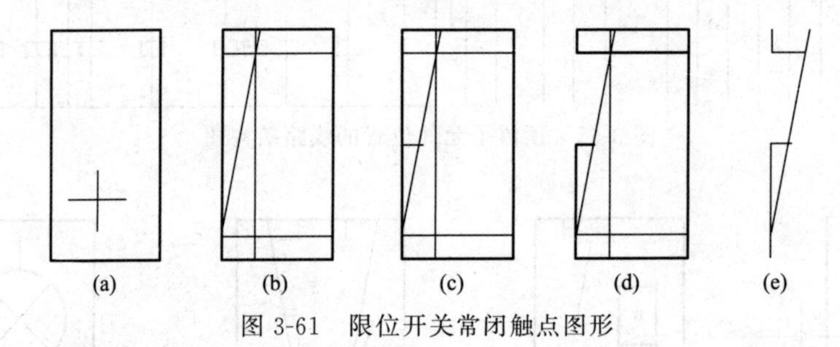

图3-61　限位开关常闭触点图形

● 限位开关常开触点绘制　限位开关常开触点绘制过程如图3-62所示。

① 使用“镜像”命令对常闭触点图3-62(a) 做镜像图形得到图3-62(b)。

② 根据图3-62(c) 所示，删除多余线段，使用“打断”命令打断直线对象。

③ 如图3-62(d) 所示，对小三角做镜像处理，选择开关斜线为镜像线。

④ 命令行输入Y删除原图形，即得到图3-62(e) 所示的限位开关常开触点图形。

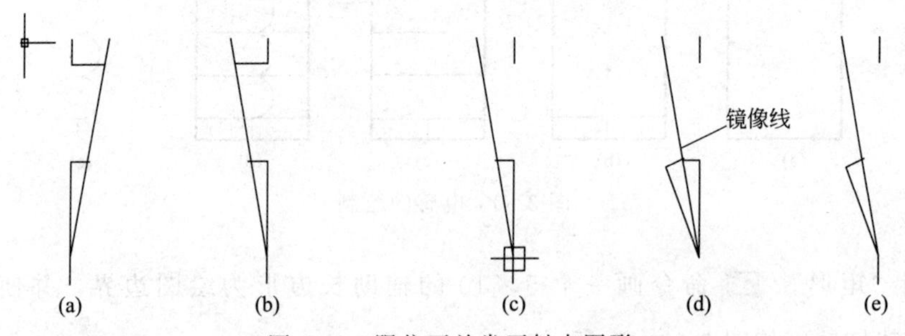

图3-62　限位开关常开触点图形

(3) 速度继电器触点的绘制

● 速度继电器常开触点的绘制　速度继电器常开触点的绘制过程如图3-63所示。

① 使用“矩形”命令画5×10的辅助长方形为绘图边界，并使用“分解”命令将其打散得到图3-63(a)。

② 对图3-63(b) 画矩形上下边用“偏移”命令向内画间隔为1的两条直线，距离右

边界直线 1.5 的直线一条。

③ 使用“直线”命令结合端点捕捉画一条斜线，结合中点捕捉画一条连接斜线和左侧边界线直线，结果如图 3-63(c) 所示。

④ 使用“矩形”命令画一个 2×3 的长方形，单击“移动”命令，选中该矩形并以左边界中点为基点，如图 3-63(d) 所示移动到左侧边界线中点处。

⑤ 使用“修剪”命令得到基本图形，删除辅助线，对开关中间直线做虚线处理，在矩形内写入字母 n，即得到图 3-63(e) 所示的速度继电器常开触点图形。

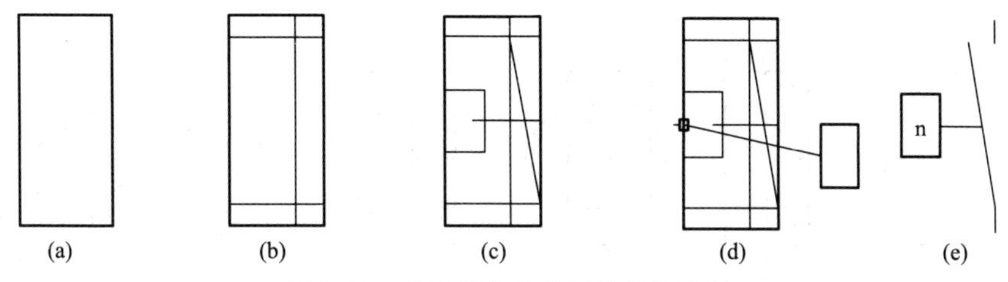

图 3-63 速度继电器常开触点的绘制

● 速度继电器常闭触点的绘制 将图 3-63 所示的速度继电器常开触点进行修改即可得到其常闭触点图形，修改过程如图 3-64 所示。

① 复制如图 3-64(a) 所示的常开触点，使用“分解”命令打散图形。

② 如图 3-64(b) 所示，选择斜线，使用“镜像”命令得到 Y 轴对称斜线，在命令行输入 Y 删除原斜线。

③ 调用“直线”命令，结合“正交”模式，如图 3-64(c) 所示，画一条闭合线、一条辅助线（在闭合线位置附近）、两条短线（完成速度符号框连线）。

④ 单击“延伸”命令，单击辅助线并单击鼠标右键确认对象选择，单击斜线为延伸对象，得到图 3-64(d)。

⑤ 删除辅助线，定义图块，得到图 3-64(e) 所示的速度继电器常闭触点图形。

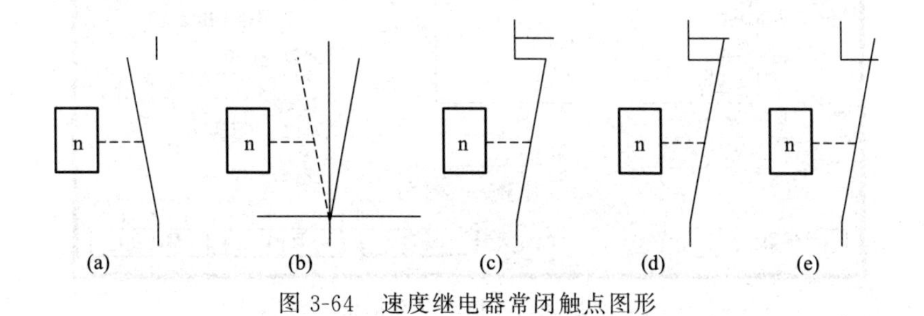

图 3-64 速度继电器常闭触点图形

(4) 信号灯及指示灯的绘制 信号灯和指示灯具有一样的图形符号，绘制过程如图 3-65 所示。

① 使用“矩形”命令画如图 3-65(a) 所示的 5×10 的辅助长方形为绘图边界，并使用“分解”命令将其打散，使用“直线”连接左右两边线中点。

② 对图 3-65(b) 画上下两条边界线，使用“偏移”命令，向内得到间隔为 2 的两条

直线。

③ 单击“圆” 命令，捕捉交点为圆心，画半径为 3 的圆；单击直线命令捕捉圆左交点、垂点向上画切线；继续“直线”命令，捕捉圆心、交点画出斜线，得到图 3-65(c)。

④ 使用“修剪” 命令剪去多余线段，得到图 3-65(d)。

⑤ 删除所有辅助线，得到图 3-65(e)。

⑥ 先选中圆内斜线，单击下拉菜单【阵列】|【环形阵列】，单击圆心为环形阵列中心点，设置“项目”数为 4，“填充角度”保持默认的 360°，即可得到图 3-65(f) 所示的信号灯图形。

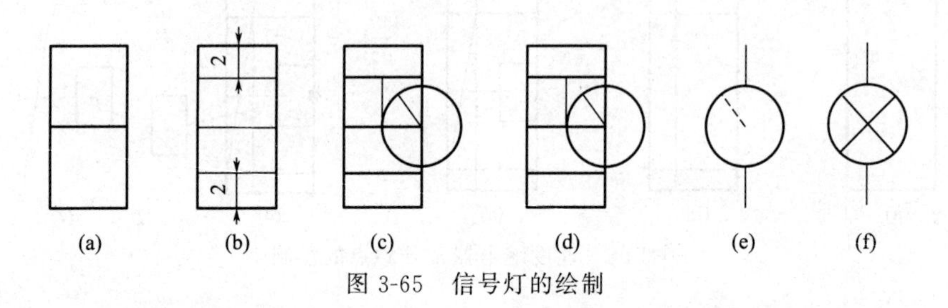

图 3-65　信号灯的绘制

第 5 步：插入图块。

根据电路图要求，单击“绘图”工具栏中的“插入块”命令，在如图 3-66 所示的“插入”对话框中选取元件名称依次调入图块。由于元器件图块的尺寸和预留位置的尺寸一致，在插入时使用端点捕捉功能就可以精确插入。对于相同元件可以复制、插入，对于摆放位置不同的，可在绘图窗口对元件进行旋转来调整。完成全部图块摆放后，电路图的绘制基本完成，进入最后的文字处理阶段。

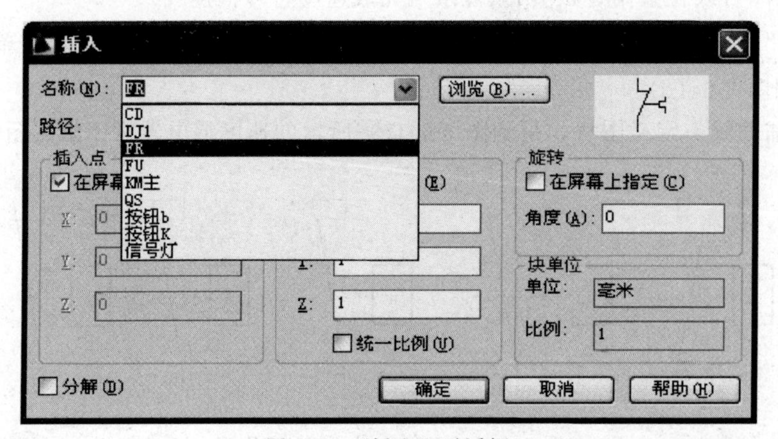

图 3-66　“插入”对话框

第 6 步：添加文字和注释。

设置“文字层”为当前图层，优先选择元件左侧正中位置输入各元件的文字符号，左侧空间不够的，可选择放在正上方或下方。注意：控制电路右下方的继电器线圈的文字符号一律放在底部回路线下方，各线圈对中位置上。全部文字输入完成后，微调文字符号位置，即可完成图 3-55 的绘制。

上机练习

用 A3 图幅绘制如图 3-67 所示的桥式起重机控制电路图。

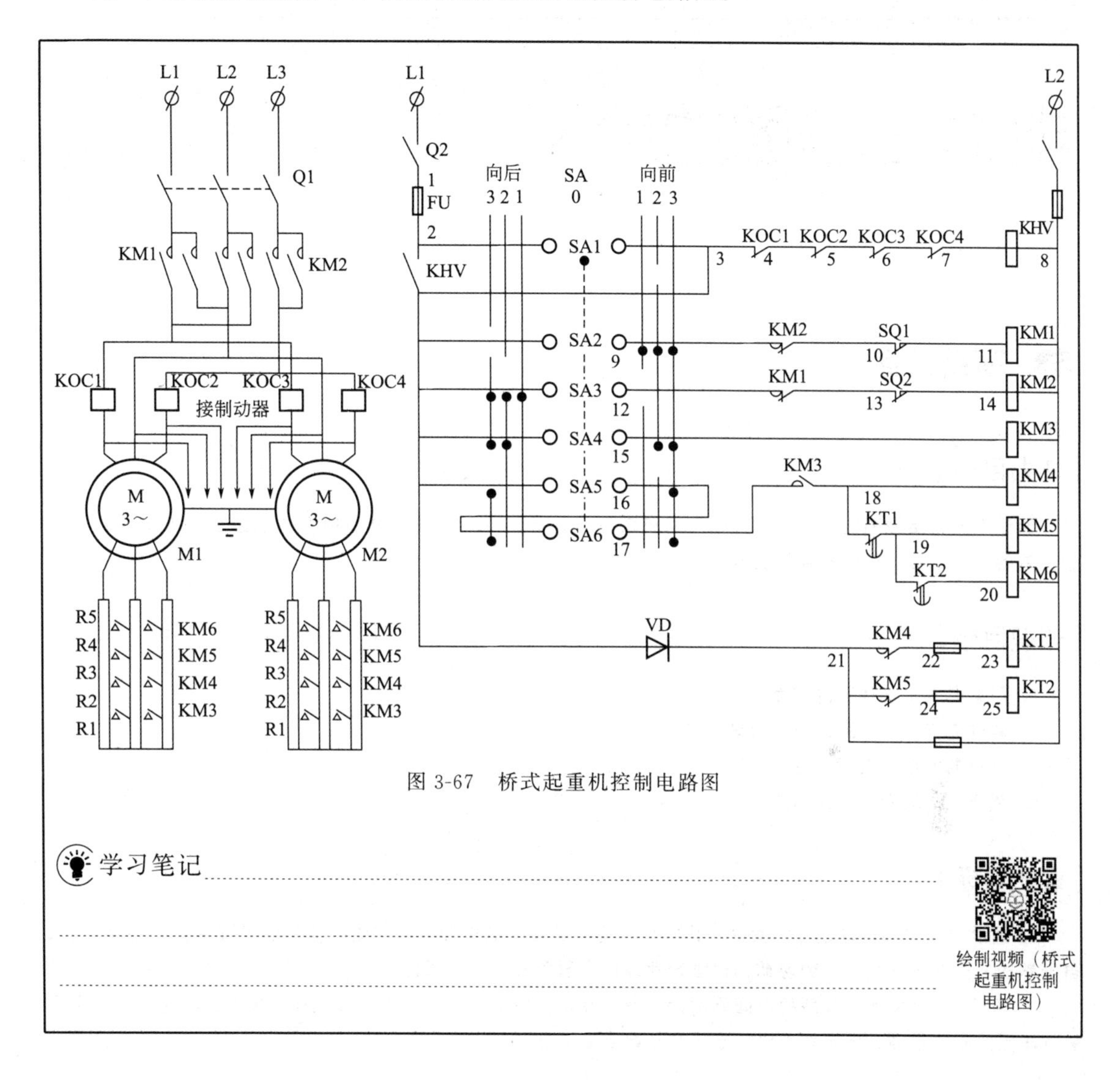

图 3-67　桥式起重机控制电路图

学习笔记

绘制视频（桥式起重机控制电路图）

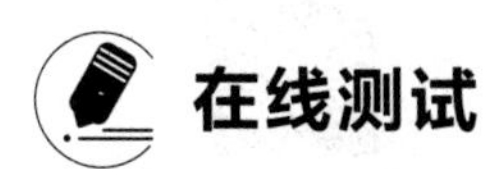

在线测试

选择【项目三】

项目四

电力工程图的绘制

项目目标

【能力目标】

通过电气主接线图的绘制，掌握电力系统常用元器件的绘制方法，熟悉电气主接线图的布局与绘图规划，具备电力工程图识图和绘制能力。

【知识目标】

1. 了解电气主接线图的特点。
2. 掌握电气主接线图的布局与规划。
3. 掌握电力系统常用元器件的绘制。
4. 掌握表格的设计与绘制方法。

【素质目标】

1. 通过“碳中和，碳达标”案例，让学生知道在实现“碳中和”和“碳达标”的过程中我们能做什么，自觉养成节能减排从我做起的习惯，树立行业绿色发展科技先行的理念。

2. 通过“‘碳中和’背后的中国能源大三角”案例，将爱国主义、专业责任担当传递给学生，帮助学生树立牢固的职业精神，坚定学习电气专业和从事专业领域的信心。

项目导入

【拓展阅读】“碳达峰”和“碳中和”究竟是什么？

电力工程图用来阐述电力工程的构成和功能，描述电力装置的工作原理，提供安装和使用维护的信息，辅助电力工程研究和指导电力工程施工。本项目通过 10kV 供配电系统主接线图（图 4-1），来帮助读者掌握电力工程图制图规则以及绘图方法。

图 4-1 所示为 10kV 供配电系统主接线图，进线为 10kV 架空线路，经过一把刀熔开关通过电缆接入变压器的高压侧。变压器型号为 S9 系列三相铜绕组变压器，容量为 400kV·A，高压侧电压 10kV，低压侧电压 0.4kV，绕组接线组别为 Y，y_n0。在高压侧安装了避雷器，为防止雷电波侵入过电压；低压侧出线干线上安装了电流互感器进行测量，经过一段母

线后分为两支出线：一条出线仅带一个回路，另一条出线带 9 个回路。每条出线上安装了电流互感器进行测量，在 9 支出线回路的配电线路上安装了低压无功补偿装置。

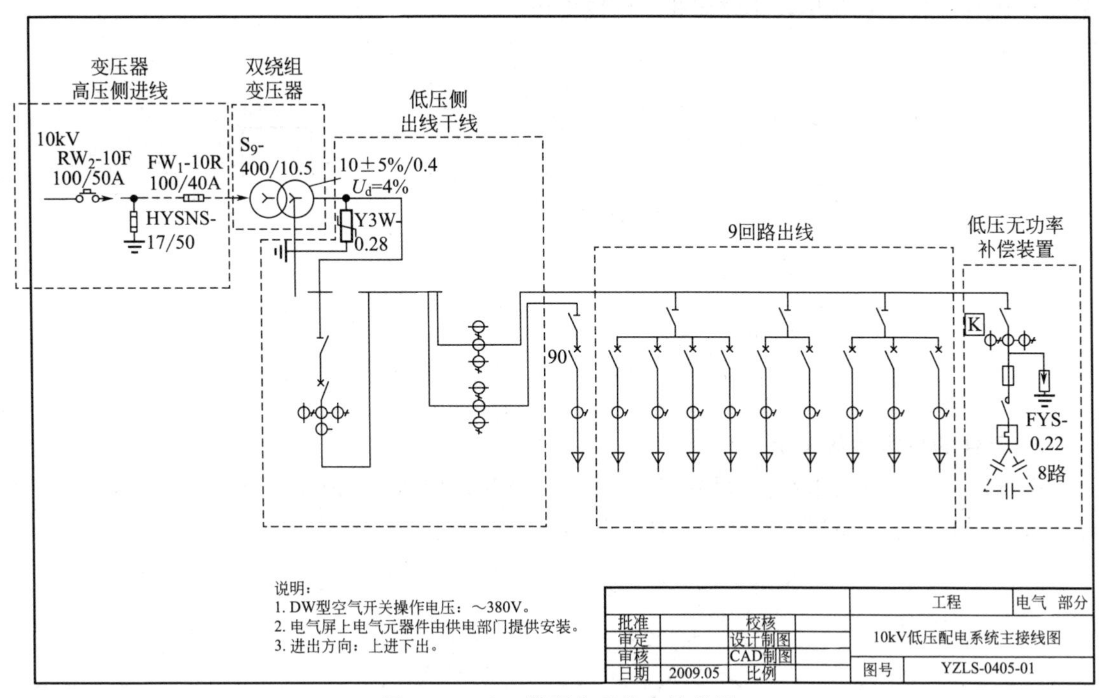

图 4-1　10kV 供配电系统主接线图

相关知识

一、电气主接线图绘制基本规则

电气接线图是在安装时为工程技术人员提供接线的依据，运行中为工作人员线路维护、维修提供端接信息。电气接线图中各元器件的相对位置、端子的排列顺序、导线的敷设方法和部位等均与实际相符，但其几何尺寸大小间距则是任意的，故接线图及接线表一般要表示出项目的相对位置、项目代号、端子代号、接线号及线缆规格等内容。

1. 项目的表示和位置取向

接线图中的部件或设备等项目一般采用简化外形，如矩形、正方形等来表示；接线图中的元器件，如电阻、变压器等采用图形符号来表示。

项目必须标注项目代号，且所有代号应一致，标注位置应在符号旁边，水平连线的标在符号上方，垂直连线标在符号左边，如图 4-2 所示。

2. 端子的表示和位置取向

接线图中端子一般用图形符号表示，并在其旁标注端子代号（1、2、3…或 A、B、C…）；不可拆卸的端子符号为“○”，可拆卸端子符号为“ϕ”；一般元器件不画端子符号，可标注端子代号；端子排采用一般符号，仅标注端子代号。

端子代号要靠近端子，放置在水平连线上边和垂直线左边，取向与连接方向一致，如

图 4-2(a) 所示。

元件或装置的端子代号应位于轮廓线和围框线外边，如图 4-2(b) 所示。单元内部元件的端子代号应标注在该单元轮廓线和围框线里边。

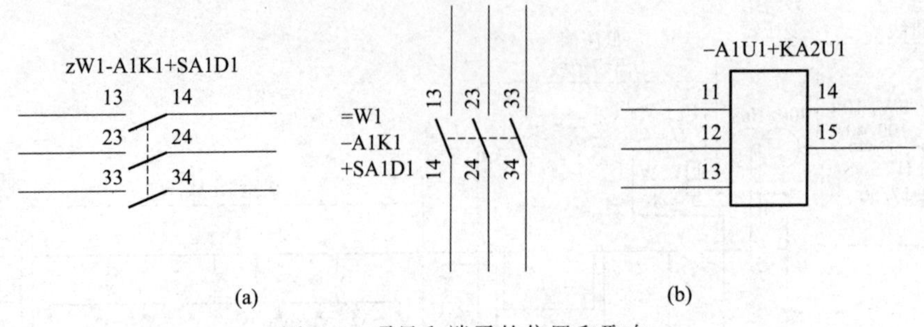

图 4-2 项目和端子的位置和取向

3. 元件的技术参数表示

电气图中的元件技术数据直接标注在图形符号旁，如图 4-3 所示。水平布置时，尽可能标在符号下方；垂直布置时，则标在项目代号下方。

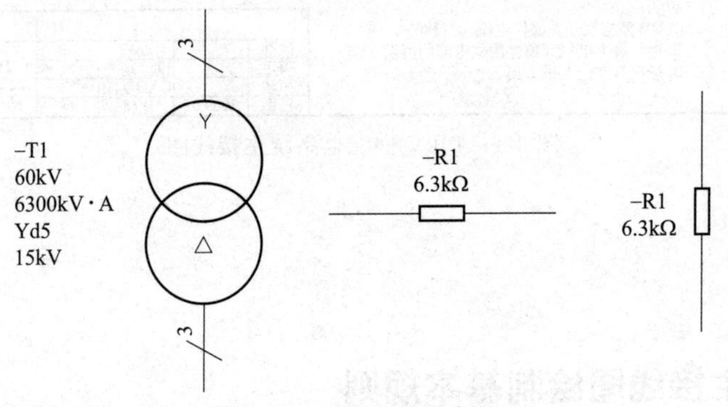

图 4-3 元件的技术参数

4. 导线的表示

在接线图中，一般的图线就可表示单根导线，电源主电路、一次电路、主信号通路等采用粗线表示；控制回路、二次回路等用细线表示。对于多根导线，可以分别画出，也可以画一根图线，但需要加标志，如图 4-4(a) 所示。

如连接线过多致接线图不易识别时，可以采用中断线来表示端子间的实际连接导线，在中断处需标明导线去向，如图 4-4(b) 所示。

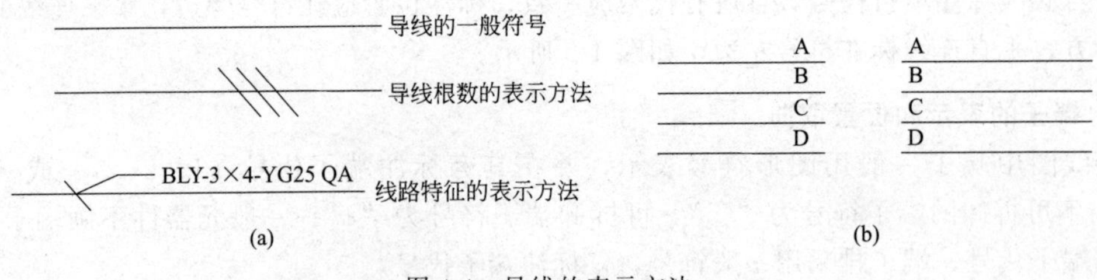

图 4-4 导线的表示方法

二、图形文件的打印

1. 打印预览

在将图形发送到打印机或绘图仪之前，最好先对打印图形进行预览，先预览可以节约时间和材料，可以观察打印效果是否符合需要。常用的预览操作有以下两种方法。

方法 1：单击下拉菜单【文件】|【打印预览】命令，打开预览窗口来观察打印效果。注意，单击“打印预览”，默认对绘图窗口显示的图形进行预览，所以在预览之前先将所要打印的图形对象部分进行调整。提示：可以通过鼠标的滚轮来调整窗口显示图形的大小。

方法 2：单击下拉菜单【文件】|【打印】命令，打开如图 4-5 所示的“打印”对话框，选择好打印区域后，单击“预览”按钮，即可进行预览。预览显示图形在打印时的确切外观，包括线宽、填充图案和其他打印样式选项。

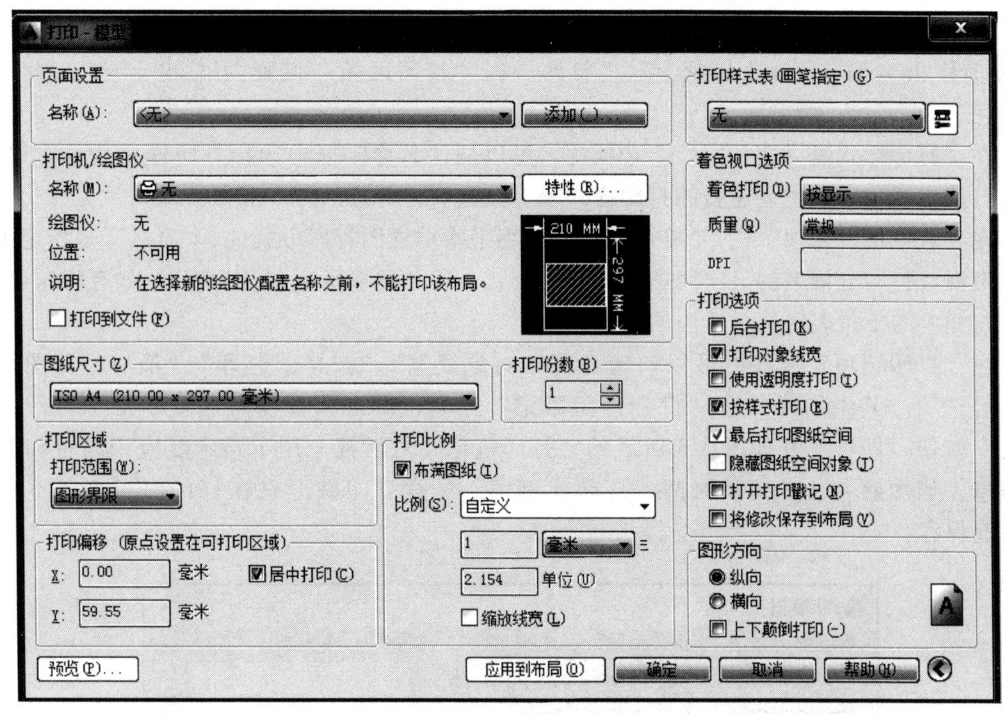

图 4-5 “打印”对话框

2. 打印图形

打印之前先要进行一些打印设置：单击下拉菜单【文件】|【打印】命令，即可打开图 4-5 所示的“打印”对话框，对打印页面、绘图仪、打印区域、图纸尺寸等进行设置。

在图 4-5 中，单击“页面设置”选项栏中的“添加”按钮来输入打印页面的名称，该名称不影响图形的打印，用户也可以选择“无”“上一次”等。

可以从“打印机/绘图仪”选项栏中“名称”下拉列表中选择一种绘图仪，单击“特性”按钮，可以查看和修改绘图设备的参数。

在“图纸尺寸”下拉表中选择图纸尺寸，右上侧会显示所选图纸尺寸的预览。在“打印份数”数值框中，输入要打印的份数。

在“打印区域”选项栏指定图形中要打印的部分，系统提供 4 种区域选择方式：一是“窗口”方式，选择该方式后，将会返回绘图窗口，通过鼠标指定要打印区域的两个角点，或输入坐标值来规划打印区域，指定打印的图形部分；二是“范围”方式，选择该方式将对当前空间内的所有几何图形进行打印；三是图形界线方式，从“布局”选项打印时，将打印指定图纸尺寸的可打印区域内的所有内容，其原点从布局中的（0,0）点计算得出，而从“模型”选项卡打印时，将打印栅格界限定义的整个图形区域；四是“显示”方式，在该种打印方式下，只打印当前视口中显示的视图，选定绘图区域后，可以单击“预览”按钮进行预览。在“打印比例”选项栏中，通常勾选“布满图纸”复选框，也可以从“比例”框中选择缩放比例。

图纸的打印区域由所选输出设备决定，在布局中以虚线表示。修改为其他输出设备时，可能会修改可打印区域。在“打印偏移”选项栏中，可以修改打印图纸上图形的偏移尺寸，在“X”偏移/“Y”偏移框中输入正值（右/上）或负值（左/下），可以偏移图纸上的几何图形。图纸中的绘图仪单位为英寸或毫米，或勾选“居中打印”，系统自动计算 X 偏移和 Y 偏移值，在图纸上居中打印。当“打印区域”设置为“布局”时，此选项不可用。

在“打印样式表（笔指定）”选项栏，可以从“名称”框中选择打印样式表，来设置、编辑打印样式表，或者创建新的打印样式表。该选项是可选的，一般保持默认“无”。

在“着色视口选项”栏，“着色打印”是用来指定视图打印方式的，“质量”是指定着色和渲染视口打印分辨率的，这两项一般保持默认，即“按显示”和“常规”。如有特殊要求，则可在相应的下拉表中选择适当的设置。

在“打印选项”选项栏可以勾选“打印对象线宽”“按样式打印”“最后打印图纸空间”等选项。其中如果勾选“打开打印戳记”选项，单击该选项右侧显示的“打印戳记设置”按钮，即可打开如图 4-6 所示的“打印戳记”对话框，用于指定要应用与打印戳记的信息，如图姓名、日期和时间、打印比例等。注意打印戳记只在打印时出现，不与图形一起保存。

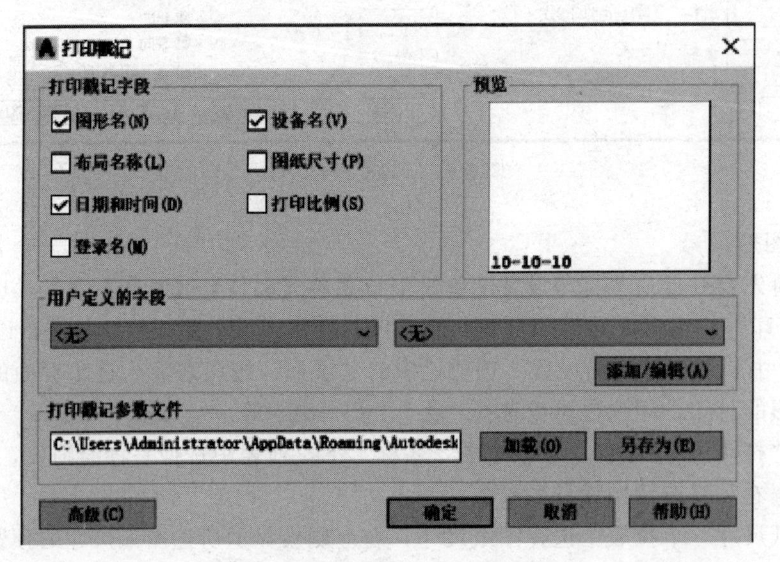

图 4-6 “打印戳记”对话框

“图形方向”选项栏中的各项是用来支持纵向或横向的绘图仪指定图形在图纸上的打印方向的，右侧带字母的图纸图标代表所选图纸的介质方向，字母图标代表图形在图纸上的方向。当选择“纵向”或“横向”，以及勾选“上下颠倒打印”时，右侧图标会用字母显示选项效果。

当用户完成以上各项打印设置后，单击“确定”按钮即可打印图形文件。

三、AutoCAD 精确绘图

【实例 4-1】 绘制旋转楼梯

以旋转楼梯为例，讲解打断于点命令的使用方法，本实例还用到环形阵列命令、直线命令、圆弧命令等，绘制结果如图 4-7 所示。

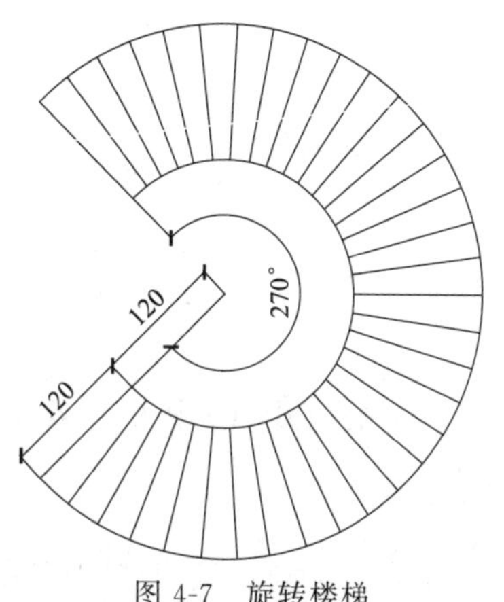

图 4-7　旋转楼梯

（一）命令详解

1. 打断命令（BREAK）

“打断”按钮 用于将对象断开或者截取对象的一部分。打断命令可以用于打断直线、圆（弧）、椭圆（弧）射线、构造线、样条曲线等对象。打断对象时，可以在对象上的两个指定点之间创建间隔，从而将一个对象打断为两个对象。如果这些点不在对象上，则会自动投影到该对象上。在默认的情况下，系统会选择对象的单击之处为第一个点。

如果打断的点不是选取对象的单击之处，则在选择完对象之后，在命令提示行中选择“第一点”即 第一点(F)，在打断对象上选择第一个点后，然后选择第二个点，完成对对象的打断，如图 4-8 所示。

2. 打断于点（BREAK）

“打断于点”按钮 用于打断对象，与“打断”不同的是，“打断于点”仅是用一个点来打断对象。而打断对象的哪一段则是根据点的位置而定，即如果打断点靠近对象的左端点，则会删除对象的左半部分，如果打断点靠近对象的右端点，则会删除对象的右半部分，如图 4-9 所示。

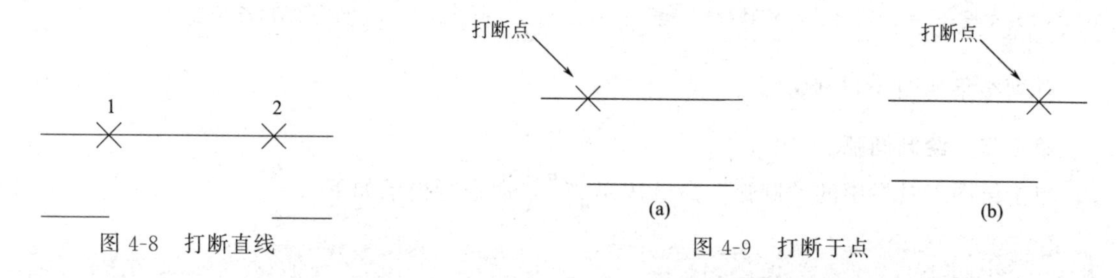

图 4-8　打断直线　　图 4-9　打断于点

（二）绘图过程

第 1 步：绘制直线。

（1）绘制直线 AB　单击绘图工具栏中的“直线”命令按钮，命令行提示如下。

```
命令：_line 指定第一点：                          //在绘图区之内任意一点单击，
                                                   确定点A
指定下一点或[放弃(U)]：@ 240<45                   //输入B 点坐标，确定点B
指定下一点或[放弃(U)]：                           //回车，结束命令
```

结果如图 4-10 所示。

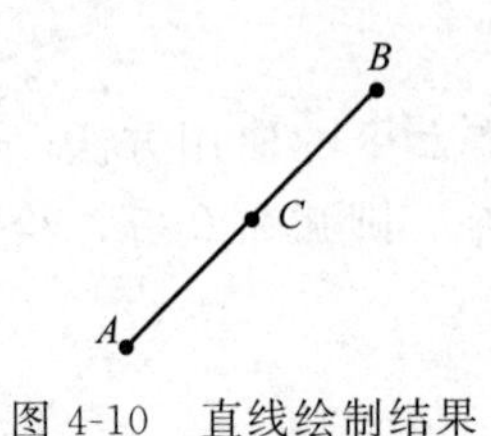

图 4-10　直线绘制结果

（2）将直线 *AB* 从 *C* 点处断开　单击修改工具栏中的打断于点命令按钮，命令行提示如下。

```
命令：_break 选择对象：                           //选择直线AB
指定第二个打断点或[第一点(F)]：f
指定第一个打断点：                                //捕捉直线AB 的中点
指定第二个打断点：
```

注意：捕捉直线 *AB* 的中点时，应将“中点”捕捉模式选中。

第 2 步：阵列直线 AC。

单击下拉菜单中的【修改】|【环形阵列】，命令行提示如下。

```
命令：_选择对象：                                 //选择直线AB
指定阵列的中心点或[基点(B)旋转轴(A)]：            //捕捉B 点作为阵列的中心点
选择夹点以编辑阵列或[关联(AS)基点(B)项目(I)项目间角度(A)填充角度(F)行(ROW)层(L)旋转项目
(ROT)退出(X)]<退出>： 点击“项目”选项            //设置项目数
输入阵列中的项目数或[表达式(E)]<6>：35            //项目数 35
指定填充角度(+ =逆时针、-=顺时针)或[表达式(EX)]<360>：270   //设置填充角度 270
```

阵列结果如图 4-11 所示。

第 3 步：绘制圆弧。

单击绘图工具栏中的“圆弧”命令按钮，命令行提示如下。

```
命令：_are 指定圆弧的起点或[圆心(C)]：            //捕捉C 点
指定圆弧的第二个点或[圆心(C)/端点(E)]：           //捕捉任一直线段的里侧端点
指定圆弧的端点：                                  //捕捉D 点
```

结果如图 4-12 所示。

同样，运用三点画弧的方法可以绘制旋转楼梯的外弧，结果如图 4-7 所示。

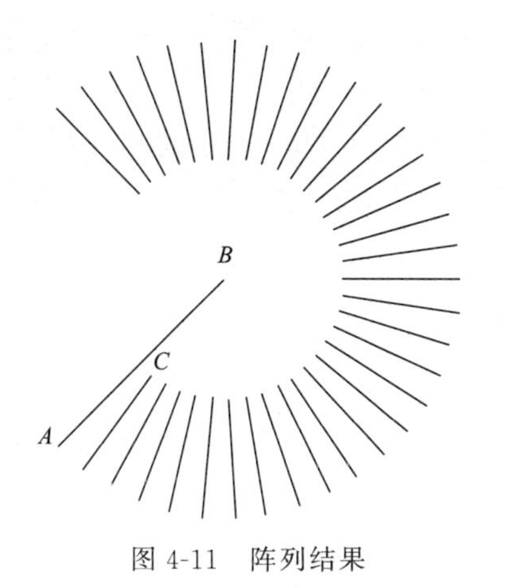

图 4-11 阵列结果

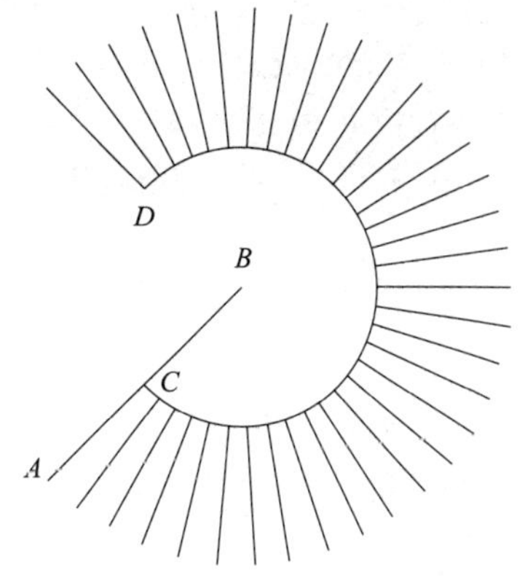

图 4-12 圆弧绘制结果

【实例 4-2】 绘制洗菜盆平面图

使用矩形命令、镜像命令、圆角命令、复制命令、移动和旋转命令来完成如图 4-13 所示洗菜盆的绘制。

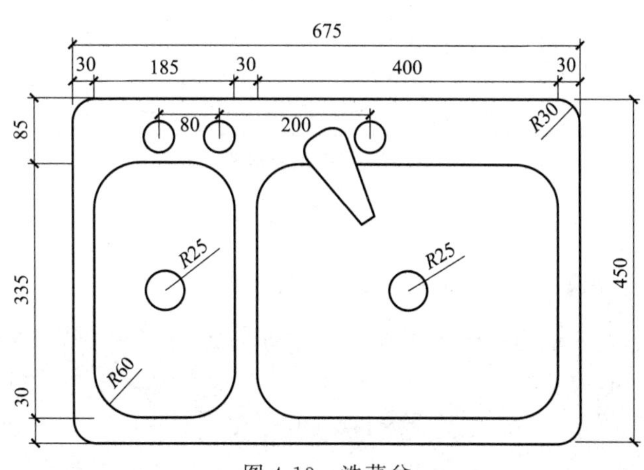

图 4-13 洗菜盆

第 1 步：绘制洗菜盆轮廓。

① 单击下拉菜单【绘图】|【矩形】命令，绘制洗菜盆轮廓线，命令行提示如下。

```
命令:_rectang
指定第一个角点或[倒角(C)/标高(E)/圆角(F)/厚度(T)/宽度(W)]:f          //选择圆角选项 F
指定矩形的圆角半径<0.0000>:30                                        //输入圆角半径值 30
指定第一个角点或[倒角(C)/标高(E)/圆角(F)/厚度(T)/宽度(W)]:0,0        //指定左下角绝对坐标
指定另一个角点或[面积(A)/尺寸(D)/旋转(R)]:@ 675,450                  //输入右上角相对坐标
```

② 绘制左侧洗菜盆轮廓线，命令行提示如下。

```
命令:_rectang
当前矩形模式: 圆角=30.0000
```

```
指定第一个角点或[倒角(C)/标高(E)/圆角(F)/厚度(T)/宽度(W)]:f          //选择圆角选项 F
指定矩形的圆角半径<30.0000>:60                                       //输入圆角半径值 60
指定第一个角点或[倒角(C)/标高(E)/圆角(F)/厚度(T)/宽度(W)]:           //捕捉左下角圆心
指定另一个角点或[面积(A)/尺寸(D)/旋转(R)]:@ 185,335                  //输入右上角相对坐标
```

③ 绘制右侧洗菜盆轮廓线，命令行提示如下。

```
命令:_rectang
当前矩形模式:  圆角=60.0000
指定第一个角点或[倒角(C)/标高(E)/圆角(F)/厚度(T)/宽度(W)]:           //捕捉右下角圆心
指定另一个角点或[面积(A)/尺寸(D)/旋转(R)]:@ -400,335                 //输入左上角相对坐标
```

绘制洗菜盆轮廓如图 4-14 所示。

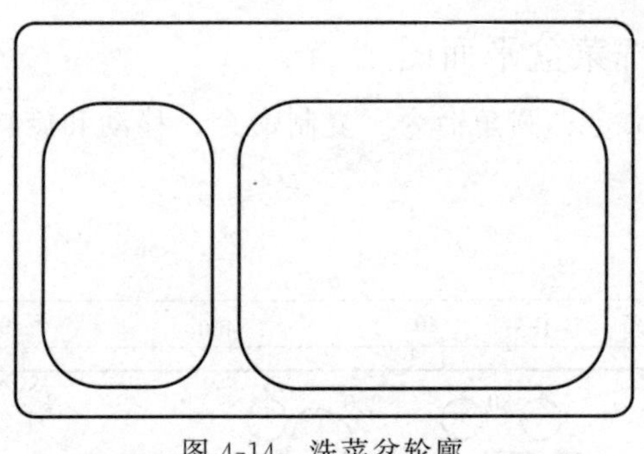

图 4-14　洗菜盆轮廓

第 2 步：绘制下水孔。

单击下拉菜单【绘图】|【圆】命令，命令行提示如下。

```
命令:_circle 指定圆的圆心或[三点(3P)/两点(2P)/相切、相切、半径(T)]:  //捕捉左小矩形中心
指定圆的半径或[直径(D)]:25                                           //输入半径
命令:_circle 指定圆的圆心或[三点(3P)/两点(2P)/相切、相切、半径(T)]:  //捕捉右大矩形中心
指定圆的半径或[直径(D)]:25                                           //输入半径
命令:_circle 指定圆的圆心或[三点(3P)/两点(2P)/相切、相切、半径(T)]:195,400
                                                                     //输入绝对坐标,确定圆心
指定圆的半径或[直径(D)]<25.0000>:20                                  //输入半径
```

绘制结果如图 4-15 所示。

第 3 步：复制水孔。

单击下拉菜单【修改】|【复制】命令，命令行提示如下。

```
命令:_copy
选择对象:找到 1 个                                                   //选取水孔
选择对象:                                                            //回车结束选择
当前设置:  复制模式=多个
指定基点或[位移(D)/模式(O)]<位移>:                                   //单击圆心点
指定第二个点或<使用第一个点作为位移>:200                             //向右水平输入距离 200
```

同理复制完成左边的水孔，如图 4-16 所示。

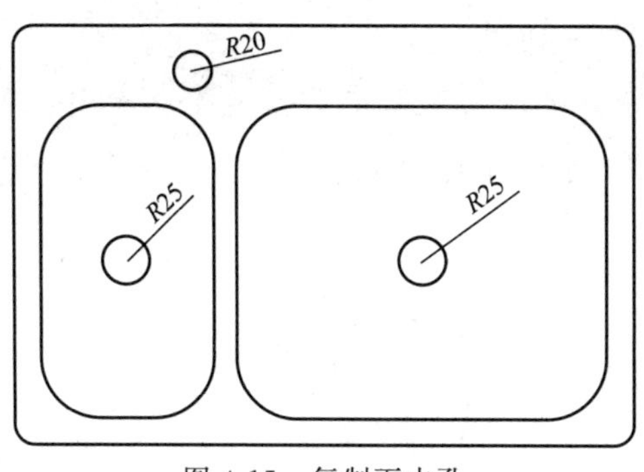

图 4-15　复制下水孔

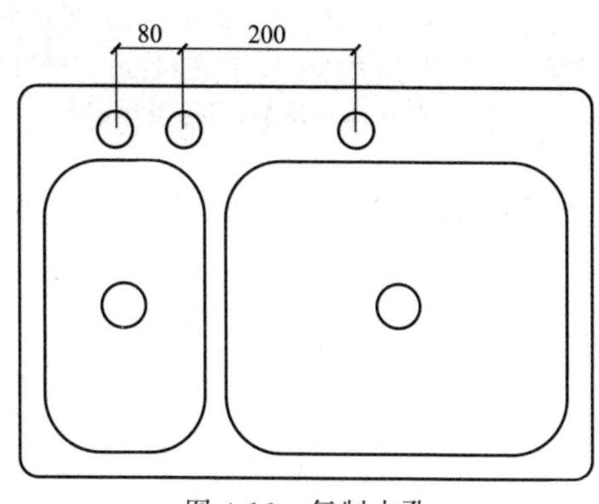

图 4-16　复制水孔

第 4 步：绘制水龙头。

① 单击下拉菜单【绘图】|【直线】命令，命令行提示如下。

```
命令:_line 指定第一点:                              //单击 A 点
指定下一点或[放弃(U)]:20                            //输入距离值 20,确定 B 点
指定下一点或[放弃(U)]:@ 130<80                      //输入 C 点相对极坐标
指定下一点或[闭合(C)/放弃(U)]:                       //回车
```

② 单击下拉菜单【修改】|【偏移】命令，命令行提示如下。

```
命令:_offset                                                    //激活偏移命令
当前设置:删除源=否　图层=源　OFFSETGAPTYPE=0
指定偏移距离或[通过(T)/删除(E)/图层(L)]<通过>: 130              //输入偏移值 130
选择要偏移的对象,或[退出(E)/放弃(U)]<退出>:                      //选择直线 AB
指定要偏移的那一侧上的点,或[退出(E)/多个(M)/放弃(U)]<退出>:      //单击上侧
选择要偏移的对象,或[退出(E)/放弃(U)]<退出>:                      //回车完成偏移
```

③ 单击下拉菜单栏中的【修改】|【镜像】命令，命令行提示如下。

```
命令:_mirror                                  //激活镜像命令
选择对象:找到 1 个                             //选取直线 BC
选择对象:
指定镜像线的第一点:                            //选取直线 BC 中点
指定镜像线的第二点:                            //选取直线 EF 中点
要删除源对象吗? [是(Y)/否(N)]<N>:
```

镜像后效果如图 4-17 所示。

④ 单击下拉菜单栏中的【修改】|【圆角】命令，命令行提示如下。

```
命令:_fillet                                                    //激活圆角命令
当前设置:模式=修剪,半径=0.0000
选择第一个对象或[放弃(U)/多段线(P)/半径(R)/修剪(T)/多个(M)]:r   //选择半径选项
```

```
指定圆角半径<0.0000>:20                                              //输入半径值 20
选择第一个对象或[放弃(U)/多段线(P)/半径(R)/修剪(T)/多个(M)]:m     //选择多个选项
选择第一个对象或[放弃(U)/多段线(P)/半径(R)/修剪(T)/多个(M)]:       //选择直线 AD
选择第二个对象,或按住 Shift 键选择要应用角点的对象:                  //选择直线 EF
```

同理对另一端进行圆角。圆角后的水龙头图形，如图 4-18 所示。

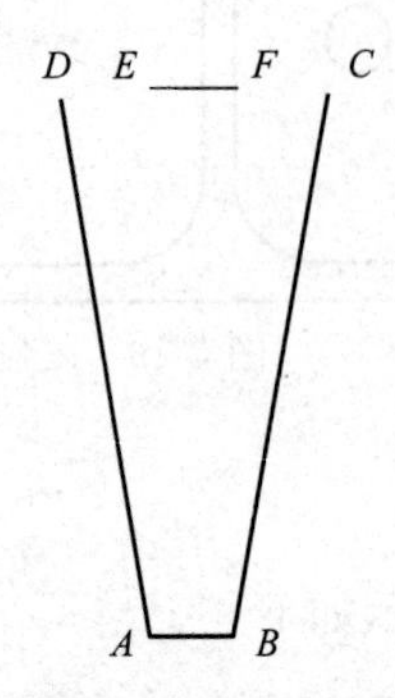

图 4-17 绘制水龙头轮廓线

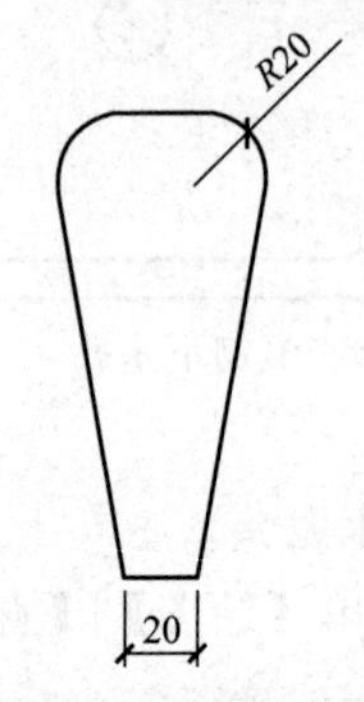

图 4-18 绘制水龙头

第 5 步：移动水龙头。

单击修改工具栏“移动”命令按钮 ，命令行提示如下。

```
命令:_move                                        //激活移动命令
选择对象:找到 1 个                                 //选择水龙头图形
选择对象:                                          //回车
指定基点或[位移(D)]<位移>:                        //捕捉水龙头上端中点,如图 4-19 所示
指定第二个点或<使用第一个点作为位移>:             //捕捉圆心连线与直线中点的交点,回车
```

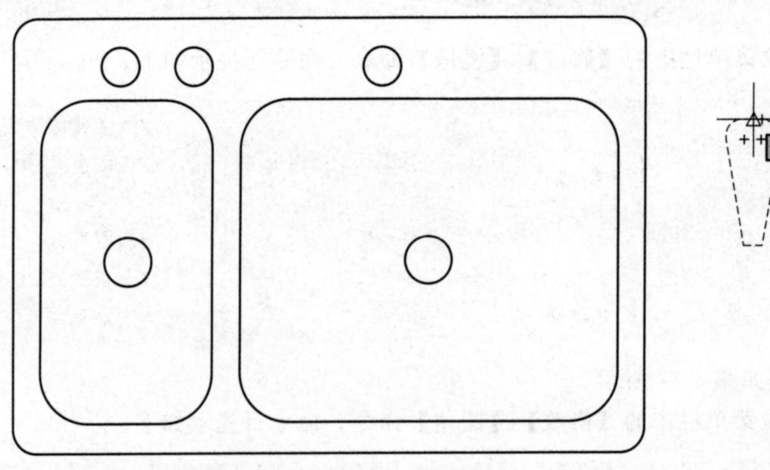

图 4-19 移动水龙头

移动水龙头结果如图 4-20 所示。

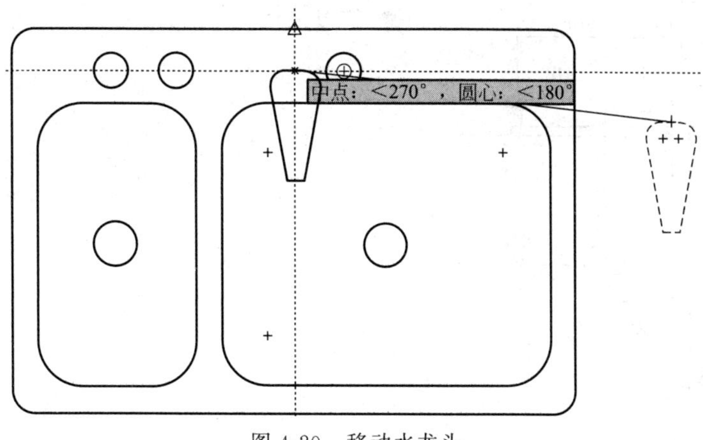

图 4-20 移动水龙头

第 6 步：旋转水龙头。

单击修改工具栏“旋转”命令按钮，命令行提示如下。

```
命令:_rotate                                          //激活旋转命令
UCS 当前的正角方向:  ANGDIR=逆时针   ANGBASE=0
选择对象:找到 1 个                                     //选取水龙头
选择对象:                                              //回车
指定基点:                                              //选取水龙头左圆角的圆心点
指定旋转角度,或[复制(C)/参照(R)]<0>:  30               //输入旋转角度值
```

绘制洗菜盆结果如图 4-21 所示。

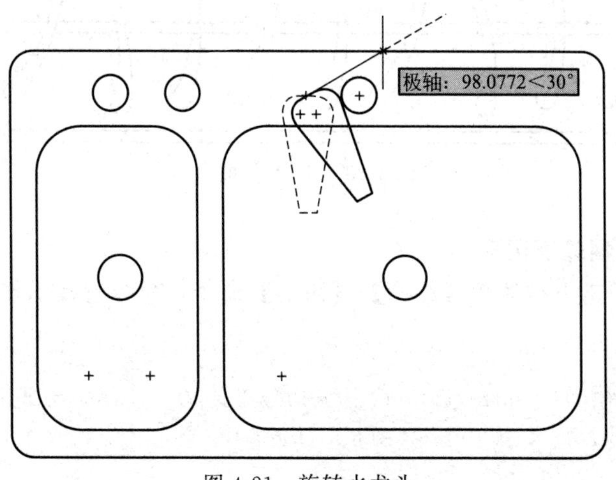

图 4-21 旋转水龙头

上机练习

绘制如图 4-22 所示的电线杆。

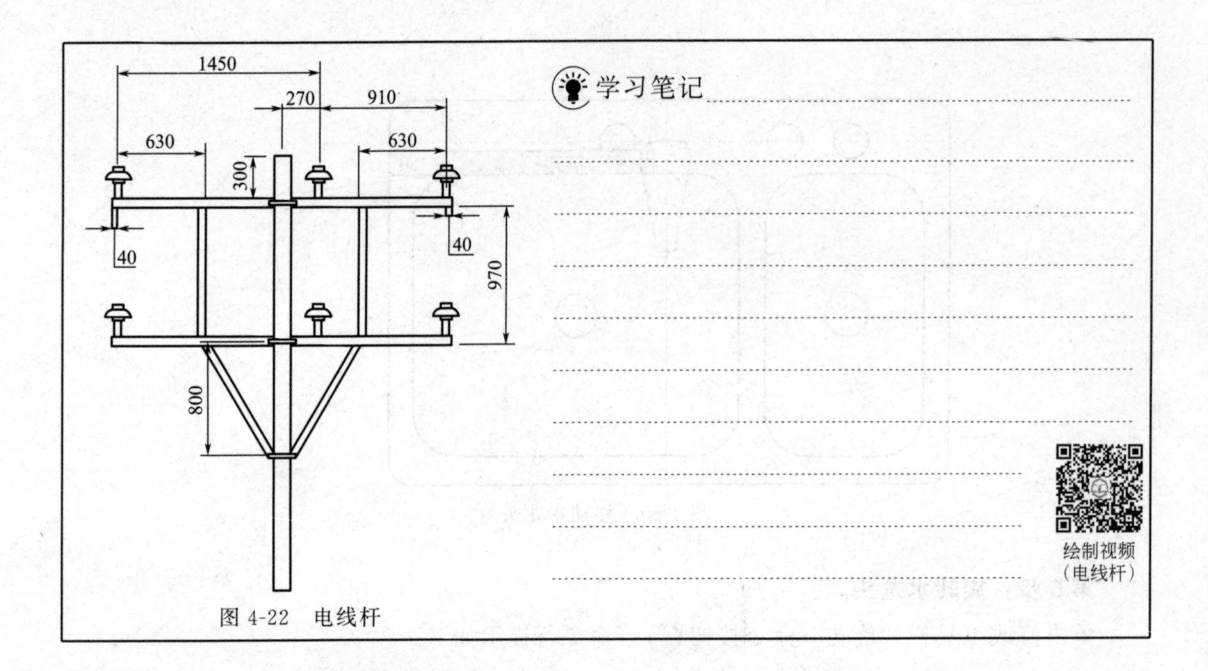

图 4-22　电线杆

【实例 4-3】 绘制衣橱平面图

使用矩形命令、偏移命令、阵列命令、旋转命令、修剪命令等来完成如图 4-23 所示衣橱图形的绘制。

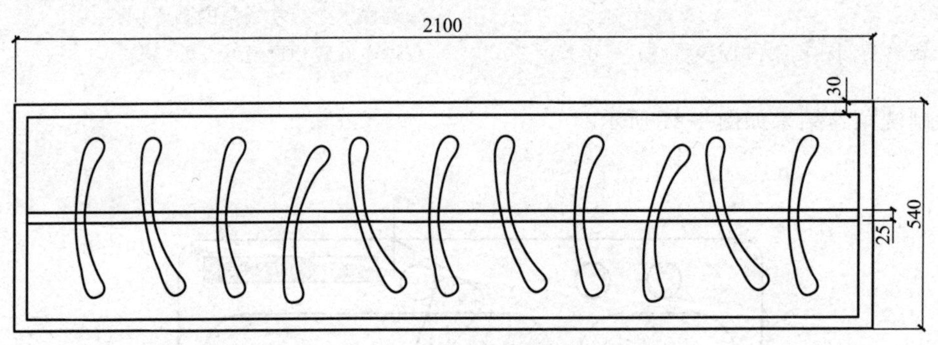

图 4-23　衣橱平面图

第 1 步：绘制衣橱轮廓图形。

① 绘制矩形。单击下拉菜单【绘图】|【矩形】命令，命令行提示如下。

```
命令：_rectang
指定第一个角点或[倒角(C)/标高(E)/圆角(F)/厚度(T)/宽度(W)]：       //单击确定左下角点
指定另一个角点或[面积(A)/尺寸(D)/旋转(R)]：@ 2100,540            //输入相对坐标确定右上角点
```

② 偏移矩形，命令行提示如下。

```
命令：_offset
当前设置：删除源＝否　图层＝源　OFFSETGAPTYPE＝0
指定偏移距离或[通过(T)/删除(E)/图层(L)]<通过>： 30              //输入偏移值
```

```
选择要偏移的对象,或[退出(E)/放弃(U)]<退出>:                    //选择矩形
指定要偏移的那一侧上的点,或[退出(E)/多个(M)/放弃(U)]<退出>: //单击矩形内部
选择要偏移的对象,或[退出(E)/放弃(U)]<退出>:
```

第 2 步：绘制衣橱挂衣杆。

① 捕捉衣橱两边轮廓线。选择下拉菜单【绘图】|【矩形】命令，命令行提示如下。

```
命令:_line 指定第一点:                                    //捕捉衣橱左边中点
指定下一点或[放弃(U)]:                                    //捕捉衣橱右边中点
```

② 偏移衣橱两边轮廓线，命令行提示如下。

```
命令_offset
当前设置:删除源=否  图层=源  OFFSETGAPTYPE=0
指定偏移距离或[通过(T)/删除(E)/图层(L)]<30.0000>: 12.5     //输入偏移值
选择要偏移的对象,或[退出(E)/放弃(U)]<退出>:                 //选择直线
指定要偏移的那一侧上的点,或[退出(E)/多个(M)/放弃(U)]<退出>: //单击上侧一点
选择要偏移的对象,或[退出(E)/放弃(U)]<退出>:                 //选择直线
指定要偏移的那一侧上的点,或[退出(E)/多个(M)/放弃(U)]<退出>: //单击下侧一点
```

删除中间直线，衣橱挂衣杆绘制结果如图 4-24 所示。

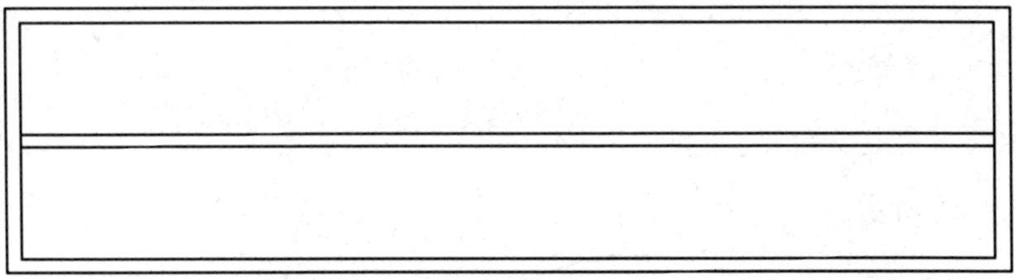

图 4-24 绘制衣橱挂衣杆

第 3 步：绘制衣架图形。

选取下拉菜单【绘图】|【圆】命令，命令行提示如下。

```
命令:_circle 指定圆的圆心或[三点(3P)/两点(2P)/相切、相切、半径(T)]:1350
          //选取AB 直线中心点向左追踪,输入距离值 1350,如图 4-25 所示
指定圆的半径或[直径(D)]:600
          //输入半径值
命令:_circle 指定圆的圆心或[三点(3P)/两点(2P)/相切、相切、半径(T)]:_from<偏移>:1640
          //按住 shift+右键打开快捷菜单,选择"临时追踪点",单击AB 直线中心点输入距离值
指定圆的半径或[直径(D)]<600.0000>:290
          //输入半径值 290
```

效果图如图 4-26 所示。

第 4 步：修改衣架。

① 选取下拉菜单中【绘图】|【圆】|【相切、相切、半径】命令，命令行提示如下。

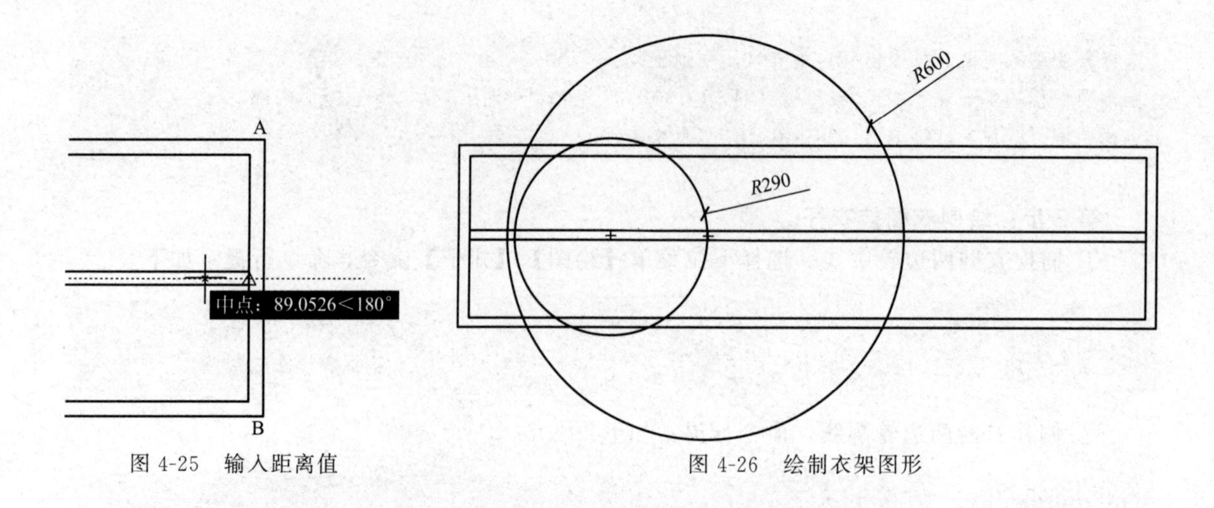

图 4-25　输入距离值　　　　图 4-26　绘制衣架图形

```
命令：_circle 指定圆的圆心或[三点(3P)/两点(2P)/相切、相切、半径(T)]：_ttr
指定对象与圆的第一个切点：                    //单击大圆上部
指定对象与圆的第二个切点：                    //单击小圆上部
指定圆的半径＜290.0000＞：22                  //输入半径值
```

② 重复上述命令，命令行提示如下。

```
命令：_circle 指定圆的圆心或[三点(3P)/两点(2P)/相切、相切、半径(T)]：_ttr
指定对象与圆的第一个切点：                    //单击大圆下部
指定对象与圆的第二个切点：                    //单击小圆下部
指定圆的半径＜22.0000＞：                     //输入半径值
```

结果如图 4-27 所示。

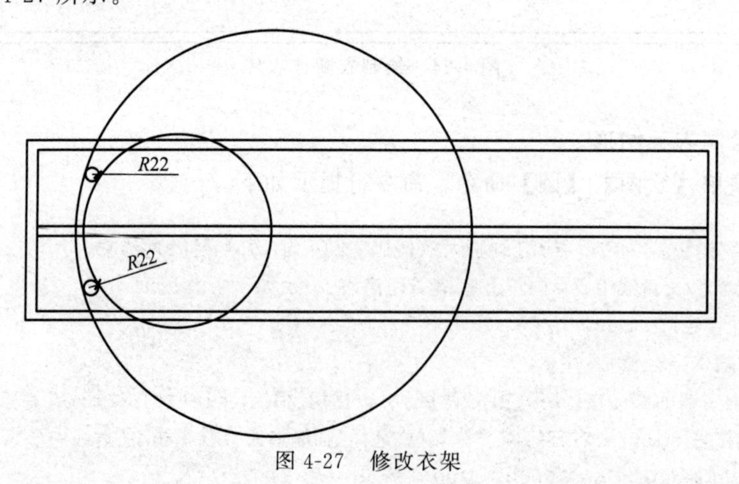

图 4-27　修改衣架

第 5 步：修剪衣架多余弧线。

选择修改工具栏中“修剪”命令 -/--，命令行提示如下。

```
命令：_trim                                   //激活修剪命令
当前设置：投影＝UCS,边＝无
```

```
选择剪切边...
选择对象或<全部选择>:                                              //回车
选择要修剪的对象,或按住 Shift 键选择要延伸的对象,或[栏选(F)/窗交(C)/投影(P)/边(E)/删除(R)/
放弃(U)]:                                                          //单击要修剪的圆弧
```

同理继续修剪，完成效果图如图 4-28 所示。

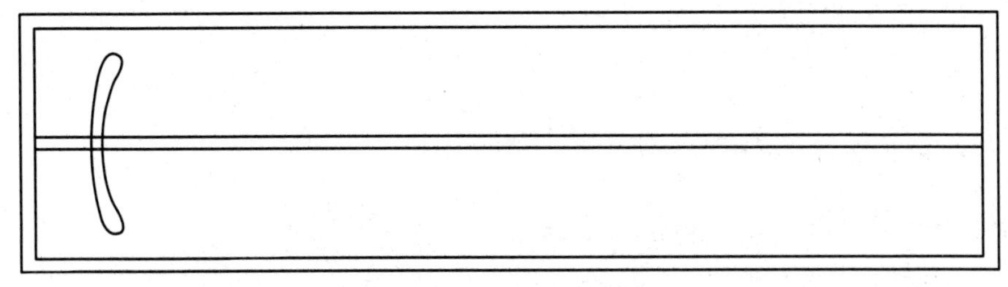

图 4-28 修剪衣架多余弧线

第 6 步：阵列衣架。

单击下拉菜单的【修改】|【阵列】|【矩形阵列】命令，命令行提示如下。

```
命令:_array                                                        //选择阵列对象
arrayrect 选择夹点以编辑阵列或[关联(AS)基点(B)计数(cou)间距(S)列数(col)行数(R)层数(L)退
出(X)]:                                                            //选择"行数"选项
Arrayrect 输入行数:1                                               //输入行数 1
                                                                   //回车
Arrayrect 选择夹点以编辑阵列或[关联(AS)基点(B)计数(cou)间距(S)列数(col)行数(R)层数(L)退
出(X)]:                                                            //选择"列数"选项
Arrayrect 输入列数:11                                              //输入列数 11
Arrayrect 指定列数之间的距离:175                                   //输入列数之间的距离 175
                                                                   //回车
```

完成衣架图形阵列操作，结果如图 4-29 所示。

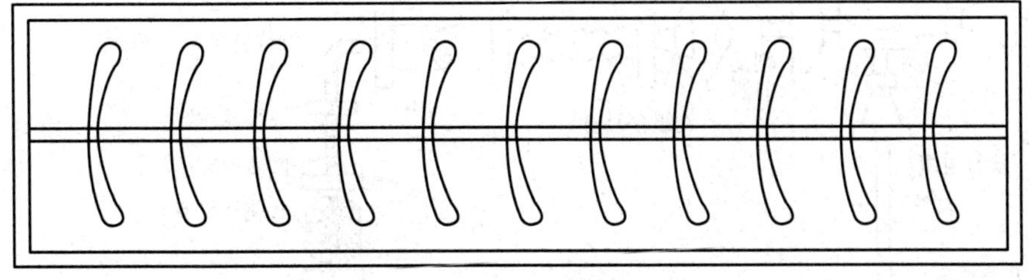

图 4-29 完成衣架图形阵列图

第 7 步：分别旋转衣架。

单击修改工具栏中“旋转”命令按钮，命令行提示如下。

```
① 命令:_rotate
UCS 当前的正角方向:  ANGDIR=逆时针   ANGBASE=0
```

```
选择对象:指定对角点:找到 4 个
选择对象:
指定基点:
指定旋转角度,或[复制(C)/参照(R)]<350>: 15
② 命令:_rotate
UCS 当前的正角方向: ANGDIR=逆时针 ANGBASE=0
选择对象:指定对角点:找到 4 个
选择对象:
指定基点:
指定旋转角度,或[复制(C)/参照(R)]<15>: 13
③ 命令:_rotate
UCS 当前的正角方向: ANGDIR=逆时针 ANGBASE=0
选择对象:指定对角点:找到 4 个
选择对象:
指定基点:
指定旋转角度,或[复制(C)/参照(R)]<13>: -12
④ 命令:_rotate
UCS 当前的正角方向: ANGDIR=逆时针 ANGBASE=0
选择对象:指定对角点:找到 4 个
选择对象:
指定基点:
指定旋转角度,或[复制(C)/参照(R)]<348>: 17
```

分别选择 4 个衣架进行旋转，结果如图 4-23 所示。

上机练习

绘制如图 4-30 所示的天线馈线系统图。

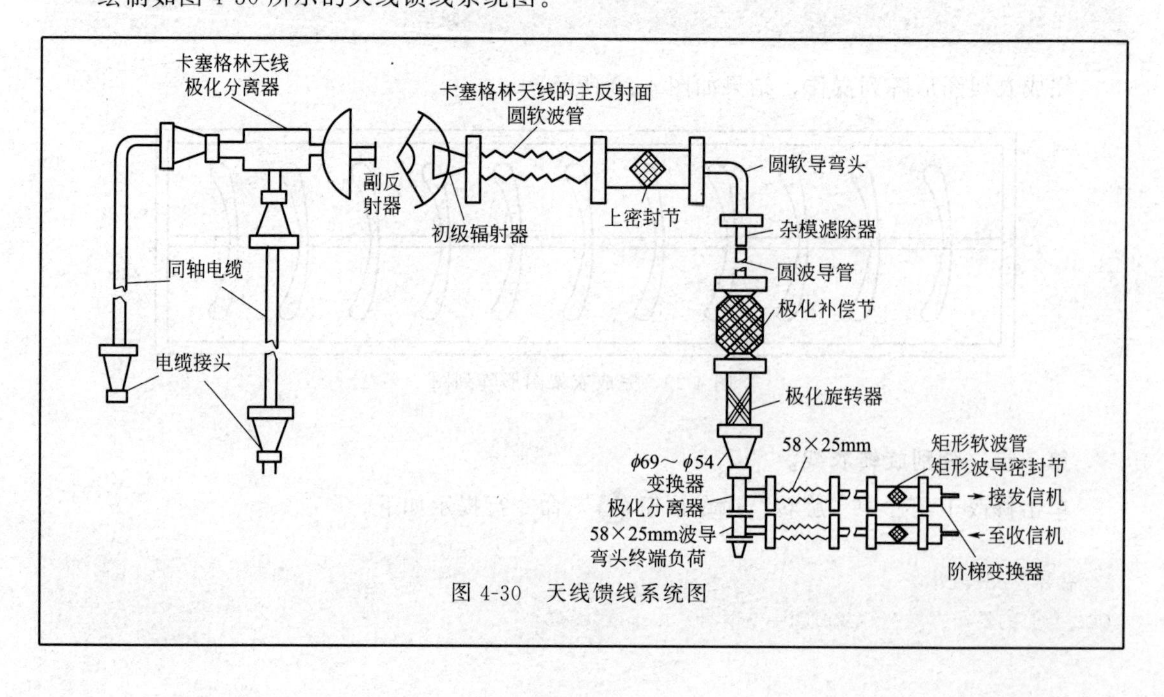

图 4-30 天线馈线系统图

学习笔记

绘制视频（天线馈线系统图）

【实例 4-4】 绘制门窗统计表

以门窗统计表为例，讲解表格样式的创建方法，以及表格的创建与编辑等。绘图结果如图 4-31 所示。

（一）命令详解

在电气图的绘制中，由于元器件较多、线路比较繁杂，不便于就近标识，或者标识内容较多，经常采用添加单独列表的形式来给出设备或元器件的名称、型号或运行及工作状态与条件等信息。

门窗统计表			
序　号	设计编号	规　格	数
1	M-1	1300×2000	4
2	M-2	1000×2100	30
3	C-1	2400×1700	10
4	C-2	1800×1700	40

图 4-31　门窗统计表

1. 设置与修改表格样式

添加表格前需要对表格的样式进行设置，可以选择下拉菜单【格式】|【表格样式】命令，或者单击“表格样式”图标，就可以打开“表格样式”对话框，如图 4-32 所示。如果以前有建立过表格样式，在左侧的样式列表框中就会显示所有样式，单击鼠标可以选择某个样式，然后单击“置为当前”按钮，就可以用所选的样式进行表格插入。

表格样式
当前表格样式: Standard
样式(S):
Standard
预览: Standard
置为当前(U)
新建(N)...
修改(M)...
删除(D)
列出(L):
所有样式
关闭
帮助(H)

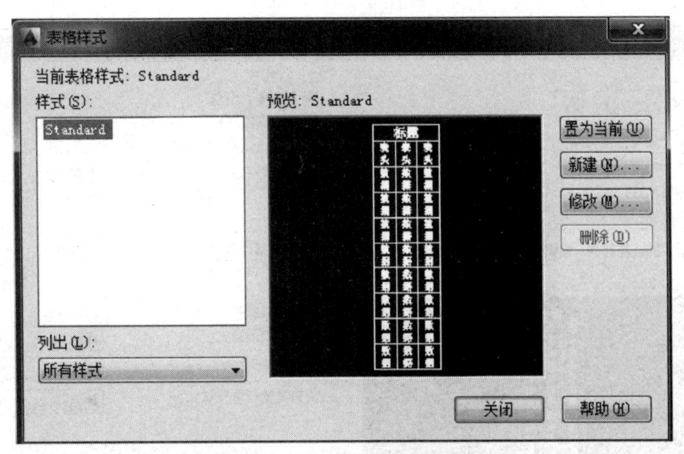

图 4-32　“表格样式”对话框

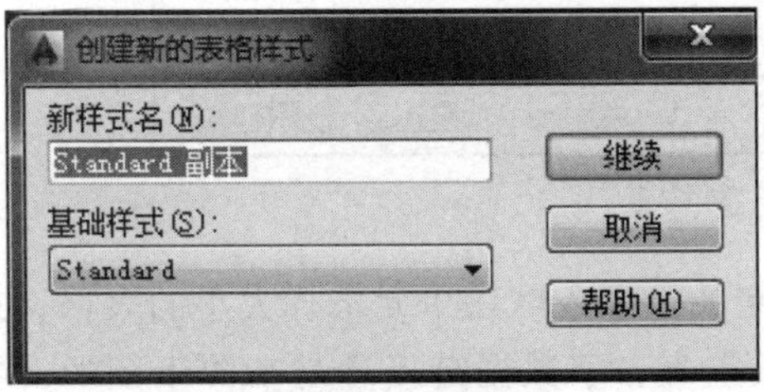

创建新的表格样式
新样式名(N):
Standard 副本
继续
基础样式(S):
Standard
取消
帮助(H)

图 4-33　“创建新的表格样式”对话框

单击图 4-32 中的“新建”按钮，可以打开如图 4-33 的“创建新的表格样式”对话框，输入新样式名称，选择“基础样式”，单击“继续”按钮进入“新建表格样式”对话框，如图 4-34 所示，可对表格的基本样式、文字样式、边框样式等进行设置。

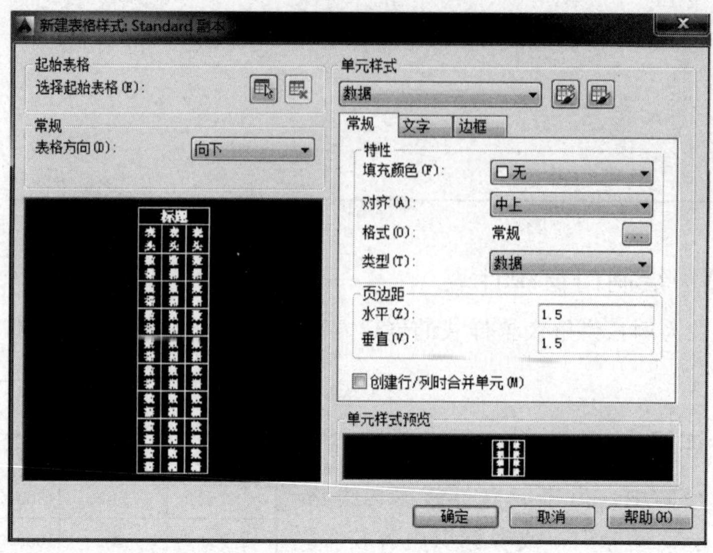

图 4-34 “新建的表格样式”对话框

2. 添加表格

有 3 种方法执行添加表格命令：

① 选择下拉菜单中【绘图】|【表格】命令。

② 在绘图工具栏中单击“表格” 命令。

③ 在命令行输入 table 命令。

在打开如图 4-35 所示的“插入表格”对话框中设置表格参数。

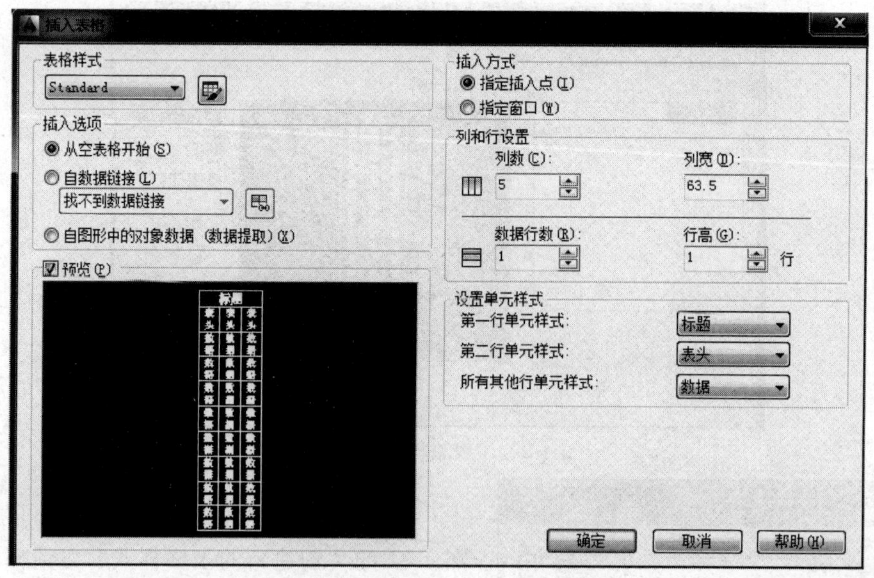

图 4-35 “插入表格”对话框

在对话框中可以对表格的插入方式（在光标指定的点插入默认单元格式大小的表格，或者用光标移动调整插入表格大小）、数据来源（插入空表、字数据链接还是来源于图形对象数据）、行列（行列数目以及列宽和行高）进行设置，对单元格内文字的样式（系统提供三种样式，分别为“标题”“表头”“数据”）具体内容进行设置，并在左下方的预览窗口中实时显示改动效果。

（二）绘图过程

第1步：设置表格样式。

单击下拉菜单【格式】|【表格样式】，系统打开“表格样式”对话框，单击“新建”按钮，弹出“创建新的表格样式”对话框，在“新样式名”文本框中输入“表格样式1”，如图4-36所示，单击“继续”按钮，进入“新建表格样式：表格样式1”对话框。选取“数据”单元样式，单击“文字”选项卡，将“文字样式”设置为“汉字”样式，“文字高度”设置为6，如图4-37所示。同样，选取“表头”单元样式，单击“文字”选项卡，将“文字样式”设置为“汉字”样式，“文字高度”设置为6。选取“标题”单元样式，单击“文字”选项卡，将“文字样式”设置为“汉字”样式，“文字高度”设置为8。单击“确定”按钮，返回“表格样式”对话框，如图4-38所示。从“样式”列表框中选择“表格样式1”，单击“置为当前”按钮，将该表格样式置为当前样式。

图4-36 “创建新的表格样式”对话框

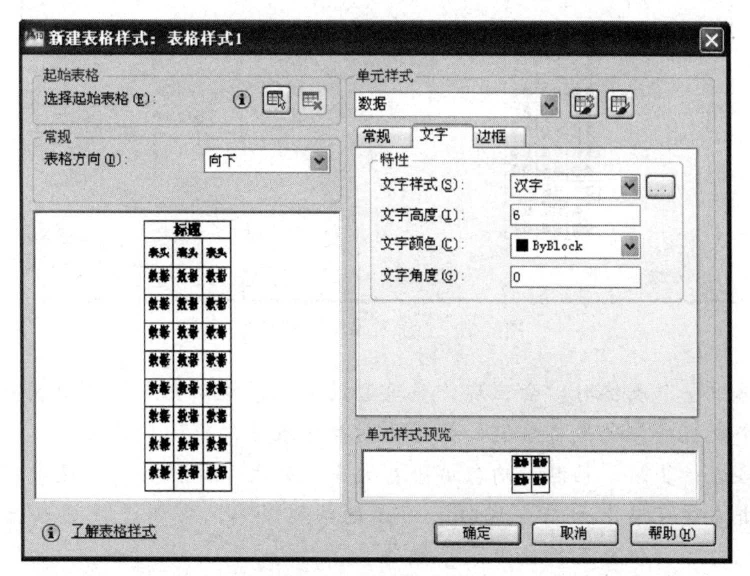

图4-37 设置汉字样式

第2步：插入表格。

单击下拉菜单【绘图】|【表格】选项，打开“插入表格”对话框。设置列数为4，列宽

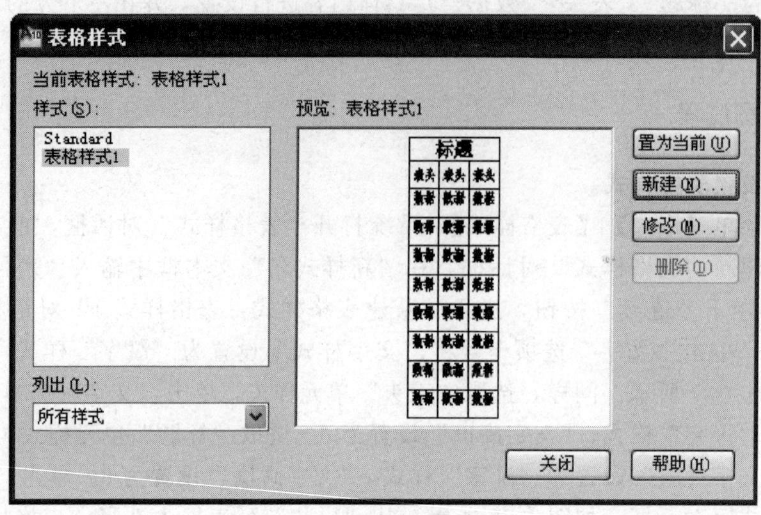

图 4-38 表格样式 1 预览

为 50，数据行为 4，行高为 2，如图 4-39 所示。

单击“确定”按钮，到绘图区内适当位置单击左键，插入表格进入表格编辑状态，按照表格内容输入文字，单击“确定”按钮即可，结果如图 4-31 所示。

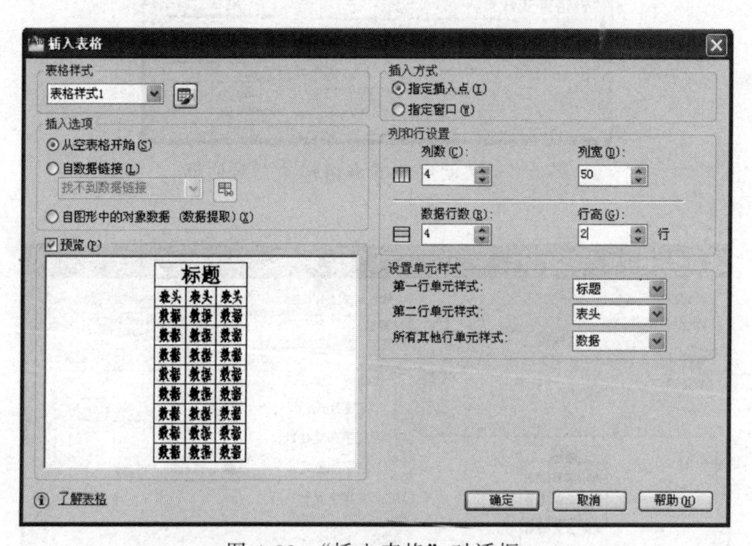

图 4-39 “插入表格”对话框

注意：当选中整个表格时，会出现许多蓝色的夹点，拖动夹点就可以调整表格的行宽和列宽。选中整个表格并单击鼠标右键，会弹出对整个表格编辑的快捷菜单，如图 4-40(a) 所示。对整个表格进行复制、粘贴、均匀调整行大小及列大小等操作。当选中某个或某几个表格单元时，单击右键可弹出如图 4-40(b) 所示的快捷菜单，可以进行插入行或列、删除行或列、删除单元内容、合并及拆分单元等操作。

说明：本实例讲解表格及表格样式的使用方法。系统默认的“Standard”表格样式中的数据采用“Standard”文字样式，该文字样式默认的字体为“txt. shx”，该字体不识别汉字，因此“Standard”表格样式的预览窗口中的数据显示为“?”，将“txt. shx”字体修改成能识别汉字的字体，如“仿宋 _ GB2312”字体等，即可显示汉字。

图 4-40　快捷菜单

上机练习

绘制表 4-1 所示的表格，试比较表格插入方法和手动绘制方法的优缺点。

表 4-1　表格示例

5	$4RD_a$-$5RD_C$	熔断器	USK-2,5RD/10A	2	
4	$1RD_a$,2RDb,$3RD_C$	熔断器	USK-2. 5RD/2A	3	
3	1Lhabc,LHa	电流互感器	LMK2-0. 66 □/5	4	参照系统图
2	ZK	框架断路器	DW15-630/3P	1	参照系统图
1	DK	刀开关	HD31BX- □/31	1	参照系统图
安装在柜内的设备					

学习笔记

绘制视频（表格）

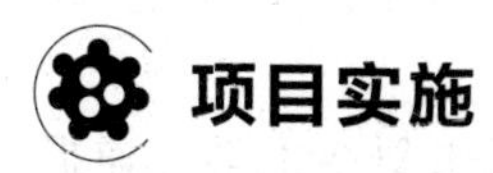

项目实施

一、设置图层

单击下拉菜单【格式】|【图层】命令，新建“文字层”和“绘图层”，将“文字层”设为蓝色，以便在整图中辨识图层信息，其他采用默认设置。“0”图层用来绘制图幅，“绘图层”用来绘制接线图，“文字层”用来加入说明，标注文字。图层设置如图 4-41 所示。

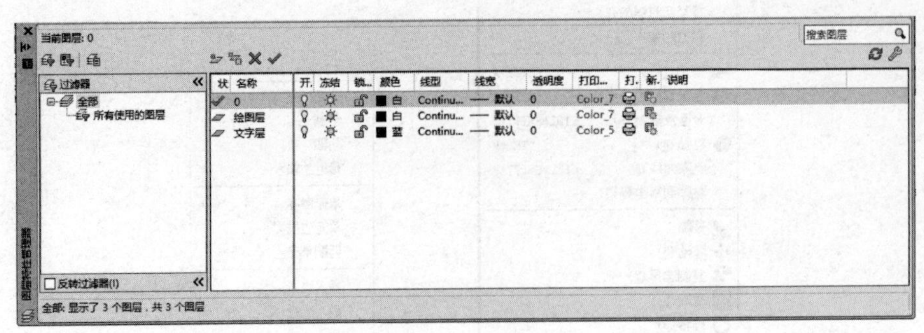

图 4-41　图层设置

二、绘制A3图幅

将“0”图层置为当前图层，绘制A3规格（420×297）图框，标题栏采用如图4-42所示，包含版本、审定、审核、日期、校核、设计制图、CAD制图、比例、工程、图号、标题内容。

				工程	电气 部分
批准		校核		10kV电气接线图	
审定		设计制图			
审核		CAD制图		图号	YZLS-0405-01
日期		比例			

图 4-42　标题栏格式

三、绘制元器件图块

在该图的绘制过程中，主要应用到断路器、隔离开关、电流互感器、阀型避雷器、避雷针、双绕组变压器等基本元件，如图4-43所示。前两项的图形在前面的项目中已经讲过，现给出其他4个元件的绘制方法。

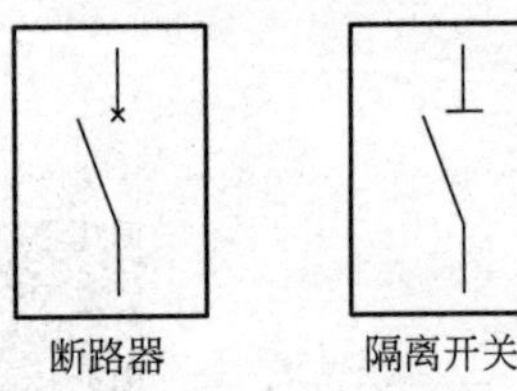

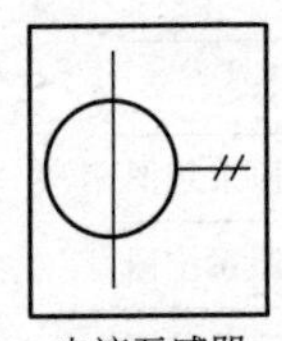

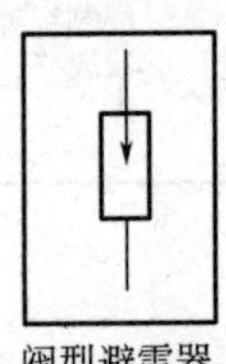

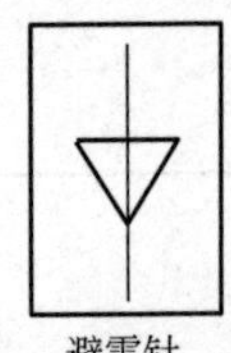

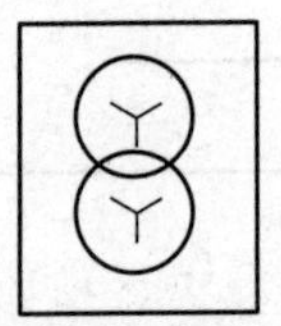

图 4-43　配电系统主接线图的基本元件

（1）电流互感器的绘制

① 利用“圆”命令，绘制半径为8的圆。

② 打开“对象捕捉”功能（设置象限点捕捉），单击“直线”命令，第一点捕捉圆右侧象限点，输入@8<0，绘制出长为8的水平线段。

③ 继续直线命令，第一点捕捉直线中点，输入@2<70，绘制一条短斜线。

④ 复制该条短斜线，并单击斜线上端，捕捉端点完成第二根斜线的摆放。

⑤ 单击“合并”命令，分别单击两根短斜线，将它们合并为一根斜线。

⑥ 利用复制命令单击斜线，在命令行输入d，然后输入@2<0，即可复制一条间距为2的平行斜线。

⑦ 使用直线命令，光标捕捉象限点并向上移动到距离7左右处单击确定第一点。

⑧ 光标向下移动经过下象限点在大约距离 7 处确定，完成长贯穿直线输入，绘制过程如图 4-44 所示，最后将互感器保存为图块。

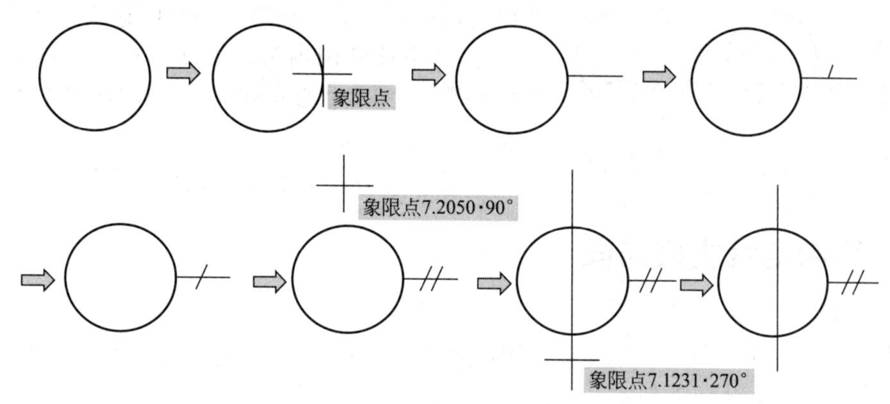

图 4-44　电流互感器的绘制

（2）阀型避雷器的绘制

① 使用“矩形”命令，绘制一个 5×13 的矩形。

② 单击“直线”命令，结合“对象捕捉”功能，捕捉中点，画出两端直线。

③ 选择“多段线”命令，单击矩形中直线下端第一点，在命令行输入 w，指定输入 2 为起始宽度，0 为结束宽度，移动光标到适合位置单击确定，即可完成阀型避雷器，绘制过程如图 4-45 所示，最后将其保存为图块。

（3）避雷针的绘制

① 利用“直线”命令，绘制长为 15 的垂线一根。

② 单击“正多边形”命令，输入 3，确定为正三角形，指定直线中点为正多边形中心，移动光标使定点向下，到合适位置单击，即可完成，绘制过程如图 4-46 所示，最后将其保存为图块。

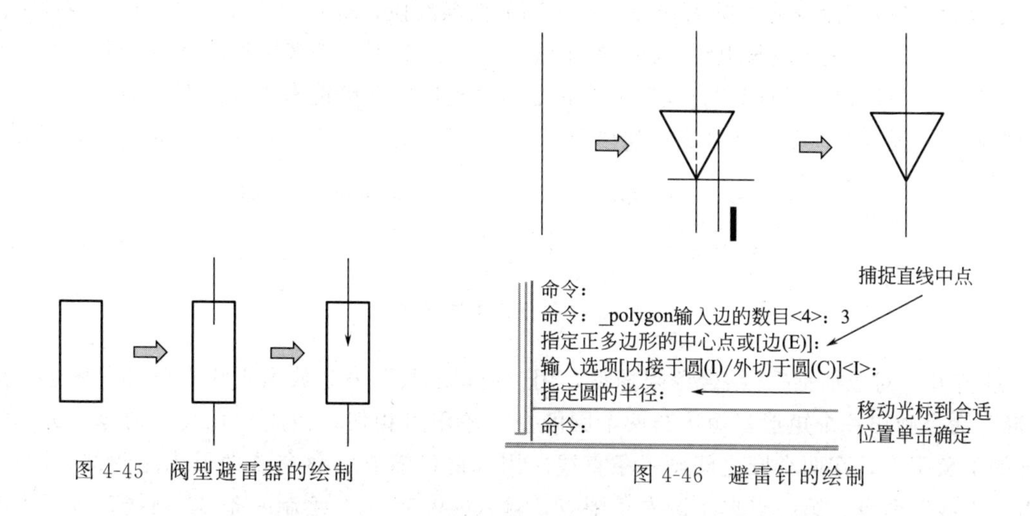

图 4-45　阀型避雷器的绘制

图 4-46　避雷针的绘制

（4）双绕组变压器的绘制

① 用“圆”命令，绘制半径为 15 的圆。

② 打开“正交”模式，用“复制”命令，并单击圆心，将复制的圆与第一个圆垂直交

叉、摆放。

③ 利用“直线”命令，第一点捕捉圆心，命令行输入@9<－90，绘制出长为9的垂直线段，同样的方法绘制第二个圆内长度为9的直线。

④ 选中任意圆内某段直线，单击“阵列”命令，选中环形阵列，中心单击取圆心，项目总数输入3，填充角度保持默认360°，完成后即可画出Y形，绘制过程如图4-47所示，将变压器保存为图块。

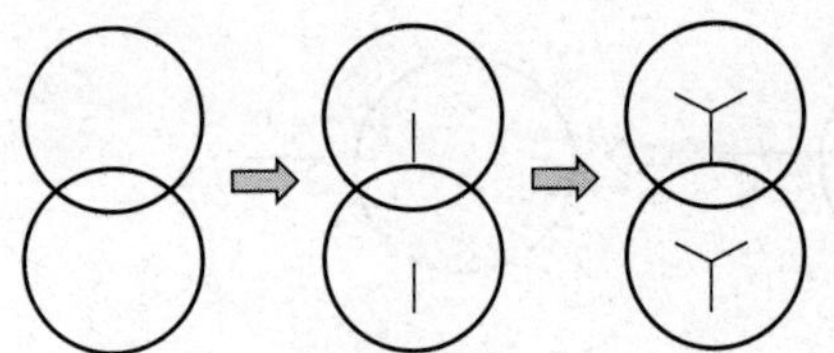

图4-47　双绕组变压器的绘制

四、绘制电气主接线图

（1）绘制变压器高压侧进线图

① 用“直线”命令结合“正交”，“中点捕捉”画一个长约为70、宽约为15的丁字形电缆架空干线进线，如图4-48所示。

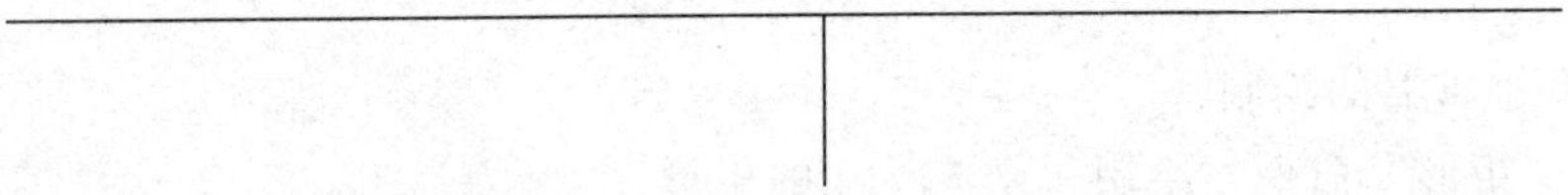

图4-48　电缆架空干线进线

② 使用两次“打断”命令将水平直线打断成4段，用“圆”命令，分别选取4个打断点为圆心，绘制4个半径为0.6的圆，然后用“修剪”命令剪去各圆内线段，得到4个空心圆；捕捉T形交点绘制一个半径为0.4的圆，如图4-49所示。

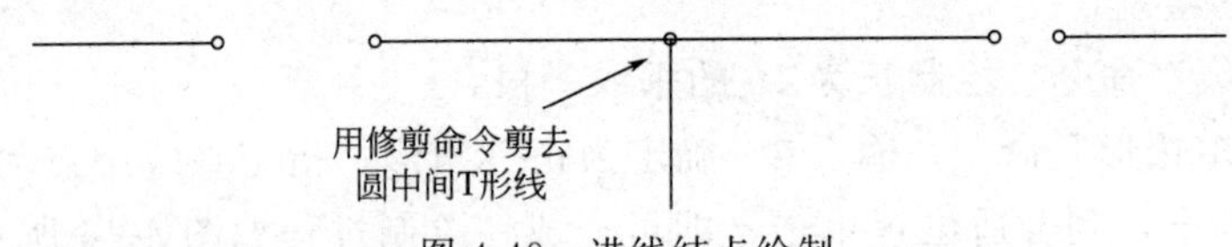

图4-49　进线结点绘制

③ 用“修剪”命令剪去圆内线段，选中间的两条线段，打开“特性”对话框，将线型设置成“虚线型”，以表示较长电缆线路。在虚线第一段位置用“正多边形”命令绘制一个三角形，关闭“对象捕捉”，使用“直线”命令，通过“追踪”在电缆右端外绘制一条直线，再对三角形使用“复制”命令，通过旋转和移动调整第二个三角形位置，绘制结果如图4-50所示。

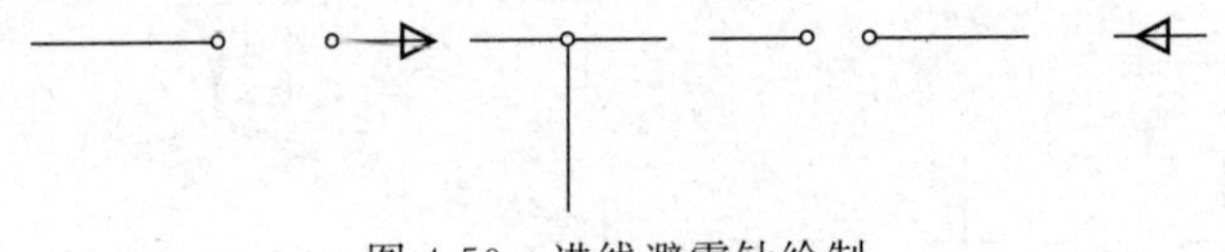

图4-50　进线避雷针绘制

④ 打开“对象捕捉”，结合象限捕捉，用“窗口缩放”命令放大干线右侧部分图形，用“矩形”命令画出一个矩形，短边与两个圆的左右象限点相切；使用“直线”命令，分别捕捉圆的下象限点，在两个圆之间画一条直线。用“窗口缩放”命令放大干线左侧部分图形，单击“直线”命令，第一点单击圆左象限点，输入@9.5<150绘制一条30°斜线，画一个矩形，旋转150°，用“移动”命令将矩形斜线移动到斜线上，移动并单击矩形短边中点，第二点单击斜线上适当位置，即可绘制出刀熔开关图形。在刀熔开关右上侧一段位置上，单击“直线”命令，绘制到矩形的垂直短线，接着使用“多段线”命令，画出与矩形垂直的三角

形箭头，箭头部分起始宽度设定为 1.5，最终宽度设为 0，绘制结果如图 4-51 所示。

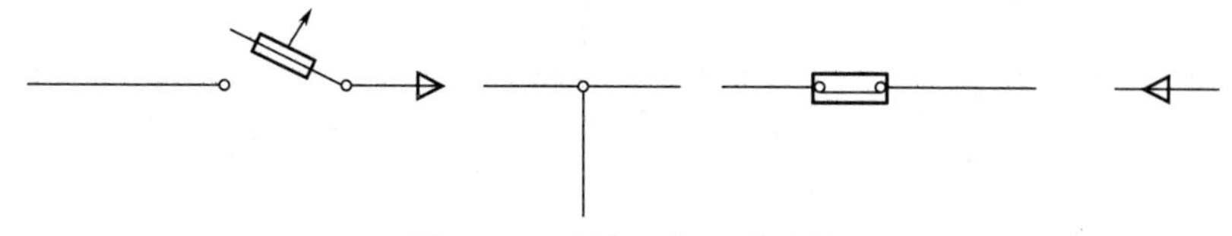

图 4-51　进线刀熔开关绘制

⑤ 捕捉图 4-51 中垂线下端点，插入绘制好的避雷器，单击“直线”命令，画一根长度适中的水平线，用“移动”命令，并单击该水平中点，第二点单击避雷器下端点，并打开该水平线的“特性”对话框，将线型宽度设定为 0.4。用“偏移”命令，向下依次偏移 1 距离，得到另外两条平行线。单击“缩放”命令对这两条平行线执行 0.5 和 0.25 倍缩放操作。注意，基点要选操作水平线中点。绘制结果如图 4-52 所示。

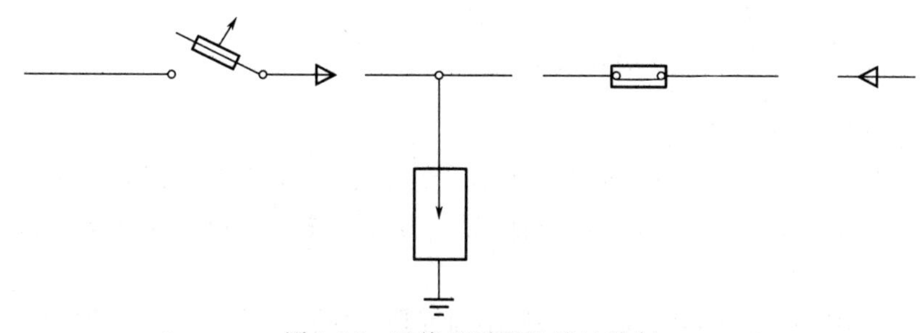

图 4-52　进线避雷器及接地绘制

（2）绘制变压器低压侧出线干线部分

① 接着高压侧进线图之后，插入双绕组变压器图块，在变压器低压输出侧开始绘制出线干线。

② 用“直线”命令绘制图 4-53(a) 所示的出线框架；在图 4-53(b) 所示位置依次插入断路开关和隔离开关图形块各一个，注意调整图块大小，以适应框架大小；如图 4-53(c) 所示，插入 10 个电流互感器图块，调整图块大小，移入框架相应位置。

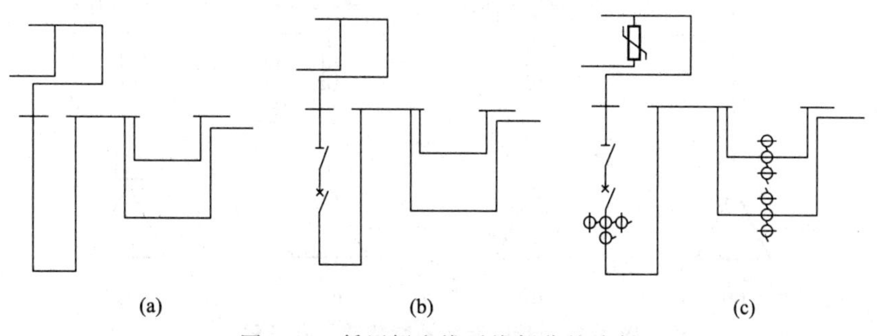

图 4-53　低压侧出线干线部分的绘制

（3）绘制出线端部分

① 接着出线干线继续水平延伸，开始绘制出线回路部分。

② 使用“直线”命令绘制如图 4-54(a) 所示出线端线路框架；如图 4-54(b) 所示，复制 4 个隔离开关插入到 4 条出线端；复制 9 个断路开关插入到 9 条出线端下部相应位置；复

制 10 个电流互感器图块，插入到图 4-54(c) 所示的 10 条出线端下部相应位置；在 10 个出线端端点（应用端点捕捉）处插入 10 个保护接地图块。绘制结果如图 4-54(d) 所示。

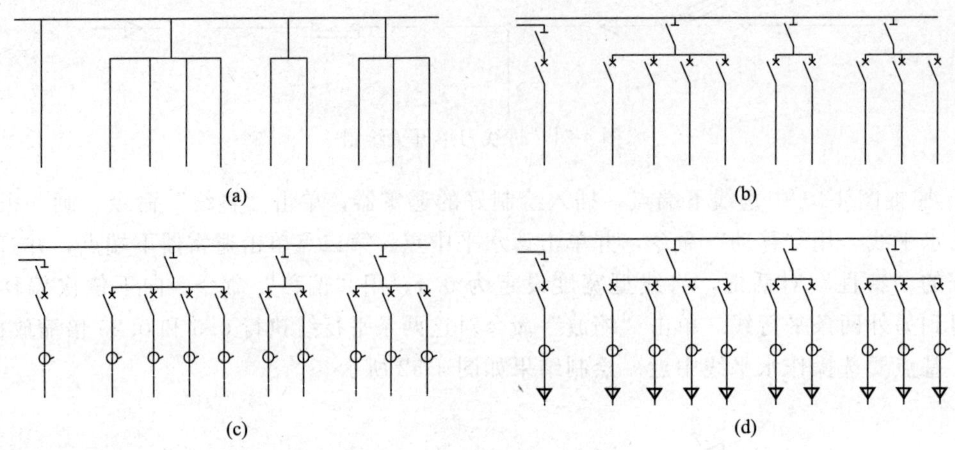

图 4-54　出线端部分的绘制

（4）绘制低压无功补偿装置

① 用“直线”和“正多边形”命令绘制补偿装置的线路框架，如图 4-55(a) 所示。

② 如图 4-55(b) 所示，插入前面绘制的隔离开关 1 个、接触器主触点图块，并调整大小，将这两个图块插到框架相应位置中。

③ 单击“复制”命令（参数选 m），复制前面所绘制的 3 个电流互感器图块，插到框架相应位置中，插入熔断器图块后得到图 4-55(c)。

④ 如图 4-55(d) 所示插入避雷针图块。

⑤ 如图 4-55(e) 所示，插入前面项目中绘制的热继电器线圈图块，调整大小放入框架相应位置。

⑥ 如图 4-55(f) 所示，在正三角各边中点处绘制电容。

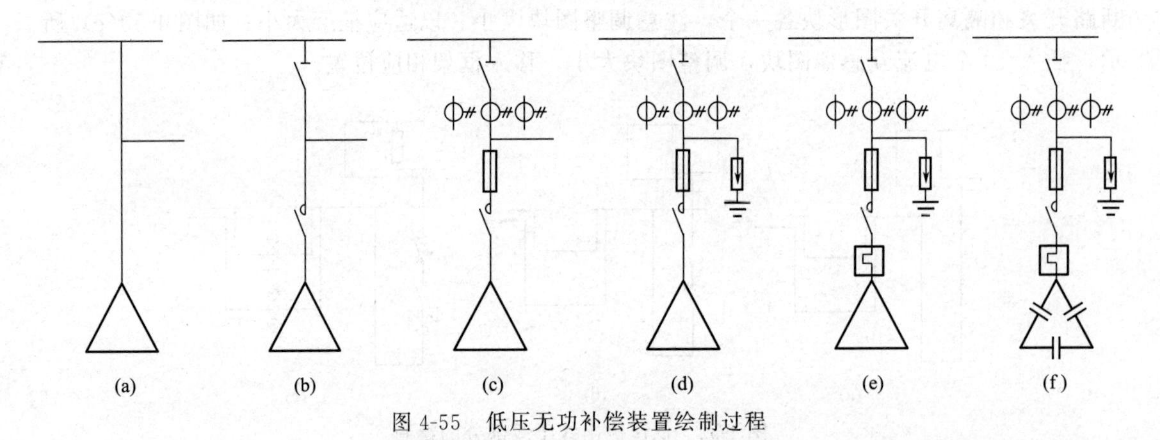

图 4-55　低压无功补偿装置绘制过程

完整的 10kV 供配电系统主接线图绘制结果如图 4-1 所示。

上机练习

绘制如图 4-56 所示的某配电室高压部分一次主接线图。

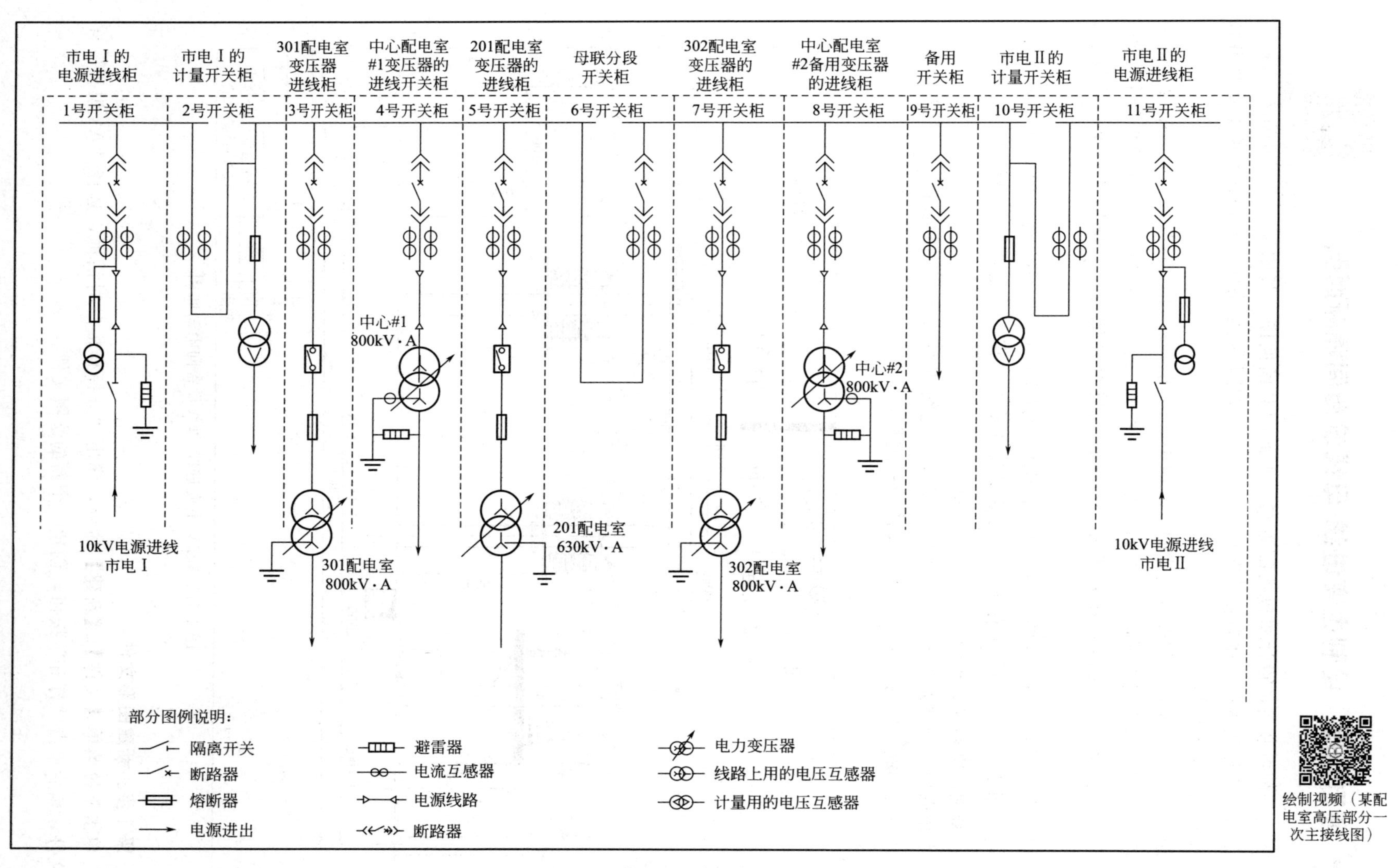

图 4-56　某配电室高压部分一次主接线图

项目拓展　绘制主变进线-母线设备间隔断面图

【拓展阅读】“碳中和”背后的中国能源大三角

屋内外配电装置的设计图包括配置图、平面图和断面图。其中配置图是电气主接线进行总体布置的图形。平面图是按比例画出房屋、间隔、通道走廊及出口等平面布置情况的图形。

断面图是表明所截取的配电装置间隔断面中，电气设备的相互连接及详细的结构布置尺寸的图形。它们均应按比例画出，并标出必要的尺寸。设计断面图时要依据最小安全净距，并遵守配电装置设计规程的有关规定，要保证装置可靠地运行，操作维护及检修安全、便利。

根据实际间隔断面尺寸的大小，断面比例可选择 1∶50、1∶100 等，图幅可选择 A3 或 A2 等。平面图和断面图是工程施工、设备安装的重要依据，也是运行及检修中重要的参考资料，必须清晰易读、正确无误、尺寸准确。

本拓展项目绘制如图 4-57 所示的 35kV 主变进线-母线设备间隔断面图，在配置图的基础上学习绘制断面图的方法和技巧。具体绘制过程如下。

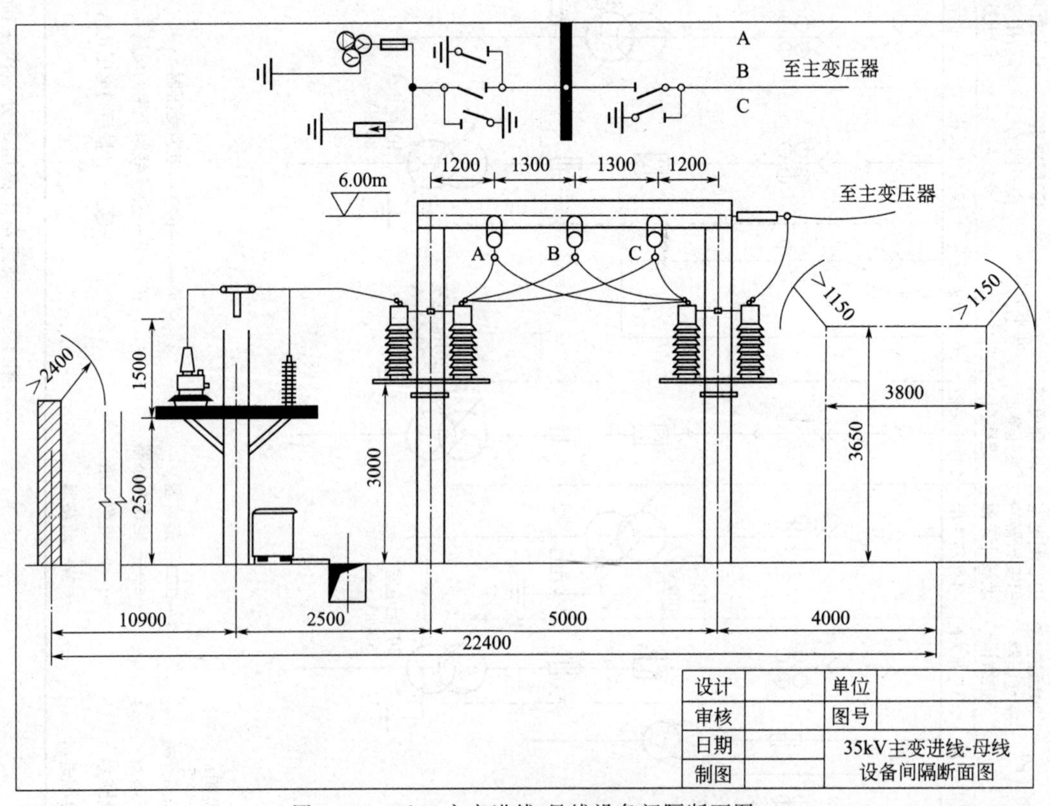

图 4-57　35kV 主变进线-母线设备间隔断面图

第 1 步：新建图形文件。

单击下拉菜单【文件】|【新建】命令，弹出“选择样板”对话框，选择“A3 模板”样板文件，然后单击“打开”按钮，创建一个新的绘图文件。

第 2 步：建立图层。

单击工具栏上的“图层”按钮，打开“图层特性管理器”对话框，按照如 4-58 所示新建 6 个图层，分别为“A3 图框”“标题栏”“一次示意图”“断面图”“文字”“尺寸”。各图层可以根据需要设置不同的线型、颜色、线宽，以便区分和管理。

图层特性管理器

当前图层：0

搜索图层

过滤器

全部

所有使用的图层

反转过滤器(I)

状	名称	开.	冻结	锁...	颜色	线型	线宽	透明度	打印...
✔	0				白	Continu...	—— 默认	0	Color
	A3图框				白	Continu...	—— 默认	0	Color
	标题栏				白	Continu...	—— 默认	0	Color
	断面图				白	Continu...	—— 默认	0	Color
	尺寸				白	Continu...	—— 默认	0	Color
	文字				白	Continu...	—— 默认	0	Color
	一次示意图				白	Continu...	—— 默认	0	Color

全部：显示了 7 个图层，共 7 个图层

图 4-58　图层设置

第 3 步：绘制一次示意图。

切换至“一次示意图”图层，在图形上方绘制水平直线。从左到右依次插入接地、电压互感器、避雷器、熔断器、带双刀接地刀闸的隔离开关、母线、带单接地刀闸的隔离开关，连线绘制，如图 4-59 所示。

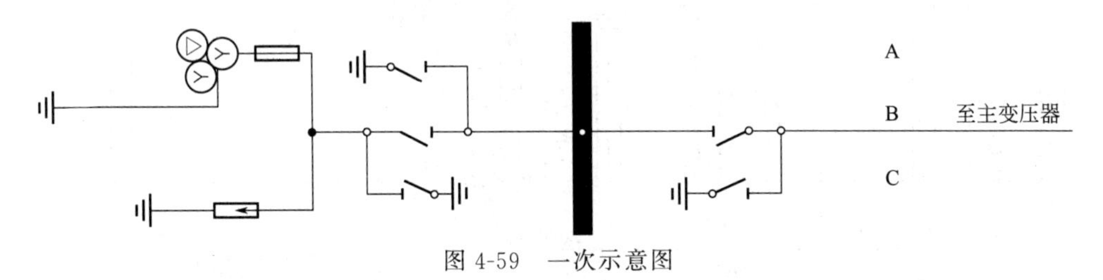

图 4-59　一次示意图

第 4 步：绘制断面图。

切换至“断面图”图层，利用“直线”“圆”“填充”“倒圆角”“修剪”“样条曲线”等命令从左到右进行绘制，每次绘制一个钢筋混凝土支架及支架上的元件，如图 4-60 所示。

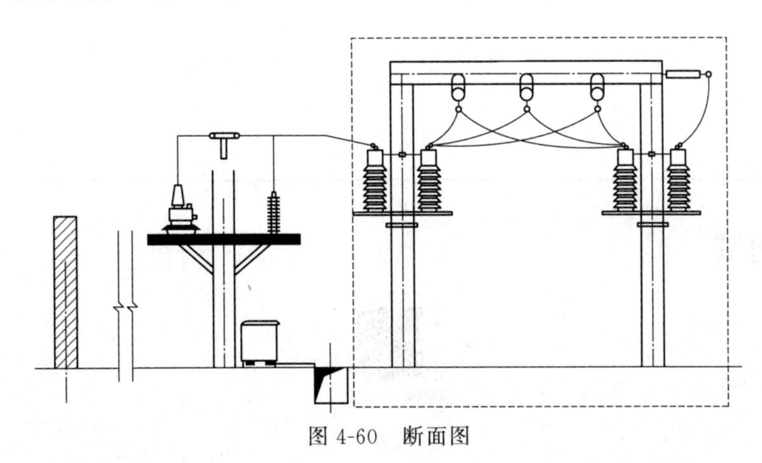

图 4-60　断面图

第 5 步：标注文字。

切换至“文字”图层，利用“多行文字”命令，逐一添加元器件的文字符号及编号。

第 6 步：标注尺寸。

切换至“尺寸”图层，利用“线型标注”命令对元件间隔、钢筋混凝土支架高度等进行标注。完整绘制结果如图 4-57 所示。

上机练习

绘制如图 4-61 所示 35kV 主变出线-母线设备间隔断面图。

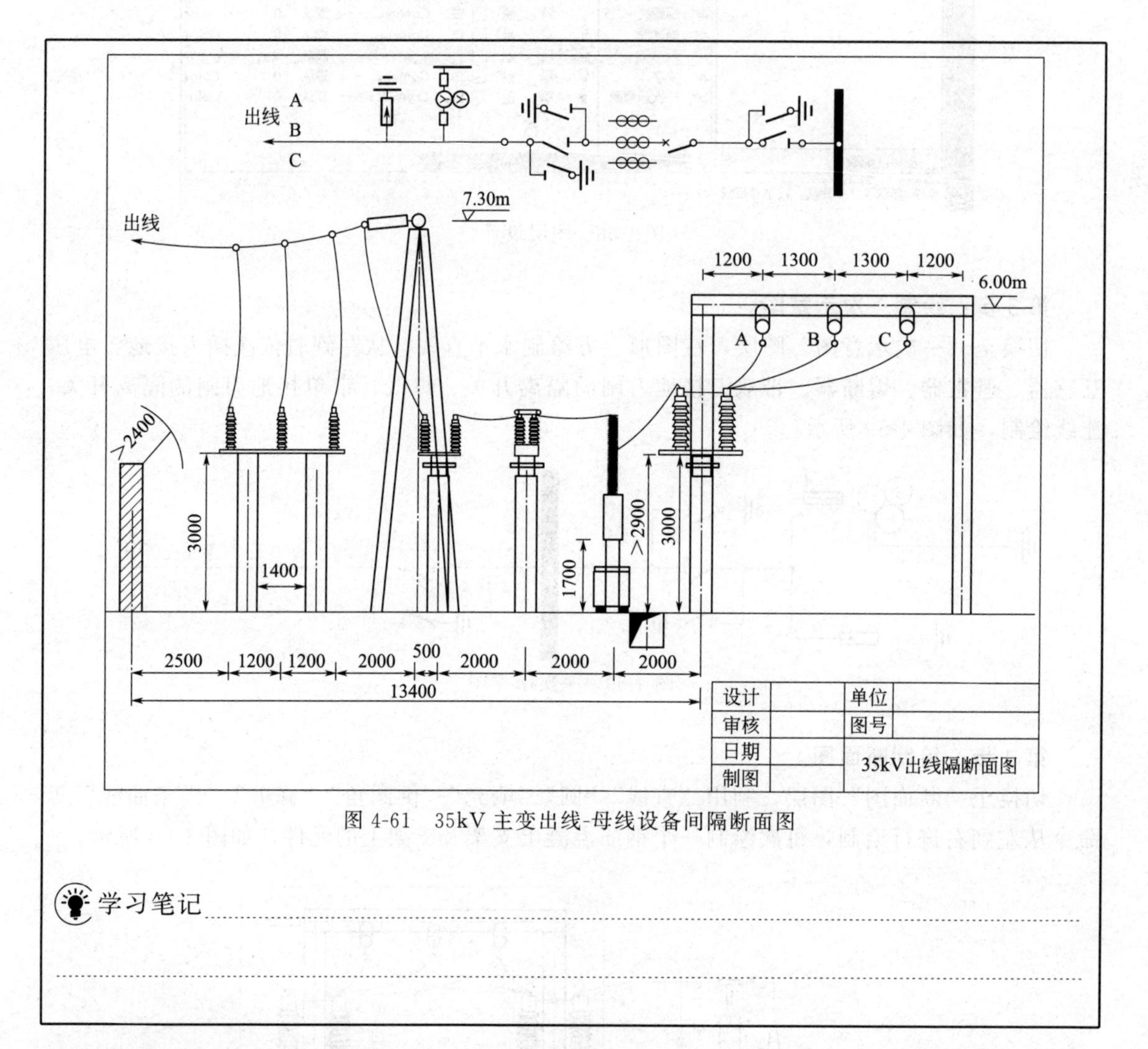

图 4-61　35kV 主变出线-母线设备间隔断面图

学习笔记

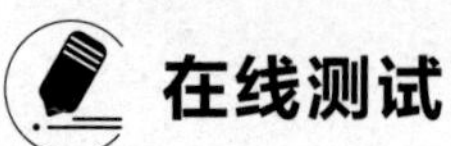

在线测试

选择【项目四】

项目五

建筑电气平面图的绘制

项目目标

【能力目标】

通过不同电气平面图的绘制，了解电气平面布置图的特点，掌握在建筑平面图中绘制电气设备布置图的方法，具备建筑电气平面图的基本识图和绘图能力。

【知识目标】

1. 掌握建筑平面图基本组成元素。
2. 了解基本建筑平面图的绘制方法。
3. 掌握建筑电气工程图的绘制方法。
4. 掌握多线命令的使用方法。
5. 掌握工具选项板的使用方法。

【素质目标】

1. 通过“中国建筑第一瑰宝”案例，让学生体会到中国建筑历史发展的辉煌、中国建筑的地位，培养学生的国家使命感、民族自豪感。

2. 通过“重大工程撑起大国发展脊梁”案例，使学生了解我国现代世界级工程的壮举，学习工程师与建设者们的创新智慧及求真专注、不畏艰险的职业与专业精神。

项目导入

建筑电气平面图是电气工程的重要图样，是建筑工程的重要组成部分。它提供了建筑内电气设备的安装位置、安装接线、安装方法及设备的有关参数。绝大多数的电气平面布置图都与建筑物的布局与尺寸有关；室外布置的电气设备，只需根据场地大小给出设备自身布置方式和尺寸即可。摆放在室内的电气设备要根据建筑物的结构和尺寸来进行布置设计，所以电气工程人员必须能够识读标准的建筑平面图。

【拓展阅读】重大工程撑起大国发展脊梁

本次项目通过绘制如图 5-1 所示的变电所电气平面图来掌握室内电气平面图绘制的基本思路和方法。

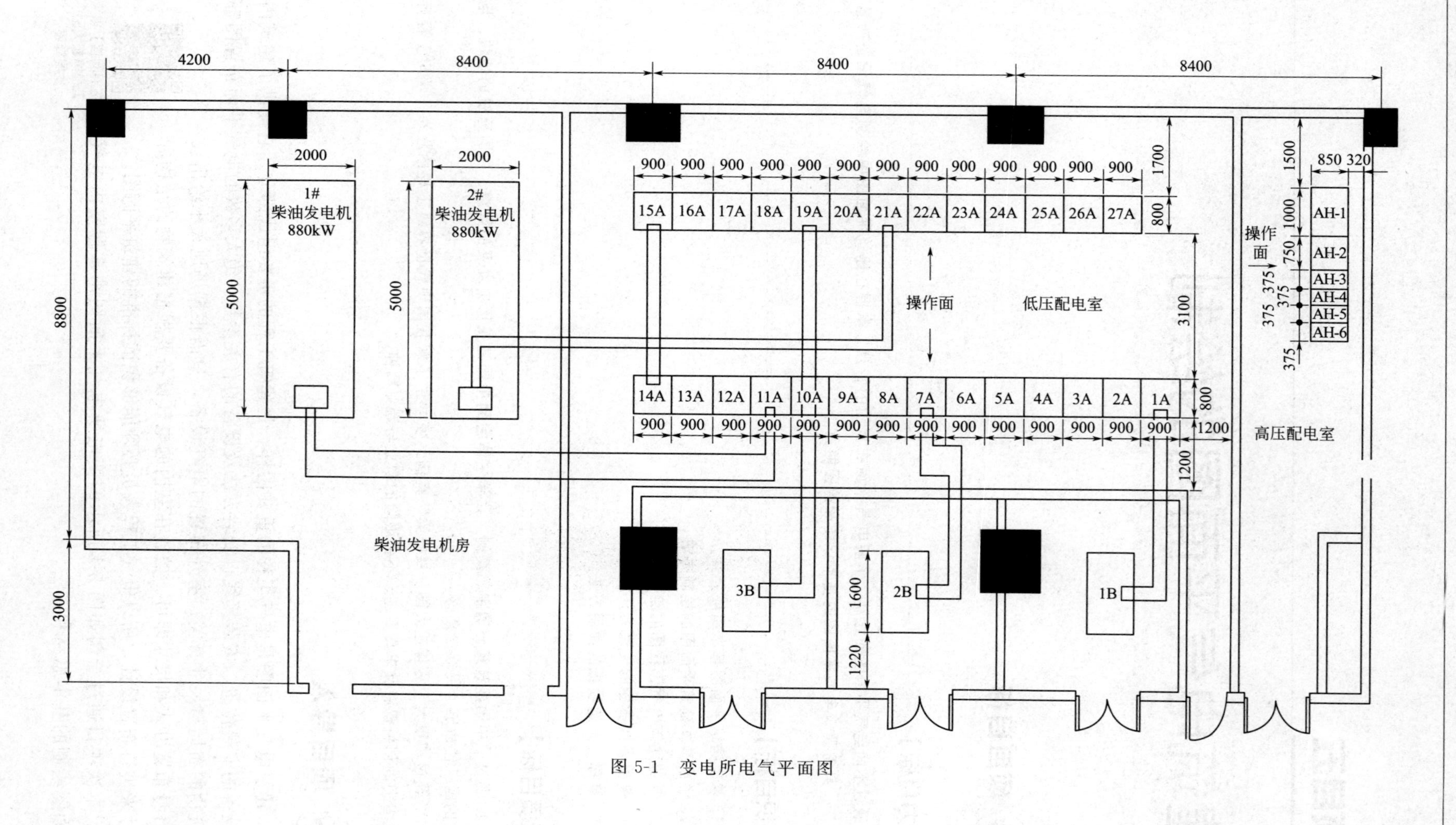

图 5-1 变电所电气平面图

图 5-1 所示的变电所电气平面图，是在变电所建筑平面图的基础上进行变电设备布置的设计图。整个变电所由柴油发电机房、低压配电室、高压配电室、变压器室四部分构成，所有设备之间的连接线用两根平行线来表示真实的连接导线，给出连接方式和线路走向。

柴油发电机房有两台 880kW 的柴油发电机组，作为站用应急电源。图中用两个 5000×2000 的矩形表示柴油机组的占地面积，而非设备的真实外形，这种表示方法是许多电气设备平面布置图常用的。由于该发电机房足够大，所以没有给出设备在房屋中的布置尺寸，也就是说设备安装时可以根据当时情况调整具体安放位置。

低压配电室主要是为分配低压出线而设置的，由两行分布的共计 27 组低压配电柜构成。该两组配电柜平行分列于房间两侧，设备间连接导线走向与连接信息用两根平行线表示。配电柜的操作面朝内放置，两组相对，便于操作人员操作。

高压配电室由 6 组高压配电柜组成，其中 4 组大小为 850×375，一组为 850×750，一组为 850×1000，并且给出了其在房间中的安装位置。图中的“操作面”标识，是表示在具体安装时，配电柜的操作显示面的放置方向，即朝外放置，面对操作员方向。

变压器室中主变压器共有 3 台，分别布置在 3 间变压器室内，也是用矩形示意的（1B、2B、3B），矩形的尺寸表示的是变压器的最大占地尺寸。由于 3 台变压器型号相同，所以图中只标明了一台的尺寸及安装位置，并用 2 根平行线来表示设备间连接线的走向。

相关知识

一、建筑平面图的基本知识

一般来说，建筑物房屋有几层，就应包括几个平面图，并在图的下方注明图名，如底层平面图、二层平面图等。如果上下各层的房间数量、大小和布置都一样时，则相同的楼层可用一个平面表示，该平面图就称为标准层平面图。如建筑平面图左右对称，可也将两层平面图画在同一个图上，左边画出一层的一半，右边画出另一层的一半，中间用一对对称号作分界线，并在图的下方分别注明图名。

建筑平面图图幅与电气图一样，有 A0、A1、A2、A3、A4、A5 规格，其图框线和标题栏绘制相关规定也与电气图相同。建筑平面图常用绘图比例是 1∶200、1∶100、1∶50，并通过定位轴线来标定房屋中的墙、柱等承重构件位置。

建筑平面图包含的基本组成元素，即构件和配件图例，主要有轴线、墙体、支柱、门体、窗体、楼梯等。

① 轴线。轴线是用来标定房屋中的墙、柱等承重构件位置的，也称定位轴线，如图 5-2 所示，轴线标号由圆圈和内部字母/数字组成，一般标注在图样的下方与左侧，对复杂或不对称的图样，上方和右侧也可标注。水平轴线编号以字母排列顺序进行标注，垂直轴线编号一般用从 1 开始的顺序数字进行标注。

② 墙体。建筑平面图中墙体用两根平行线表示。墙体分为外墙体和内墙体，外墙体厚度常选用 240mm 或 370mm，内墙承重墙厚度为 220mm 或 240mm，内墙非承重墙一般为 120mm 或 180mm。一般用列表说明墙体填充材料。比墙体稍细的平行线是隔断的表示，适用于到顶与不到顶的各类材料的隔断。其墙体与隔断的图例如图 5-3 所示。在电气平面图设计时，设备及其线路可以沿墙敷设、穿墙设计或贴顶敷设。

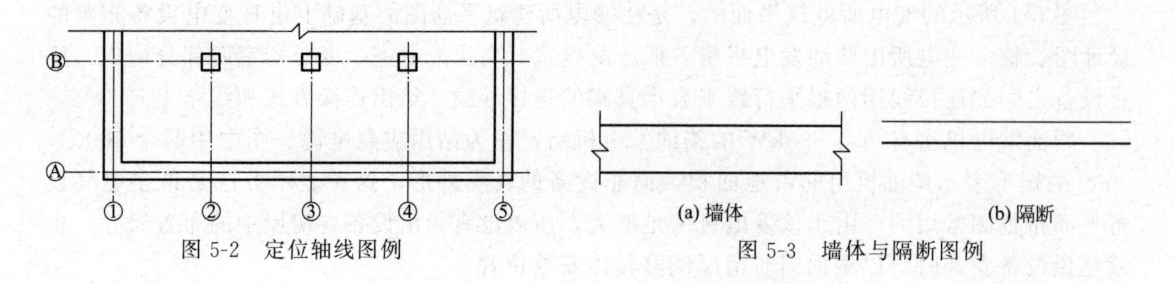

图 5-2　定位轴线图例

(a) 墙体　(b) 隔断

图 5-3　墙体与隔断图例

③ 楼梯。任何高于 1 层的建筑物必须设有楼梯，除了底层和顶层，其他层的表示方法一样。楼梯的图例如图 5-4 所示，图中箭头表示上、下楼梯方向。在电气平面图设计时，设备及其线路的敷设应避免穿越楼梯。

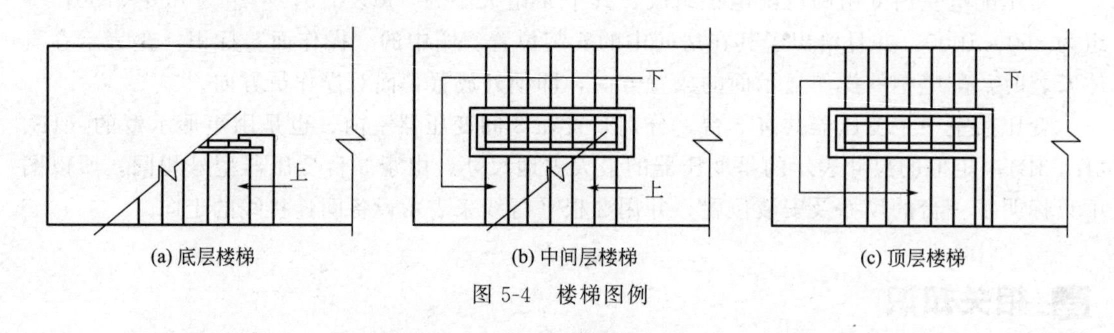

(a) 底层楼梯　(b) 中间层楼梯　(c) 顶层楼梯

图 5-4　楼梯图例

④ 门。建筑平面图中常见的门的图例如图 5-5 所示，一般以 45°的斜线表示，也可用 90°开度的直线表示，但同一项目中表示方法要统一。在电气平面布置图设计时，设备线路可以沿门上端敷设或穿墙设计，而设备不能摆放在门线所示的开度范围内。

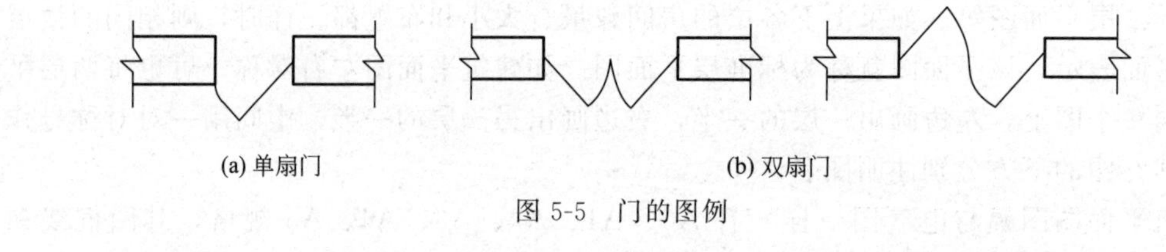

(a) 单扇门　(b) 双扇门

图 5-5　门的图例

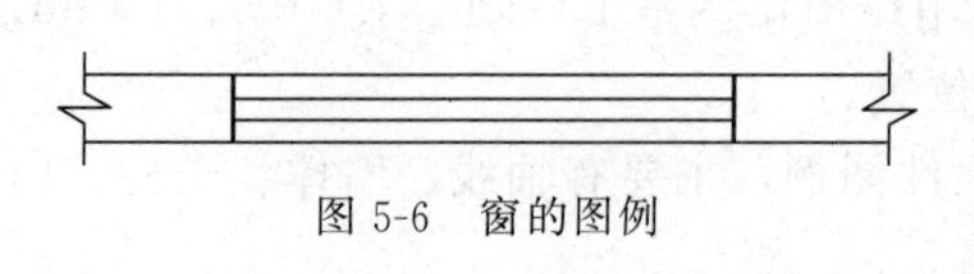

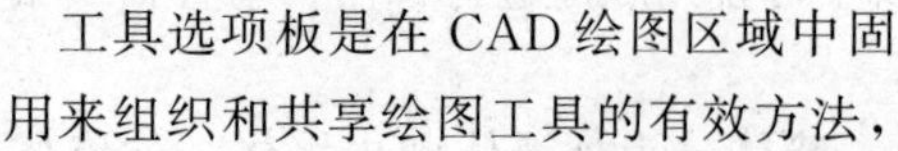

图 5-6　窗的图例

⑤ 窗。建筑平面图中常见的窗的图例如图 5-6 所示，用与墙等宽并加了两条线的矩形来表示。在电气平面布置图设计时，设备线路可以沿窗上端敷设或穿越设计。

二、工具选项板

工具选项板是在 CAD 绘图区域中固定或浮动的界面元素，如图 5-7 所示。它提供了一种用来组织和共享绘图工具的有效方法，可以为 CAD 绘制图纸提供巨大的帮助。它能够将“块”图形、几何图形（如直线、圆、多段线）、填充、外部参照、光栅图像以及命令都组织到工具选项板里面创建成工具，以便将这些工具应用于当前正在设计的 CAD 图纸中。

1. 工具选项板的打开

通过菜单【工具】|【工具选项板】，或者按住“Ctrl＋3”，都可以打开工具选项板，具

体操作如图 5-8 所示。

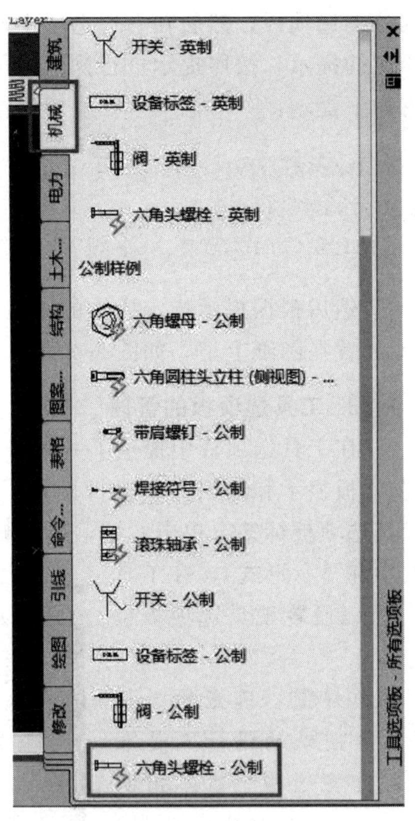

图 5-7　工具选项板

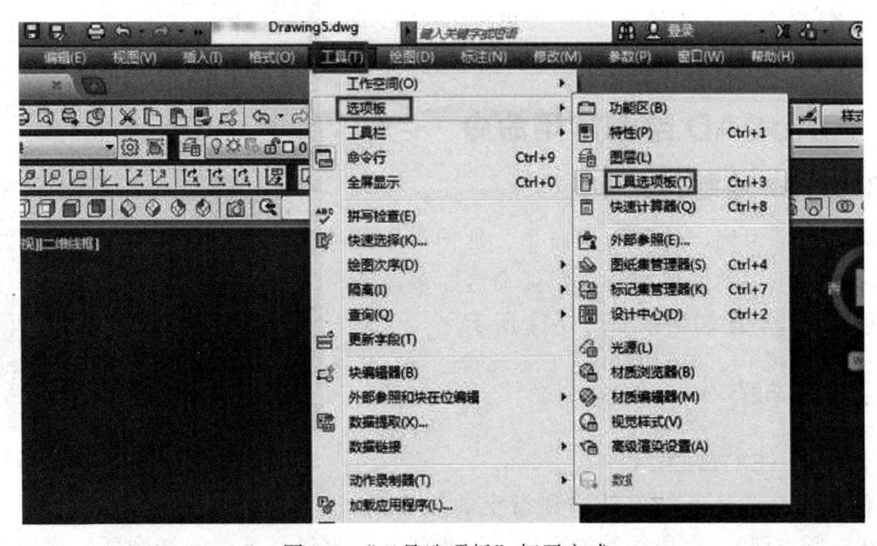

图 5-8 “工具选项板”打开方式

工具选项板由许多个分类的选项板组成，比如建筑、机械、电力、土木工程、结构等选项板。每个选项板里包含若干工具，这些工具可以是“块”，或者是几何图形（如直线、圆、多段线）、填充、外部参照、光栅图像，甚至可以是命令。

2. 工具选项板的使用

单击工具选项板里相应的分类选项板，然后在右边选项中选择自己需要的图形名称并单击，然后命令提示行将显示相应的提示，按照提示进行操作即可。比如需要插入公制的六角头螺栓时，点击后命令行会有如下提示：

```
命令:指定插入点或[基点(B)/比例(S)/X/Y/Z/旋转(R)]:
命令:指定对角点或[栏选(F)/圈围(WP)/圈交(CP)]:
EXECUTETOOL 指定插入点或[基点(B)比例(S)XYZ 旋转(R)]:
```

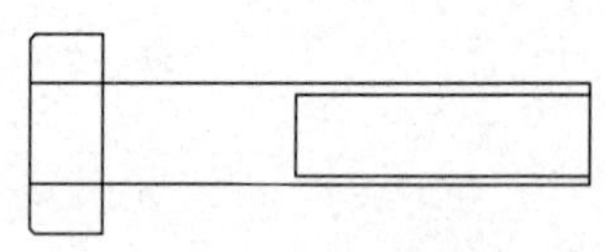

图 5-9　六角头螺栓

然后根据提示指定插入的基点及比例和旋转角度，该螺栓就放置在图纸上了，如图 5-9 所示。

3. 工具选项板的管理

在工具选项板中提供了一系列右键菜单，可以对图块工具、选项板显示和组织形式进行设置。在图块上单击右键，可以修改图块名字、删除图块；在工具选项板标签上单击右键，可以删除工具选项板，重命名或设置视图选项（设置图标显示大小和显示形式），在工具选项板蓝色标题栏单击右键，可以设置工具选项板位置、形式等，如图 5-10 所示。

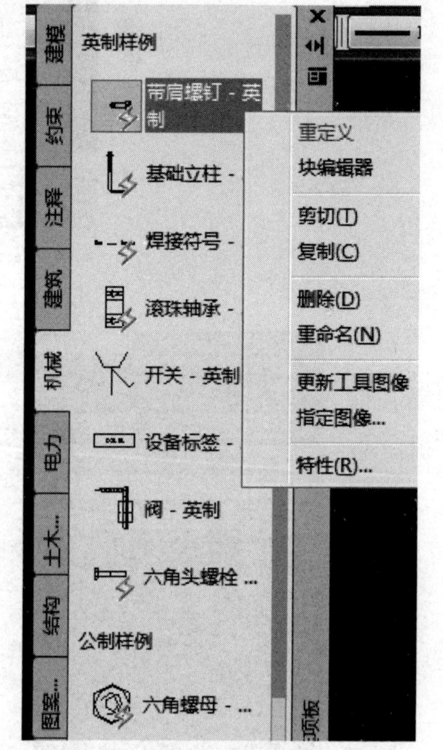

图 5-10 “工具选项板”的管理

说明：CAD 提供了很多材质样例、填充的工具选项板，这对于大多数绘制二维图纸的设计人员来说没有太大用处，可以通过右键将这些平时不用的工具选项板删除，只保留自己常用的工具选项板。如果在默认页面中没有显示新建的工具选项板，可以点标签底部重叠处，在弹出的列表中选择自己的工具选项板。

三、AutoCAD 绘图常用命令

【实例 5-1】 绘制老虎窗

以绘制老虎窗为例，讲解倒角命令、延伸命令的使用方法，本例还用到镜像操作、圆弧命令、多段线命令、偏移命令等，绘制结果如图 5-11 所示。

（一）命令详解

1. 延伸命令（EXTEND）

延伸对象是指将某个对象延伸到指定的边界上，其中，直线、圆（弧）、多段线等均可作为边界线，而直线、圆弧、椭圆弧、多段线、射线等均可作为被延伸的对象。

（1）延伸命令调用方法

命令：EXTEND

菜单：【修改】|【延伸】

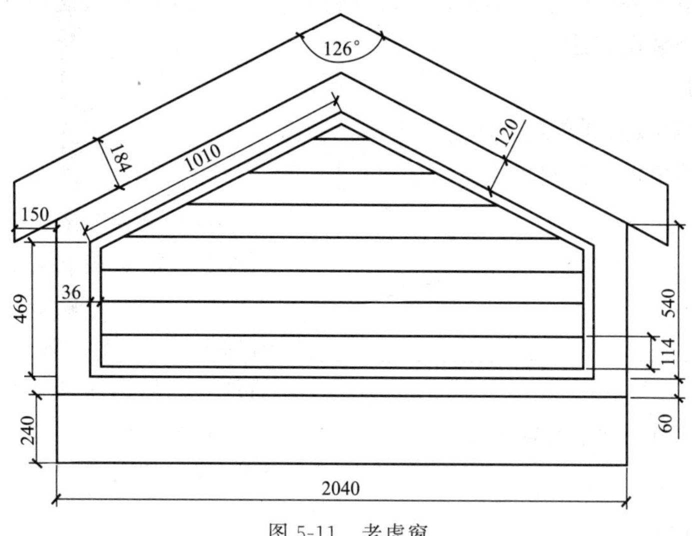

图 5-11　老虎窗

工具栏：单击“延伸”命令按钮

（2）操作方法　执行“延伸”命令，命令提示栏中将会提示用户选择边界线，如图 5-12(a) 中的 A 线段，按 Enter 键，完成选择边界线，接着命令提示栏中会提示用户选择要延伸的对象，用光标选择要延伸的对象如图 5-12(b) 中的 B 直线即可实现延伸。

2. 倒角命令（Chamfer）

倒角命令用于创建两个不平行对象之间的倒角，可以用于倒角的对象有直线、多段线、射线和构造线，同时还可以对整个多段进行倒角。

（1）倒角命令调用方法

命令：Chamfer

菜单：【修改】|【倒直角】

工具栏：直接单击“倒直角”命令按钮

（2）操作方法　执行“倒角”命令，在命令行中选择“距离选项” 距离(D)，接着在命令行中输入“第一个倒角距离”为“D1”，然后输入“第二个倒角距离”为“D2”，然后移动光标，选择第一条直线，然后选择第二条直线，按 Enter 键，完成倒角的操作，如图 5-13 所示。

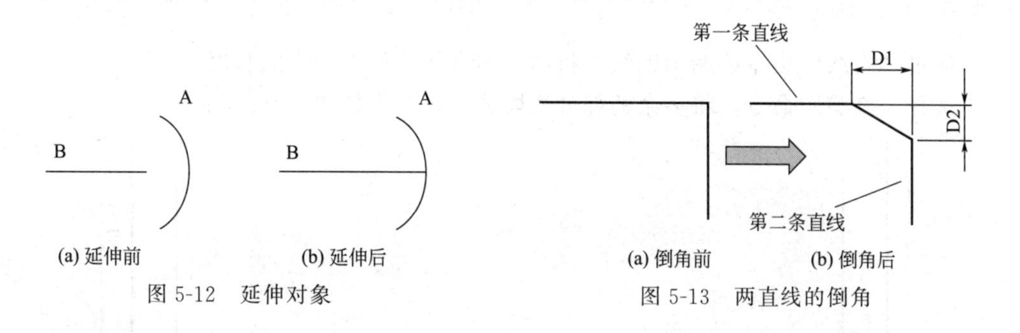

(a) 延伸前　(b) 延伸后

图 5-12　延伸对象

(a) 倒角前　(b) 倒角后

图 5-13　两直线的倒角

3. 圆角命令（Fille）

圆角命令即在两个对象之间建立圆角，圆角命令可以在直线、圆（弧）、椭圆（弧）、构造线、多段线、射线等之间建立圆角，也可以建立两条相互平行的线之间的圆角。

（1）圆角命令调用方法

命令行：Fille

菜单：【修改】|【倒圆角】

工具栏：直接单击“倒圆角”命令按钮

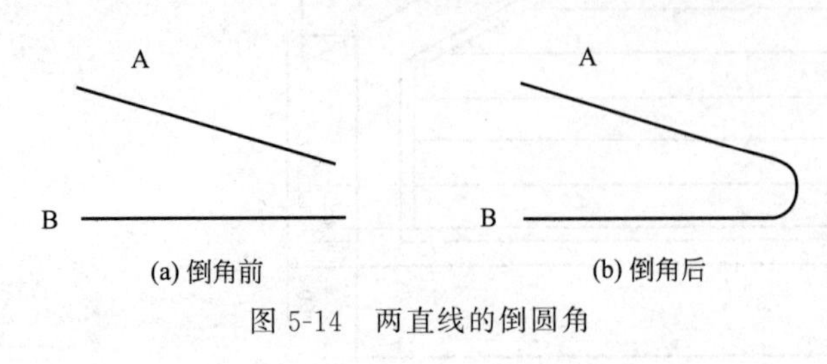

图 5-14　两直线的倒圆角

（2）操作方法　单击修改工具栏的“圆角”命令按钮，再在命令行选择“半径”选项，输入圆角半径，接着选择第一个对象，如图 5-14(a) 中的 A 直线，然后选择第二个对象，如图 5-14(a) 中的 B 直线，完成两个对象间圆弧的创建，如图 5-14(b) 所示。

（二）绘图过程

第 1 步：绘制老虎窗口。

（1）绘制窗口底线

① 绘制直线。

```
命令：_line 指定第一点：
指定下一点或[放弃(U)]:600                                    //沿极轴向下输入 600
指定下一点或[放弃(U)]:2040                                   //沿极轴向右输入 2040
指定下一点或[闭合(C)/放弃(U)]:600                            //沿极轴向上输入 600
```

② 偏移直线。

```
命令：_offset
当前设置：删除源＝否　图层＝源　OFFSETGAPTYPE＝0
指定偏移距离或[通过(T)/删除(E)/图层(L)]＜通过＞:60          //输入偏移距离 60
选择要偏移的对象，或[退出(E)/放弃(U)]＜退出＞:
指定要偏移的那一侧上的点，或[退出(E)/多个(M)/放弃(U)]＜退出＞:
                        //在上面单击重复回车做偏移，输入偏移距离 120，偏移左右两条直线
```

③ 通过“直线”指令绘制辅助线，将内框的直线拉伸为 469 的长度。

④ 选择“修剪”命令，将多余的部分线段剪掉，结果如图 5-15 所示。

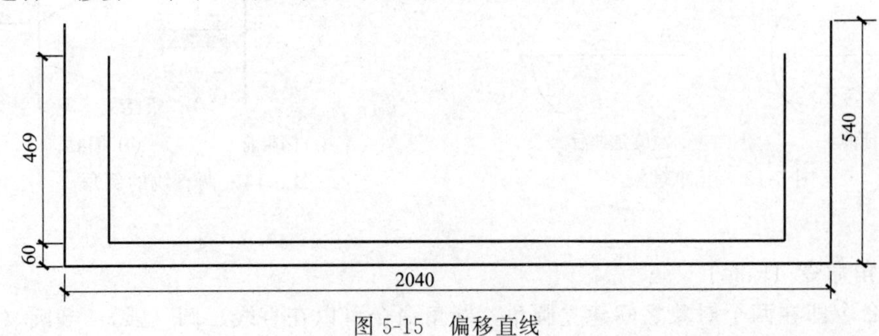

图 5-15　偏移直线

（2）绘制窗口上部斜线

① 绘制斜线。

```
命令:_line
指定第一点:                                  //选择左端直线顶端点
指定下一点或[放弃(U)]:@ 1010<27              //输入相对坐标,斜线夹角为 27°
指定下一点或[放弃(U)]:
```

② 镜像斜线。

```
命令:_mirror                                 //激活镜像命令
选择对象:找到 1 个                           //捕捉刚刚绘制的斜线
选择对象:
指定镜像线的第一点:                          //捕捉底线中点
指定镜像线的第二点:                          //沿极轴向上单击
要删除源对象吗? [是(Y)/否(N)]<N>:            //回车完成镜像
```

镜像结果如图 5-16 所示。

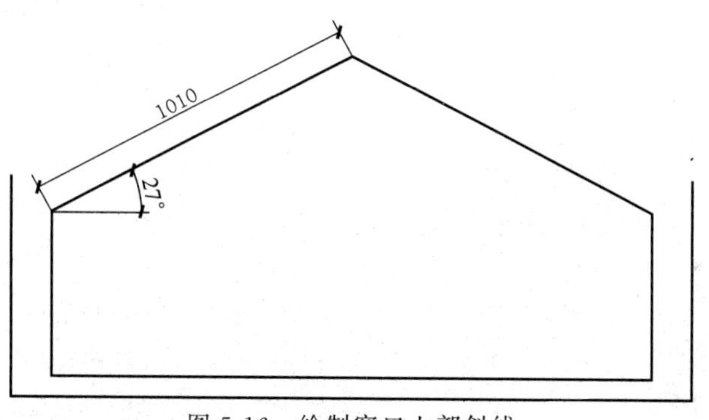

图 5-16　绘制窗口上部斜线

（3）绘制窗口底部台板

```
命令:_line 指定第一点:                       //选择左下角点
指定下一点或[放弃(U)]:240                    //向下画线
指定下一点或[放弃(U)]:                       //绘制水平线
指定下一点或[放弃(U)]:                       //捕捉右下角点
```

画线结果如图 5-17 所示。

（4）绘制窗口内部结构

① 选择下拉菜单【绘图】|【边界】，命令行提示如下。

```
命令:_boundary                               //激活边界命令
拾取内部点: 正在选择所有对象...              //在窗口内单击一点
正在选择所有可见对象...
正在分析所选数据...
正在分析内部孤岛...
BOUNDARY 已创建 1 个多段线                    //创建一个多段线封闭图形
```

② 选择下拉菜单【修改】|【偏移】，命令行提示如下。

```
命令:_offset
当前设置:删除源=否  图层=源  OFFSETGAPTYPE=0
指定偏移距离或[通过(T)/删除(E)/图层(L)]<120>:36
选择要偏移的对象,或[退出(E)/放弃(U)]<退出>:                    //选择多段线封闭图形
指定要偏移的那一侧上的点,或[退出(E)/多个(M)/放弃(U)]<退出>:  //在里面单击
```

偏移结果如图 5-18 所示。

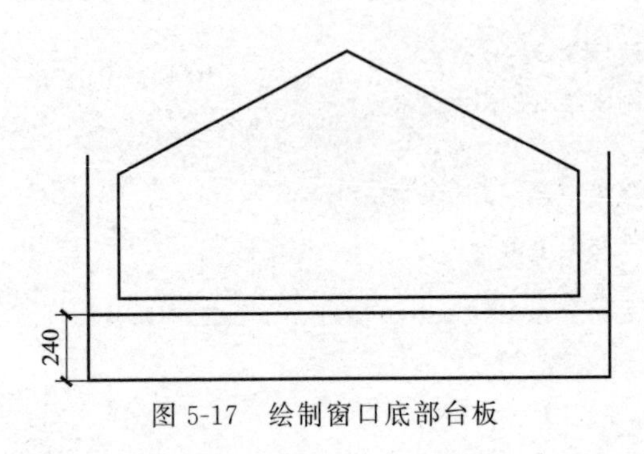

图 5-17 绘制窗口底部台板

图 5-18 绘制窗口内部结构

（5）绘制窗口隔板

```
命令:_offset
当前设置:删除源=否  图层=源  OFFSETGAPTYPE=0
指定偏移距离或[通过(T)/删除(E)/图层(L)]<通过>: 114
选择要偏移的对象,或[退出(E)/放弃(U)]<退出>:                    //选择窗口里边的底线
指定要偏移的那一侧上的点,或[退出(E)/多个(M)/放弃(U)]<退出>:M //回车
指定要偏移的那一侧上的点:                                      //上方单击连续偏移
```

选择“修剪”命令，将多余的部分线段剪掉，结果如图 5-19 所示。

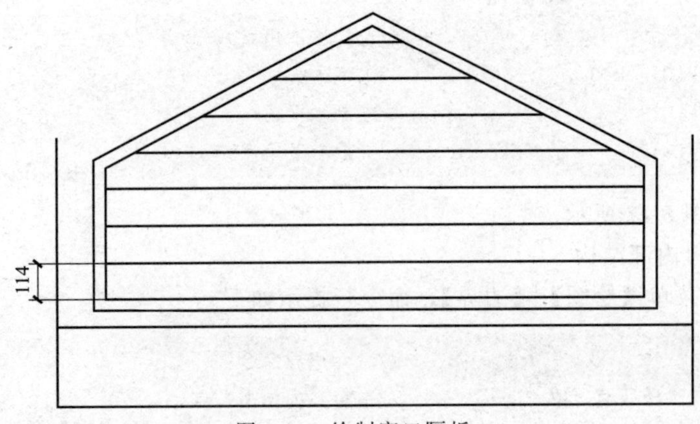

图 5-19 绘制窗口隔板

第 2 步：绘制老虎窗盖。

（1）偏移老虎窗顶盖

```
命令:_offset                                                        //激活偏移命令
当前设置:删除源=否　图层=源　OFFSETGAPTYPE=0
指定偏移距离或[通过(T)/删除(E)/图层(L)]<通过>:120
选择要偏移的对象,或[退出(E)/放弃(U)]<退出>:                         //选择外部封闭图形
指定要偏移的那一侧上的点,或[退出(E)/多个(M)/放弃(U)]<退出>:         //在外侧单击一点
选择要偏移的对象,或[退出(E)/放弃(U)]<退出>:                         //回车结束偏移
```

```
命令:_offset                                                        //激活偏移命令
当前设置:删除源=否　图层=源　OFFSETGAPTYPE=0
指定偏移距离或[通过(T)/删除(E)/图层(L)]<通过>: 184
选择要偏移的对象,或[退出(E)/放弃(U)]<退出>:                         //选择左侧斜线
指定要偏移的那一侧上的点,或[退出(E)/多个(M)/放弃(U)]<退出>:         //在上方单击一点
选择要偏移的对象,或[退出(E)/放弃(U)]<退出>:                         //回车结束偏移
```

重复选择偏移命令，偏移右侧斜线。

(2) 封闭偏移线

```
命令:_chamfer
("修剪"模式)当前倒角距离 1=0,距离 2=0
选择第一条直线或[放弃(U)/多段线(P)/距离(D)/角度(A)/修剪(T)/方式(E)/多个(M)]:
                                                                    //选择左侧斜线
选择第二条直线,或按住 Shift 键选择要应用角点的直线:                 //选择右侧斜线,回车
```

两条斜线自动连接相交，结果如图 5-20 所示。

图 5-20　绘制老虎窗顶盖

第 3 步：绘制老虎窗顶盖屋檐。

激活“直线”命令。绘制房檐下方左右两侧的垂直线，结果如图 5-21 所示。

图 5-21　绘制老虎窗顶盖屋檐

第 4 步：延伸屋檐。

```
命令:_extend                                                         //激活延伸命令
当前设置:投影=UCS,边=无
选择边界的边...                                                      //选择斜线
选择对象或<全部选择>:
选择要延伸的对象或[栏选(F)/窗交(C)/投影(P)/边(E)/放弃(U)]://选择直线,完成延伸
选择要延伸的对象或[栏选(F)/窗交(C)/投影(P)/边(E)/放弃(U)]://按住 Shift 键选择要修剪的对象,操
                                                              作由延伸变为修剪,逐一进行操作
```

最终绘制完成的老虎窗结果如图 5-11 所示。

【实例 5-2】 绘制办公室平面布置图

以办公室平面布置图为例，讲解多线命令使用方法，完成办公室墙体图形绘制，并插入办公椅、电脑显示器和电脑桌，绘制结果如图 5-22 所示。

（一）命令详解

多线是一种复合线，由连续的直线段复合组成。这种线的突出优点是能够提高绘图效率，保证图线之间的统一性，建筑电气工程图中建筑墙体的设置过程中需要大量用到这种命令。

多线命令的调用可以在绘图菜单栏中执行【绘图】|【多线】命令或在命令行中直接输入“MLINE”，然后按 Enter 键即可调用。在绘制多线的命令提示行中，各选项含义如下：

① 对正（J）：该项用于给定绘制多线的基准。共有 3 种对正类型：“上”“无”“下”。其中，“上（T）”表示以多线上侧的线为基准，依次类推。

② 比例（S）：选择该项，要求用户设置平行线的间距。输入值为零时平行线重合，值为负时多线的排列倒置。

③ 样式（ST）：该项用于设置当前使用的多线样式。

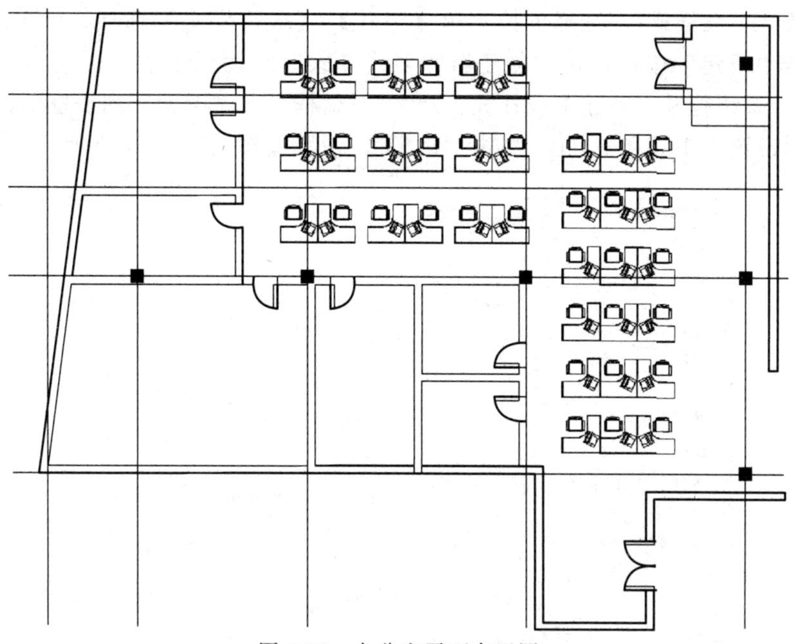

图 5-22　办公室平面布置图

（二）绘图过程

第 1 步：绘制办公室墙体。

使用多线命令、偏移命令、移动命令、复制命令等，完成办公室墙体图形绘制，结果如图 5-23 所示。

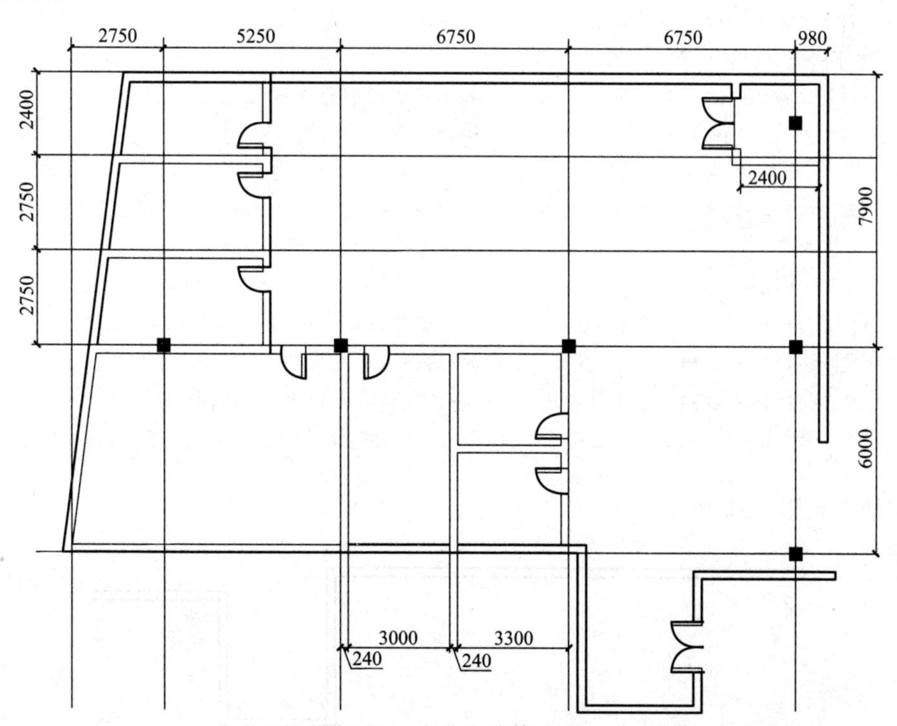

图 5-23　办公室墙体图形

（1）设置“多线样式” 选择下拉菜单【格式】|【多线样式】选项，弹出“多线样式”对话框，单击“新建”按钮，在“创建新的多线样式”对话框中输入样式名“240”，单击“继续”按钮，系统打开“新建多线样式：240”对话框，在“图元”列表框中，将其中图元的偏移量分别设置为 120 和－120，单击“确定”，设置操作如图 5-24 所示。

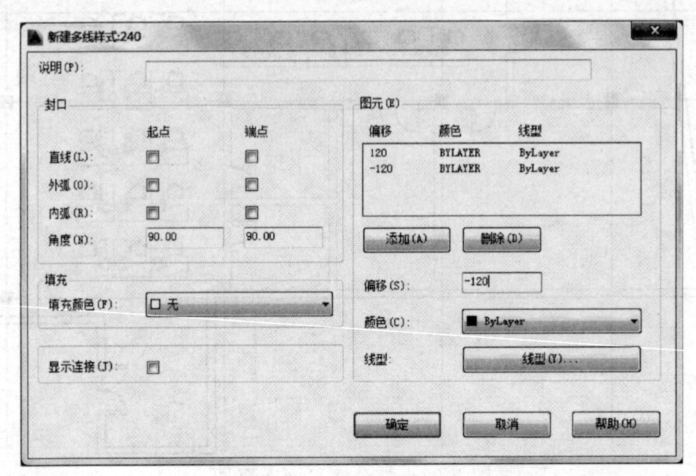

图 5-24 设置多线样式

（2）绘制下部外墙体图形 打开“正交”，选择下拉菜单【绘图】|【多线】选项，命令行提示如下。

```
命令：_mline                                  //激活多线命令当前设置：对正＝上，比例＝20.00，样式＝240
指定起点或[对正(J)/比例(S)/样式(ST)]： j      //选择对正选项 j
输入对正类型[上(T)/无(Z)/下(B)]<上>： z       //选择居中对正方式 z
当前设置：对正＝无，比例＝20.00，样式＝240
指定起点或[对正(J)/比例(S)/样式(ST)]： s      //选择多线比例选项 s
输入多线比例<20.00>：1                        //输入比例值
当前设置：对正＝无，比例＝1.00，样式＝240
指定起点或[对正(J)/比例(S)/样式(ST)]： j      //单击确定A 点
指定下一点：15250                             //向右追踪，输入距离确定B 点
指定下一点或[放弃(U)]：4645                   //向右追踪，输入距离确定C 点
指定下一点或[闭合(C)/放弃(U)]：3240           //向右追踪，输入距离确定D 点
指定下一点或[闭合(C)/放弃(U)]：3895           //向右追踪，输入距离确定E 点
指定下一点或[闭合(C)/放弃(U)]：4230           //向右追踪，输入距离确定F 点
指定下一点或[闭合(C)/放弃(U)]：               //按 Enter 键，结束绘制
```

绘制结果如图 5-25 所示。

图 5-25 绘制外墙图形

(3) 绘制上部外墙体图形　单击下拉菜单【绘图】|【多线】选项，打开“正交”开关，开始绘制外墙体图形，命令提示行如下。

```
命令:_mline                                          //激活多线命令
当前设置:对正=上,比例=1.00,样式=240
指定起点或[对正(J)/比例(S)/样式(ST)]:  _from 基点:@-480,3750
                                                     //单击F 点,输入偏移值,得到A 点
指定下一点:  10410                                   //向上追踪,输入距离确定B 点
指定下一点或[放弃(U)]:  20500                        //向左追踪,输入距离确定C 点
指定下一点或[闭合(C)/放弃(U)]:                       //单击D 点
指定下一点或[闭合(C)/放弃(U)]:                       //单击E 点
```

效果如图 5-26 所示。

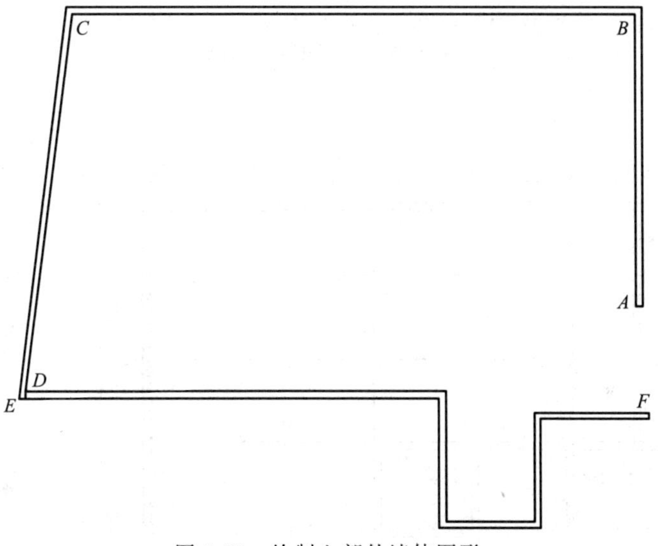

图 5-26　绘制上部外墙体图形

(4) 绘制内部墙体图形　单击下拉菜单栏中的【绘图】|【多线】命令，打开“正交”开关，开始绘制外墙体图形，命令行如下。

```
命令:_mline
当前设置:对正=上,比例=1.00,样式=240
指定起点或[对正(J)/比例(S)/样式(ST)]:
指定下一点:                                          //参照尺寸绘制内部墙体
```

单击下拉菜单【修改】|【对象】|【多线】选项，打开“多线编辑工具”对话框，如图 5-27 所示。选择对话框中合适的编辑工具，“T 形合并”和“角点结合”对墙体逐段进行修改。

绘制结果如图 5-28 所示。

(5) 绘制门图形　单击“工具选项板窗口”按钮，弹出“工具选项板”对话框。单击“建筑”选项卡，选择“门-公制”图块，如图 5-29 所示。

选择“门-公制”拖放到绘图窗口中，如图 5-30(a) 所示。单击图块中的图标▼，选择“打开 90°”选项，效果如图 5-30(b) 所示。

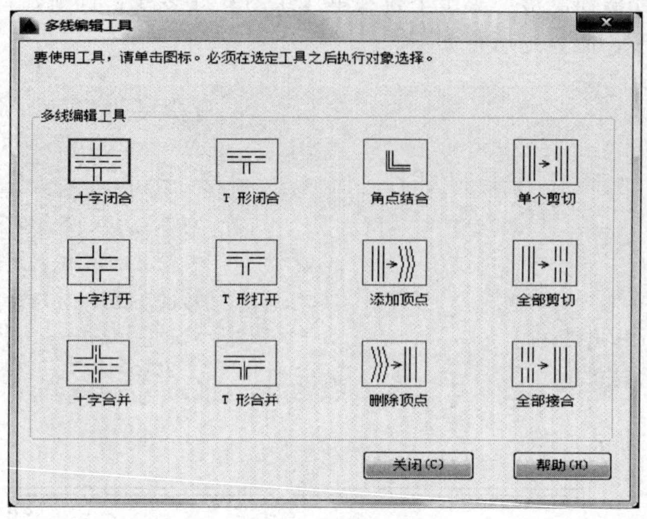

图 5-27　多线编辑对话框

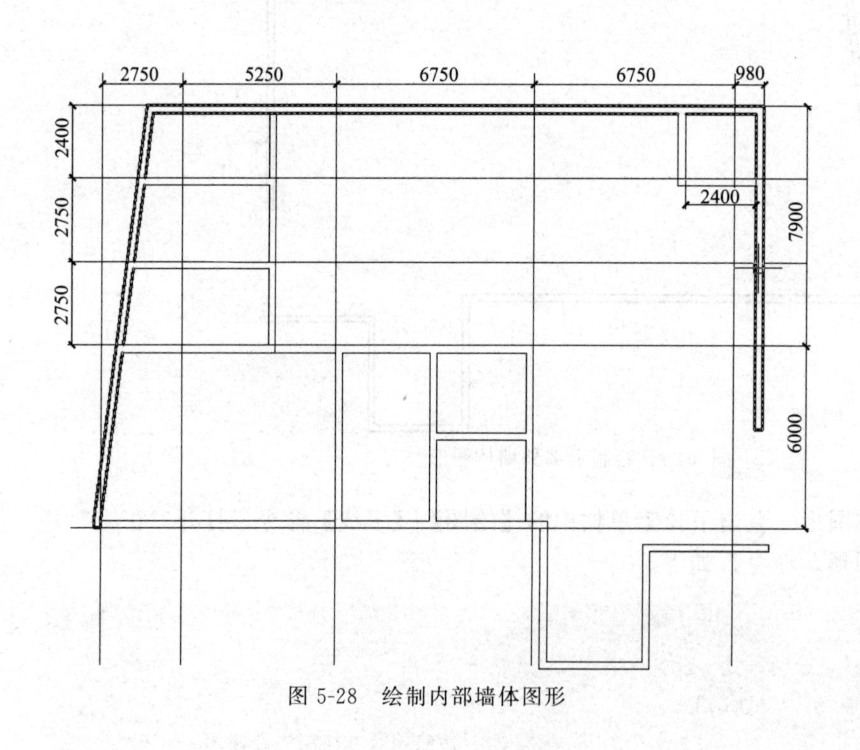

图 5-28　绘制内部墙体图形

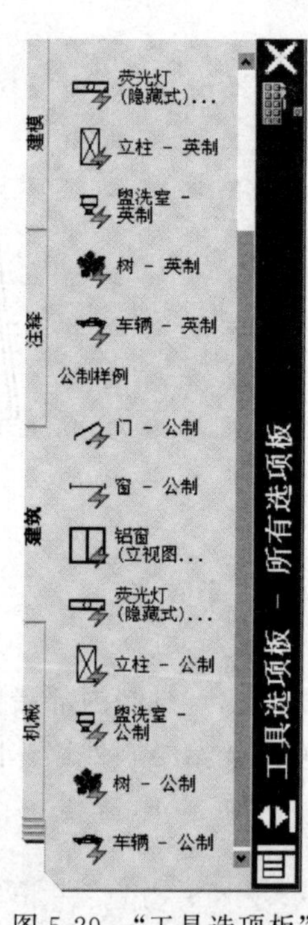

图 5-29　“工具选项板”对话框

（6）复制门到内部墙体的相应部位　选择修改工具栏“复制”命令按钮，复制门到内部墙体的相应部位。修剪结果如图 5-31 所示。

（7）绘制柱子图形　选择矩形命令，命令行提示如下。

```
命令:_rectang                                                    //激活矩形命令
指定第一个角点或[倒角(C)/标高(E)/圆角(F)/厚度(T)/宽度(W)]:        //指定第一点
指定另一个角点或[面积(A)/尺寸(D)/旋转(R)]:@ 400,400               //输入第二点
```

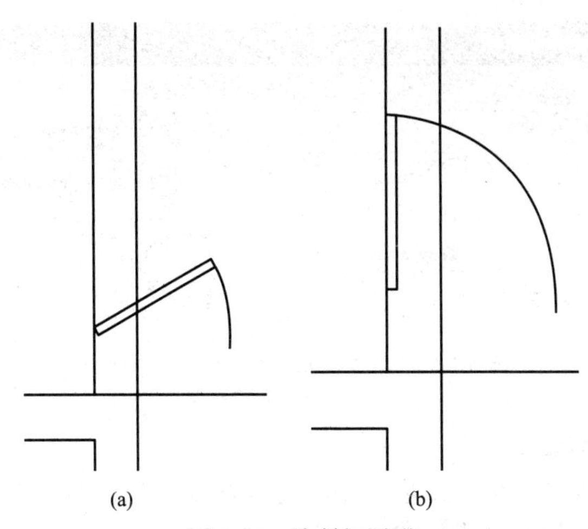

图 5-30　绘制门图形

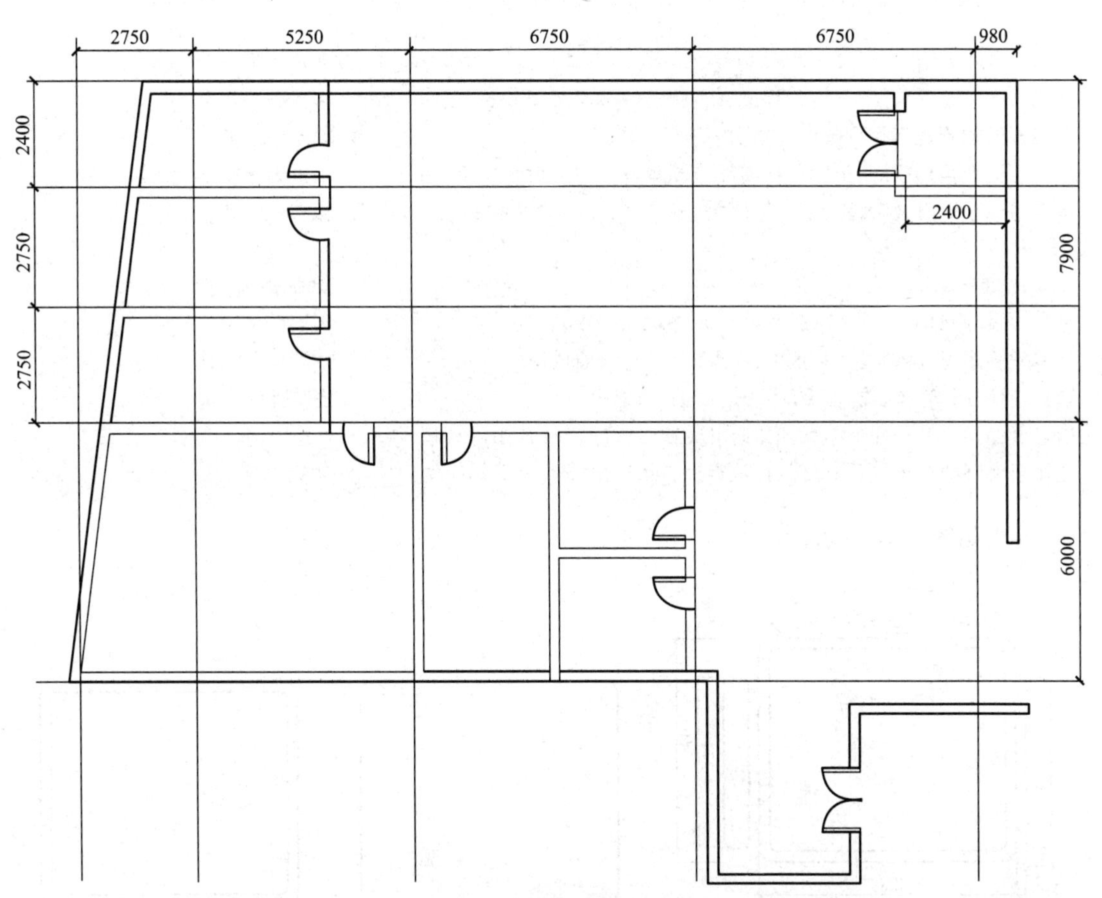

图 5-31　复制门到内部墙体

（8）填充柱子　选择下拉菜单【绘图】|【图案填充】命令，弹出“图案填充和渐变色”对话框，选取图案“SOLID”，如图 5-32 所示，对柱子完成填充。

（9）复制柱子　单击修改工具栏中“复制”命令按钮，复制 6 个柱子。完成图形绘制，如图 5-22 所示。

图 5-32 “图案填充和渐变色”对话框

第 2 步：绘制办公室设备。

（1）绘制办公椅平面图　使用矩形命令、直线命令、镜像命令、偏移命令和修剪命令，完成办公椅图形的绘制，绘制结果如图 5-33 所示。

① 绘制办公椅面图形。选择下拉菜单【绘图】|【矩形】选项，命令行提示如下。

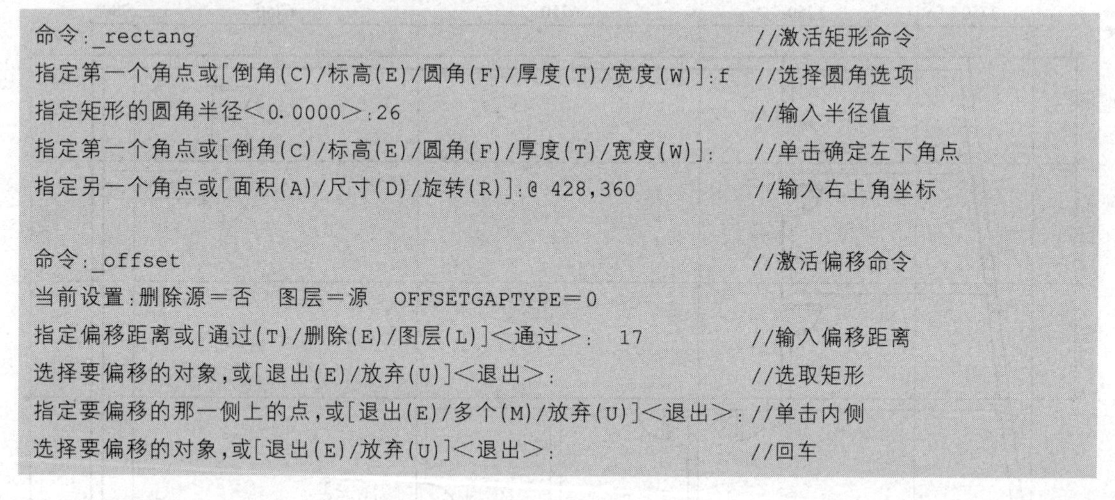

```
命令:_rectang                                              //激活矩形命令
指定第一个角点或[倒角(C)/标高(E)/圆角(F)/厚度(T)/宽度(W)]:f  //选择圆角选项
指定矩形的圆角半径<0.0000>:26                               //输入半径值
指定第一个角点或[倒角(C)/标高(E)/圆角(F)/厚度(T)/宽度(W)]:   //单击确定左下角点
指定另一个角点或[面积(A)/尺寸(D)/旋转(R)]:@ 428,360          //输入右上角坐标

命令:_offset                                               //激活偏移命令
当前设置:删除源=否  图层=源  OFFSETGAPTYPE=0
指定偏移距离或[通过(T)/删除(E)/图层(L)]<通过>: 17             //输入偏移距离
选择要偏移的对象,或[退出(E)/放弃(U)]<退出>:                   //选取矩形
指定要偏移的那一侧上的点,或[退出(E)/多个(M)/放弃(U)]<退出>:   //单击内侧
选择要偏移的对象,或[退出(E)/放弃(U)]<退出>:                   //回车
```

效果如图 5-34 所示。

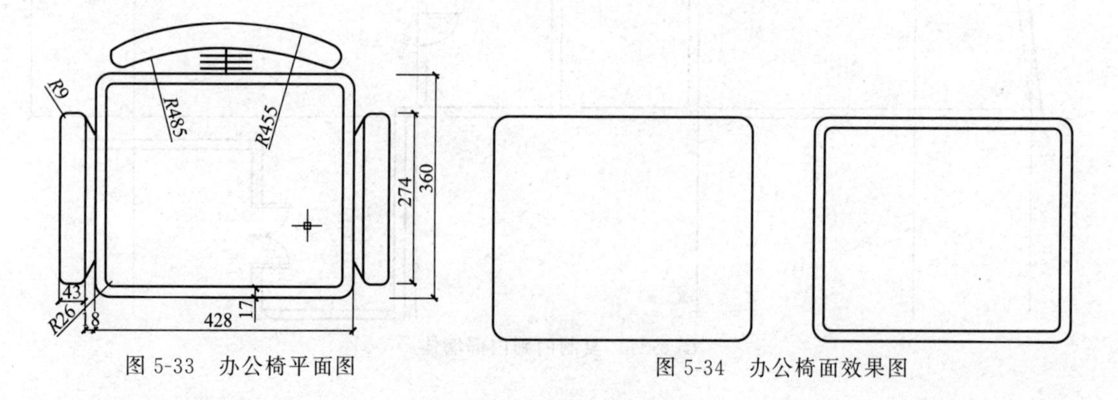

图 5-33　办公椅平面图　　　　图 5-34　办公椅面效果图

② 绘制椅子扶手。选择下拉菜单【绘图】|【矩形】选项，命令行提示如下。

```
命令:_rectang //激活矩形命令
当前矩形模式: 圆角=26.0000
```

```
指定第一个角点或[倒角(C)/标高(E)/圆角(F)/厚度(T)/宽度(W)]:f   //选择圆角选项
指定矩形的圆角半径＜26.0000＞:9                                  //输入半径值 9
指定第一个角点或[倒角(C)/标高(E)/圆角(F)/厚度(T)/宽度(W)]:_from＜偏移＞:@－44,－3
                          //"Shift＋右键"选择捕捉自,单击圆心A 点,输入B 点坐标
指定另一个角点或[面积(A)/尺寸(D)/旋转(R)]:@ －43,274              //输入C 点坐标
```

效果如图 5-35 所示。

③ 绘制扶手连线。

```
命令:_line 指定第一点:                          //激活直线命令,捕捉A 点
指定下一点或[放弃(U)]:@ 36＜60                  //极坐标输入B 点
指定下一点或[放弃(U)]:                          //回车
命令:_line 指定第一点:                          //激活直线命令,捕捉C 点
指定下一点或[放弃(U)]:@ 36＜－60                //极坐标输入D 点
指定下一点或[放弃(U)]:                          //回车

命令:_mirror                                    //激活镜像命令
选择对象:指定对角点:找到 6 个                   //选择对象
选择对象:指定镜像线的第一点:指定镜像线的第二点: //选取矩形上边和下边中点
要删除源对象吗? [是(Y)/否(N)]＜N＞:             //回车
```

绘制完成的椅子扶手效果如图 5-36 所示。

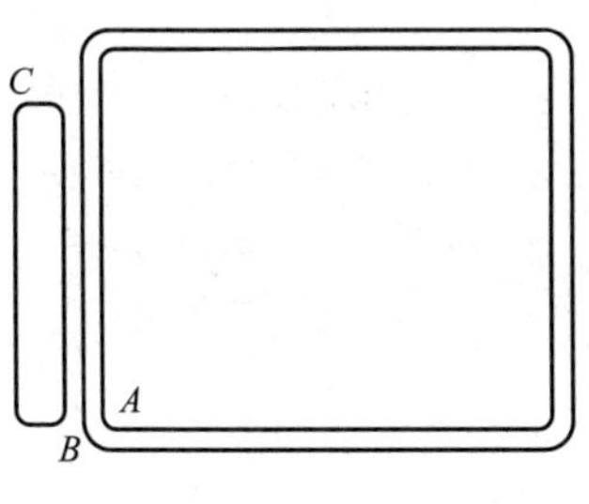

图 5-35　椅子一侧扶手效果

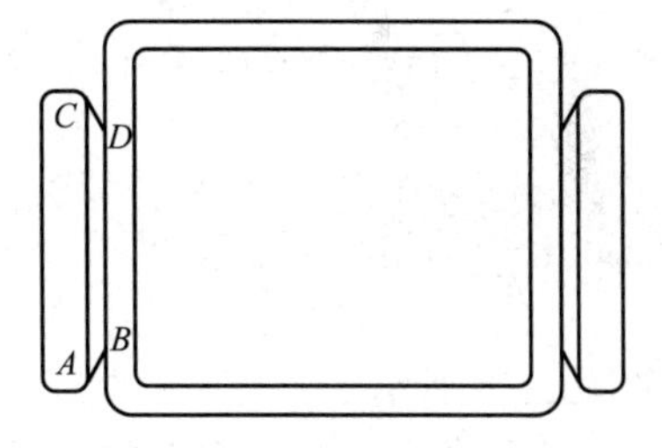

图 5-36　椅子扶手最后效果

④ 绘制椅子靠背。

```
命令:_circle
指定圆的圆心或[三点(3P)/两点(2P)/相切、相切、半径(T)]:_tt     //临时追踪
指定临时对象追踪点:                                           //单击大矩形上边中点
指定圆的圆心或[三点(3P)/两点(2P)/相切、相切、半径(T)]:443     //向下追踪输入距离值,确定圆心
指定圆的半径或[直径(D)]:485                                   //输入半径值
命令:_circle
指定圆的圆心或[三点(3P)/两点(2P)/相切、相切、半径(T)]:_tt     //临时追踪
指定临时对象追踪点:                                           //单击大矩形上边中点
指定圆的圆心或[三点(3P)/两点(2P)/相切、相切、半径(T)]:373     //向下追踪输入距离值,确定圆心
指定圆的半径或[直径(D)]＜485.0000＞:455                       //输入半径值
```

效果如图 5-37 所示。

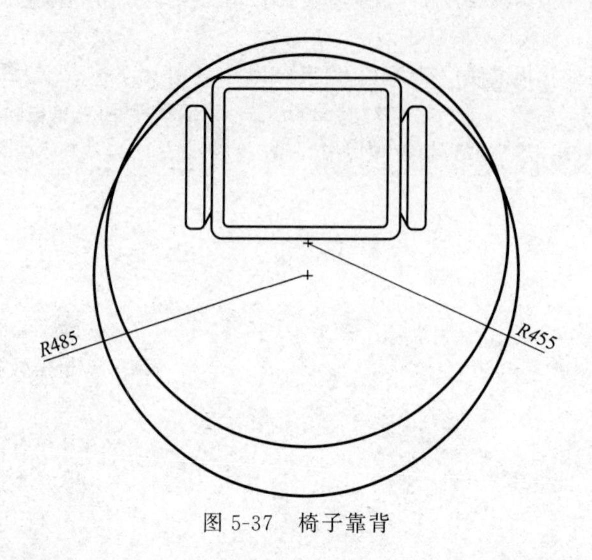

图 5-37 椅子靠背

⑤ 修改绘制椅子靠背。

```
命令:_circle
指定圆的圆心或[三点(3P)/两点(2P)/相切、相切、半径(T)]:_ttr   //选择画圆【相切、相切、半径】选项
指定对象与圆的第一个切点:                                    //选取与外侧圆的切点
指定对象与圆的第二个切点:                                    //选取与内侧圆的切点
指定圆的半径<455.0000>:17.5                                  //输入半径值
命令:_circle
指定圆的圆心或[三点(3P)/两点(2P)/相切、相切、半径(T)]:_ttr   //选择画圆【相切、相切、半径】选项
指定对象与圆的第一个切点:                                    //选取与外侧圆的切点
指定对象与圆的第二个切点:                                    //选取与内侧圆的切点
指定圆的半径<17.5000>:17.5                                   //输入半径值
```

效果如图 5-38 所示。

选择“修剪”命令，修剪多余的圆弧，效果如图 5-39 所示。

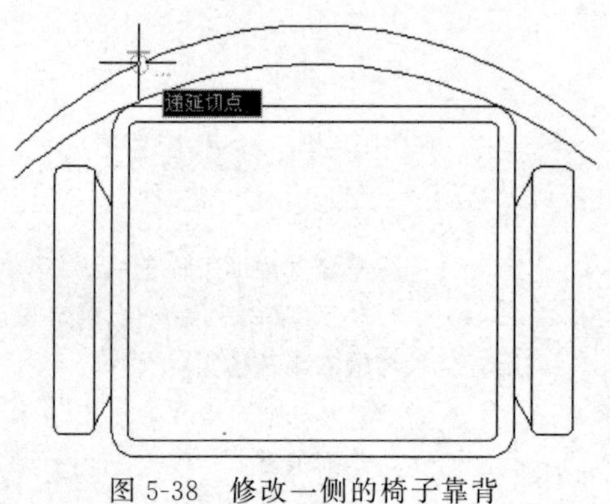

图 5-38 修改一侧的椅子靠背

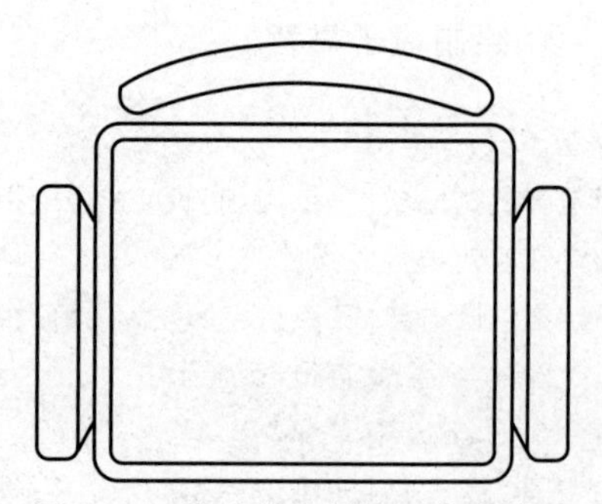

图 5-39 修改完成的椅子靠背效果

⑥ 绘制椅背支撑部件。

```
命令:_pline                                                    //激活多段线命令
指定起点:                                                      //单击外侧矩形上边中点
当前线宽为 0.0000
指定下一个点或[圆弧(A)/半宽(H)/长度(L)/放弃(U)/宽度(W)]:w     //选择线宽选项
指定起点宽度<0.0000>:5                                        //输入起点线宽
指定端点宽度<5.0000>:                                          //输入终点线宽
指定下一个点或[圆弧(A)/半宽(H)/长度(L)/放弃(U)/宽度(W)]:       //单击内圆弧中点
指定下一点或[圆弧(A)/闭合(C)/半宽(H)/长度(L)/放弃(U)/宽度(W)]: //单击大矩形中点
命令:_pline                                                    //激活多段线命令
指定起点:_from 基点:<偏移>:@-44,10                //选取多段线中点,输入偏移值得到起点
当前线宽为 5.0000
指定下一个点或[圆弧(A)/半宽(H)/长度(L)/放弃(U)/宽度(W)]:88    //向右沿极轴水平输入距离值
指定下一点或[圆弧(A)/闭合(C)/半宽(H)/长度(L)/放弃(U)/宽度(W)]: //回车
命令:_offset                                                   //激活偏移命令
当前设置:删除源=否　图层=源　OFFSETGAPTYPE=0
指定偏移距离或[通过(T)/删除(E)/图层(L)]<通过>:　10            //输入偏移距离
选择要偏移的对象,或[退出(E)/放弃(U)]<退出>:       //选择刚刚绘制的多段线,向下偏移两次
指定要偏移的那一侧上的点,或[退出(E)/多个(M)/放弃(U)]<退出>:   //回车结束操作
```

最终绘制效果如图 5-33 所示。

(2) 绘制电脑　使用矩形命令、直线命令、圆命令、修剪命令来完成电脑图形的绘制，绘制结果如图 5-40 所示。

① 绘制电脑机箱图形。选择下拉菜单【绘图】|【矩形】选项，命令行提示如下。

```
命令:_rectang                                                  //激活矩形命令
指定第一个角点或[倒角(C)/标高(E)/圆角(F)/厚度(T)/宽度(W)]:     //单击确定左下角点
指定另一个角点或[面积(A)/尺寸(D)/旋转(R)]:@ 400,400            //输入右上角坐标值
```

② 绘制显示器轮廓图形。

```
命令:_pline                                                    //激活多段线命令
指定起点:_from<偏移>:@-27.5,35                                //单击A 点,输入偏移值,确定B 点
当前线宽为 0.0000
指定下一个点或[圆弧(A)/半宽(H)/长度(L)/放弃(U)/宽度(W)]:123   //沿B 点向上输入距离值,得到C 点
指定下一点或[圆弧(A)/闭合(C)/半宽(H)/长度(L)/放弃(U)/宽度(W)]:a //选取圆弧选项
指定圆弧的端点或[角度(A)/圆心(CE)/闭合(CL)/方向(D)/半宽(H)/直线(L)/半径(R)/第二个点(S)/放
弃(U)/宽度(W)]:r                                               //选取半径选项
指定圆弧的半径:65                                              //输入半径值
指定圆弧的端点或[角度(A)]:@-27.5,17                           //输入D 点相对坐标
指定圆弧的端点或[角度(A)/圆心(CE)/闭合(CL)/方向(D)/半宽(H)/直线(L)/半径(R)/第二个点(S)/放
弃(U)/宽度(W)]:r                                               //选取半径选项
指定圆弧的半径:1110                                            //输入半径值
指定圆弧的端点或[角度(A)]:@-290,0                             //输入E 点相对坐标
```

```
指定圆弧的端点或[角度(A)/圆心(CE)/闭合(CL)/方向(D)/半宽(H)/直线(L)/半径(R)/第二个点(S)/放弃(U)/宽度(W)]:r                                //选取半径选项
指定圆弧的半径:65                                         //输入半径值
指定圆弧的端点或[角度(A)]:@－27.5,－17                     //输入F 点相对坐标
指定圆弧的端点或[角度(A)/圆心(CE)/闭合(CL)/方向(D)/半宽(H)/直线(L)/半径(R)/第二个点(S)/放弃(U)/宽度(W)]:l                                //选取直线选项
指定下一点或[圆弧(A)/闭合(C)/半宽(H)/长度(L)/放弃(U)/宽度(W)]:123
                                                          //沿F 点向下输入距离值,得到G 点
指定下一点或[圆弧(A)/闭合(C)/半宽(H)/长度(L)/放弃(U)/宽度(W)]:c
                                                          //选择闭合选项
```

效果如图 5-41 所示。

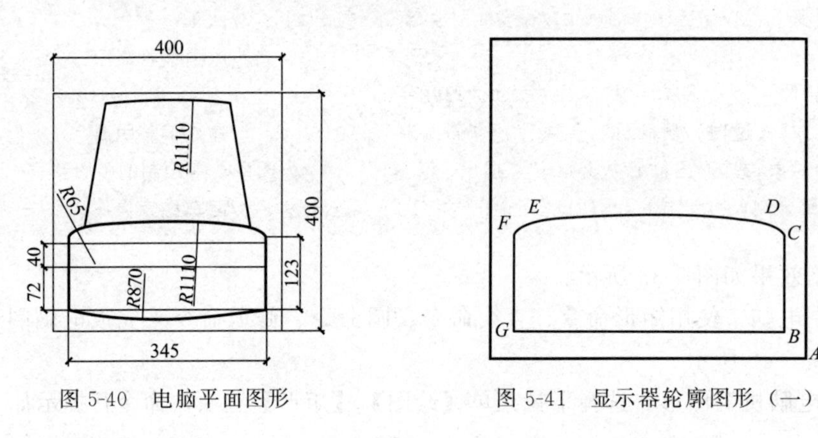

图 5-40　电脑平面图形

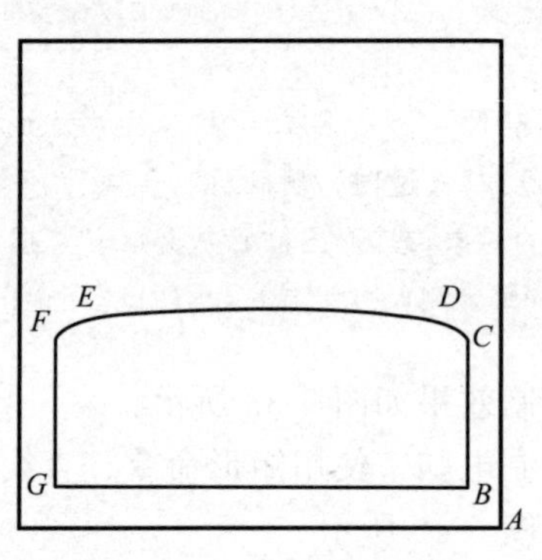

图 5-41　显示器轮廓图形（一）

③ 继续绘制显示器轮廓图形。

```
命令:_line 指定第一点:                                     //激活直线命令,单击A 点
指定下一点或[放弃(U)]:@ 210<80                             //极坐标输入B 点
指定下一点或[放弃(U)]:                                     //完成直线AB
命令:_line 指定第一点:                                     //激活直线命令,单击C 点
指定下一点或[放弃(U)]:@ 210<100                            //极坐标输入D 点
指定下一点或[放弃(U)]:                                     //完成直线CD
命令:_arc 指定圆弧的起点或[圆心(C)]:                        //选择画圆【起点、端点、半径】选项,选择D 点为起点
指定圆弧的第二个点或[圆心(C)/端点(E)]:_e
指定圆弧的端点:                                            //单击B 点
指定圆弧的圆心或[角度(A)/方向(D)/半径(R)]:_r 指定圆弧的半径:1110      //输入半径
```

效果如图 5-42 所示。

```
命令:_line 指定第一点:72                                   //沿A 点向上追踪,输入 72,确定B 点
指定下一点或[放弃(U)]:                                     //水平向右捕捉垂足C 点,完成BC 直线
命令:_offset                                               //激活偏移命令
当前设置:删除源=否　图层=源　OFFSETGAPTYPE=0
指定偏移距离或[通过(T)/删除(E)/图层(L)]<通过>:　40 //输入偏移值,完成偏移
```

效果如图 5-43 所示。

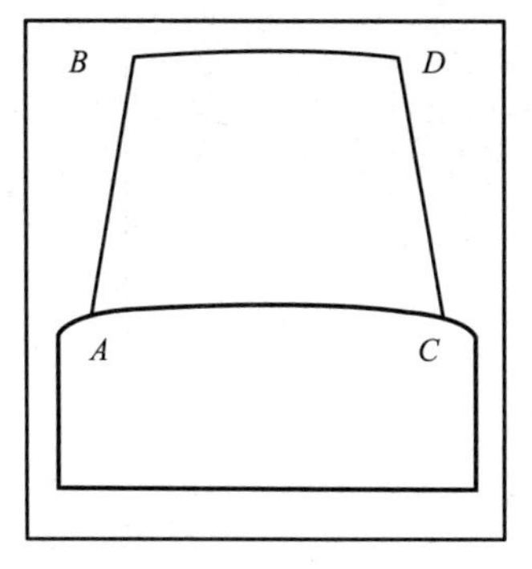

图 5-42　显示器轮廓图形（二）

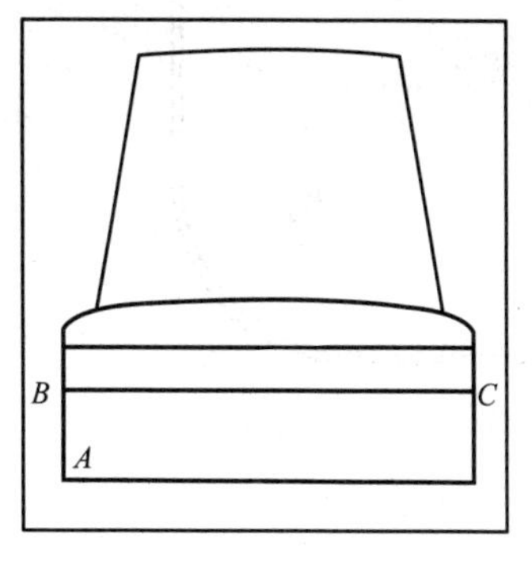

图 5-43　显示器轮廓图形（三）

④ 绘制显示屏圆弧。

```
命令:_circle 指定圆的圆心或[三点(3P)/两点(2P)/相切、相切、半径(T)]:855
                                  //捕捉屏幕前面板直线中点,沿极轴向上最终 855,确定圆心
指定圆的半径或[直径(D)]:870       //输入圆半径 870
命令:_trim
当前设置:投影=UCS,边=无
选择剪切边...
选择对象或<全部选择>:
选择要修剪的对象,或按住 Shift 键选择要延伸的对象,或[栏选(F)/窗交(C)/投影(P)/边(E)/删除(R)/
放弃(U)]:
```

最终绘制效果如图 5-40 所示。

（3）绘制电脑桌平面图　使用直线命令、圆角命令、修剪命令，来完成电脑桌图形的绘制，绘制结果如图 5-44 所示。

① 绘制电脑桌图形。打开【正交】开关，选择下拉菜单【绘图】|【直线】选项，命令行提示如下。

```
命令:_line 指定第一点:                      //激活直线命令,单击确定A 点
指定下一点或[放弃(U)]:1150                  //单击确定B 点
指定下一点或[放弃(U)]:1130                  //单击确定C 点
指定下一点或[闭合(C)/放弃(U)]:385           //单击确定D 点
指定下一点或[闭合(C)/放弃(U)]:670           //单击确定E 点
指定下一点或[闭合(C)/放弃(U)]:765           //单击确定F 点
指定下一点或[闭合(C)/放弃(U)]:c             //选择【闭合】选项
```

效果如图 5-45 所示。

② 绘制桌面上的圆角。选择下拉菜单【绘图】|【边界】选项，命令行提示如下。

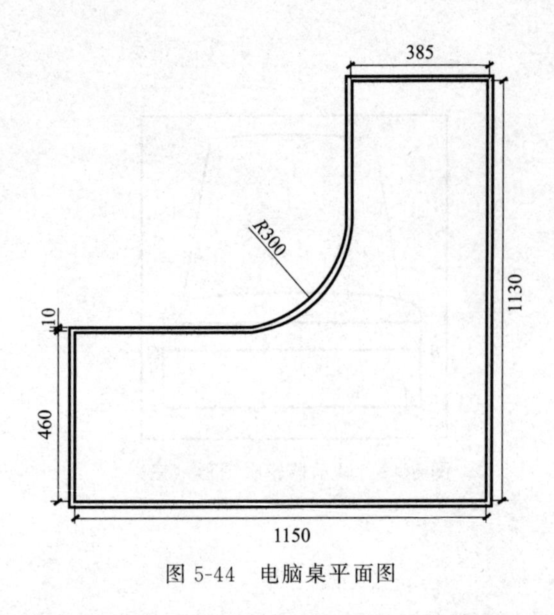

图 5-44 电脑桌平面图

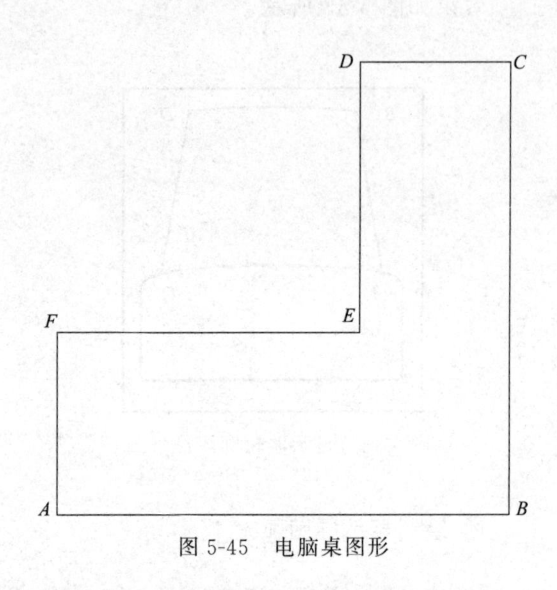

图 5-45 电脑桌图形

```
命令:_boundary                                          //激活【边界】命令
拾取内部点:  正在选择所有对象...
正在选择所有可见对象...
正在分析所选数据...
正在分析内部孤岛...
拾取内部点:                                   //单击对话框【拾取点】按钮,在图形内部单击
BOUNDARY 已创建 1 个多段线                               //创建一个多段线图形
命令:_offset                                            //激活偏移命令
指定偏移距离或[通过(T)/删除(E)/图层(L)]<通过>:  10          //指定偏移距离
选择要偏移的对象,或[退出(E)/放弃(U)]<退出>:                 //选择多段线
指定要偏移的那一侧上的点,或[退出(E)/多个(M)/放弃(U)]<退出>:  //在外部单击
```

③ 绘制电脑桌的圆角。选择下拉菜单【修改】|【圆角】选项，命令行提示如下。

```
命令:_fillet                                            //激活圆角命令
当前设置:模式=修剪,半径=0.0000
选择第一个对象或[放弃(U)/多段线(P)/半径(R)/修剪(T)/多个(M)]:r //输入半径选项
指定圆角半径<0.0000>:300                                 //输入半径值
选择第一个对象或[放弃(U)/多段线(P)/半径(R)/修剪(T)/多个(M)]:  //选择水平边
选择第二个对象,或按住 Shift 键选择要应用角点的对象:             //选择垂直边
```

重复修剪，效果如图 5-46 所示。

④ 完成电脑桌。选择下拉菜单【修改】|【修剪】选项，命令行提示如下。

```
命令:_trim                                              //激活修剪命令
当前设置:投影=UCS,边=无
```

```
选择剪切边...
选择对象或＜全部选择＞:        //回车,选择全部对象
选择要修剪的对象,或按住 Shift 键选择要延伸的对象,或[栏选(F)/窗交(C)/投影(P)/边(E)/删除(R)/
放弃(U)]:                      //修剪多余线条
```

最终电脑桌绘制效果如图 5-44 所示。

第 3 步：绘制电脑桌布置图。

使用创建块命令、插入块命令、移动命令、旋转命令、比例命令，来完成电脑桌布置图形的绘制，绘制结果如图 5-47 所示。

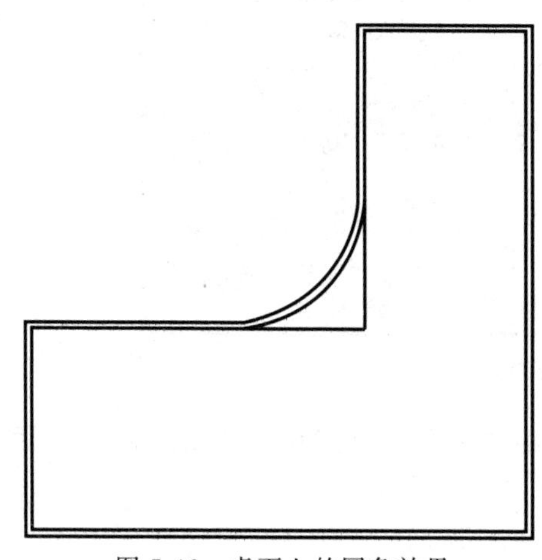

图 5-46　桌面上的圆角效果

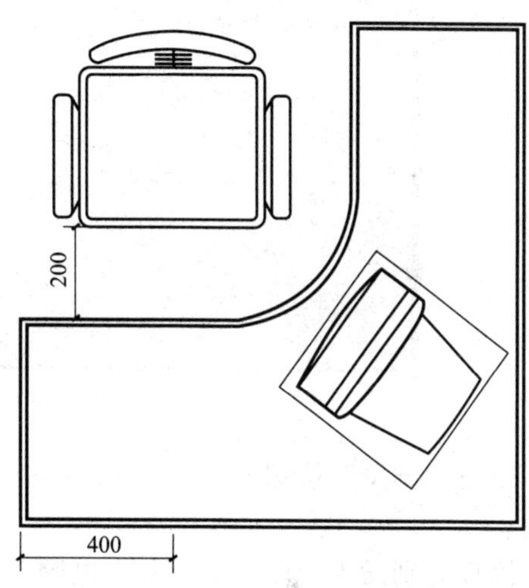

图 5-47　电脑桌布置图

（1）创建办公椅、电脑、电脑桌图块　打开图 5-33 所示办公椅，在命令行中输入 W，系统弹出“写块”对话框。定义对象基点，单击“拾取点”按钮，选取办公椅下边中点为“基点”；选择对象，单击“选择对象”按钮，选取办公椅；在“文件名和路径栏”中输入“办公椅”；单击“确定”，完成块定义，如图 5-48 所示。

同理，打开电脑、电脑桌图形，使用“写块”命令完成电脑、电脑桌块定义。

图 5-48　创建办公椅图块

（2）创建图形文件　选择下拉菜单【文件】|【新建】命令，弹出“选择样板”对话框，选取“A4 模板”样板文件，单击“打开”按钮，创建一个新的绘图文件。

（3）创建电脑桌布置图形文件　选取【文件】|【另存为】命令，打开“图形另存为”对话框，在文件名栏中输入“电脑桌布置”，单击保存。

说明： 以 BLOCK 命令定义的图块只能插入到当前图形中，以 WBLOCK 命令保存的图块可以插入到当前图形，也可以插入到其他图形中。

（4）插入“办公椅”块　选取【插入】|【块】选项，打开“插入”对话框，如图 5-49 所示。

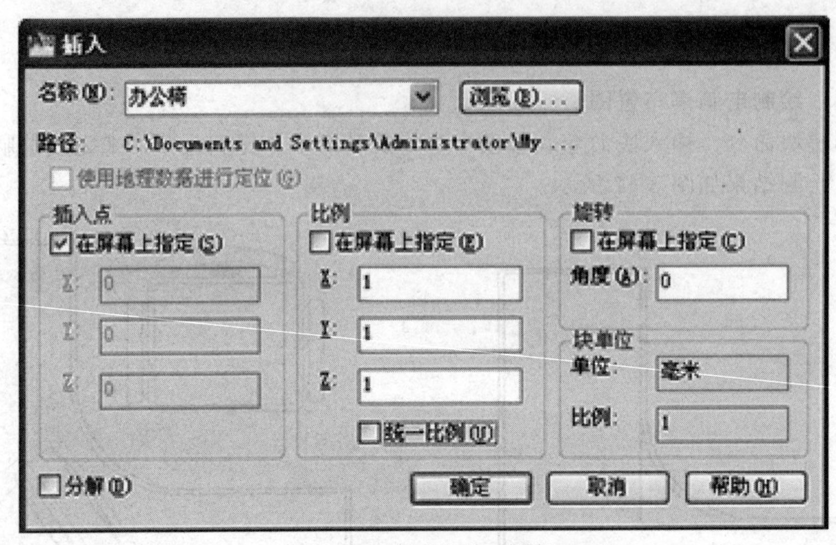

图 5-49 “插入”块对话框

单击“浏览”按钮，找到使用写块对话框定义的“办公椅”图块，单击“确定”插入完成。

同理分别插入“电脑桌”和“电脑”，效果如图 5-50 所示。

（5）移动布置办公椅　选择下拉菜单【修改】|【移动】选项，命令行提示如下。

```
命令:_move                                          //激活移动命令
选择对象:找到 1 个                                   //选择办公椅
选择对象:                                           //回车
指定基点或[位移(D)]<位移>:  指定第二个点或<使用第一个点作为位移>:
                                                    //选择椅面下边中点
指定第二个点或<使用第一个点作为位移>:_from 基点:<偏移>:@ 400,200
                                                    //选择捕捉自,单击A 点,输入偏移值
```

效果如图 5-51 所示。

（6）移动布置电脑　选择下拉菜单【修改】|【移动】选项，命令行提示如下。

```
命令:_move                                          //激活移动命令
选择对象:找到 1 个                                   //选择电脑
选择对象:                                           //回车
指定基点或[位移(D)]<位移>:  指定第二个点或<使用第一个点作为位移>:
                                                    //选择电脑下边中点
指定第二个点或<使用第一个点作为位移>:_from 基点:<偏移>:@-450,500
                                                    //选择捕捉自,单击B 点,输入偏移值
```

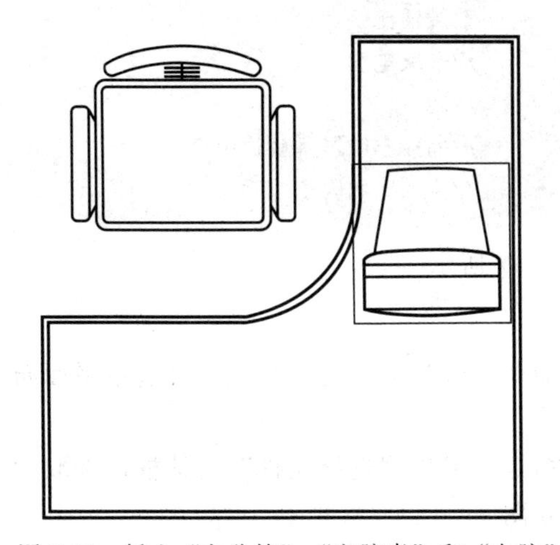

图 5-50 插入“办公椅”、“电脑桌”和“电脑”

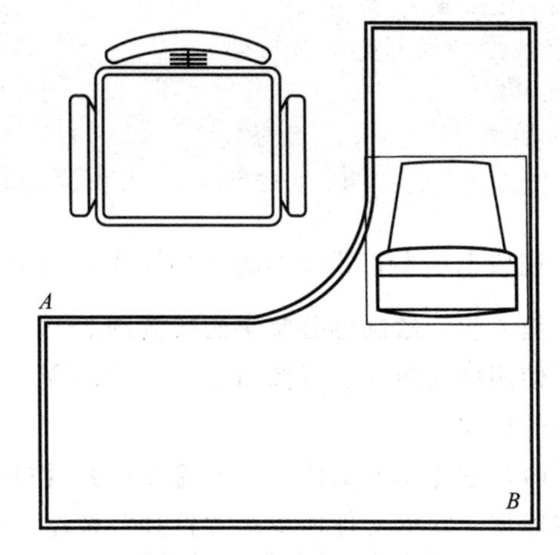

图 5-51 移动布置办公椅

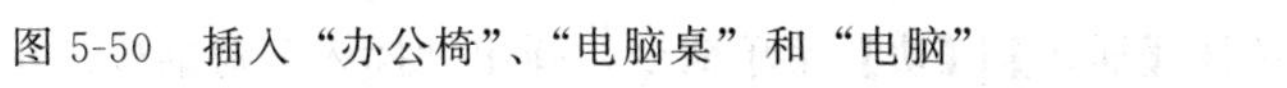

效果如图 5-52 所示。

（7）旋转布置电脑 选择下拉菜单【修改】|【旋转】选项，命令行提示如下。

```
命令:_rotate                                        //激活旋转命令
UCS 当前的正角方向: ANGDIR=逆时针 ANGBASE=0
选择对象:找到 1 个                                  //选取电脑
选择对象:                                           //回车
指定基点:                                           //选择电脑屏幕底边中点
指定旋转角度,或[复制(C)/参照(R)]<0>: -115 //输入旋转角度值
```

效果如图 5-53 所示。

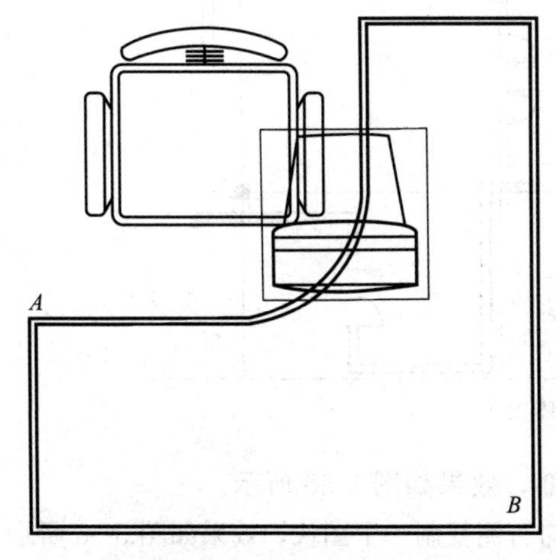

图 5-52 移动布置电脑

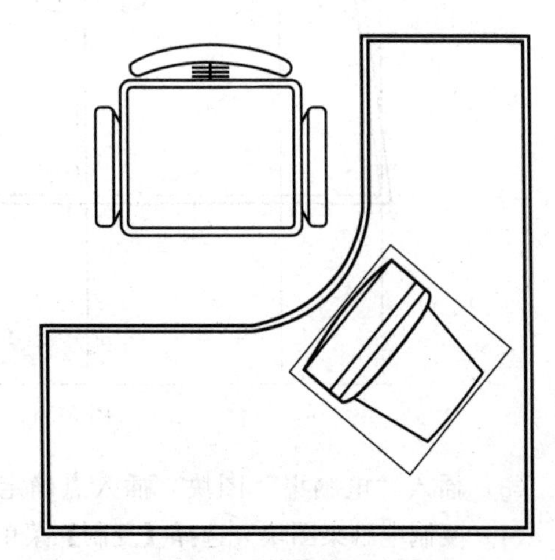

图 5-53 旋转布置电脑

（8）修改电脑比例 选择下拉菜单【修改】|【比例】，命令行提示如下。

```
命令:_scale                                          //激活比例命令
选择对象:找到 1 个                                    //选取电脑
选择对象:                                             //回车
指定基点:                                             //捕捉电脑屏幕底边中点
指定比例因子或[复制(C)/参照(R)]<1.0000>:0.9           //输入比例因子
```

完成电脑桌布置图形的全部操作，效果如图 5-47 所示。

第 4 步：绘制办公室平面布置图。

使用插入命令、镜像命令、移动命令、复制命令、阵列命令等，来完成办公室平面布置图形的绘制。

(1) 创建图形文件　选取【文件】|【打开】命令，弹出“选择文件”对话框，选取“办公室墙体”图形文件，单击“打开”按钮，开始新图。

(2) 插入“办公室墙体”图形　选择【插入】|【块】菜单命令，弹出“插入”对话框。单击“浏览”按钮，弹出“选择图形文件”对话框，选取“办公室墙体”图形，命令行提示如下。

```
命令:_insert                                          //激活插入命令
指定插入点或[基点(B)/比例(S)/X/Y/Z/旋转(R)]:0,0       //输入插入点
```

选择【视图】|【缩放】|【范围】菜单命令，使得图形全屏显示，如图 5-54 所示。

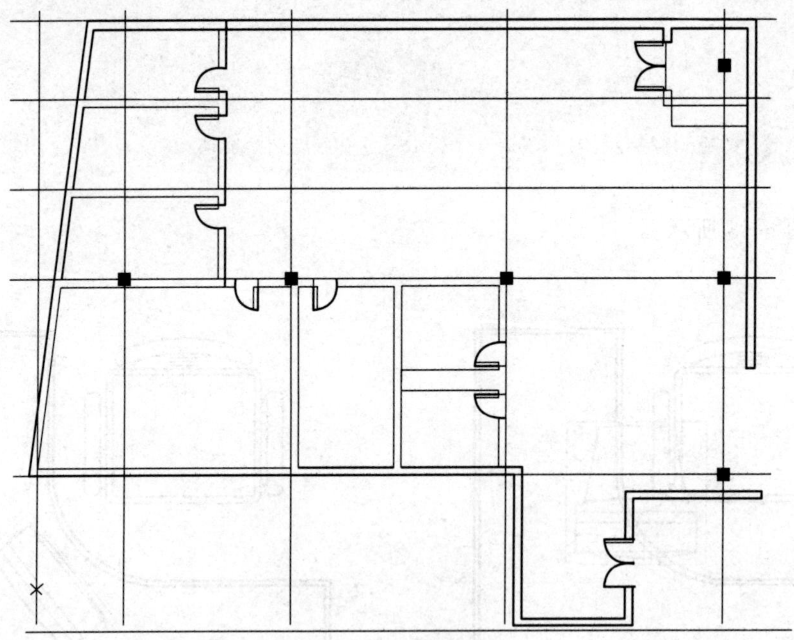

图 5-54　办公室墙体图形

(3) 插入“电脑桌”图块　插入点确定在右下部，效果如图 5-55 所示。

(4) 复制电脑桌图块　选择【复制】菜单命令，向右侧复制一个图块，效果如图 5-56 所示。

(5) 镜像电脑桌图块　选择【镜像】菜单命令，镜像电脑桌图块，效果如图 5-57 所示。

选择【阵列】命令。参照设置为：行数 6，列数 1，行偏移量为 1700，列偏移量为 1。效果如图 5-58 所示。

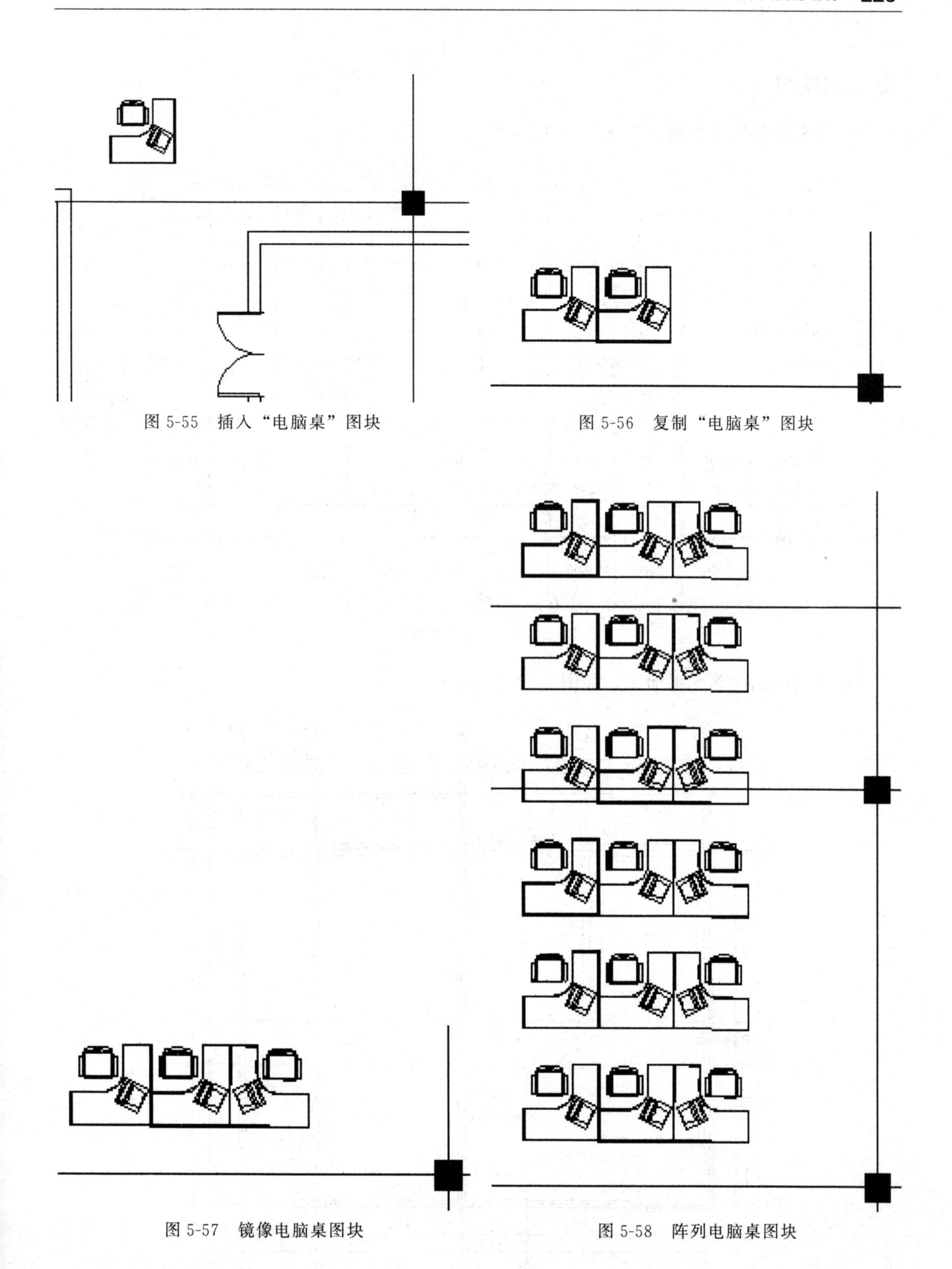

图 5-55 插入“电脑桌”图块

图 5-56 复制“电脑桌”图块

图 5-57 镜像电脑桌图块

图 5-58 阵列电脑桌图块

同理，完成敞开式办公空间上部图形布置，“行”与“列”数字框都输入“3”，在“行偏移”数字框输入“2200”，在“列偏移”数字框输入“2700”，效果如图 5-22 所示。

上机练习

① 绘制商品楼平面图，如图5-59所示。

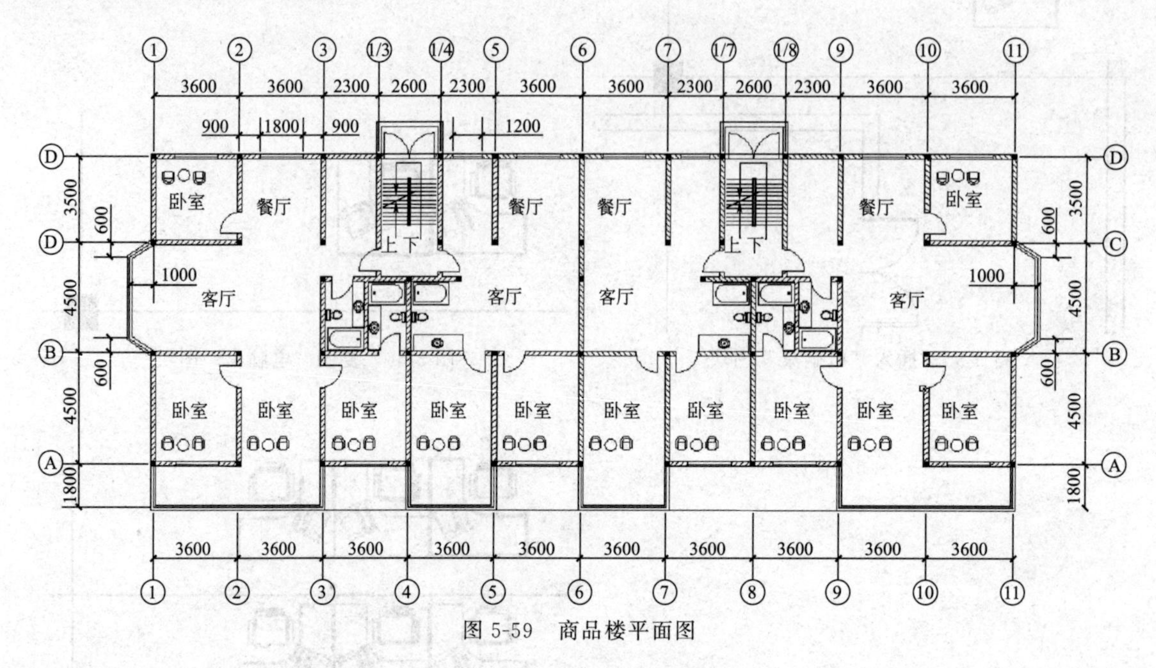

图5-59 商品楼平面图

② 绘制商品房单元平面图，如图5-60所示。

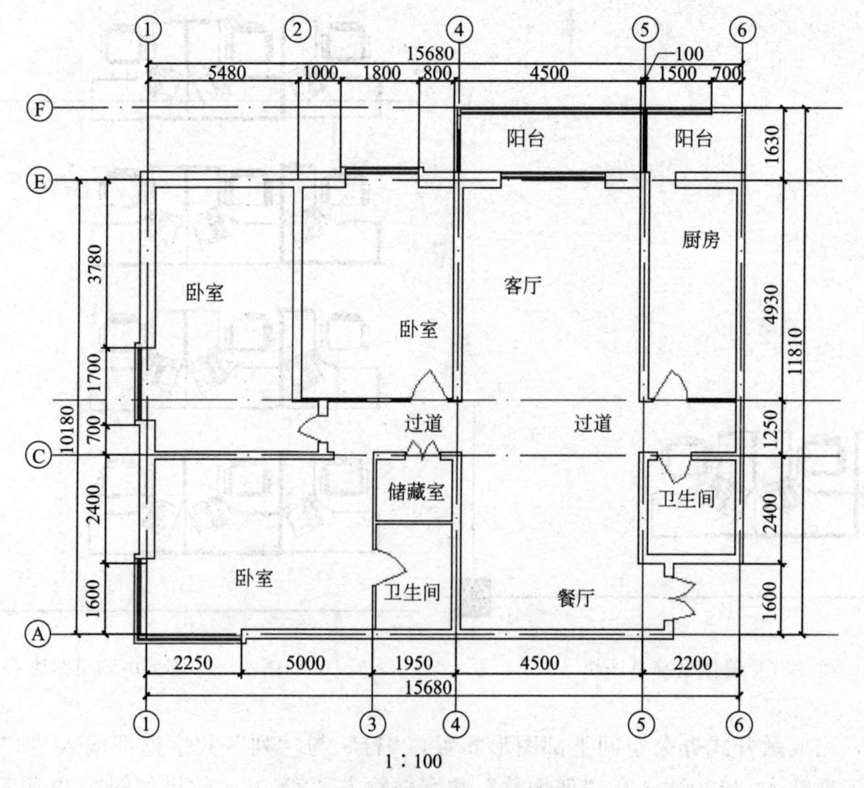

图5-60 商品房单元平面图

③ 绘制两室两厅平面图，如图 5-61 所示。

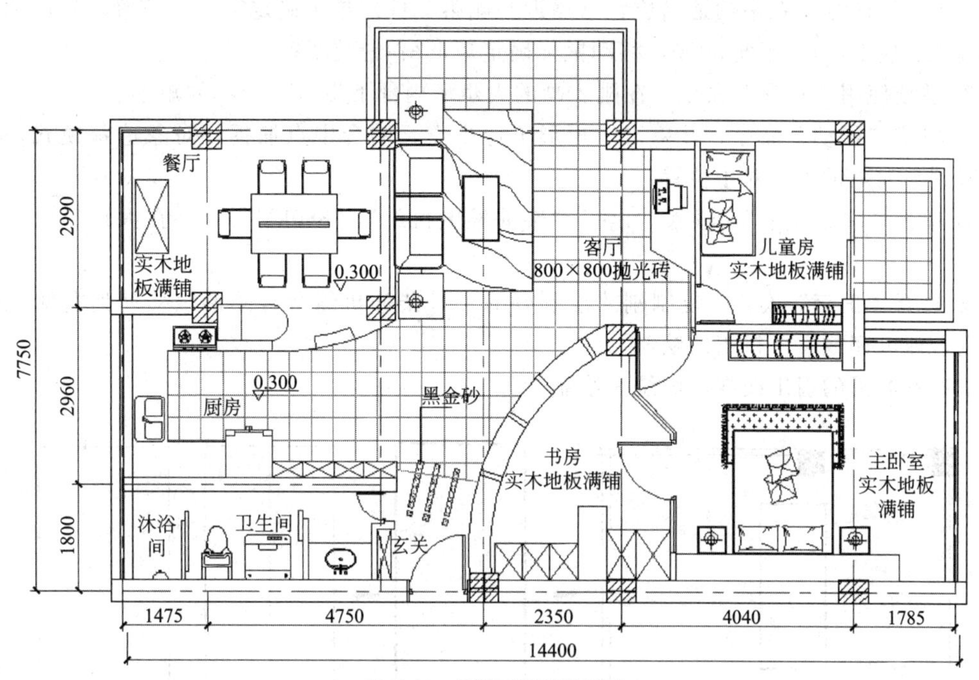

图 5-61　两室两厅平面图

项目实施

一、设置绘图环境

新建图层，如图 5-62 所示。

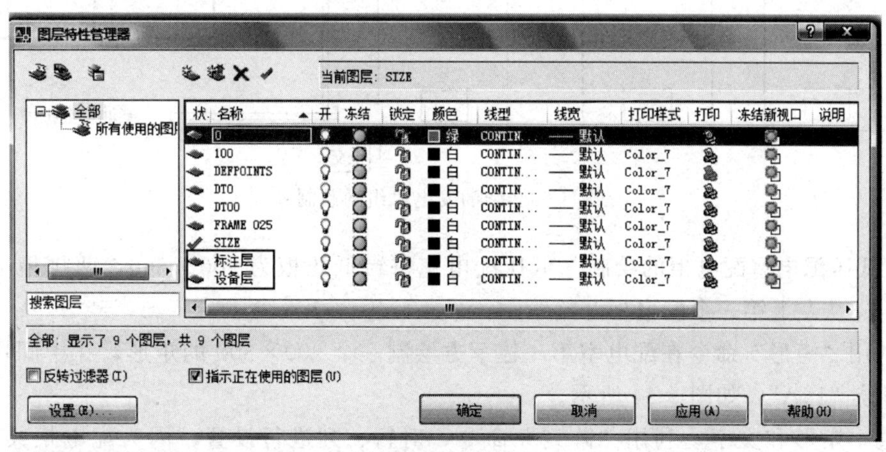

图 5-62　新建图层

二、绘制变电所电气平面布置图

(1) 柴油发电机组的绘制　柴油发电机组的绘制过程如图 5-63 所示。

① 将图层切换到“设备层”，用“窗口缩放”命令放大柴油发电机室。根据设计尺寸，调用“矩形”命令，在室内适当位置（靠近左侧第二柱）单击确定第一点位置，然后通过参数d输入长度2000、宽度5000，移动鼠标确定矩形另一点位置。

② 继续使用“矩形”命令，在刚才画的大矩形内部下端画一个小的矩形。

③ 单击“移动”命令，并单击小矩形下边中点，结合中点捕捉、对象追踪模式，移动小矩形到与大矩形下边对中位置。

④ 单击“多行文字”，输入“1＃”“柴油发电机组”“880kV”文字在大矩形内部上端位置。

⑤ 打开“正交”模式，复制刚才绘制好的1号柴油机组所有图形，移动到右侧相应位置确定，即可完成发电机组的绘制。

柴油发电机的引出线在后面统一绘制。

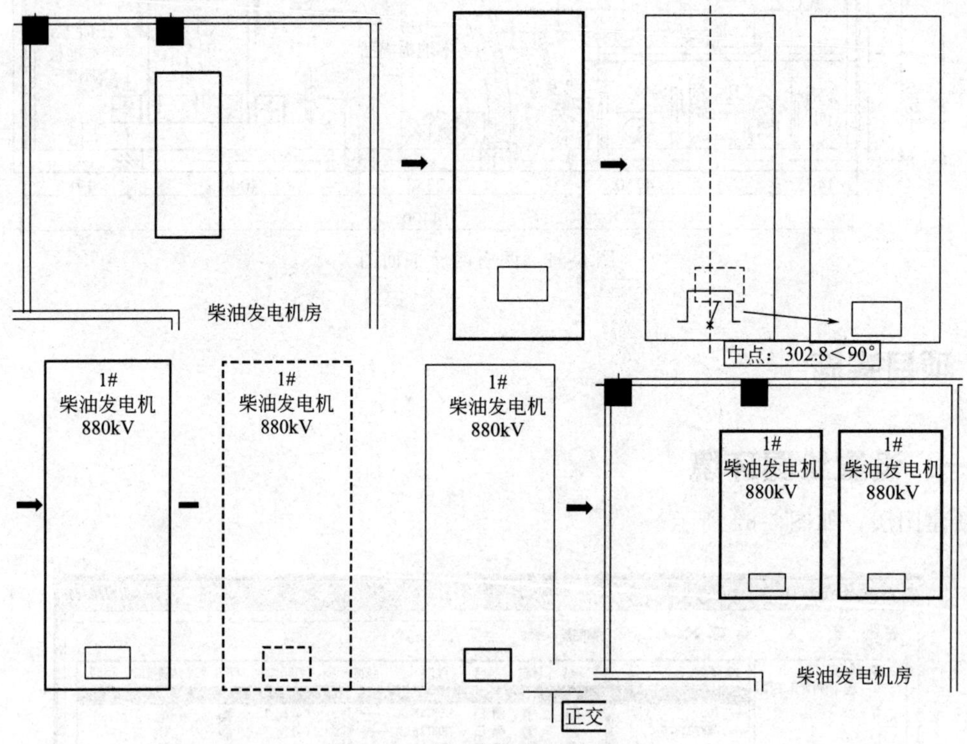

图5-63　柴油发电机组的绘制

（2）低压配电室配电柜的绘制　低压配电室每台低压柜为900×800，两排柜子正面间隔3100。先从左上第一个配电柜开始绘制。

① 利用“矩形”命令在配电室第一柱下方绘制一个900×800的矩形，在中间用单行文字添加编号“15A”，如图5-64所示。

② 选中矩形和文字，利用“阵列”命令，对行、列进行设置，因为配电柜共有两列，所以行输入2，列输入14（第二行是14个）。因为两行间距是3100，而柜子宽800，所以行偏移输入了－3900（行添加在下面时，偏移量为负值）；柜子长900，所以列偏移输入900，执行后的结果如图5-65所示。

③ 删除第一行最后一个配电柜，然后双击每个配电柜的文字进行修改。选中1A～27A

全部配电柜，移动到1A标注尺寸的位置，结果如图5-66所示。

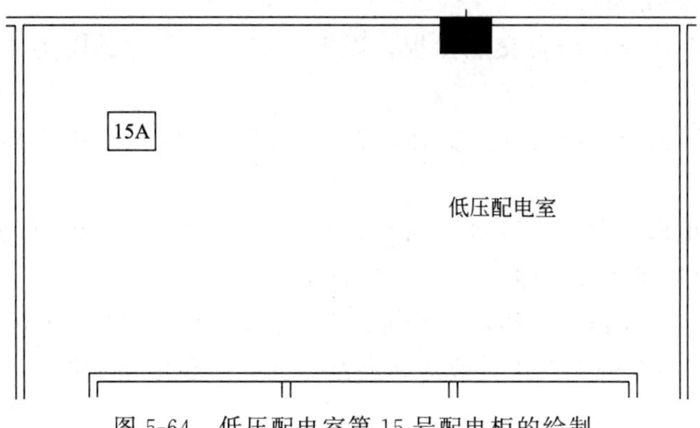

图5-64　低压配电室第15号配电柜的绘制

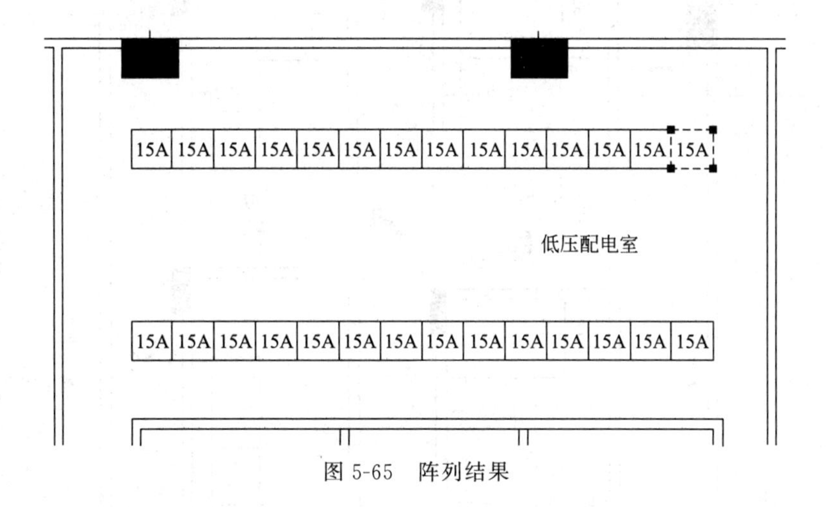

图5-65　阵列结果

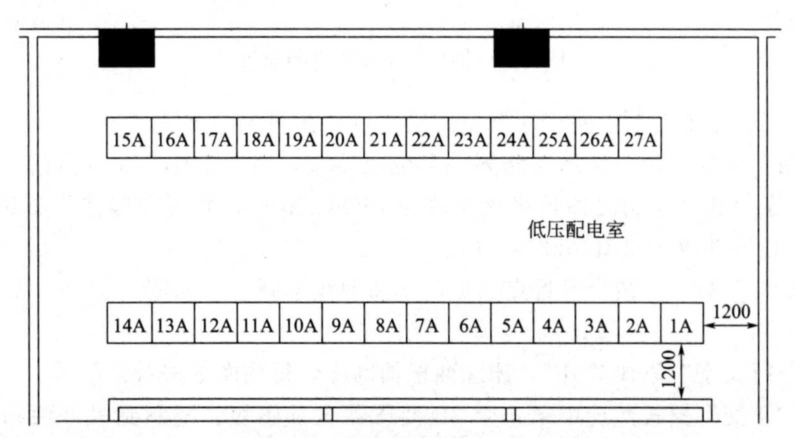

图5-66　低压配电室配电柜布置

(3) 高压配电室配电柜的绘制　高压配电室配电柜的绘制过程如图5-67所示。

① 用“窗口缩放”命令显示高压配电室，用“偏移”命令，选择上内墙线向下偏移1500，选择右内墙线向左偏移320，得到两根辅助线，如图5-67(a) 所示。

② 用“矩形”命令，结合交点捕捉，以图5-67(b)所示圆圈为矩形第一点，输入长度尺寸画一个850×1000的矩形。

③ 继续“矩形”命令，结合交点捕捉，以图5-67(c)所示圆圈为矩形第一点，画一个850×750的矩形。

④ 继续“矩形”命令，结合交点捕捉，以图5-67(d)所示圆圈为矩形第一点，画一个850×1000的矩形。

⑤ 选中最后的矩形，单击“阵列”命令，行输入4，列输入1；行偏移输入－375，列偏移输入0，然后删除辅助线，即可得到图5-67(e)。

⑥ 用“单行文字”在第一个矩形中添加“AH-1”，然后关闭“对象捕捉”，用正交复制到下面各矩形正中，并双击文字进行改写，绘制好的高压配电室如图5-67(f)所示。

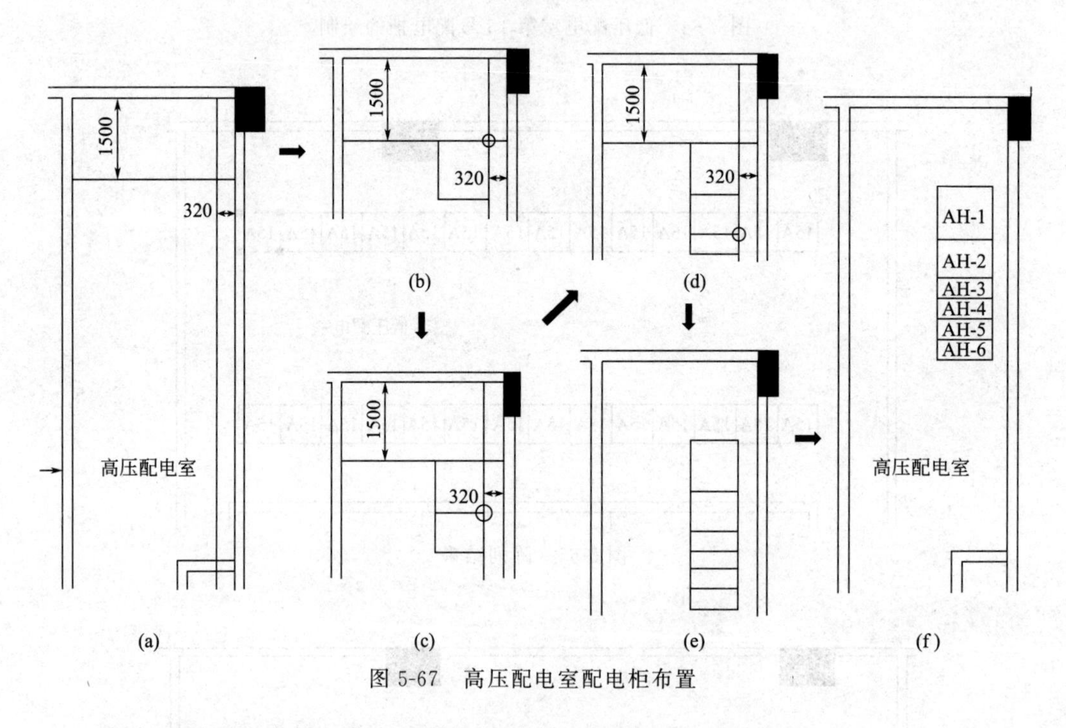

图5-67 高压配电室配电柜布置

(4) 主变压器室的绘制 主变压器室的绘制过程如图5-68所示。

① 用“窗口缩放”命令显示左侧第一个变压器室，用“直线”命令沿门一侧内墙通过端点捕捉画一条直线（绘制之前请将线型改为ISOdash…），并用“偏移”命令，向上偏移1220，得到一根辅助线，如图5-68(a)所示。

② 用“矩形”命令，结合最近点捕捉，在辅助线上画一个如图5-68(b)所示的1070×1680的矩形。

③ 用“单行文字”添加“3B”，删除两根辅助线，得到图5-68(c)。

④ 打开“正交”模式，选中第一个3B变压器全部图块，复制到另外两间变压器室中间，并双击文字进行改写，结果如图5-68(d)所示。

⑤ 最后删除两根点画线，即可得到主变压器设备布置图。

(5) 设备间的连接线 前面完成了所有设备的布置，接下来主要用“直线”命令、“偏移”命令、“修剪”命令就可以完成设备间连接线路的绘制，结果如图5-1所示。

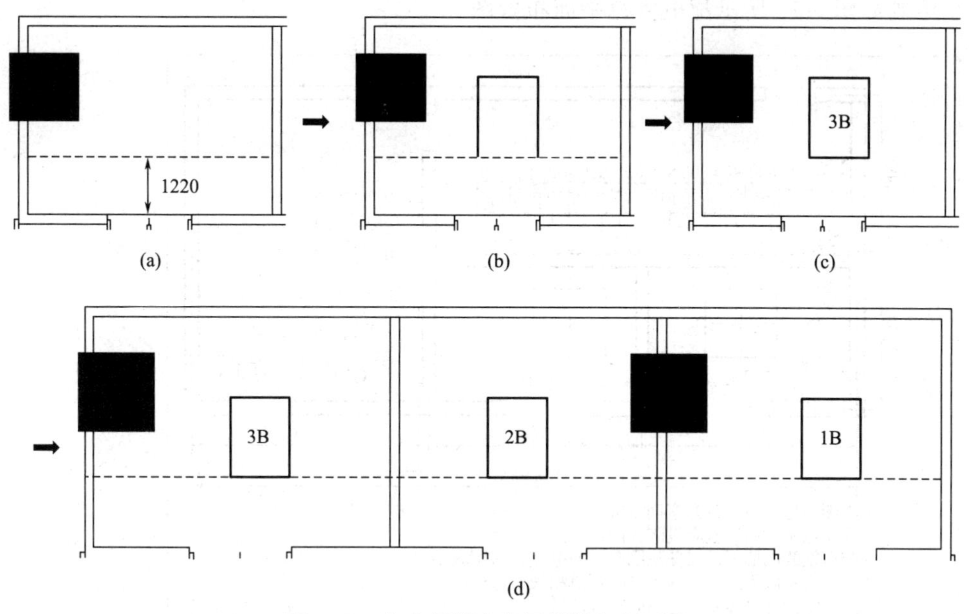

图 5-68　主变压器内变压器设备布置图

上机练习

① 绘制图 5-69 所示某厂房照明平面图。

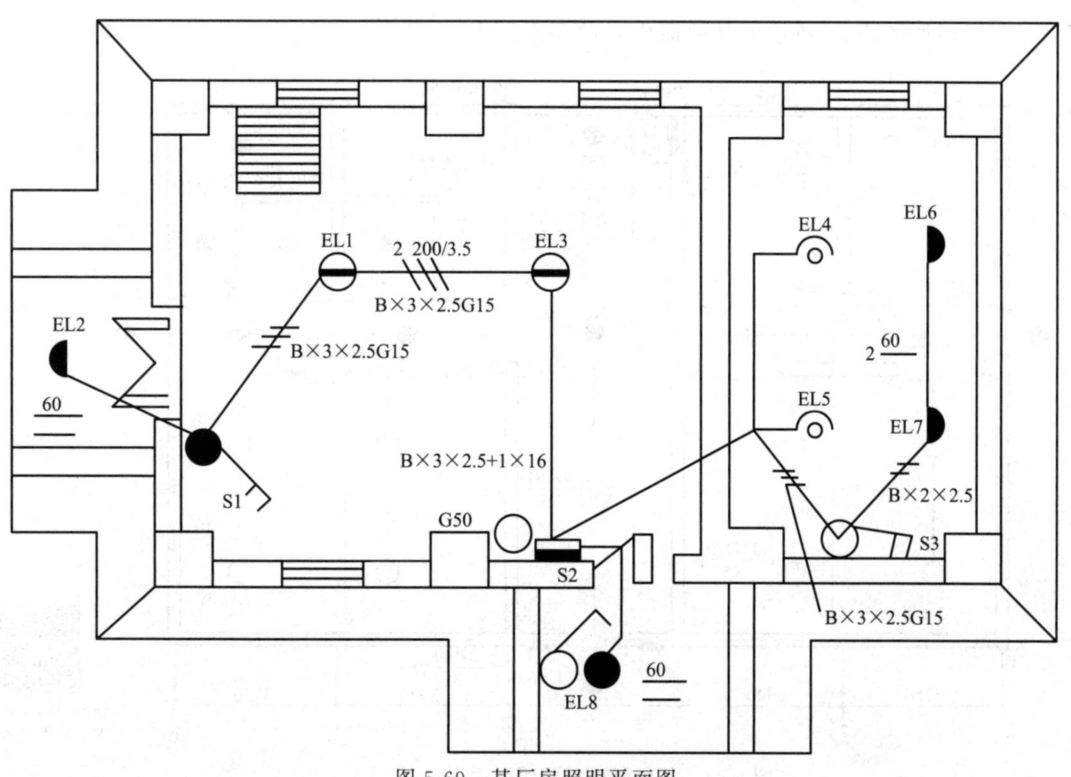

图 5-69　某厂房照明平面图

② 绘制如图 5-70 所示配电室总平面布置图。

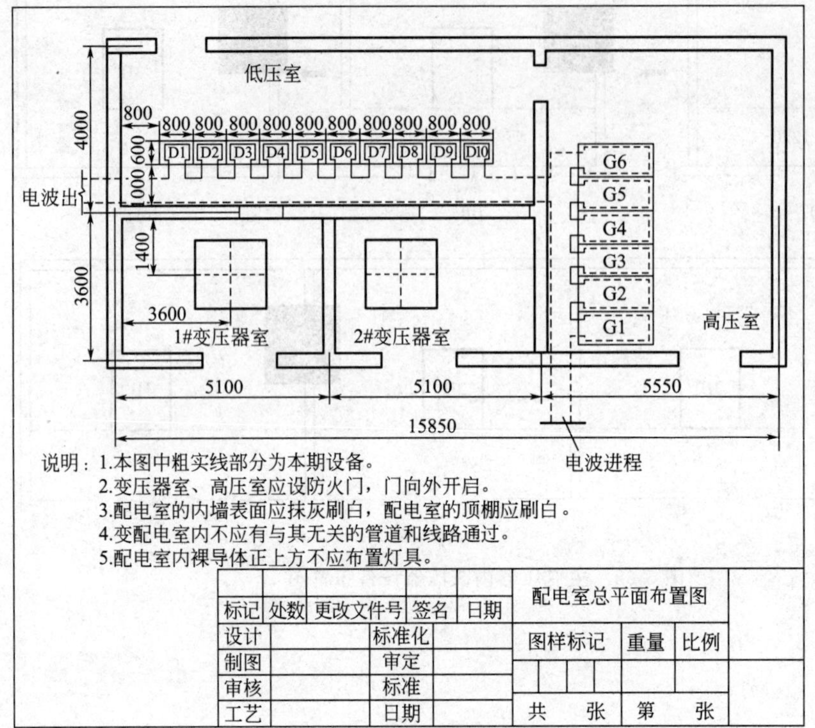

绘制视频（配电室总平面布置图）

图 5-70　配电室总平面图

③ 绘制如图 5-71 所示的某科研中心照明平面图。

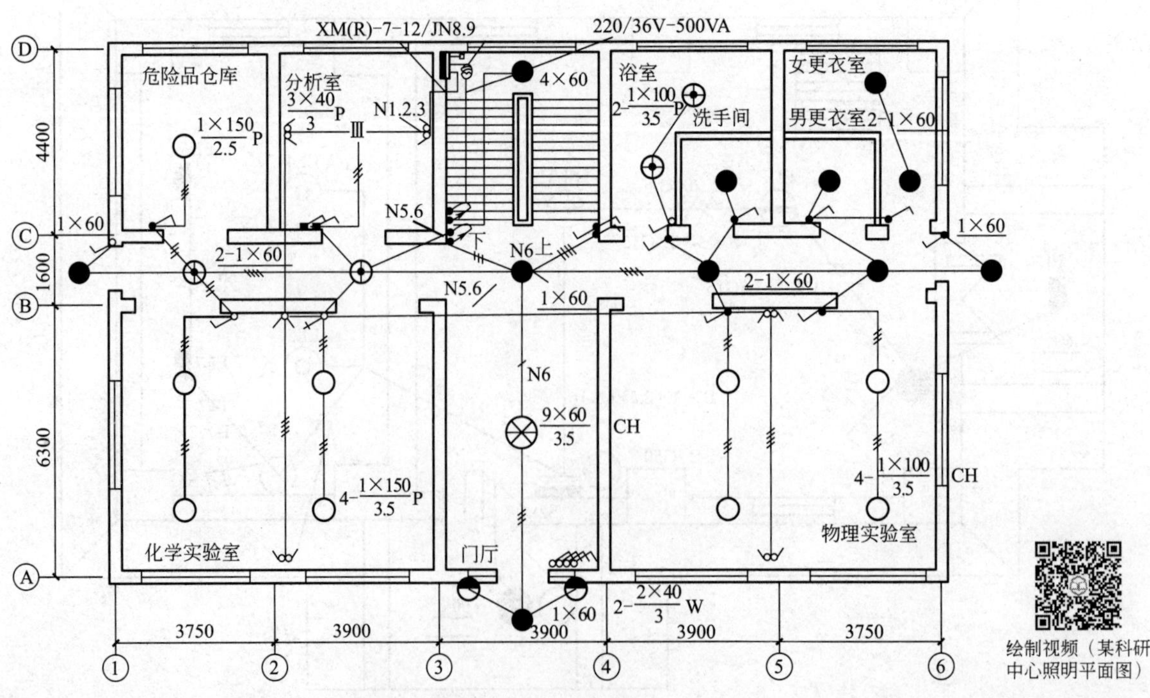

绘制视频（某科研中心照明平面图）

图 5-71　某科研中心照明平面图

项目拓展　绘制某办公楼的立面图

【拓展阅读】中国建筑第一瑰宝

建筑立面图是指使用正投影法对建筑物各个外墙面进行投影所得到的正投影图。与平面图一样，建筑立面图也是表达建筑物的基本图样之一，它主要反映建筑物的外貌形状，屋面、门窗、阳台、雨篷、台阶等的形式和位置，建筑物垂直方向各部分高度，艺术造型的效果和外部装饰做法等。

用 AutoCAD 2014 绘制建筑立面图，通常先根据轴线尺寸画出竖向轴线，依据标高确定水平轴线，再根据轴线绘制立面图。但对立面图本身，没有十分固定的绘制方法，绘图过程随建筑立面图的复杂程度和绘制者的绘图习惯而不同，本项目要求合理布置相关图纸，运用相关的绘图、修改、对象捕捉追踪工具，完成如图 5-72 所示办公楼立面图的绘制。

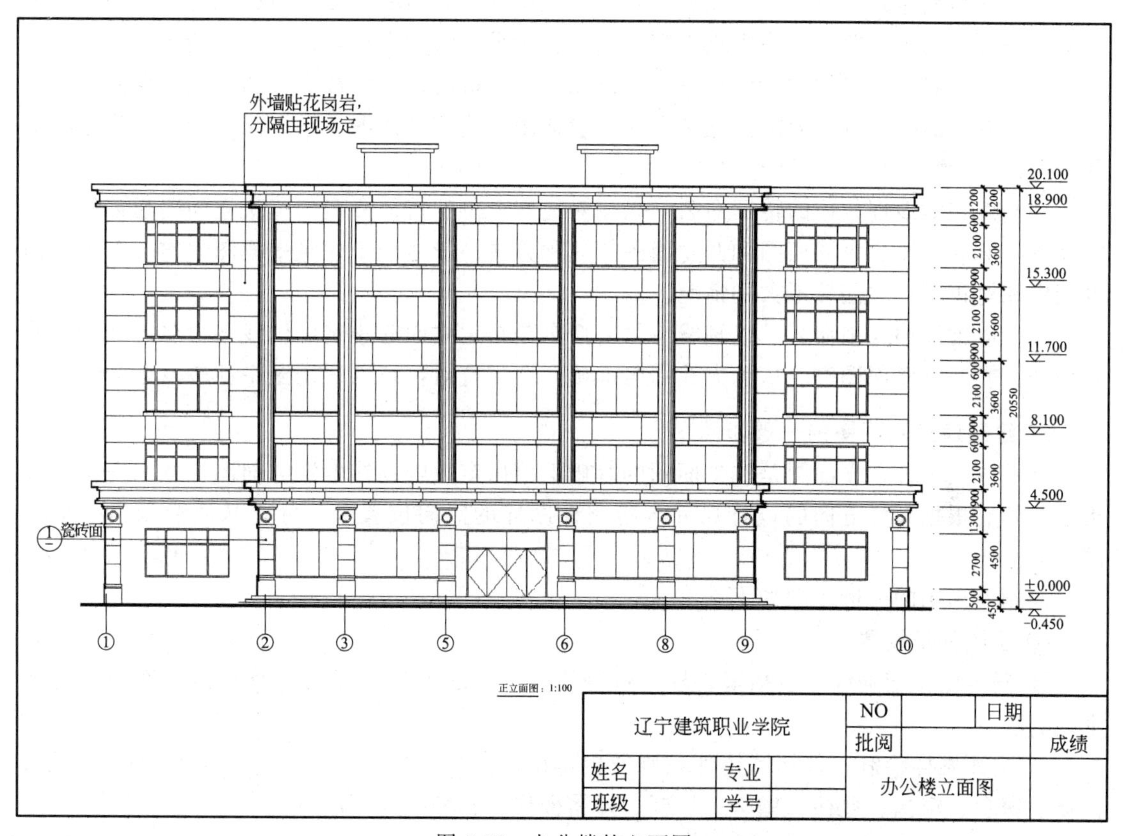

图 5-72　办公楼的立面图

（一）建筑立面图的基础知识

建筑立面图主要反映建筑物的立面形式和外观情况，这是因为建筑物给人的外表美感主要来自其立面的造型和装修。反映主要入口或比较显著地反映建筑外貌特征的一面的立面图叫作正立面图，其他面的立面图相应地称为背立面图和侧立面图。如果按照房屋的朝向来分，可以称为南立面图、东立面图、西立面图和北立面图。如果按照轴线编号来分，也可以有①—⑥立面图、Ⓐ—Ⓓ立面图等。建筑立面图使用大量图例来表示很多细部，这些细部的构造和做法，一般都另有详图。如果建筑物有一部分立面不平行于投影面，可以将这一部分展开到与投影面平行，再画出其立面图，然后在图名后注写“展开”字样。

1. 建筑立面图的图示内容

建筑立面图的图示内容主要包括以下4个方面。

① 室内外的地面线、房屋的勒脚、台阶、门窗、阳台、雨棚；室外的楼梯、墙和柱；外墙的预留孔洞、檐口、屋顶、雨水管、墙面装饰构件等。

② 外墙各个主要部位的标高。

③ 建筑物两端或分段的轴线和编号。

④ 标出各个部分的构造、节点详图的索引符号。使用图例和文字说明外墙面的材料和做法。

2. 建筑立面图的命名方式

建筑立面图命名的目的在于能够一目了然地识别其立面的位置。由此可见，各种命名方式都是围绕“明确位置”这一主题来实施的。至于采取哪种方式，则视具体情况而定。

(1) 以相对主入口的位置特征命名　以相对主入口的位置特征命名的建筑立面图称为正立面图、背立面图和侧立面图。这种方式一般适用于建筑平面图方正、简单，入口位置明确的情况。

(2) 以相对地理方位的特征命名　以相对地理方位的特征命名的建筑立面图通常称为南立面图、北立面图、东立面图和西立面图。这种方式一般适用于建筑平面图规整、简单，而且朝向相对正南正北偏转不大的情况。

(3) 以轴线编号来命名　以轴线编号来命名是指用立面起止定位轴线来命名，如①—⑥立面图、Ⓔ—Ⓐ立面图等。这种方式命名准确，便于查对，特别适用于平面较复杂的情况。

3. 绘制建筑立面图的一般步骤

从总体上来说，立面图是在平面图的基础上引出定位辅助线确定立面图样的水平位置及大小，然后根据高度方向的设计尺寸确定立面图样的竖向位置及尺寸，从而绘制出一个个图样。

绘制立面图的一般步骤如下。

① 绘图环境设置。

② 确定定位辅助线，包括墙、柱定位轴线、楼层水平定位辅助线及其他立面图样的辅助线。

③ 立面图样绘制，包括墙体外轮廓及内部凹凸轮廓、门窗（幕墙）、入口台阶及坡道、雨棚、窗台、窗楣、壁柱、檐口、栏杆、外露楼梯、各种线脚等内容。

④ 配景，包括植物、车辆、人物等。

⑤ 尺寸、文字标注。

⑥ 线型、线宽设置。

说明： 并不是将所有的辅助线绘制完成后才绘制图样，一般是由总体到局部，由粗到细，一项一项地完成。如果将所有的辅助线一次绘出，则会密密麻麻，无法分清。

（二）具体步骤

第1步：设置绘图环境。

(1) 使用样板创建新图形文件　单击“标准”工具栏中的“新建”命令，弹出“选择样板”对话框。从列表框中选择样板文件“A3 模板 . dwt”，单击“确定”按钮，进入绘图界面。

（2）设置绘图区域　单击下拉菜单栏中的【格式】|【图形界限】命令，命令行提示如下。

```
命令：_limits
重新设置模型空间界限：
指定左下角点或[开(ON)/关(OFF)]<0.0000,0.0000>：      //回车默认左下角坐标为 0,0
指定右上角点<420.0000,297.0000>：42000,29700          //指定右上角坐标为 42000,29700
```

（3）放大图框线和标题栏　单击下拉菜单【修改】|【缩放】命令，命令行提示如下。

```
命令：_scale
选择对象：指定对角点：找到 3 个                        //选择图框线和标题栏
选择对象：
指定基点：0,0                                          //指定 0,0 点为基点
指定比例因子或[复制(C)/参照(R)]<1.0000>：100           //指定比例因子为 100
```

（4）显示全部作图区域　使用 ZOOM(A) 命令进行全部缩放。

（5）修改标题栏中的文本　编辑标题栏文本完成后如图 5-73 所示。

<table>
<tr><td colspan="4" rowspan="2">辽宁建筑职业学院</td><td>NO</td><td></td><td>日期</td><td></td></tr>
<tr><td>批阅</td><td colspan="2"></td><td>成绩</td></tr>
<tr><td>姓名</td><td></td><td>专业</td><td></td><td colspan="3" rowspan="2">办公楼立面图</td><td rowspan="2"></td></tr>
<tr><td>班级</td><td></td><td>学号</td><td></td></tr>
</table>

图 5-73　编辑完成的标题栏文本

（6）设置图层

① 打开“图层特性管理器”对话框，单击新建按钮，新建辅助线、轴线、门窗、墙体等 11 个图层。

② 设置颜色。单击“轴线”层对应的颜色图标，设置该层颜色为红色。

③ 设置线型。将“轴线”层的线型设置为“CENTER2”，“立面”层的线型保留默认的“Continuous”实线型。

④ 同理完成其他图层设置如图 5-74 所示，最后单击“确定”按钮。

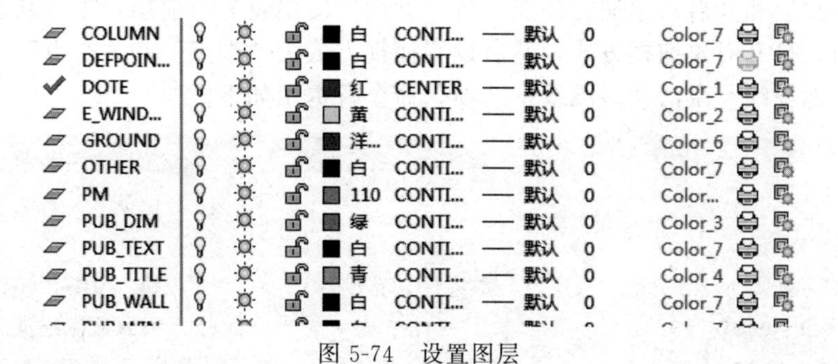

图 5-74　设置图层

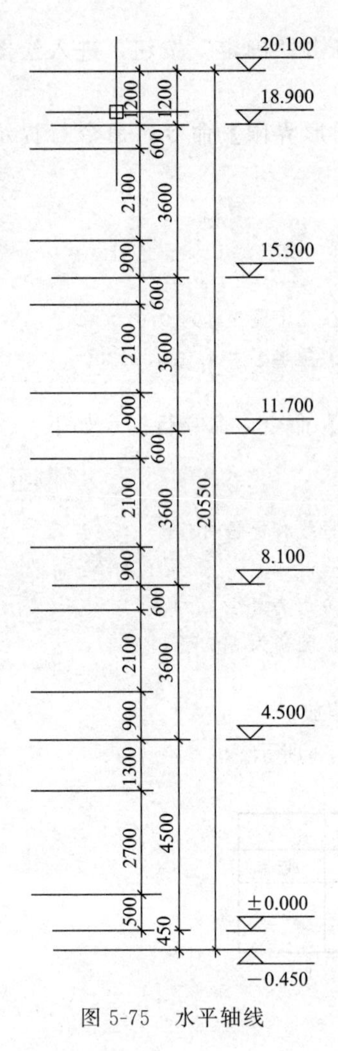

图 5-75　水平轴线

（7）设置线型比例　在命令行输入线型比例命令 LTS 并回车，将全局比例因子设置为 100。

注意：在扩大了图形界限的情况下，为使点画线能正常显示，须将全局比例因子按比例放大。

（8）设置文字样式和标注样式

① 本例使用“A3 模板 .dwt”中的文字样式，“汉字”样式采用“仿宋 _ GB2312”字体，宽度比例设为 0.8，“数字”样式采用“Simplex. shx”字体，宽度比例设为 0.8，用于书写数字及特殊字符。

② 单击下拉菜单栏中的【格式】|【标注样式】命令，弹出“标注样式管理器”对话框，选择“建筑”标注样式，然后单击“修改”命令按钮，弹出“修改标注样式：建筑”对话框，将“调整”选项卡中“标注特征比例”中的“使用全局比例”修改为 100。单击“确定”按钮，返回“标注样式管理器”对话框，单击“关闭”按钮，完成标注样式的设置。

第 2 步：绘制轴线。

轴线用来在绘图时对图形准确定位。

① 将“轴线”图层设置为当前层。单击状态栏中的“正交”按钮，打开正交状态。

② 执行“直线”命令，在图幅内适当的位置绘制水平基准线和竖直基准线。

③ 按照图 5-75 和图 5-76 所示的尺寸，利用“偏移”命令，绘制出全部轴线。

④ 绘制完成的全部轴线如图 5-77 所示。

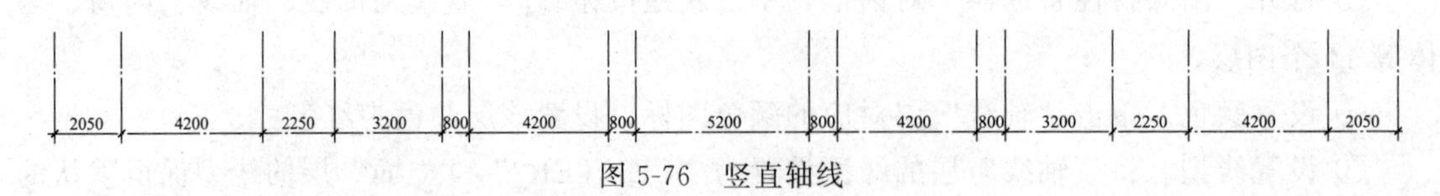

图 5-76　竖直轴线

第 3 步：绘制底层和标准层的轮廓线。

（1）设置图层和开启对象捕捉功能　将“立面”图层设为当前层，单击状态栏中的“对象捕捉”按钮，打开对象捕捉方式，然后设置捕捉方式为“端点”和“交点”方式。

（2）绘制地坪线　激活“多段线”选项，命令行提示如下。

```
命令:_pline                                                    //激活多段线命令
指定起点:                                                      //捕捉水平基准线的左端点A
当前线宽为 0.0000
指定下一个点或[圆弧(A)/半宽(H)/长度(L)/放弃(U)/宽度(W)]:w      //输入 w 并回车设置线宽
指定起点宽度<0.0000>:30                                        //设置起点线宽为 30
指定端点宽度<0.5000>:30                                        //设置端点线宽为 30
```

```
指定下一个点或[圆弧(A)/半宽(H)/长度(L)/放弃(U)/宽度(W)]:            //捕捉水平基准线的右端点D
指定下一点或[圆弧(A)/闭合(C)/半宽(H)/长度(L)/放弃(U)/宽度(W)]:      //回车结束命令
```

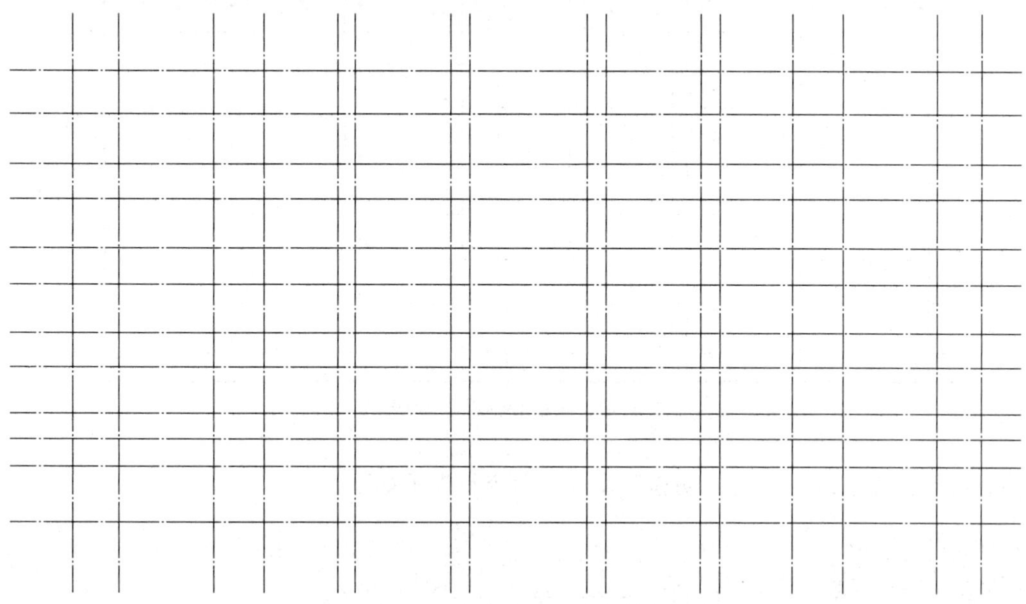

图 5-77　绘制完成的全部轴线

（3）绘制底层和标准层的轮廓线　两次回车键重复多段线命令，命令行提示如下。

```
命令:PLINE                                                          //激活多段线命令
指定起点:                                                           //捕捉轴线的左下角端点B
当前线宽为 30.0000
指定下一个点或[圆弧(A)/半宽(H)/长度(L)/放弃(U)/宽度(W)]:            //捕捉轴线左上方相应交点E
指定下一点或[圆弧(A)/闭合(C)/半宽(H)/长度(L)/放弃(U)/宽度(W)]:      //捕捉轴线右上方相应交点F
指定下一点或[圆弧(A)/闭合(C)/半宽(H)/长度(L)/放弃(U)/宽度(W)]:      //捕捉轴线右下方相应交点C
指定下一点或[圆弧(A)/闭合(C)/半宽(H)/长度(L)/放弃(U)/宽度(W)]:      //回车结束绘制
```

绘制完成的底层和标准层轮廓线如图 5-78 所示。

第 4 步：绘制底层和标准层的窗。

窗户是立面图上的重要图形对象，在绘制窗之前，先观察一下这栋建筑物上一共有多少种窗户，在作图的过程中，每种窗户只需作出一个，其余都可以利用的复制命令或阵列命令来实现。

（1）将“立面”图层设置为当前层　打开正交方式，选择“端点”和“中点”对象捕捉方式。

（2）绘制底层最左面的窗外轮廓线

① 激活“矩形”选项，命令行提示如下。

```
命令:_rectang                                                       //激活矩形命令
指定第一个角点或[倒角(C)/标高(E)/圆角(F)/厚度(T)/宽度(W)]:          //捕捉轴线上窗左下角点的位置G
指定另一个角点或[面积(A)/尺寸(D)/旋转(R)]:@ 4200,2100      //输入窗外轮廓线右上角的相对坐标
```

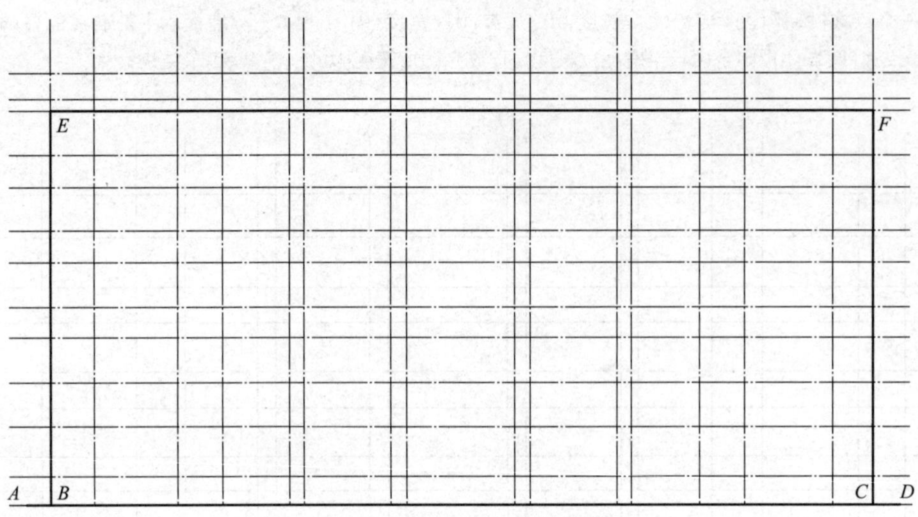

图 5-78 底层和标准层轮廓线

② 绘制内轮廓线。激活“偏移”命令，命令行提示如下。

```
命令:_offset                                                     //激活偏移命令
当前设置:删除源=否  图层=源  OFFSETGAPTYPE=0
指定偏移距离或[通过(T)/删除(E)/图层(L)]<1450>:60                  //输入偏移距离 60 并回车
选择要偏移的对象,或[退出(E)/放弃(U)]<退出>:                        //选择窗轮廓线GM 和LR
指定要偏移的那一侧上的点,或[退出(E)/多个(M)/放弃(U)]<退出>:         //在窗内侧单击
```

③ 利用已知尺寸绘制窗扇。激活“分解”选项，命令行提示如下。

```
命令:_explode
选择对象:找到 1 个                                                //选择窗的内轮廓线
选择对象:                                                         //回车键结束命令
```

激活“偏移”选项，命令行提示如下。

```
命令:_offset                                                     //激活偏移命令
当前设置:删除源=否  图层=源  OFFSETGAPTYPE=0
指定偏移距离或[通过(T)/删除(E)/图层(L)]<80>: 420                   //输入偏移距离 420 回车
选择要偏移的对象,或[退出(E)/放弃(U)]<退出>:                        //选择窗内轮廓线左侧线条
指定要偏移的那一侧上的点,或[退出(E)/多个(M)/放弃(U)]<退出>:         //在窗内侧单击偏移出HN
指定偏移距离或[通过(T)/删除(E)/图层(L)]<420>: 940                  //输入偏移距离 940 回车
选择要偏移的对象,或[退出(E)/放弃(U)]<退出>:                        //选择窗内轮廓线左侧线条
指定要偏移的那一侧上的点,或[退出(E)/多个(M)/放弃(U)]<退出>:         //在窗内侧单击偏移出IO
指定偏移距离或[通过(T)/删除(E)/图层(L)]<940>:1040                  //输入偏移距离 1040 回车
选择要偏移的对象,或[退出(E)/放弃(U)]<退出>:                        //选择窗内轮廓线左侧线条
指定要偏移的那一侧上的点,或[退出(E)/多个(M)/放弃(U)]<退出>:         //在窗内侧单击偏移出JP
指定偏移距离或[通过(T)/删除(E)/图层(L)]<1040>: 940                 //输入偏移距离 940 回车
选择要偏移的对象,或[退出(E)/放弃(U)]<退出>:                        //选择窗内轮廓线左侧线条
```

```
指定要偏移的那一侧上的点,或[退出(E)/多个(M)/放弃(U)]＜退出＞:  //在窗内侧单击偏移出KQ
指定偏移距离或[通过(T)/删除(E)/图层(L)]＜940＞: 420             //输入偏移距离 420 回车
选择要偏移的对象,或[退出(E)/放弃(U)]＜退出＞:                    //选择窗内轮廓线左侧线条
指定要偏移的那一侧上的点,或[退出(E)/多个(M)/放弃(U)]＜退出＞:  //在窗内侧单击偏移出LR
```

两次空格键重复偏移命令，命令行提示如下。

```
命令:_offset
当前设置:删除源=否  图层=源  OFFSETGAPTYPE=0
指定偏移距离或[通过(T)/删除(E)/图层(L)]＜420＞: 100             //输入偏移距离 100 回车
选择要偏移的对象,或[退出(E)/放弃(U)]＜退出＞:                    //选择窗扇的左窗框线NH
指定偏移距离或[通过(T)/删除(E)/图层(L)]＜100＞: 60              //输入偏移距离 60 回车
选择要偏移的对象,或[退出(E)/放弃(U)]＜退出＞:                    //选择窗扇的左窗框线OI
指定要偏移的那一侧上的点,或[退出(E)/多个(M)/放弃(U)]＜退出＞:  //在右侧单击
选择要偏移的对象,或[退出(E)/放弃(U)]＜退出＞:                    //选择窗扇的右窗框线PJ
指定偏移距离或[通过(T)/删除(E)/图层(L)]＜60＞: 100              //输入偏移距离 100 回车
选择要偏移的对象,或[退出(E)/放弃(U)]＜退出＞:                    //选择窗扇的左窗框线QK
选择要偏移的对象,或[退出(E)/放弃(U)]＜退出＞:                    //回车键结束命令
```

绘制完底层最左侧的窗如图 5-79 所示。

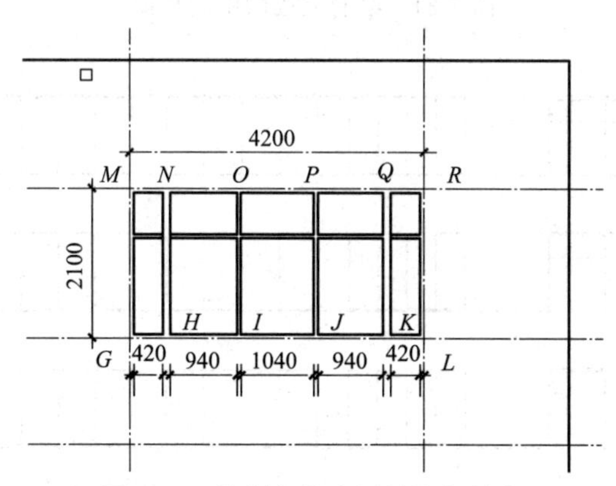

图 5-79 绘制好的底层最左侧的窗

用和以上相同的方法，按照图 5-80 所示尺寸绘制出中间的小窗，绘制完成后如图 5-81 所示。

（3）阵列出立面图中各层右侧的窗和中间的小窗 激活“阵列”命令选项，单击选择对象按钮，框选前面绘制的两个窗，设置“4 行，1 列”，行偏移为“3600”，阵列后绘制结果如图 5-82 所示。

（4）镜像出右侧的窗 激活“镜像”命令选项，命令行提示如下。

```
命令:_mirror
选择对象:指定对角点:找到 36 个                                   //框选左侧所有的窗
选择对象: 指定镜像线的第一点:指定镜像线的第二点:
          //捕捉轮廓线顶边线的中点作为镜像线第一点,到底边捕捉垂足作为镜像线第二点
要删除源对象吗? [是(Y)/否(N)]＜N＞:
```

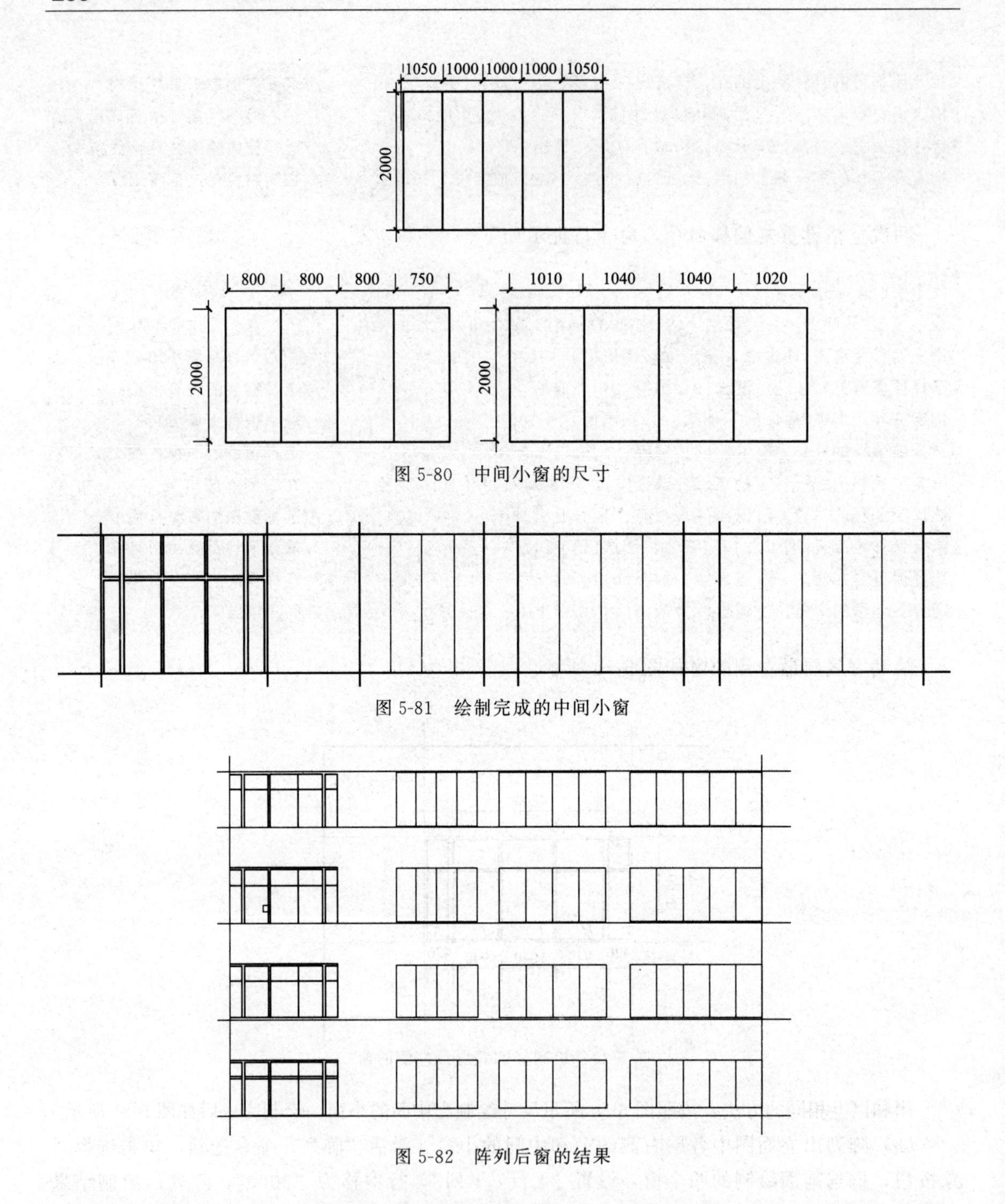

图 5-80　中间小窗的尺寸

图 5-81　绘制完成的中间小窗

图 5-82　阵列后窗的结果

绘制完成后打开“轴线”图层，完成的立面图如图 5-83 所示。

注意：在立面图中，也可以采用另外一种方法绘制窗户。由于窗户都应符合国家标准，所以可以提前绘制一些一定结构的窗户，然后按照前面章节讲述的方法保存成图块，在需要的时候直接插入即可。

第 5 步：绘制雨水管。

雨水管是用来排放屋顶积水的管道，雨水管的上部是梯形漏斗，下面是一个细长的管道，底部有一个矩形的集水器。雨水管的绘制步骤如下。

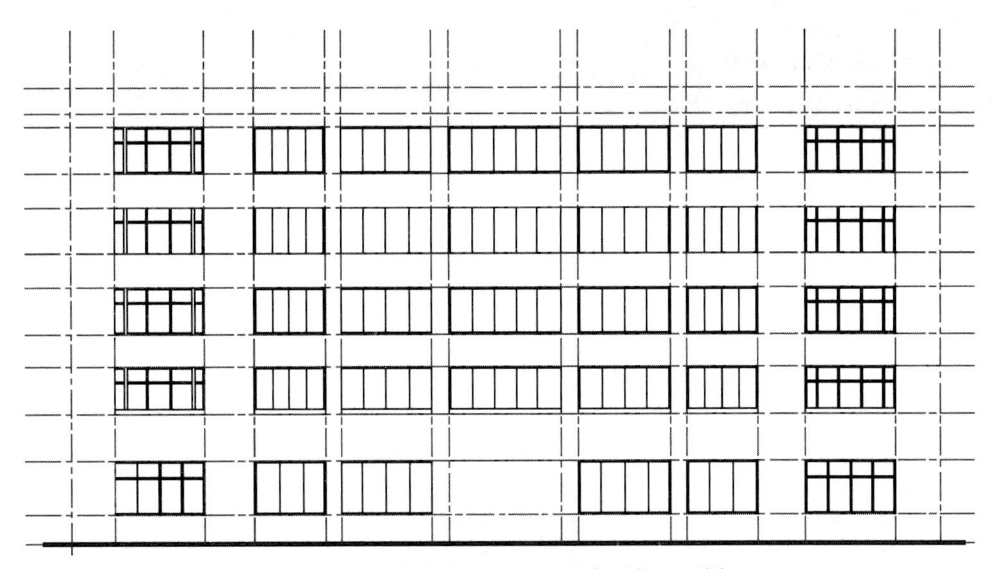

图 5-83　绘制完底层和标准层窗后的立面图

(1) 绘制左侧的雨水管

① 将“立面”层设为当前层，关闭“轴线”层。

② 激活“直线”命令选项，命令行提示如下。

```
命令:_line 指定第一点:_from 基点:<偏移>:@ 500,－200
                                        //按住键盘上的 Shift 键,然后单击鼠标右键,选择快捷菜单
                                          中"自"命令,捕捉到底层和标准层轮廓线的左上角点,输入
                                          相对坐标@500,－200,回车确定梯形漏斗顶边线的起点
指定下一点或[放弃(U)]:400                //向右画 400 长
指定下一点或[放弃(U)]:@－100,－350       //依次由相对坐标绘制梯形漏斗其他边线
指定下一点或[闭合(C)/放弃(U)]:200
指定下一点或[闭合(C)/放弃(U)]:c
```

绘制完的梯形漏斗如图 5-84 所示。

③ 空格键重复直线命令，命令行提示如下。

```
命令: LINE 指定第一点:_from 基点:<偏移>:@50,0
                                        //按住键盘上的 Shift 键,单击鼠标右键,选择快捷菜单中的
                                          "自"命令,捕捉到梯形漏斗的左下角,输入相对坐标@50,0
                                          回车,确定雨水管左边线的顶端位置
指定下一点或[放弃(U)]:12050              //向下画 12050
指定下一点或[放弃(U)]:                   //回车退出直线命令
```

④ 激活“偏移”命令选项，命令行相应提示如下。

```
命令:_offset
当前设置:删除源=否  图层=源  OFFSETGAPTYPE=0
指定偏移距离或[通过(T)/删除(E)/图层(L)]<通过>: 100          //输入偏移距离 100 回车
```

```
选择要偏移的对象,或[退出(E)/放弃(U)]<退出>:                    //选中雨水管左边线UV
指定要偏移的那一侧上的点,或[退出(E)/多个(M)/放弃(U)]<退出>:       //在右侧单击
选择要偏移的对象,或[退出(E)/放弃(U)]<退出>:
```

绘制完的雨水管干管如图5-84所示。

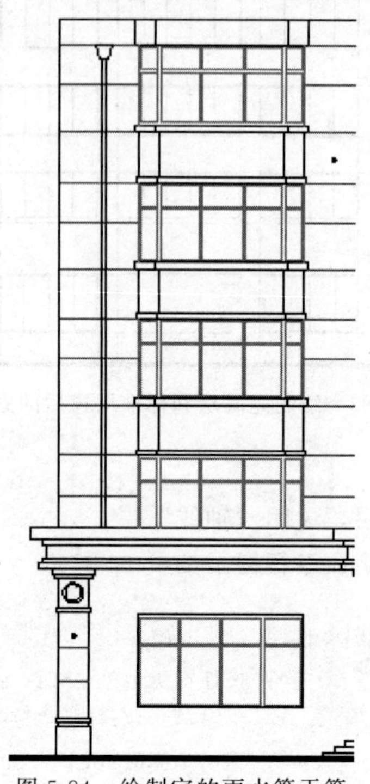

图5-84 绘制完的雨水管干管

⑤ 激活“矩形”命令选项，命令行提示如下。

```
命令:_rectang
指定第一个角点或[倒角(C)/标高(E)/圆角(F)/厚度(T)/宽度(W)]:_from基点:<偏移>:@-150,0
        //按住键盘上的Shift键,然后单击鼠标右键,选择快捷菜单中的"自"命令,捕捉到雨水
          管干管左下角,输入相对坐标@-150,0回车,确定底部矩形集水器的左上角位置
指定另一个角点或[面积(A)/尺寸(D)/旋转(R)]:@ 400,-200
        //由相对坐标@400,-200确定集水器的右下角位置,完成左侧雨水管的绘制
```

（2）利用镜像命令绘制出右侧的雨水管　激活“镜像”命令选项，命令行相应提示如下。

```
命令:_mirror
选择对象:指定对角点:找到7个      //框选左侧雨水管
选择对象:
指定镜像线的第一点:指定镜像线的第二点:
        //捕捉轮廓线顶边中点为镜像线的第一点,捕捉轮廓线底边中点为镜像线的第二点
要删除源对象吗?[是(Y)/否(N)]<N>:
```

绘制完成两侧雨水管的效果图如图 5-85 所示。

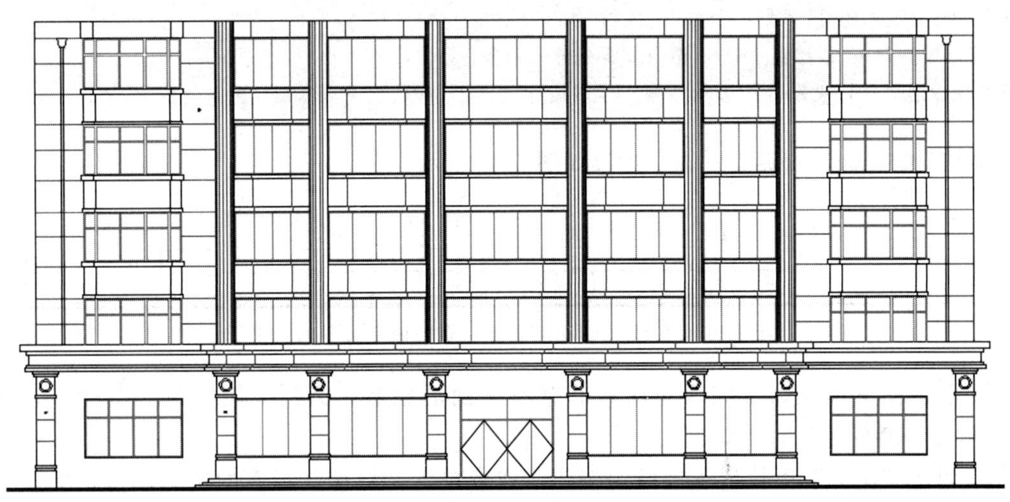

图 5-85　绘制完雨水管后的立面图

第 6 步：绘制墙面装饰。

现代建筑为了外形的美观，在外装修中常用一些建筑材料制作一些简洁明快的图案。本项目所示住宅墙面的装饰比较少，主要是在建筑物底层窗下的墙面上粘贴了一些瓷砖，并在一、二层分界处和三、四层分界处制作了两条分隔线。下面讲述具体的绘制方法。

（1）绘制花岗岩蘑菇石贴面　花岗岩蘑菇石贴面的绘制应先画出边界线，然后再利用图案填充命令完成绘图。

① 将“立面”层设为当前层，打开“轴线”层，设置对象捕捉方式为“端点”“中点”和“交点”捕捉方式。

② 利用直线命令画出花岗岩蘑菇石贴面的上边界。激活“直线”命令选项，命令行提示如下。

```
命令：_line 指定第一点：              //捕捉底层窗下缘轴线与轮廓线的左交点A（图 5-86）
指定下一点或[放弃(U)]：               //捕捉底层窗下缘轴线与轮廓线的右交点B（图 5-86）
指定下一点或[放弃(U)]：               //回车键结束直线命令
```

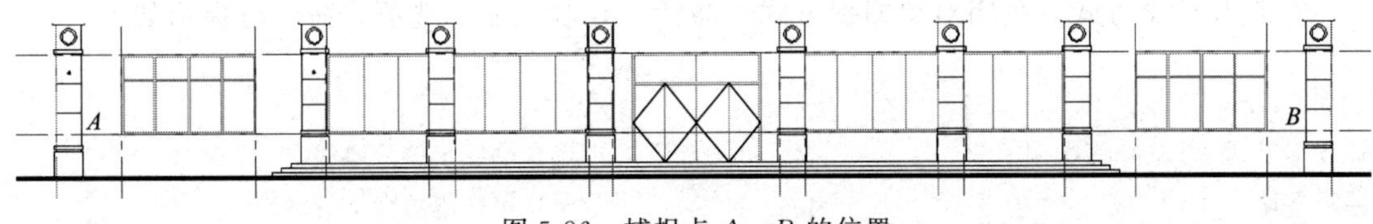

图 5-86　捕捉点 A、B 的位置

③ 关闭“轴线”图层，激活“修剪”命令，将花岗岩蘑菇石贴面上边界的多余段修剪掉，命令行提示如下。

```
命令：_trim
当前设置：投影＝UCS,边＝无
选择剪切边...
```

```
选择对象或<全部选择>:  找到 1 个                    //依次选择剪切边界
选择对象:指定对角点:找到 1 个,总计 8 个
选择要修剪的对象,或按住 Shift 键选择要延伸的对象,或
[栏选(F)/窗交(C)/投影(P)/边(E)/删除(R)/放弃(U)]    //依次选择需剪切的各线段
```

绘制完的花岗岩蘑菇石贴面上边界如图 5-87 所示。

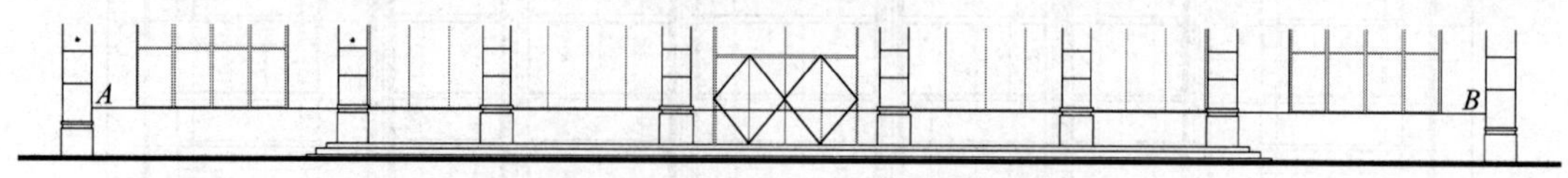

图 5-87　绘制完的花岗岩蘑菇石贴面上边界的效果

④ 利用图案填充命令完成花岗岩蘑菇石贴面的绘制。激活“图案填充”命令，弹出“图案填充和渐变色”对话框。

⑤ 单击“图案”下拉列表后面的按钮，或者单击“样例”后面的填充图案，弹出“填充图案选项板”对话框，单击“其他预定义”选项卡，从中选择“BRICK”图案。然后单击“确定”按钮，重新回到“图案填充和渐变色”对话框。

⑥ 单击“添加拾取点”按钮，进入绘图界面。在需要填充的多个闭合的区域内单击，选择填充区域完毕后，按 Enter 键或单击右键结束选择，重新弹出“图案填充和渐变色”对话框。在“比例”下拉列表框中修改要填充图案的比例为 45，最后单击“确定”按钮，完成花岗岩蘑菇石贴面的填充，如图 5-88 所示。

注意：本例中已给出填充图案的比例，否则，应单击对话框左下角的“预览”按钮，观看填充效果是否合适，如果不满意，调整填充图案的比例直到满意为止。

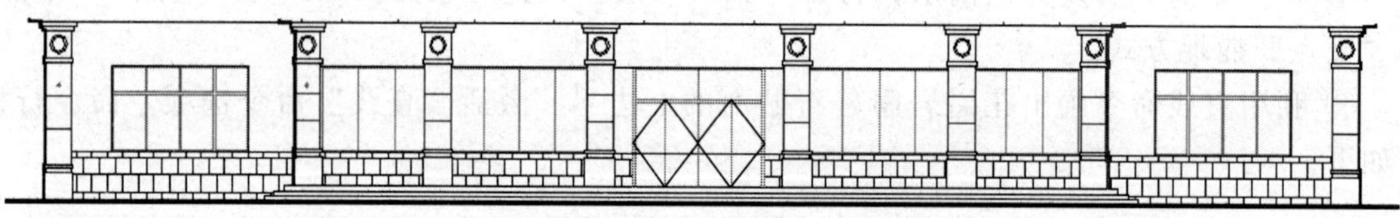

图 5-88　花岗岩蘑菇石贴面的效果

（2）绘制分隔线

① 分隔线的绘制比较简单，用直线命令、修剪命令、复制命令即可完成。

② 打开正交方式，关闭对象捕捉方式，激活“复制”命令选项，命令行提示如下。

```
命令:_copy
选择对象:找到 1 个,总计 1 个                        //选择刚绘出的分隔线
选择对象:                                           //空格键结束选择
指定基点或[位移(D)]<位移>:  指定第二个点或<使用第一个点作为位移>:<正交开>100
                                                    //向上移动 100
指定第二个点或[退出(E)/放弃(U)]<退出>:              //空格键结束命令,绘制完一二层间的分隔线
```

注意：如用偏移命令，需多次选择对象，本步骤中利用复制命令沿指定方向输入距离的方式确定点的位置，这种方式不失为一种好的方法。

③ 空格键重复复制命令，将分隔线复制到四层阳台下相应位置，完成三四层间分隔线

的绘制。命令行提示如下。

```
命令:COPY
选择对象:指定对角点:找到 2 个                                //依次框选底层和二层间的分隔线
选择对象:                                                    //空格键结束选择
指定基点或[位移(D)]<位移>:  6000                              //向上移动 6000
指定第二个点或[退出(E)/放弃(U)]<退出>:                        //空格键结束命令
```

绘制完成分割线后，效果如图 5-89 所示。

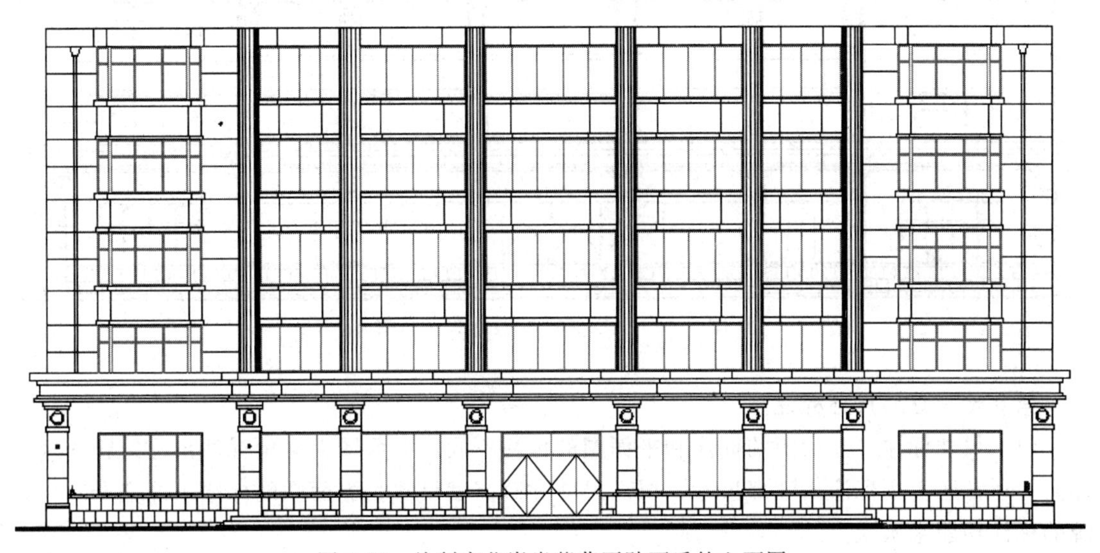

图 5-89　绘制完花岗岩蘑菇石贴面后的立面图

第 7 步：绘制屋檐。

(1) 设置图层　将“立面”层设为当前层，关闭“轴线”层。

(2) 激活“矩形”命令选项　画一个尺寸为 22600×100 的矩形，命令行提示如下。

```
命令:_rectang
指定第一个角点或[倒角(C)/标高(E)/圆角(F)/厚度(T)/宽度(W)]:  //在任意位置单击
指定另一个角点或[面积(A)/尺寸(D)/旋转(R)]:@ 22600,100        //输入相对坐标@ 22600,100 回车
```

(3) 移动矩形　激活“移动”命令，命令行提示如下。

```
命令:_move
选择对象:找到 1 个                                           //选择刚绘制好的矩形
选择对象:                                                    //空格键结束选择
指定基点或[位移(D)]<位移>:  指定第二个点或<使用第一个点作为位移>:
                          //捕捉矩形底边的中点作为基点,捕捉到轮廓线顶边的中点作为第二点
```

(4) 完成屋檐的绘制　采用相同的方法，画一个尺寸 22700×50 矩形，将它移到第(2)、(3) 步中所画的矩形上面，使二者相邻边的中点重合，完成屋檐的绘制。

到此为止，底层和标准层上的立面图已经完成，如图5-90所示。

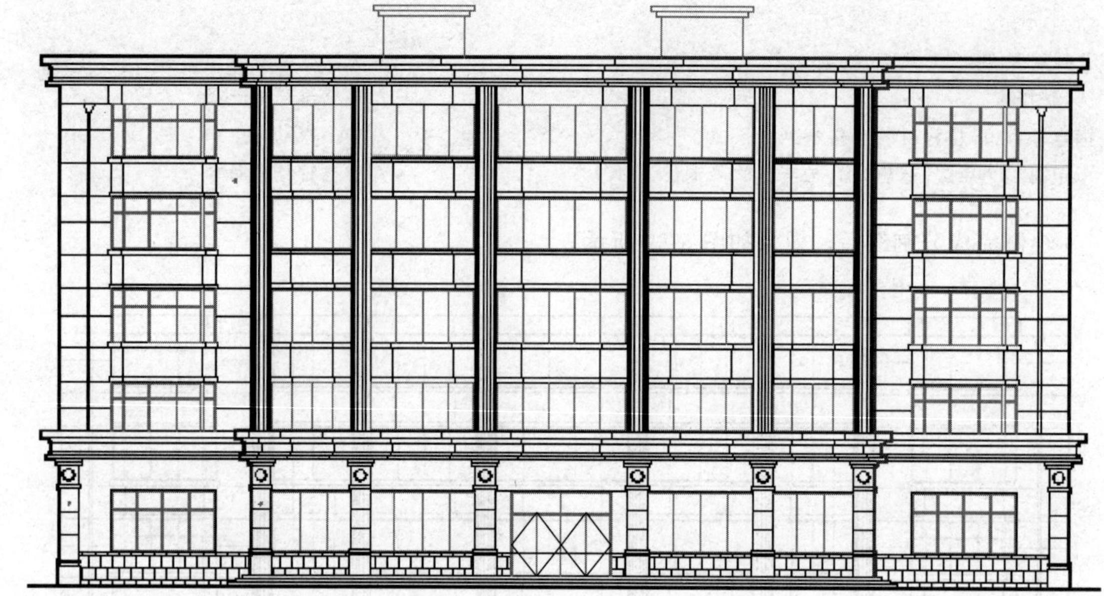

图5-90 底层和标准层上的立面图

第8步：立面尺寸标注。

(1) 尺寸标注　立面图的标注和平面图的标注不同，立面图上必须标注出建筑物的竖向标高，通常还需要标注出细部尺寸、层高尺寸和总高度尺寸。立面图的标注不能完全利用系统的标注功能来实现。

标注标高时，可先绘制出标高符号，然后以三角形的顶点作为插入基点，保存成图块。然后依次在相应的位置插入图块即可。

在建筑立面图中，还需要标注出轴线符号，以表明立面图所在的范围，本实例的立面图要标注出两条轴线的编号，分别是轴线1和轴线10。

完成标注后的立面图如图5-91所示。

(2) 标高的标注

① 绘制标高参照线。关闭“轴线”层，将“尺寸标注”层设为当前层，综合应用直线命令、修剪命令和偏移命令，根据已知的标高尺寸绘制出表示标高位置的参照线，如图5-92所示。

② 创建带属性的标高块。

a. 将0层设为当前层，利用直线命令在空白位置绘制出标高符号。

b. 单击下拉菜单栏中的【块定义属性】|【绘图】，弹出“属性定义”对话框。

c. 在“属性定义”对话框的“属性”选项区域中设置“标记”文本框为“BG”。

提示：文本框为“请输入标高”“值”文本框为“%%p0.000”。选择“插入点”选项区域中的“在屏幕上指定”复选框。选择“锁定块中的位置”复选框。在“文字选项”选项区域中设置文字高度为200。此时“属性定义”对话框如图5-93所示。

d. 单击“属性定义”对话框中的“确定”按钮，返回到绘图界面，然后指定插入点在标高符号的上方，完成“BG”属性的定义。

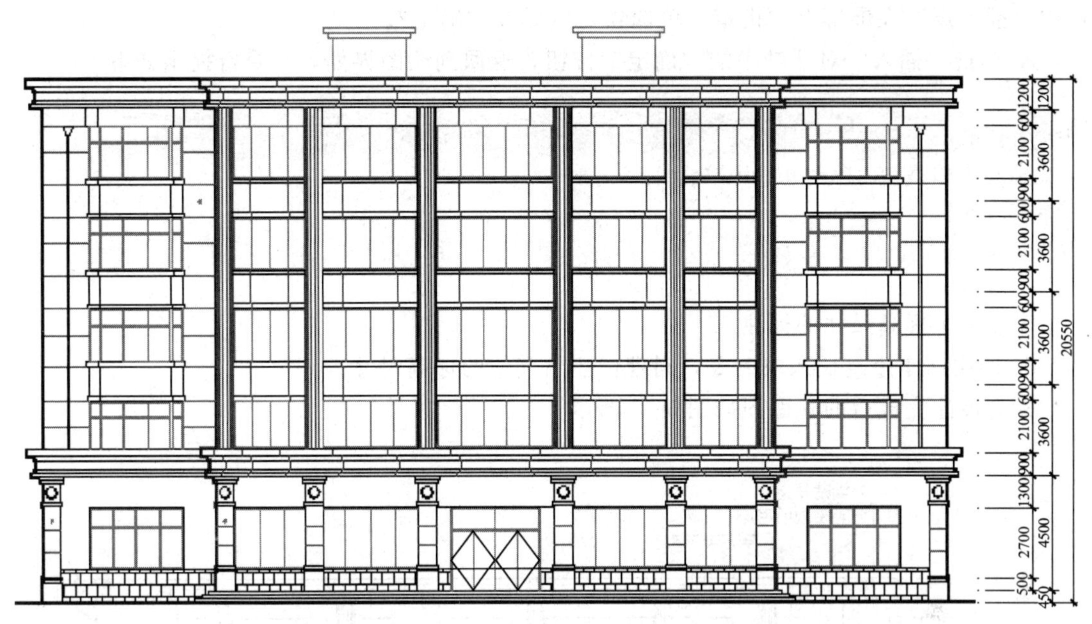

图 5-91　标注完细部尺寸、层高尺寸、总高度尺寸和轴号后的立面图

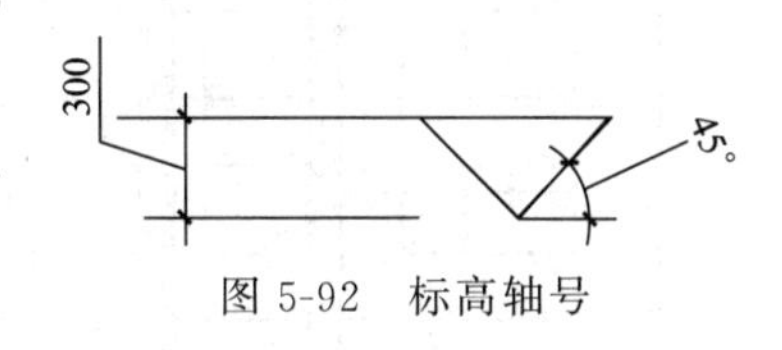

图 5-92　标高轴号

e. 单击绘图“块”→“创建”选项，弹出“块定义”对话框，输入块名称为“BG”，单击选择对象按钮，退出“块定义”对话框返回到绘图方式，框选标高符号和刚才定义的属性“BG”，单击右键又弹出“块定义”对话框，单击拾取点按钮，捕捉标高符号三角形下方的顶点为插入点，又返回到“块定义”对话框，再选中“删除对象”单选按钮，此时的“块定义”对话框如图 5-94 所示。

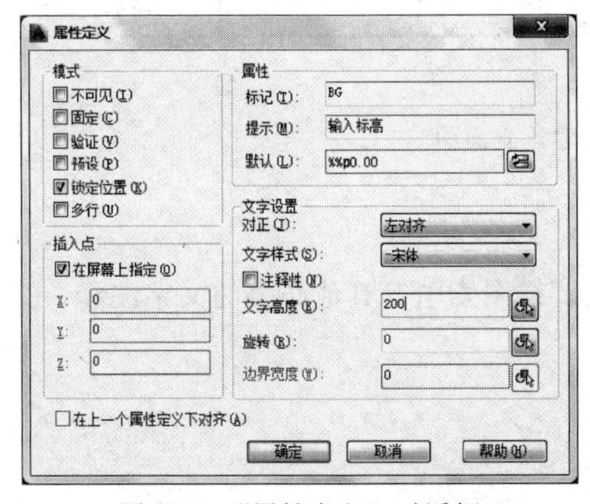

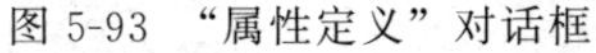

图 5-93　“属性定义”对话框

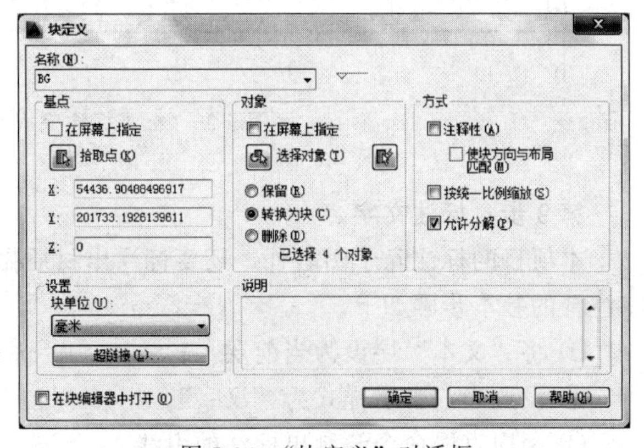

图 5-94　“块定义”对话框

f. 单击“块定义”对话框中的“确定”按钮，返回到绘图界面，所绘制的标高符号被删除。定义完带属性的标高块，名为“BG”。

③ 插入标高块，完成标高标注。

a. 将“尺寸标注”层设置为当前层。

b. 单击“插入块”命令按钮，弹出“插入”对话框，在名称下拉列表中选择“BG”，选中“插入点”在屏幕上“指定”单选项，然后按“确定”。

c. 单击“插入”对话框中的“确定”按钮，返回到绘图界面，命令行提示如下。

```
命令:_insert
指定插入点或[基点(B)/比例(S)/旋转(R)]:
输入属性值
输入标高<±0.000>:－0.600                //输入属性值－0.600后回车
```

完成一个标高尺寸的标注。

d. 两次回车重复插入块命令，同理标注出其他的标高尺寸。

标高标注完成后的立面图如图 5-95 所示。

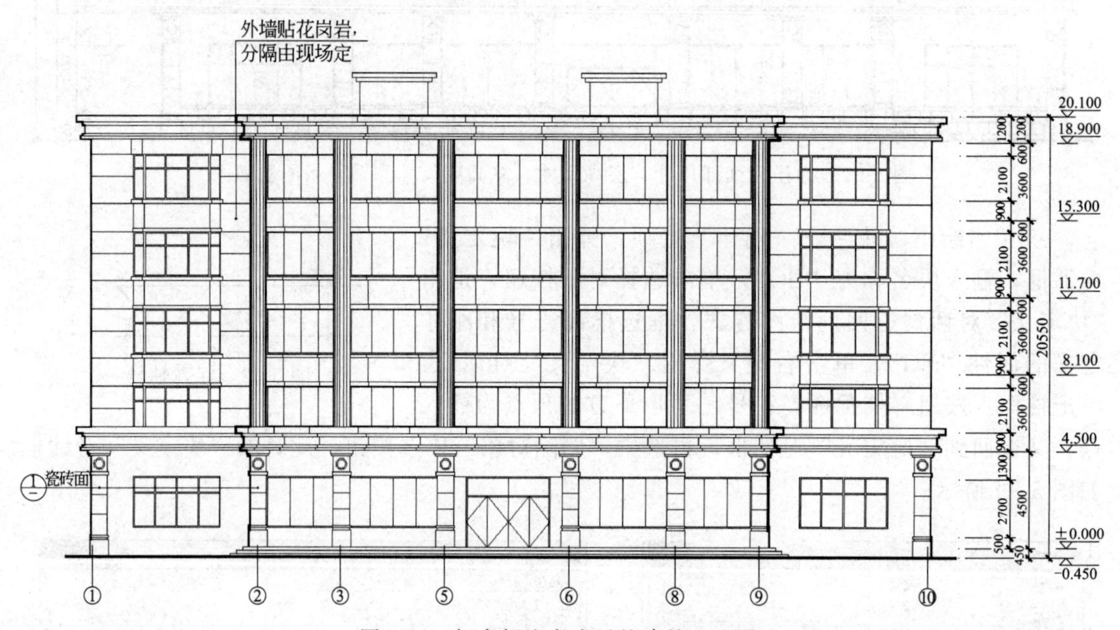

图 5-95　标高标注完成后的建筑立面图

第 9 步：标注文字。

本项目的标注除了图名外，还要标注出材质做法、详图索引等其他必要的文字注释。文字注释的基本步骤如下。

① 将“文本”层设为当前层。

② 设置当前文字样式为“汉字”。

③ 利用直线命令绘制出标注的引线。

④ 输入注释文字。在命令行中输入 TEXT 命令，按命令行提示输入相应的注释文字，完成后的立面图如图 5-72 所示。

上机练习

绘制某 3＃楼立面图，如图 5-96 所示。

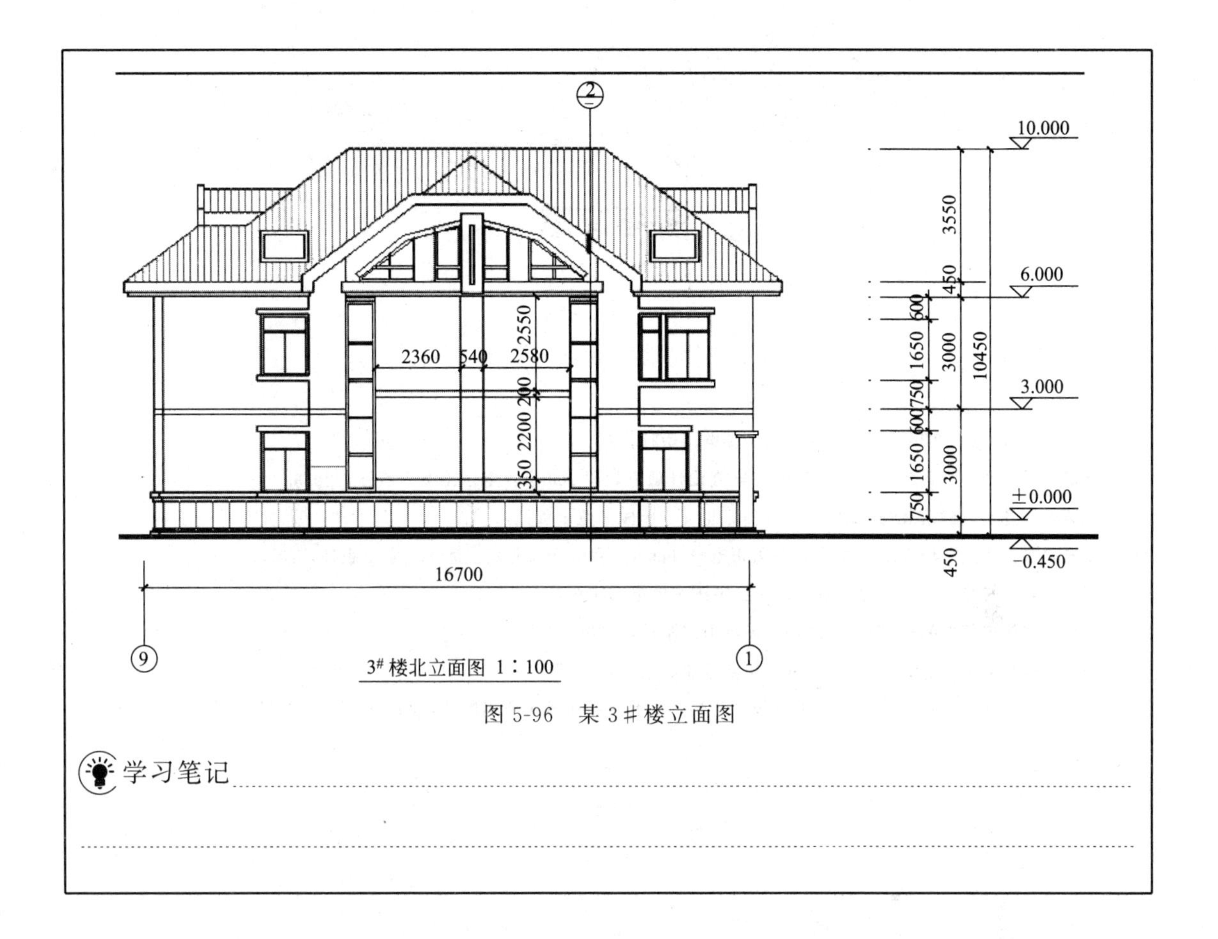

图 5-96　某 3＃楼立面图

学习笔记

在线测试

选择【项目五】

参考文献

[1] 黄玮．电气 CAD 实用教程．北京：人民邮电出版社，2013.

[2] 唐静，马宏骞，李冬冬．AutoCAD2014 电气设计项目教程．北京：电子工业出版社，2015.

[3] 王芳，李井永．建筑装饰 CAD 实例教程．北京：机械工业出版社，2016.

[4] 王磊，张秀梅．AutoCAD 电气设计与天正电气 Telec 工程实例．北京：清华大学出版社，2017.

[5] 刘国亭，刘增良．电气工程 CAD. 北京：中国水电电力出版社，2010.

[6] 王佳．建筑电气 CAD. 2 版．北京：中国电力出版社，2008.

[7] 杨筝．电气 CAD 制图与设计．北京：化学工业出版社，2015.

[8] 苏杰汶，谢龙汉．AutoCAD2014 电气设计与制图．北京：机械工业出版社，2014.